21 世纪全国高职高专电子信息系列技能型规划教材

可编程控制器应用技术项目教程
（西门子）

主　　编　　崔维群

副主编　　申加亮　吴　全　方　静

参　　编　　闫廷光　宋云艳　黄　萌

　　　　　　王书平

主　　审　　张水利

北京大学出版社
PEKING UNIVERSITY PRESS

内 容 简 介

本书结合以工作过程系统化为导向的"PLC技术及应用"课程改革和建设成果,以西门子S7-200系列PLC为对象,讲解了PLC在运动控制、过程控制和网络通信控制三大类系统中的应用,涵盖了PLC的主要应用领域。

本书主要包括8个项目的内容:可编程控制器系统认知、三相交流异步电动机正反转控制系统的设计与实现、自动往返运行控制系统的设计与实现、步进电动机运动控制系统的设计与实现、电动机转速测量显示系统的设计与实现、液位控制系统的设计与实现、多点温度测量控制系统的设计与实现、电动机多段速运行控制系统的设计与实现。除项目1外,每个项目均从企业生产实践中选题,都是一个从系统提出到系统设计再到系统实现的完整工作过程,包括任务描述、任务分析、相关知识、方法与步骤等环节。

为了加强读者对所学内容的掌握,每个任务后边还附有与本任务有关的项目实训和复习思考题。本书除注重强调职业技能的训练和养成以及PLC工程应用能力的培养外,还非常注重PLC控制系统设计和实现过程中相关设计文档的编写和整理能力的培养。

本书可作为高职高专院校电子信息工程技术、电气自动化技术、机电一体化技术、计算机控制技术等专业的教材,也可作为职业培训学校PLC课程的培训教材,同时还可供从事自动化技术工作的工程技术人员使用。

图书在版编目(CIP)数据

可编程控制器应用技术项目教程. 西门子/崔维群主编. —北京:北京大学出版社,2011.1
(21世纪全国高职高专电子信息系列技能型规划教材)
ISBN 978-7-301-18188-1

Ⅰ. ①可… Ⅱ. ①崔… Ⅲ. ①可编程序控制器—高等学校:技术学校—教材 Ⅳ. ①TM571.6

中国版本图书馆CIP数据核字(2010)第242865号

书　　　　名:可编程控制器应用技术项目教程(西门子)	
著作责任者:崔维群　主编	
策 划 编 辑:赖　青　张永见	
责 任 编 辑:王红樱	
标 准 书 号:ISBN 978-7-301-18188-1/TH·0226	
出　版　者:北京大学出版社	
地　　　　址:北京市海淀区成府路205号　100871	
网　　　　址:http://www.pup.cn　http://www.pup6.com	
电　　　　话:邮购部62752015　发行部62750672　编辑部62750667　出版部62754962	
电 子 邮 箱:pup_6@163.com	
印　刷　者:山东省高唐印刷有限责任公司	
发　行　者:北京大学出版社	
经　销　者:新华书店	
787mm×1092mm　16开本　21.25印张　496千字	
2011年1月第1版　　2011年1月第1次印刷	
定　　　　价:38.00元	

前　言

本书结合以工作过程系统化为导向的"PLC 技术及应用"课程改革和建设的成果，以企业岗位需求为标准，以职业技能培养为主线，为培养可编程控制器领域高等技术技能型人才而编写的。本书在注重讲解基础知识的同时，力求突出职业教育的岗位性、技能性、工程性和实践性等特点。

本书以西门子 S7-200 系列 PLC 为对象，通过 8 个项目，讲解了 PLC 在运动控制、过程控制和网络通信控制三大类系统中的应用，涵盖了 PLC 的主要应用领域。除项目 1 外，每个项目均从企业生产实践中选题，都是一个从系统提出到系统设计再到系统实现的完整工作过程，包括任务描述、任务分析、相关知识、方法与步骤等环节。每个项目均以具体的工作内容为载体，打破传统的教材编写模式，采用"任务驱动"和"教、学、做一体化"的模式，由学校、行业和企业专家组成教材编写组，合作开发完成。本书是校企合作的结晶。

项目 1 主要讲解了 PLC 的产生、分类、组成及工作原理、发展方向和应用领域；项目 2 以电动机的正反转控制为主线，主要讲解了 S7-200 的组成结构、数字量输入/输出模块及外部接线、寻址方式、内部编程元件、梯形图和语句表编程方法、基本指令以及 PLC 控制系统的设计方法和设计步骤、施工调试等内容；项目 3 以自动往返运行控制为主线，主要讲解了 S7-200 的定时器、计数器、程序控制类指令、移位和循环移位指令、顺序控制系统、顺序功能图、顺序功能图转梯形图的方法以及顺控系统的设计、施工、调试等内容；项目 4 以步进电动机运动控制为主线，主要讲解了 S7-200 的数据传送类指令、表功能指令、子程序及调用、中断及中断处理程序、高速脉冲输出指令、步进电动机和步进电动机驱动器的结构、分类、选用以及步进电机控制系统的设计调试等内容；项目 5 以电动机转速测量显示为主线，主要讲解了 S7-200 的数学运算指令、数据转换指令、高速计数器指令以及编码器分类、特点、选用和编码器测速方式、PLC 控制 LED 显示以及 PLC 电机转速测量显示系统的设计与实现等内容；项目 6 以液位控制为主线，主要讲解了 S7-200 的模拟量输入/输出及外部接线、PID 运算指令、变频器及设置、触摸屏的组态以及 PLC 模拟量过程控制系统设计与实现等内容；项目 7 以多点温度测量控制为主线，主要讲解了 S7-200 的网络及通信、触摸屏的组态、PLC 网络通信控制系统的设计与实现等内容；项目 8 以 S7-200 PLC 通过 USS 通信协议控制 MM4 系列变频器为主线，主要讲解了 USS 通信协议及指令应用、MM4 系列变频器设置和接线等内容；附录介绍了 STEP 7-Micro/WIN 编程软件的使用方法。本书有配套的电子课件，可从北大出版社第 6 事业部网站(www. pup6. com)下载。

本书各项目推荐教学学时数安排如下表所示。具体进行教学时，各学校可根据实际情况进行相应的调整和安排。

序号	课程内容	学 时 数		
		合计	讲授	实训
项目1	可编程控制器系统认知	4	3	1
项目2	三相交流异步电动机正反转控制系统的设计与实现	20	12	8
项目3	自动往返运行控制系统的设计与实现	20	12	8
项目4	步进电动机运行控制系统的设计与实现	20	12	8
项目5	电动机转速测量显示系统的设计与实现	16	10	6
项目6	液位控制系统的设计与实现	16	10	6
项目7	多点温度测量控制系统的设计与实现	14	8	6
项目8	电动机多段速运行控制系统的设计与实现	10	6	4
	总　计	120	73	47

本书由山东水利职业学院崔维群任主编，山东水利职业学院张水利任主审，山东水利职业学院申加亮、沈阳职业技术学院吴全、山东水利职业学院方静任副主编。项目1由山东水利职业学院闫廷光编写；项目2由崔维群编写；项目3由长春职业技术学院宋云艳编写；项目5由山东水利职业学院方静编写；项目4、6由吴全和崔维群编写；项目7由山东水利职业学院王书平编写；项目8由申加亮编写；附录由山东水利职业学院黄萌编写。崔维群完成了全书的统稿工作。

在本书的编写过程中，淄博三品电子科技有限公司陈敏健、楚浩军、烟台金建设计研究工程有限公司李丰志、日照亚太森博浆纸有限公司刘升、刘磊、日照威德电子科技有限公司王友明、山东水利职业学院王金平、崔灵智等对本书的项目选题、编写内容、编写形式和编写目录提出了很多宝贵的意见和建议，并参与了本书部分内容的编写和资料整理工作，在此一并表示感谢！

由于编者水平有限，书中不妥之处在所难免，敬请专家和读者批评指正。

编　者

2011年1月

目　　录

项目 1

可编程控制器系统认知

知识目标

了解可编程控制器的产生、分类、特点、应用及发展，掌握可编程控制器的定义、基本组成、工作原理及主要技术指标。

能力目标

能对可编程控制器的产生、分类、特点、应用及发展了解，掌握可编程控制器的定义、基本组成部分及作用、工作原理及主要技术指标。

引言

1969 年美国数字设备公司(DEC)研制出第一台可编程控制器，主要由分立元件和中小规模集成电路组成，只能完成简单的逻辑控制及定时、计数功能。20 世纪 70 年代初，将微处理器引入可编程控制器，使可编程控制器增加了数学运算、数据传送及处理等功能，完成了真正具有计算机特征的工业控制装置。70 年代中末期，计算机技术已全面引入可编程控制器中，使其具有更高的运算速度、更小的体积、更可靠的工业抗干扰设计、模拟量运算。80 年代初，可编程控制器呈现了新的特点：大规模、高速度、高性能和产品系列化，在先进工业国家中已获得广泛应用。

20 世纪末期，可编程控制器的发展特点是更加适应现代工业控制的需要。从控制规模上来说，这个时期出现了大型机和超小型机；从控制能力上来说，诞生了各种特殊功能单元，用于压力、温度、转速、位移等各种控制场合；从产品的配套能力来说，生产了各种人机界面单元、通信单元，使应用可编程控制器的工业控制设备的配套更加容易。目前，可编程控制器在机械制造、石油、化工、冶金、汽车、轻工业等领域的应用都得到了长足的发展。

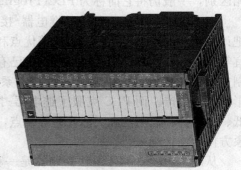

图 1.1　可编程控制器(PLC)

一、可编程控制器的产生

随着计算机控制技术的不断发展,可编程控制器的应用已广泛普及,成为自动化技术的重要组成部分。

在可编程控制器出现之前,工业控制领域主要是继电器-接触器控制占主导地位。继电器-接触器控制系统有着十分明显的缺点:体积大、耗电多、可靠性差、寿命短、运行速度慢、适应性差,尤其当生产工艺发生变化时,就必须重新设计、重新安装,造成时间和资金的严重浪费。为了改变这一现状,适应汽车型号不断更新的要求,以在竞争激烈的汽车行业中占有优势,1968 年美国最大的汽车制造公司通用汽车公司(GM)提出了研制一种新型工业控制装置来取代继电器-接触器控制装置,为此,特拟订了 10 项公开招标的技术要求,这 10 项技术要求如下。

(1) 编程简单,可在现场修改程序。

(2) 维护方便,最好是插件式结构。

(3) 可靠性高于继电器控制装置。

(4) 体积小于继电器控制装置。

(5) 可将数据直接送入管理计算机。

(6) 在成本上可与继电器控制装置竞争。

(7) 输入可为市电。

(8) 输出可为市电,容量要求在 2A 以上,能直接驱动电磁阀。

(9) 在扩展时,原有系统只需要很小的变更。

(10) 用户程序存储器容量至少能扩展到 4KB。

根据这 10 条技术要求,美国数字设备公司(DEC)1969 年研制出了世界上第一台可编程序控制器应用于通用汽车公司的自动生产线,并获得了成功。从此,可编程序控制器这一新的控制技术在世界范围内迅速发展起来。

当时可编程序控制器称为可编程逻辑控制器(PLC,Programmable Logic Controller),目的是用来取代继电器-接触器控制系统,以执行逻辑判断、计时、计数等顺序控制功能。后来,随着半导体技术,尤其是微处理器和微型计算机技术的发展,使 PLC 在概念、设计、性能价格比以及应用方面都有了新的突破。这时的 PLC 已不仅具有逻辑判断功能,还同时具有数据处理、PID 调节和数据通信功能,称为可编程序控制器(Programmable Controller)更为合适,简称为 PC,但为了与个人计算机(Personal Computer)的简称 PC相区别,一般仍将它简称为 PLC(Programmable Logic Controller)。

PLC 是微机技术与传统的继电器-接触器控制技术相结合的产物,其基本设计思想是把计算机功能完善、灵活、通用等优点和继电器控制系统的简单易懂、操作方便、价格便宜等优点结合起来。继电器控制系统已有上百年历史,它是用弱电信号控制强电系统的控制方法。在复杂的继电器-接触器控制系统中,故障查找和排除困难,花费时间长,严重影响工业生产。而 PLC 克服了继电器-接触器控制系统中机械触点的接线复杂、可靠性低、功耗高、通用性和灵活性差等缺点,充分利用微处理器的优点,并将控制器和被控对象方便地连接起来。

从用户角度看,可编程控制器是一种无触点设备,改变程序即可改变生产工艺,因此,如果在初步设计阶段就选用可编程控制器,可以使得设计和调试变得简单容易。从制造生产可编程控制器的厂商角度看，在制造阶段不需要根据用户的订货要求专门设计控制器，适合批量生产。由于这些特点，可编程控制器问世以后很快受到工业控制界的欢迎，并得到迅速的发展。目前，可编程控制器已成为工厂自动化的强有力工具，得到了广泛的应用。掌握可编程序控制器的工作原理，具备设计、调试和维护可编程序控制器控制系统的能力，已经成为现代工业对电气技术人员和工科学生的基本要求。

二、可编程控制器的定义

国际电工委员会(IEC)曾于 1982 年 11 月颁发了可编程控制器标准草案第 1 稿，1985年 1 月又发表了第 2 稿，1987 年 2 月颁发了第 3 稿。该草案中，对可编程控制器的定义是："可编程控制器是一种数字运算操作的电子系统，专为在工业环境下应用而设计。它采用了可编程序的存储器，用来在其内部存储和执行逻辑运算、顺序控制、定时、计数和算术运算等操作命令，并通过数字式和模拟式的输入和输出，控制各种类型的机械或生产过程。可编程控制器及其有关外围设备，都按易于与工业系统联成一个整体、易于扩充其功能的原则设计。"

该定义强调了可编程控制器是"数字运算操作的电子系统"，是一种计算机。它是"专为在工业环境下应用而设计"的工业计算机，是一种用程序来改变控制功能的工业控制计算机，除了能完成各种各样的控制功能外，还有与其他计算机通信联网的功能。

三、可编程控制器的基本组成

1. 控制组件

可编程控制器主要由 CPU、存储器、基本 I/O 接口电路、外设接口、编程装置、电源等组成。

可编程控制器是多种多样的，但其组成的一般原理基本相同，如图 1.2 所示，都是以微处理器为核心的结构。编程装置将用户程序送入可编程控制器，在可编程控制器运行状态下，输入单元接收到外部元件发出的输入信号，可编程控制器执行程序，并根据程序运行后的结果，由输出单元驱动外围设备。

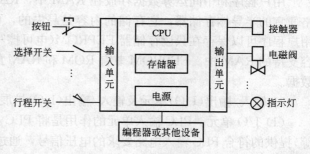

图 1.2　可编程控制器系统结构

1) CPU

CPU(中央处理器，Central Processing Unit)是可编程控制器的控制中枢，相当于人的大脑。CPU 一般由控制器、运算器和寄存器等组成，这些电路通常都被封装在一个集成的芯片上。CPU 通过地址总线、数据总线、控制总线与存储单元、输入/输出接口电路连接。CPU 的功能有：它在系统监控程序的控制下工作，通过循环扫描方式，将外部输入信号的状态写入输入映象寄存区域，PLC 进入运行状态后，从存储器逐条读取用户指令，按指令规定的任务进行数据的传送、逻辑运算、算术运算等，然后将结果送到输出映象寄存区域。

CPU 常用的微处理器有通用型微处理器、单片机和位片式计算机等。通用型微处理器常见的,如 Intel 公司的 8086、80286、到 Pentium 等系列芯片。单片机型的微处理器,如 Intel 公司的 MCS-96 系列单片机。位片式微处理器,如 AMD 2900 系列微处理器等。小型 PLC 的 CPU 多采用单片机或专用 CPU,中型 PLC 的 CPU 大多采用 16 位微处理器或单片机,大型 PLC 的 CPU 多用高速位片式微处理器,它具有灵活性强,速度快,效率高等优点。

目前,一些厂家生产的 PLC 中,还采用了冗余技术,即采用双 CPU 或三 CPU 工作,进一步提高了系统的性能和可靠性。采用冗余技术可使 PLC 的平均无故障工作时间达到几十万小时以上。

2) 存储器

可编程控制器的存储器按照读写方式分为只读存储器(ROM)、随机存储器(RAM);按照用途和功能分为系统程序存储器和用户存储器。

系统程序存储器用于存放 PLC 生产厂家编写的系统程序并固化在只读存储器 PROM (可编程 ROM)或 EPROM(可擦除可编程 ROM)中,用户不能访问或修改。系统程序相当于个人计算机的操作系统,它关系到 PLC 的性能。系统程序主要包括系统监控程序、用户指令解释程序、标准程序模块、系统调用、管理等程序以及各种系统参数等。

用户存储器可分为三部分:用户程序区、数据区和系统区。用户程序区用于存放用户经编程器输入的用户程序。数据区用于存放 PLC 的在运行过程中所用到和生成的各种工作数据。数据区包括输入、输出数据映象区,定时器、计数器的预置值和当前值等。系统区主要存放 CPU 的组态数据,例如输入/输出组态、设置输入滤波、脉冲捕捉、输出表配置、定义存储区保持范围、模拟电位器设置、高速计数器配置、高速脉冲输出配置、通信组态等。

用户程序和中间运算数据存放在 RAM 中,RAM 存储器是一种高密度、低功耗、价格便宜的半导体存储器,它存储的内容是易失的,可用电池做备用电源。当系统断电时,用户程序可以保存在只读存储器 EEPROM(电可擦写可编程 ROM)中或由后备电池或大电容支持的 RAM 中。EEPROM 兼有 ROM 和 RAM 的优点,用来存放需要长期保存的重要数据。

3) 输入/输出(I/O)单元及输入/输出(I/O)扩展接口

(1) I/O 单元。PLC 输入单元的作用是将 PLC 外部电路(如行程开关、按钮、传感器等)提供的符合 PLC 输入电路要求的电压信号,通过光电耦合电路送至 PLC 内部电路。输入电路通常以光电隔离和阻容滤波的方式提高抗干扰能力,输入响应时间一般为 0.1~15ms。PLC 输出单元的作用是将主机向外输出的信号转换成可以驱动外部执行电路的信号,以便控制接触器线圈等电器通电断电;另外输出电路也使 PLC 与外部的强电隔离,保证了系统的可靠性。根据 I/O 信号形式的不同,I/O 单元可分为模拟量 I/O 单元和数字量 I/O 单元两大类;根据 I/O 单元形式的不同,I/O 单元可分为基本 I/O 单元和扩展 I/O 单元两大类。

(2) I/O 扩展接口。可编程控制器利用 I/O 扩展接口使 I/O 扩展单元与 PLC 的基本单元实现连接,当基本 I/O 单元的输入或输出点数不够使用时,可以用 I/O 扩展单元来扩充开关量 I/O 点数和增加模拟量的 I/O 端子。

4) 外设接口。外设接口电路用于连接手持编程器或其他图形编程器、文本显示器等,并能组成 PLC 的控制网络。PLC 通过一定的通信接口与计算机连接，可以实现编程、监控、联网等功能。

5）电源

电源单元的作用是把外部电源（如 220V 交流电源）转换成内部工作电源。外部连接的电源，通过 PLC 内部配有的一个专用开关式稳压电源，将交流/直流供电电源转化为 PLC 内部电路需要的工作电源（DC +5V、±12V、+24V 等），并可为外部输入元件（如接近开关）提供 24V 直流电源，而驱动 PLC 负载的电源一般由用户提供。

2. 输入/输出接口电路

输入/输出接口电路实际上是 PLC 与被控对象之间传递输入/输出信号的接口部件。输入输出接口电路要有良好的电隔离和滤波作用。

1）输入接口电路

输入接口电路如图 1.3 所示。由于生产过程中使用的各种开关、按钮、传感器等输入器件直接接到 PLC 输入接口电路上，为防止由于触点抖动或干扰脉冲引起错误的输入信号，输入接口电路必须有很强的抗干扰能力。其提高抗干扰能力的方法主要有：

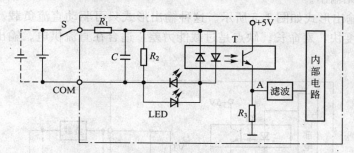

图 1.3　可编程控制器输入接口电路

（1）利用光耦合器提高抗干扰能力。光耦合器中的发光二极管是电流驱动元件，要有足够的能量才能驱动。而干扰信号虽然有的电压值很高，但能量较小，不能使发光二极管导通发光，所以不能进入 PLC 内，实现了电隔离。

（2）利用滤波电路提高抗干扰能力。最常用的滤波电路是电阻电容滤波，如图 1.3 中的 R_1、C。

在图 1.3 中，S 为输入开关，当 S 闭合时，LED 点亮，显示输入开关 S 处于接通状态。光耦合器导通，将高电平经滤波器送到 PLC 内部电路中。当 CPU 在循环扫描的输入阶段锁入该信号时，将该输入点对应的映象寄存器状态置 1；当 S 断开时，则对应的映象寄存器状态置 0。

根据常用输入电路电压类型及电路形式不同，可以分为干接点式、直流输入式和交流输入式。输入电路的电源可由外部提供，有的也可由 PLC 内部提供。

2）输出接口电路

根据驱动负载元件不同可将输出接口电路分为三种。

（1）小型继电器输出形式电路如图 1.4 所示。这种输出形式既可驱动交流负载，又可驱动直流负载。它的优点是适用电压范围比较宽，导通压降小，承受瞬时过电压和过电流的能力强。缺点是动作速度较慢，动作次数（寿命）有一定的限制。建议在输出量变化不频

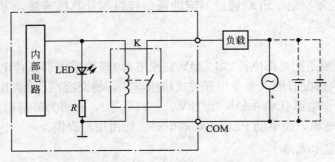

图 1.4　小型继电器输出形式

繁时优先选用。

它的电路工作原理是：当内部电路的状态为 1 时，使继电器 K 的线圈得电，产生电磁吸力，触点闭合，则负载得电，同时点亮 LED，表示该路输出点有输出。当内部电路的状态为 0 时，使继电器 K 的线圈失电（无电流），触点失开，则负载失电，同时 LED 熄灭，表示该路输出点无输出。

（2）晶体管输出形式如图 1.5 所示。这种输出形式只可驱动直流负载。它的优点是可靠性强，执行速度快，寿命长。缺点是过载能力差，适合在直流供电、输出量变化快的场合选用。

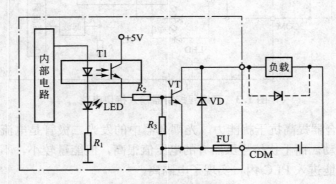

图 1.5　晶体管输出形式

图 1.5 电路的工作原理是：当内部电路的状态为 1 时，光耦合器 T1 导通，使大功率晶体管 VT 饱和导通，则负载得电，同时点亮 LED，表示该路输出点有输出。当内部电路的状态为 0 时，T1 断开，VT 截止，则负载失电，LED 熄灭，表示该路输出点无输出。当负载为电感性负载，VT 关断时会产生较高的反电势，VD 的作用是为其提供放电回路，避免 VT 承受过电压。

（3）双向晶闸管输出形式如图 1.6 所示。这种输出形式适合驱动交流负载。由于双向晶闸管和晶体管同属于半导体材料元件，所以优缺点与晶体管或场效应管的输出形式相似，适合在交流供电、输出量变化快的场合选用。

图 1.6 电路工作原理是：当内部电路的状态为 1 时，发光二极管导通发光，相当于双向晶闸管施加了触发信号，无论外接电源极性如何，双向晶闸管 VT 均导通，负载得电，同时输出指示灯 LED 点亮，表示该输出点接通；当内部电路的状态为 0 时，双向晶闸管关断，此时 LED 不亮，负载失电。

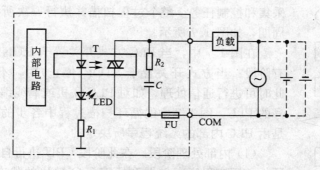

图1.6 双向晶闸管输出形式

3）I/O电路的常见问题

（1）用晶体管等有源元件作为无触点开关的输出设备，与PLC输入单元连接时，由于晶体管自身有漏电流存在，或者电路不能保证晶体管可靠截止而处于放大状态，即使在晶体管截止时，仍会有一个小的漏电流流过，有可能引起PLC输入电路发生误动作。可在PLC输入端并联一个旁路电阻来分流，使流入PLC的电流小于1.3mA。

（2）应在输出回路串联熔丝，避免负载电流过大损坏输出元件或电路板。

（3）由于晶体管、双向晶闸管型输出端子漏电流和残余电压的存在，当驱动不同类型的负载时，需要考虑电平匹配和误动等问题。

（4）感性负载断电时会产生很高的反电势，对输出单元电路产生冲击，对于大电感或频繁关断的感性负载应使用外部抑制电路，一般采用阻容吸收电路或二极管吸收电路。

3. 编程器

编程器是PLC的重要外围设备。利用编程器将用户程序送入PLC的存储器，还可以用编程器检查程序，修改程序，监视PLC的工作状态。

常见的给PLC编程的装置有手持式编程器和计算机编程方式。在可编程序控制器发展的初期，使用专用编程器来编程。专用编程器只能对某一厂家的某些产品编程，使用范围有限。小型可编程序控制器使用价格较便宜、携带方便的手持式编程器，大中型可编程序控制器则使用小型CRT作为显示器的便携式编程器。手持式编程器一般不能直接输入和编辑梯形图，只能输入和编辑指令，但它有体积小，便于携带，可用于现场调试，价格便宜等优点。

计算机的普及使得越来越多的用户使用基于个人计算机的编程器。目前基本所有的可编程序控制器生产厂商或经销商都可向用户提供编程软件，在个人计算机上添加适当的硬件接口和软件包，即可用个人计算机对PLC编程。利用微机作为编程器，可以直接编制并显示梯形图，程序可以存盘、打印、调试，对于查找故障非常有利。

四、可编程控制器的工作原理及主要技术指标

1. 可编程控制器的工作原理

结合PLC的组成和结构分析PLC的工作原理更容易理解。PLC是采用周期循环扫描的工作方式，CPU连续执行用户程序和任务的循环序列称为扫描。CPU对用户程序的执行过程是CPU的循环扫描，并用周期性地集中采样、集中输出的方式来完成现场信号的

图 1.7 PLC 工作原理

采集和控制任务。整个过程扫描并执行一次所需的时间称为扫描周期，如图 1.7 所示。

在图 1.7 中，当 PLC 方式开关置于 RUN(运行)时，执行所有阶段；当方式开关置于 STOP(停止)时，不执行后三个阶段，此时可进行通信处理，如对 PLC 联机或离线编程等。对于不同型号的 PLC，图 1.7 中的循环扫描过程中各步的顺序可能不同，这是由 PLC 内部的系统程序所决定的。

(1) 内部处理阶段。在此阶段 CPU 执行自诊断测试，检查其硬件、用户程序存储器和所有 I/O 模块的状态。如果发现异常，则停机并显示出错信息。若自诊断正常，继续向下扫描。

(2) 通信处理阶段。在此阶段，CPU 自动监测并处理各通信端口接收到的信息。即检查是否有编程器、计算机或其他 PLC 等的通信请求，若有则进行相应处理，在这一阶段完成数据通信任务。

(3) 输入扫描阶段。在此阶段，PLC 先读取输入点的状态，然后写到输入映象寄存器区。在之后的用户程序执行过程中，CPU 访问输入映象寄存器区，而并非读取输入端口的状态，输入信号的变化并不会影响到输入映象寄存器的状态，通常要求输入信号有足够的脉冲宽度，才能被响应。

(4) 执行用户程序阶段。在此阶段，PLC 按照梯形图的顺序，自左而右，自上而下的逐行扫描，从用户程序的第一条指令开始执行直到最后一条指令结束，程序运行结果放入输出映象寄存器区。在此阶段，允许对数字量 I/O 指令和不设置数字滤波的模拟量 I/O 指令进行处理，在扫描周期的各个部分，均可对中断事件进行响应。

(5) 输出刷新阶段。每个扫描周期的结尾，CPU 把存在输出映象寄存器中的数据输出给数字量输出端点(写入输出锁存器中)，更新输出状态。然后 PLC 进入下一个循环周期，重新执行自诊断，周而复始。

如果程序中使用了中断，中断事件出现，立即执行中断程序，中断程序可以在扫描周期的任意点被执行。

如果程序中使用了立即 I/O 指令，可以直接存取 I/O 点。用立即 I/O 指令读输入点值时，相应的输入映象寄存器的值一般不被修改，用立即 I/O 指令写输出点值时，相应的输出映象寄存器的值一般被修改。

PLC 的输入处理、执行用户程序、输出处理过程原理如图 1.8 所示。

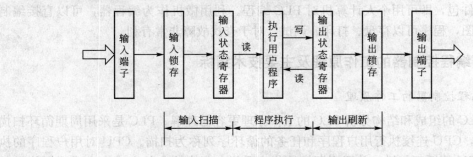

图 1.8 PLC 的输入处理、执行用户程序、输出处理过程原理

PLC 扫描周期的长短主要取决于程序的长短，通常在几十到几百毫秒之间，它对于一般的工业设备通常没有什么影响。但对控制时间要求较严格，响应速度要求较快的系统，为减少扫描周期造成的响应延时等不良影响，在编程时应对扫描周期进行计算，并尽量缩短和优化程序代码。

由 PLC 的工作过程可见，在 PLC 的程序执行阶段，即使输入发生了变化，输入状态寄存器的内容也不会立即改变，要等到下一个扫描周期输入处理阶段才能改变。暂存在输出状态寄存器中的输出信号，要等到一个循环周期结束，CPU 才集中将这些输出信号全部输出给输出锁存器，成为实际的 PLC 输出。因此，全部输入、输出状态的改变就需要一个扫描周期，换言之，输入/输出的状态保持一个扫描周期。

2. 可编程控制器主要技术指标

可编程控制器的种类很多，用户可以根据控制系统的具体要求选择不同技术性能指标的 PLC。可编程控制器的技术性能指标主要有以下几个方面。

1）输入/输出（I/O）点数

可编程控制器的 I/O 点数指外部输入、输出端子数量的总和。它是描述 PLC 大小的一个重要的参数。

2）存储器容量

PLC 的存储器由系统程序存储器、用户程序存储器和数据存储器三部分组成。PLC 存储容器量通常指用户程序存储器和数据存储器容量之和，表征系统提供给用户的可用资源，是系统性能的一项重要技术指标。

3）扫描速度

扫描速度是指 PLC 执行用户程序的速度，是衡量 PLC 性能的重要指标。一般以扫描 1K 字用户程序所需的时间来衡量扫描速度，通常以 ms/K 字为单位。PLC 用户手册一般给出执行各条指令所用的时间，可以通过比较各种 PLC 执行相同操作所用的时间，来衡量扫描速度的快慢。

4）指令系统

指令功能的强弱、数量的多少也是衡量 PLC 性能的重要指标。编程指令的功能越强、数量越多，PLC 的处理能力和控制能力也越强，用户编程也越简单和方便，越容易完成复杂的控制任务，但掌握应用也相对较复杂。用户应根据实际控制要求选择合适指令功能的可编程控制器。

5）通信功能

通信有 PLC 之间的通信和 PLC 与其他设备之间的通信。通信主要涉及通信模块、通信接口、通信协议和通信指令等内容。PLC 的组网和通信能力也已成为 PLC 产品水平的重要衡量指标之一。

6）内部元件的种类与数量

在编制 PLC 程序时，需要用到大量的内部元件来存放变量、中间结果、保持数据、定时计数、模块设置和各种标志位等信息。这些元件的种类与数量越多，表示 PLC 存储和处理各种信息的能力越强。

7）特殊功能单元

特殊功能单元种类的多少与功能的强弱是衡量 PLC 产品的一个重要指标。近年来各

PLC 厂商非常重视特殊功能单元的开发,特殊功能单元种类日益增多,功能越来越强,使 PLC 的控制功能日益扩大。

8) 可扩展能力

PLC 的可扩展能力包括 I/O 点数的扩展、存储容量的扩展、联网功能的扩展、各种功能模块的扩展等。在选择 PLC 时,经常需要考虑 PLC 的可扩展能力。

另外,厂家的产品手册上还提供 PLC 的负载能力、外形尺寸、重量、保护等级、适用的安装和使用环境,如温度、湿度等性能指标参数,供用户参考。

五、可编程控制器的分类、特点、应用及发展

1. 可编程控制器的分类

1) 按 I/O 点数和功能分类

可编程控制器用于对外部设备的控制,如外部信号的输入、PLC 的运算结果的输出等都要通过 PLC 输入输出端子来进行接线,输入、输出端子的数目之和被称为 PLC 的输入、输出点数,简称 I/O 点数。

由 I/O 点数的多少可将 PLC 的 I/O 点数分成小型、中型和大型。

小型 PLC 的 I/O 点数一般小于 256 点,以开关量控制为主,具有体积小、价格低的优点。可用于开关量控制、定时/计数控制、顺序控制及少量模拟量的控制场合,代替继电器-接触器控制在单机或小规模生产过程中使用。

中型 PLC 的 I/O 点数一般在 256~1024 点之间,功能比较丰富,兼有开关量和模拟量控制能力,适用于较复杂系统的逻辑控制和闭环过程的控制。

大型 PLC 的 I/O 点数一般在 1024 点以上。用于大规模过程控制,集散式控制和工厂自动化网络。

2) 按结构形式分类

PLC 可分为整体式结构和模块式结构两大类。

(1) 整体式 PLC 是将 CPU、存储器、I/O 部件等组成部分集中于一体,安装在印制电路板上,并连同电源一起装在一个机壳内,形成一个整体。整体式结构的 PLC 具有结构紧凑、体积小、质量轻、价格低等优点,但整体式 PLC 一般不能扩展。一般小型或超小型 PLC 多采用这种结构。

(2) 模块式 PLC 是把各个组成部分作成独立的模块,如 CPU 模块、输入模块、输出模块、电源模块等。各模块做成插件式,并组装在一个具有标准尺寸,带有若干插槽的机架内。模块式结构的 PLC 配置灵活,装配和维修方便,易于扩展。一般大中型的 PLC 都采用这种结构。

2. 可编程控制器的特点

1) 可编程控制器的特点

(1) 编程简单,使用方便。梯形图是使用得最多的可编程序控制器的编程语言,其符号与继电器电路原理图相似。有继电器电路基础的电气技术人员只要很短的时间就可以熟悉梯形图语言,并用来编制用户程序,梯形图语言形象直观,易学易懂,是可编程序控制器首选的编程语言。

(2) 控制灵活,程序可变,具有很好的柔性。可编程序控制器产品采用模块化形式,

配备有品种齐全的各种硬件装置供用户选用,用户能灵活方便地进行系统配置,组成不同功能、不同规模的系统。可编程序控制器用软件功能取代了继电器控制系统中大量的中间继电器、时间继电器、计数器等器件,硬件配置确定后,可以通过修改用户程序,不用改变硬件,方便快速地适应工艺条件的变化,具有很好的柔性。

(3)功能强,扩充方便,性能价格比高。可编程序控制器内有成百上千个可供用户使用的编程元件,有很强的逻辑判断、数据处理、PID调节和数据通信功能,可以实现非常复杂的控制功能。如果元件不够,只要加上需要的扩展单元即可,扩充非常方便。与相同功能的继电器系统相比,具有很高的性能价格比。

(4)控制系统设计及施工的工作量少,维修方便。可编程序控制器的配线与其他控制系统的配线比较少得多,故可以省下大量的配线,减少大量的安装接线时间,控制柜体积缩小,节省大量的费用。可编程序控制器有较强的带负载能力,可以直接驱动一般的电磁阀和交流接触器。一般可用接线端子连接外部接线。可编程序控制器的故障率很低,且有完善的自诊断和显示功能,便于迅速地排除故障。

(5)丰富的I/O接口。由于工业控制机只是整个工业生产过程自动控制系统中的一个控制中枢,为了实现对工业生产过程的控制,它还必须与各种工业现场的设备相连接才能完成控制任务。因此PLC除了具有计算机的基本部分如CPU、存储器等以外,还有丰富的I/O接口模块。对不同的工业现场信号(如交流、直流、开关量、模拟量、脉冲等)都有相应的I/O模块与工业现场的器件或设备(如按钮、行程开关、传感器及变送器等)直接连接。另外,为了提高PLC的操作性能,它还有多种人机对话的接口模块;为了组成工业控制网络,还配备了多种通信联网的接口模块等等。

(6)可靠性高,抗干扰能力强。可编程序控制器是为工业控制现场工作设计的,采取了一系列硬件和软件抗干扰措施,硬件措施如屏蔽、滤波、电源调整与保护、隔离、后备电池等,例如,西门子公司S7-200系列PLC中,所有中间数据可以通过一个超级电容器保持,如果选配电池模块,可以确保停电后中间数据能保存200天。软件措施如故障检测、信息保护和恢复、警戒时钟等,加强对程序的检测和校验。以上措施大大提高了PLC系统的可靠性和抗干扰能力,平均无故障工作时间达到数万小时以上,可以直接用于有强烈干扰的工业生产现场。

(7)体积小、质量轻、能耗低。由于采用半导体集成电路,与传统控制系统相比,其体积小、质量轻、功耗低。

2)可编程控制器与继电器控制的区别

PLC与继电器控制的区别主要体现在:组成器件不同,PLC中是软继电器;触点数量不同,PLC编程中无触点数的限制;实施控制的方法不同,PLC主要由软件编程实现控制,而继电器控制依靠硬件连线完成。

3. 可编程控制器的应用

目前,可编程序控制器已经广泛地应用在各个工业部门。随着其性能价格比的不断提高,应用范围还在不断扩大,主要有以下几个方面。

1)逻辑控制

可编程序控制器具有"与"、"或"、"非"等逻辑运算的能力,可以实现逻辑运算,用触点和电路的串、并联,代替继电器进行组合逻辑控制、定时控制与顺序逻辑控制。数字量逻辑控制既可以用于单台设备，也可以用于自动生产线，其应用领域最为普及，包括微电子、家电行业也有广泛的应用。

2）运动控制

可编程序控制器使用专用的运动控制模块或灵活运用指令，使运动控制与顺序控制功能有机地结合在一起。随着变频器、电动机起动器的普遍使用，可编程序控制器可以与变频器结合，运动控制功能更为强大，并广泛地用于各种机械，如金属切削机床、装配机械、机器人、电梯等场合。

3）过程控制

可编程序控制器可以接收温度、压力、流量等连续变化的模拟量，通过模拟量 I/O 模块，实现模拟量和数字量之间的 A/D 转换和 D/A 转换，并对被控模拟量实行闭环 PID(比例—积分—微分)控制。现代的大中型可编程序控制器一般都有 PID 闭环控制功能，此功能已经广泛地应用于工业生产、加热炉、锅炉等设备，以及轻工、化工、机械、冶金、电力、建材等行业。

4）数据处理

可编程序控制器具有数学运算、数据传送、数据转换、排序和查表、位操作等功能，可以完成数据的采集、分析和处理，或者将它们保存、打印。数据处理一般用于大型控制系统，如无人柔性制造系统，也可以用于过程控制系统，如造纸、冶金、食品工业中的一些大型控制系统。

5）构建网络控制

可编程序控制器的通信包括主机与远程 I/O 之间的通信、多台可编程序控制器之间的通信、可编程序控制器和其他智能控制设备(如计算机、变频器)之间的通信。可编程序控制器与其他智能控制设备一起，可以组成"集中管理、分散控制"的分布式控制系统。

当然，并非所有的可编程序控制器都具有上述功能，用户应根据系统的需要选择可编程序控制器，这样既能完成控制任务，又可节省资金。

4. 可编程控制器的发展方向

1）向高集成、高性能、高速度、大容量方向发展

微处理器技术、存储技术的发展十分迅猛，功能更强大，价格更便宜，研发的微处理器针对性更强，这为可编程序控制器的发展提供了良好的环境。大型可编程序控制器大多采用多 CPU 结构，不断地向高性能、高速度和大容量方向发展。

在模拟量控制方面，除了专门用于模拟量闭环控制的 PID 指令和智能 PID 模块，某些可编程序控制器还具有模糊控制、自适应、参数自整定功能，使调试时间减少，控制精度提高。

2）向普及化方向发展

由于微型可编程序控制器的价格便宜、体积小、质量轻、能耗低，很适合于单机自动化，它的外部接线简单，容易实现或组成控制系统等优点，在很多控制领域中得到广泛应用。

3）向模块化、智能化方向发展

可编程序控制器采用模块化的结构，方便了使用和维护。智能 I/O 模块主要有模拟量 I/O、高速计数输入、中断输入、机械运动控制、热电偶输入、热电阻输入、条形码阅读

器、多路 BCD 码输入/输出、模糊控制器、PID 回路控制、通信等模块。智能 I/O 模块本身就是一个小的微型计算机系统，有很强的信息处理能力和控制功能，它们可以完成 PLC 的主 CPU 难以兼顾的功能，简化了系统设计和编程，提高了 PLC 的适应性和可靠性。

4）向软件化发展

通过编程软件可以完成对可编程序控制器控制系统的硬件组态，即设置硬件的结构和参数，例如设置各框架各个插槽上模块的型号、模块的参数、各串行通信接口的参数等。可编程序控制器编程软件有调试和监控功能，可以在梯形图中显示触点的通断和线圈的通电情况，查找复杂电路的故障非常方便。历史数据可以存盘或打印，通过网络或 Modem 卡，还可以实现远程编程和传送。

个人计算机（PC）的价格便宜，有很强的数学运算、数据处理、通信和人机交互的功能。目前已有多家厂商推出了在 PC 上运行的可实现可编程序控制器功能的软件包，即"软 PLC"，"软 PLC"在很多方面比传统的"硬 PLC"更有优势。

5）向通信网络化发展

伴随着科技发展，很多工业控制产品都加设了智能控制和通信功能，如变频器、软起动器等。可以和现代的可编程序控制器通信联网，实现更强大的控制功能。通过双绞线、同轴电缆或光缆联网，信息可以传送到几十千米远的地方，通过 Modem 和互联网可以与世界上其他地方的计算机装置通信。

项 目 小 结

可编程控制器被誉为现代工业自动化的三大技术支柱之一。本任务主要讲解了可编程控制器的产生、分类、特点、应用及发展，可编程控制器的定义、基本组成、工作原理及主要技术指标等，以便为以后的学习打下基础。

思考与练习

1. 简述可编程序控制器的定义。
2. 可编程序控制器的基本组成有哪些？
3. PLC 的输入接口电路有哪几种形式？输出接口电路有哪几种形式？各有何特点？
4. CPU 的工作原理是什么？工作过程分哪几个阶段？
5. PLC 的工作方式有几种？如何改变 PLC 的工作方式？
6. 可编程序控制器有哪些主要特点？
7. 与一般的计算机控制系统相比可编程序控制器有哪些优点？
8. 与继电器控制系统相比可编程序控制器有哪些优点？
9. 可编程序控制器可以用在哪些领域？

项目 2

三相交流异步电动机正反转控制系统的设计与实现

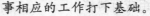

知识目标

了解 S7 - 200 系列 PLC CPU 模块的分类及技术指标，数字量输入/输出模块的类型、技术指标；理解可编程控制器应用系统的设计方法和设计步骤；掌握 S7 - 200 系列 PLC 的基本结构，CPU 模块及数字量输入/输出模块的接线及使用，S7 - 200 系列 PLC 的存储区域，S7 - 200 系列 PLC 的数据类型和寻址方式，S7 - 200 系列 PLC 的基本逻辑指令。

能力目标

STEP7 - MicroWIN 软件的基本使用，基本位逻辑指令的梯形图、语句表编程及应用，结合先修的电工技术、电子技术、低压电器等课程，能独立完成 PLC 三相异步电动机基本运动控制系统的设计与施工，包括控制方案的确定，设备和电器元件的选择，电气原理图设计，工艺设计，软件编程，系统施工和调试，技术文件的编写整理等，为以后从事相应的工作打下基础。

引言

三相交流异步电动机的正反转控制是电动机控制的基本环节之一，通过电动机的正反转控制可以控制生产机械的前后、左右、上下等的往复运动，从而控制生产机械的基本运动方式，如电梯的上升和下降，机床主轴的前进和后退，工作台的前后、左右、上下移动等都是电动机正反转运行的结果。主轴横向运动的机床如图 2.1 所示。因此，掌握使用 PLC 控制三相交流异步电动机的正反转是本课程最基本的要求之一，对以后的学习和工作都具有非常重要的意义。

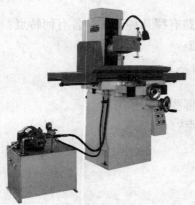

图 2.1　主轴横向运动的机床

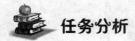

任务描述

设计并实现一个 7.5kW 的鼠笼式三相交流异步电动机的控制系统，要求用 PLC 控制，能进行正转和反转连续运行控制；在连续运行时，能随时控制其停止；要有必要的过载和短路保护、安全保护及工作指示。要求设计、实现该控制系统，并形成相应的设计文档。

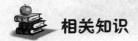

任务分析

该任务中，控制系统比较简单，一般的 PLC 都能胜任。硬件部分主要包括控制部分的 PLC、控制电动机主电路通断的接触器、进行过载和短路保护的热继电器和熔断器以及控制和显示电动机起动和停止的按钮、指示灯等，由于电动机容量较小，可以使用全压起动。

完成该任务的重点是进行 PLC 及输入/输出模块的选型，接触器、熔断器、热继电器的选型，电气原理图设计，工艺设计，相应的文档设计以及系统的安装、施工和调试。

要进行 PLC 控制系统设计，首先要对具体 PLC 的结构、性能指标及输入/输出模块的结构和性能等有非常清楚的了解，下面重点就西门子 S7-200 系列 PLC 与本任务相关的知识进行讲解。

相关知识

一、S7-200 系列 PLC 的系统结构

西门子公司的 SIMATIC 可编程控制器主要有 S5 和 S7 两大系列。目前，S5 系列 PLC 产品已被新研制生产的 S7 系列所代替。S7 系列以结构紧凑、可靠性高、功能全等优点，在自动控制领域占有重要地位。

西门子 S7 系列可编程控制器又分为 S7-400、S7-300、S7-1200、S7-200 四个系列，分别为 S7 系列的大、中、小型可编程控制器系统。S7-200 系列小型可编程控制器结构简单、使用方便、应用广泛，尤其适合初学者学习掌握。

S7-200 系列 PLC 主要由基本单元（又叫主机或 CPU 模块）、I/O 扩展单元（或 I/O 扩展模块）、功能单元（或功能模块）、个人计算机或编程器、STEP 7-Micro/WIN 编程软件以及通信电缆等构成，如图 2.2 所示。

1. 基本单元

1）概述

S7-200 的基本单元又称 CPU 模块，为整体式结构，由中央处理单元（CPU）、电源以及数字量输入/输出等部分组成，只使用基本单元就可以构成一个独立的控制系统。

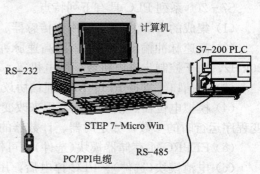

图 2.2 S7-200 PLC 系统构成

在 S7－200 系列 PLC 的 CPU 模块主要有 CPU 221、CPU 222、CPU 224 和 CPU 226 4 种基本型号，所有型号都带有数量不等的数字量输入输出(I/O)点。S7－200 CPU 模块结构如图 2.3 所示，S7－200 CPU 模块实物如图 2.4 所示。在顶部端子盖内有电源及输出端子；在底部端子盖内有输入端子及传感器电源；在中部右前侧盖内有 CPU 工作方式开关(RUN/STOP/TERM)、模拟调节电位器和扩展 I/O 连接接口；在模块左侧分别有状态 LED 指示灯、存储卡及通信接口。

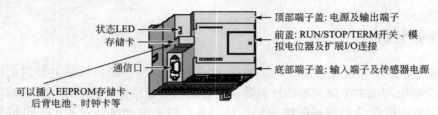

图 2.3 S7－200 CPU 模块结构

图 2.4 S7－200 CPU 模块实物图

输入端子、输出端子分别是 PLC 与外部输入信号和外部负载联系的窗口。状态指示灯指示 CPU 的工作方式、主机 I/O 的当前状态、系统错误状态等。存储卡(EEPROM 卡)可以存储 CPU 程序，在存储卡位置还可以插入后背电池、时钟模块。RS－485 串行通信接口是 PLC 主机实现人-机对话、机-机对话的通道，通过它，PLC 可以和编程器、彩色图形显示器、打印机等外围设备相连，也可以和其他 PLC 或上位计算机连接。

输入/输出扩展接口是 S7－200 主机为了扩展输入/输出点数和类型的部件。根据需要，S7－200 PLC 主机可以通过输入/输出扩展接口进行系统扩展，如数字量输入/输出扩展模块、模拟量输入/输出扩展模块或智能扩展模块等，并用扩展电缆将它们连接起来。

S7－200 系列 PLC 具有下列特点。

(1) 集成的 24V 电源。可用作传感器、输入点或扩展模块继电器输出的线圈电源。

(2) 高速脉冲输出。具有 2 路高速脉冲输出端子($Q0.0$，$Q0.1$)，输出脉冲频率可达 20kHz，用于控制步进电机或伺服电机等。

(3) 通信口。支持 PPI、MPI 通信协议，并具有自由口通信能力。

(4) 模拟电位器。模拟电位器用来改变特殊寄存器 SMB28 和 SMB29 中的数值，以改变程序运行时的参数，如定时器、计数器的预置值，过程量的控制参数。

(5) EEPROM 存储器模块(选件)。可作为修改与复制程序的快速工具。

(6) 电池模块(选件)。PLC 掉电后，用户数据(如标志位状态、数据块、定时器、计数器)可通过内部的超级电容存储大约 5 天。选用电池模块能延长存储时间到 200 天。

（7）不同的设备类型。CPU 221～226 各有 2 种不同供电方式和控制电压类型的 CPU。

（8）数字量输入/输出点。CPU 22X 主机的输入点为 24V 直流输入电路，输出有继电器输出和晶体管输出两种类型。

（9）高速计数器。高速计数器用于对比 CPU 扫描频率快的高速脉冲信号进行计数。

CPU 各型号模块主要技术指标见表 2-1。

表 2-1 CPU 各种型号模块主要技术指标

型 号	CPU 221	CPU 222	CPU 224	CPU 224 XP	CPU 226
用户数据存储器类型	EEPROM	EEPROM	EEPROM	EEPROM	EEPROM
程序存储器/B 在线程序编辑时 非在线程序编辑时	4096 4096	4096 4096	8192 12288	8192 12288	16384 24576
用户数据存储器/B	2048	2048	8192	8192	10240
数据后备（超级电容）典型值/h	50	50	100	100	100
主机数字量 I/O 点数	6/4	8/6	14/10	14/10	24/16
主机模拟量 I/O 通道数	0/0	0/0	0/0	2/1	0/0
I/O 映象区/B	256(128 入/128 出)				
可扩展模块/个	无	2	7	7	7
24V 传感器电源最大电流/电流限制/mA	180/600	180/600	280/600	280/600	400/约 1500
最大模拟量输入/输出	无	16/16	28/7 或 14	28/7 或 14	32/32
AC 240V 电源 CPU 输入电流/最大负载电流/mA	25/180	25/180	35/220	35/220	40/160
DC 24V 电源 CPU 输入电流/最大负载/mA	70/600	70/600	120/900	120/900	150/1050
为扩展模块提供的 DC 5V 电源的输出电流/mA	—	最大 340	最大 660	最大 660	最大 1000
内置高速计数器/个	4(30kHz)	4(30kHz)	6(30kHz)	6(30kHz)	6(30kHz)
高速脉冲输出/个	2(20kHz)	2(20kHz)	2(20kHz)	2(20kHz)	2(20kHz)
模拟量调节电位器/个	1	1	2	2	2
实时时钟	有(时钟卡)	有(时钟卡)	有(内置)	有(内置)	有(内置)
RS-485 通信口	1	1	1	1	2
各组输入点数	4，2	4，4	8，6	8，6	13，11
各组输出点数	4(DC 电源) 1，3 (AC 电源)	6(DC 电源) 3，3 (AC 电源)	5，5 (DC 电源) 4，3，3 (AC 电源)	5，5 (DC 电源) 4，3，3 (AC 电源)	8，8 (DC 电源) 4，5，7 (AC 电源)

2）输入/输出点结构及接线

下面以 CPU 224 为例说明 CPU 模块输入/输出点的结构及接线方法。CPU 224 的主机共有 14 个数字量输入点(I0.0～I0.7、I1.0～I1.5)和 10 个数字量输出点(Q0.0～Q0.7、Q1.0～Q1.1)，有两种型号，一种是 CPU 224 AC/DC/继电器(Relay)，输入电源为交流，提供 24V 直流给外部元件(如传感器等)，继电器方式输出，其接线图如图 2.5 所示；另一种是 CPU 224 DC/DC/DC，直流 24V 输入电源，提供 24V 直流给外部元件(如传感器等)，直流(晶体管)方式输出。用户可根据需要选用。

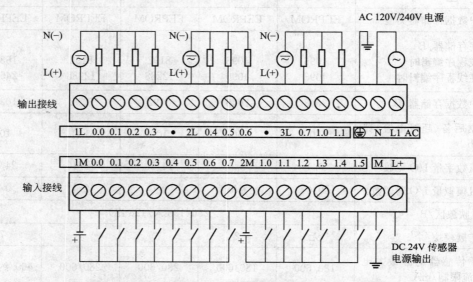

图 2.5　CPU 224(AC/DC/继电器)的输入输出单元接线图

CPU 224 直流 24V 输入电路如图 2.6 所示，它采用了双向光电耦合器隔离了外部输入电路与 PLC 内部电路的电气连接，使外部信号通过光耦合变成内部电路能接收的标准信号。当现场开关闭合后，外部直流电压经过电阻 R_1 和 R_2、C 组成的阻容滤波电路后加到双向光耦合器的发光二极管上，经光耦合，光敏晶体管接收光信号，并将接收的信号送

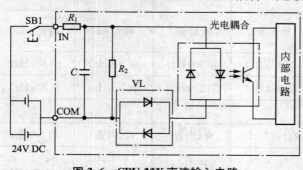

图 2.6　CPU 22X 直流输入电路

入内部电路，在输入采样阶段送至输入映象寄存器。现场开关通断状态，对应输入映象寄存器的 1/0 状态，并通过输入点对应的发光二极管指示。现场开关闭合，输入点有输入，对应的发光二极亮，对应的输入映象寄存器为 1 状态。外部 24V 直流电源用于检测输入点的状态，其极性可任意选择。

CPU 224 有 14 个数字量输入点，分成两组(见图 2.5)。第一组由输入端子 I0.0～I0.7 组成，第二组由输入端子 I1.0～I1.5 组成，每个外部输入的开关信号由各输入端子接出，经一个直流电源至公共端(1M 或 2M)。M、L＋两个端子提供 DC 24V/280mA 直流电源。

CPU 224 的输出电路有晶体管输出和继电器输出两种，其电路结构如图 2.7 和图 2.8 所示。当 PLC 由 24V 直流电源供电时，输出点为晶体管输出，采用 MOSFET 功率器件驱动负载，只能用直流为负载供电。当 PLC 由 220V 交流电源供电时，输出点为继电器输出，此时既可以选用直流，也可以选用交流为负载供电。

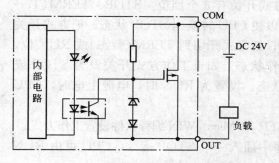

图 2.7　CPU 22X 晶体管输出电路

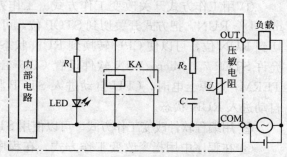

图 2.8　CPU 22X 继电器输出电路

在图 2.7 所示的晶体管输出电路中，当 PLC 进入输出刷新阶段时，通过内部数据总线把 CPU 的运算结果由输出映象寄存器集中传送给输出锁存器；当对应的输出映象寄存器为"1"状态时，输出锁存器的"1"输出使光电耦合器的发光二极管发光，光敏晶体管受光导通后，使场效应晶体管饱和导通，相应的直流负载在外部直流电源的激励下通电工作。图中稳压管用于防止输出端过电压以保护场效应晶体管。发光二极管用于指示输出状态。

在图 2.8 所示的继电器输出电路中，继电器作为功率放大的开关器件，同时又是电气隔离器件。为了消除继电器触点的火花，并联有阻容熄弧电路。在继电器的触点两端，还并联有金属氧化膜压敏电阻，避免继电器触点两端在断开时出现电压过高的现象，从而起到保护触点的作用。电阻 R1 和发光二极管（LED）组成输出状态指示电路。

在晶体管输出电路中，数字量输出分为两组，每组有一个公共端（1L、2L），可接入不同电压等级的负载电源。在继电器输出电路中（见图 2.5），数字量输出分为三组，Q0.0～Q0.3 公用 1L，Q0.4～Q0.6 公用 2L，Q0.7～Q1.1 公用 3L，各组之间可接入不同电压等级、不同电压性质的负载电源。对于继电器输出，负载的激励电源由负载性质决定。输出端子排的右端 N、L1 端子是供电电源 AC 120V /240V 输入端。

3）扩展卡

在 CPU 22X 上还可以选择安装扩展卡。扩展卡有 EEPROM 存储卡、电池和时钟卡。存储卡用于用户程序的复制。在 PLC 通电后插此卡，通过操作可将 PLC 中的程序装载到存储卡。当卡已经插在基本单元上，PLC 通电后不需任何操作，卡上的用户程序和数据会自动复制在 PLC 中。

电池模块用于 PLC 断电后长时间保存数据，使用电池模块数据存储时间可达 200 天。

4）CPU 的工作方式

CPU 前面板上有三个发光二极管显示当前 PLC 状态和工作方式，绿色 RUN 指示灯亮，表示为运行状态；红色 STOP 指示灯亮，表示为停止状态；标有 SF 的指示灯亮时表示系统故障，PLC 停止工作。

（1）STOP（停止）。CPU 工作在 STOP 方式时，不执行用户程序，此时可以通过编程装置向 PLC 装载用户程序或进行系统设置,在程序编辑、上下载等处理过程中,必须把 CPU 置于 STOP 方式。

(2) RUN(运行)。CPU 在 RUN 工作方式下,执行用户程序。

可用以下方法改变 CPU 的工作方式:

① 用工作方式开关改变工作方式。工作方式开关有 3 个挡位:STOP、TERM(Terminal)、RUN。把方式开关切到 STOP 位,可以使 CPU 转换到 STOP 状态;把方式开关切到 RUN 位,可以使 CPU 转换到 RUN 状态;把方式开切到 TERM(暂态)或 RUN 位,允许 STEP 7 - Micro/WIN 软件设置 CPU 工作状态。如果工作方式开关设为 STOP 或 TERM,电源上电时,CPU 自动进入 STOP 状态。设置为 RUN 时,电源上电时,CPU 自动进入 RUN 状态。

② 用编程软件改变工作方式。可以使用 STEP 7 - Micro/WIN 编程软件设置工作方式。

③ 在程序中用指令改变工作方式。在程序中插入一个 STOP 指令,CPU 可由 RUN 方式进入 STOP 工作方式。

2. 个人计算机或编程器

个人计算机或编程器装上 STEP 7 - Micro/WIN 编程软件后,即可供用户进行程序的编制、编辑、调试和监视等。STEP 7 - Micro/WIN 编程软件是基于 Windows 的应用软件,它支持 32 位 Windows 95、Windows 98 和 Windows NT 4.0。其基本功能是创建、编辑、调试用户程序以及组态系统等。STEP 7 - Micro/WIN 编程软件要求个人计算机的配置:CPU 为 80586 或更高的处理器,16MB 内存(最低要求为 80486 CPU,8MB 内存);VGA 显示器(分辨率 1024×768 像素);硬盘至少空间 50MB;Microsoft Windows 支持的鼠标。

3. 通信电缆

通信电缆是用来实现 S7 - 200 PLC 与个人计算机或编程器的通信。通常,S7 - 200 PLC 和编程器的通信是使用 PC/PPI 电缆连接 CPU 的 RS - 485 接口和计算机的 RS - 232 串口进行;当使用通信处理器时,可使用多点接口(MPI)电缆;使用 MPI 卡时,可使用 MPI 卡专用通信电缆。

4. 人-机界面

人-机界面主要指专用操作员界面,如操作员面板、触摸屏、文本显示器等,这些设备可以使用户通过友好的操作界面轻松地完成各种对 S7 - 200 的调试和控制任务,如图 2.9 所示。操作员面板(如 OP270、OP73 等)和触摸屏(如 TP270、TP277 等)的基本功能是过程状态和过程控制的可视化,可以使用 Protool 或 WINCC 软件组态它们的显示和控制功能。文本显示器(如 TD400C)的基本功能是文本信息显示和实施操作,在控制系统中可以设定和修改参数,可编程的功能键可以作为控制键。

OP270　　　　　OP73　　　　　TP270　　　　　TP277　　　　　TD400C

图 2.9　部分人-机界面

5. 电源

S7-200 PLC 的供电方式有 24V DC、120/240V AC 两种，主要通过 CPU 型号区分。CPU 通过内部集成的电源模块将外部提供给 PLC 的电源转换成 PLC 内部的各种工作电源，并通过连接总线为 CPU 模块、扩展模块提供 5V 直流电源；另外，S7-200 还通过 CPU 向外提供 24V 直流电源（又称传感器电源），在容量允许的范围内，该电源可供传感器、本机数字量直流输入点和扩展模块继电器数字量输出点的继电器线圈使用。

外部提供给 S7-200 PLC 的电源技术指标见表 2-2。

表 2-2　电源的技术指标

特　性	DC 24V 电源	AC 电源
电压允许范围	20.4～28.8V	85～264V，47～63Hz
冲击电流	10A，28.8V	20A，264V
内部熔断器(用户不能更换)	3A，250V 慢速熔断	2A，250V 慢速熔断

二、S7-200 CPU 的扩展能力

CPU 221 不能带扩展模块，CPU 222 最多可以带两个扩展模块，CPU 224 和 CPU 226 最多可以带 7 个扩展模块。在具体进行系统配置时，一个 CPU 模块到底能带多少扩展模块，还要受 CPU 对外提供 5V 电源的能力以及每种扩展模块消耗 5V 电源的容量限制。S7-200 各类 CPU 模块为扩展模块所能提供的 DC 5V 电源和扩展模块消耗的 DC 5V 电流见表 2-3。

表 2-3　S7-200 各类 CPU 模块为扩展模块所提供的 DC 5V 电流和扩展模块消耗的 DC 5V 电流

CPU 22X 为扩展模块提供的 DC 5V 电源最大电流/mA		扩展模块对 DC 5V 电源的电流消耗/mA	
CPU 221	—	EM221 DI8×DC 24V	30
CPU 222	340	EM222 DO8×DC 24V	50
CPU 224	660	EM222 DO8×继电器	40
CPU 226	1000	EM223 DI4/DO4×DC 24V	40
CPU 22X 提供的 DC+24V 电源最大电流/mA		EM223 DI4/DO4×DC 24V/继电器	40
CPU 221	180	EM223 DI8/DO8×DC 24V	80
CPU 222	180	EM223 DI8/DO8×DC 24V/继电器	80
CPU 224	280	EM223 DI16/DO16×DC 24V	160
CPU 226	400	EM223 DI16/DO16×DC 24V/继电器	150
		EM231 AI4×12 位	20
		EM231 AI4×热电偶	60
		EM231 AI4×RTD	60
		EM232 AQ2×12 位	20
		EM235 AI4/AQ1×12 位	30
		EM277 PROFIBUS-DP	150

如 CPU 224 对外提供 5V 电源的容量是 660mA，如果扩展 EM222 8×AC 120/230V 数字量输出模块，则因为每块 EM222 8×AC 120/230V 需要消耗 110mA 的 5V 电流，所以最多能扩展六块，而不是七块。

S7-200 的扩展模块主要有数字量扩展模块、模拟量扩展模块、热电偶/热电阻扩展模块、通信模块以及智能模块等，它们只能与 CPU 基本单元连接使用，不能单独使用。连接时，CPU 模块放在最左侧，扩展模块用扁平电缆与左侧的模块依次相连，如图 2.10 所示。

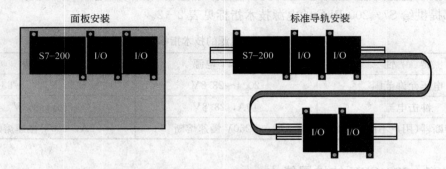

图 2.10　S7-200 的扩展

三、S7-200 的数字量扩展模块

当 CPU 集成的数字量输入/输出点不够用时，可选用数字量扩展模块。数字量扩展模块有数字量输入扩展模块、数字量输出扩展模块和数字量输入输出扩展模块，见表 2-4。

表 2-4　数字量扩展模块种类

类　　型	型　　号	各组输入点数	各组输出点数	模块消耗 5V 电源电流/mA
输入模块 EM221	EM221 8×24V DC 输入	4，4	—	30
	EM221 8×120V/230V AC 输入	8，相互独立	—	30
	EM221 16×24V DC 输入	4，4，4，4	—	70
输出模块 EM222	EM222 4×24V DC 输出	—	1，1，1，1	40
	EM222 4×继电器输出	—	1，1，1，1	30
	EM222 8×24V DC 输出	—	4，4	50
	EM222 8×继电器输出	—	4，4	40
	EM222 8×120V/230V AC 晶闸管输出	—	8，相互独立	110
输入/输出模块 EM223	EM223 4×24V DC 输入/4×24V DC 输出	4	4	40
	EM223 4×24V DC 输入/4×继电器输出	4	4	40
	EM223 8×24V DC 输入/8×24V DC 输出	4，4	4，4	80

续表

类型	型　号	各组输入点数	各组输出点数	模块消耗 5V 电源电流/mA
输入/输出 模块 EM223	EM223 8×24V DC 输入/8×继电器输出	4，4	4，4	80
	EM223 8×24V DC 输入/16×24V DC 输出	8，8	4，4，8	160
	EM223 16×24V DC 输入/16×继电器输出	8，8	4，4，4，4	150

1. 数字量输入扩展模块

1）直流输入扩展模块

直流输入扩展模块 EM221 8×DC 24V 有 8 个数字量输入端子。其电路结构与图 2.5 类似，其接线图及实物图如图 2.11 所示。图中 8 个数字量输入点分成两组，1M、2M 分别是两组输入点内部电路的公共端，每组需用户提供一个 24V 直流电源，其负极接地可选。

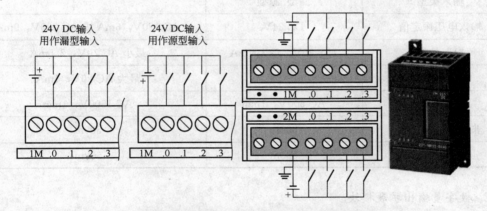

图 2.11　EM221 直流输入模块接线图及实物图

2）交流输入扩展模块

交流输入扩展模块 EM221 8× AC 120V/230V 有 8 个分隔式数字量输入端子，接线图如图 2.12 所示。图中每个输入点都占用两个接线端子，它们各自使用一个独立的交流电源（由用户提供）。这些交流电源可以不同相。

交流输入扩展模块每个输入端的内部电路如图 2.13 所示。当现场开关闭合后，交流电源经 C、R_2、双向光耦合器中的一个发光二极管，使发光二极管发光，经光耦合，光敏晶体管接收光信号，

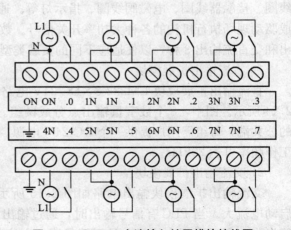

图 2.12　EM221 交流输入扩展模块接线图

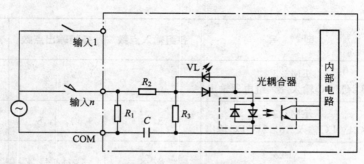

图 2.13 交流输入电路

并将该信号送至 PLC 内部电路，供 CPU 处理。双向发光二极管 VL 指示输入状态。为防止高频干扰信号，串接 C、R_2 作为高频去耦电容。

数字量输入扩展模块的主要技术指标见表 2-5。

表 2-5 数字量输入扩展模块的主要技术指标

项 目	直流输入	交流输入
输入类型	漏型/源型	—
输入电压额定值	DC 24V	AC 120V，6mA 或 AC 230V，9mA
"1" 信号	15~35V，最大 4mA	最小 AC 79V，2.5mA
"0" 信号	0~5V	最大 AC 20V，1mA
光电隔离	AC 500V，1min	AC 1500V，1min
非屏蔽电缆长度	300m	300m
屏蔽电缆长度	500m	500m

2. 数字量输出扩展模块

数字量输出扩展模块的每一个输出点能控制一个离散型负载。典型负载包括：继电器线圈、接触器线圈、电磁阀线圈、指示灯等。通过输出电路把 CPU 运算处理的结果转换成驱动现场执行机构的各种大功率开关信号。数字量输出扩展模块分为直流输出、交流输出和交直流输出 3 种，以便适应不同的负载类型。

1) 直流输出扩展模块

直流输出扩展模块 EM222 8×DC 24V 电路结构与图 2.7 类似，其的端子接线图如图 2.14 所示。图中，8 个数字量输出点分成两组。1L+、2L+ 分别是两组输出点内部电路的公共端，每组需用户提供一个 DC 24V 电源。直流输出方式的特点是输出响应速度快，工作频率可达 20kHz。

2) 交流输出扩展模块

交流输出扩展模块输出电路如图 2.15 所示，采用晶闸管输出方式，其特点是输出启动电流大。当 PLC 有信号输出时，通过输出电路使固态继电器(AC SSR)的发光二极管发光，通过光耦合使双向晶闸管导通，交流负载在外部交流电源的激励下得电，发光二极管 VL 点亮，指示输出有效。固态继电器作为功率放大的开关器件，同时也是光电隔离器件，电阻 R_2 和电容 C 组成高频滤波电路，压敏电阻起过电压保护作用，以便消除尖峰电压。

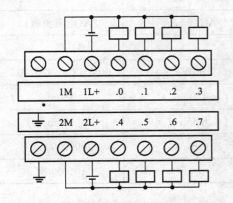

图 2.14　直流输出扩展模块的端子接线图

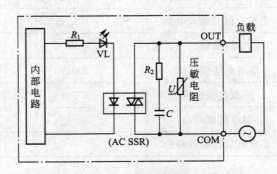

图 2.15　交流输出扩展模块的输出电路

交流输出扩展模块 EM222 8×AC 120V/230V 的端子接线图如图 2.16 所示，有 8 个分隔式数字量输出点，每个输出点各自由用户提供一个独立交流电源，这些交流电源可以不同相。

3) 交直流输出扩展模块

交直流输出扩展模块又称继电器输出扩展模块，电路结构与图 2.8 类似。继电器输出方式的优点是输出电流大（可达 2～4A），可带交流、直流负载，适应性强；缺点是响应速度慢。EM222 8×继电器的端子接线图如图 2.17 所示，8 个输出点分成两组，1L、2L 是每组输出点内部的公共端。每组用户需提供一个外部电源（可以是直流，也可以是交流电源）。

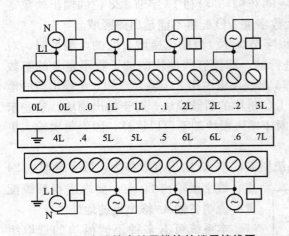

图 2.16　交流输出扩展模块的端子接线图

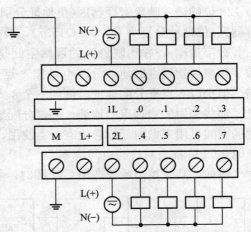

图 2.17　交直流输出扩展模块的端子接线图

交直流输出扩展模块在使用时，应根据负载的性质（直流或交流负载）来选用负载回路的电源（直流电源或交流电源）。

数字量输出扩展模块的主要技术指标见表 2-6。

表 2-6　数字量输出扩展模块的主要技术指标

项　目	直流输出	交流输出	交直流输出
电压允许范围	DC 20.4~28.8V	AC 85~264V	
逻辑 1 信号最大电流	0.75A(电阻负载)	AC 0.5A	2A(电阻负载)
逻辑 0 信号最大电流	10μA		0
灯负载	5W	60W	30W DC/200W AC
非屏蔽电缆长度	150m	150m	150m
屏蔽电缆长度	500m	500m	500m
触点机械寿命	—	—	10000000 次
额定负载时触点寿命	—	—	100000 次

3. 数字量输入输出扩展模块

S7-200 PLC 配有数字量输入/输出扩展模块 EM223。在一块模块上既有数字量输入点,又有数字量输出点。数字量输入/输出扩展模块的输入电路及输出电路的结构和性能指标与上述介绍相同。在同一块模块上,输入/输出电路类型的组合有多种形式,用户可根据控制需求选用。

4. CPU 数字量输入/输出映象区的大小及 I/O 地址分配

进行 PLC 系统配置时,要对各类输入、输出模块的输入输出点进行编址。主机提供的 I/O 具有固定的 I/O 地址,扩展模块的 I/O 地址由 I/O 模块类型及在 I/O 链中的位置决定。

S7-200 PLC 各类主机提供的数字量 I/O 映象区的区域大小是相同的,分别为:16 字节 128 位的输入映象寄存器区(位地址分别为 I0.0~I15.7)和 16 字节 128 位的输出映象寄存器区(位地址分别为 Q0.0~Q15.7),最大数字量 I/O 配置不能超出此区域。

数字量输入/输出映象区的逻辑空间是以字节(8 位)为单位递增分配的,编址时,对数字量模块物理点的地址分配也是按 8 点进行的,即使有些模块的端子数不是 8 的整数倍,但仍以 8 点来分配地址。例如一个 4 入/4 出模块也占用 8 个输入点和 8 个输出点的地址,那些未用的物理点的地址,不能分配给 I/O 链中的后续模块。对于输出模块,这些未用的空间可用来做内部标志位寄存器使用,对于输入模块却不可以这样,因为每次输入更新时,CPU 都会对这些空间清零。

例如,某一控制系统选用 CPU 224,系统所需的输入/输出点数各为:数字量输入 24 点、数字量输出 20 点。要求进行系统配置并说明各输入/输出点的地址。

本系统可有多种不同模块的选取组合,各模块在 I/O 链中的位置排列方式也可以有多种,如图 2.18 所示为一种系统配置方法。该配置各模块对应的 I/O 地址分配见表 2-7。

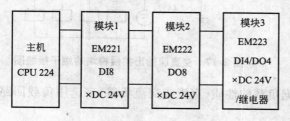

图 2.18　系统配置

表 2-7   各模块对应的 I/O 地址分配

主机 I/O		模块 1I/O	模块 2I/O	模块 3I/O	
I0.0	Q0.0	I2.0	Q2.0	I3.0	Q3.0
I0.1	Q0.1	I2.1	Q2.1	I3.1	Q3.1
I0.2	Q0.2	I2.2	Q2.2	I3.2	Q3.2
I0.3	Q0.3	I2.3	Q2.3	I3.3	Q3.3
I0.4	Q0.4	I2.4	Q2.4		
I0.5	Q0.5	I2.5	Q2.5		
I0.6	Q0.6	I2.6	Q2.6		
I0.7	Q0.7	I2.7	Q2.7		
I1.0	Q1.0				
I1.1	Q1.1				
I1.2					
I1.3					
I1.4					
I1.5					

四、S7-200 的程序设计语言

S7-200 PLC 有三种常用的程序设计语言，分别是梯形图（LAD：Ladder Diagram）、语句表（STL：Statement List）、功能块图（FBD：Function Black Diagram）。梯形图和功能块图是一种图形程序设计语言，语句表是一种类似于汇编语言的文本型语言。

S7-200 系列 PLC 的 STEP 7-Micro/Win32 编程软件支持 SIMATIC 和 IEC 1131—3 两种指令集，SIMATIC 是西门子系列 PLC 专用的指令集，执行速度快，可使用梯形图、语句表、功能块图编程语言。IEC 1131—3 指令集是国际电工委员会（IEC）制定的 PLC 国际标准 IEC 1131—3 Programming Language 中推荐的 PLC 指令标准，其指令集只能使用梯形图和功能块图两种编程语言，一般指令执行时间较长。SIMATIC 指令集和 IEC 1131—3 中的标准指令集并不兼容，以下将重点介绍 SIMATIC 指令集。

1. 梯形图（LAD）程序设计语言

梯形图程序设计语言是 PLC 最常用的一种程序设计语言。它来源于继电器逻辑控制系统，沿用了继电器、触点、串并联等术语和类似的图形符号。在工业过程控制领域，电气技术人员对继电器逻辑控制技术较为熟悉，因此，各厂家各型号的 PLC 都把它作为第一用户编程语言。

1）梯形图的构成

梯形图按逻辑关系可分成网络段，一个段其实就是一个逻辑行，在本书部分举例中将网络段略去。每个网络段由一个或多个梯级组成。程序执行时，CPU 按梯级从上到下、从左到右扫描。编译软件能直接指出程序中错误指令所在的网络段的标号。

梯形图从构成元素看是由左右母线、触点、线圈和指令盒组成，如图 2.19 所示。

（1）母线。梯形图两侧的垂直公共线称为母线。在分析梯形图的逻辑关系时，为了借

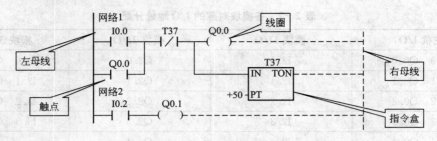

图 2.19　梯形图

用继电器电路图的分析方法,可以想象左右两侧母线(左母线和右母线)之间有一个左正右负的直流电源电压,母线之间有"能流"从左向右流动。S7-200 中右母线不画出。

(2) 触点。表示如下。

$$\text{常开触点} \longrightarrow \overset{\text{bit}}{|\ \ |}$$

$$\text{常闭触点} \longrightarrow \overset{\text{bit}}{|/|}$$

触点符号代表输入条件,如外部开关、按钮及内部条件等。CPU 运行扫描到触点符号时,到触点位指定的存储器位访问(即 CPU 对存储器的读操作)。该位数据(状态)为 1 时,表示"能流"能通过。用户程序中,常开触点、常闭触点可以使用无数次。

(3) 线圈。表示如下。

$$\longrightarrow \overset{\text{bit}}{(\ \ )}$$

线圈表示输出结果,通过输出接口电路来控制外部的指示灯、接触器及内部的输出条件等。线圈左侧的触点组成的逻辑运算结果为 1 时,"能流"从左母线经过触点和线圈流向右母线,从而使线圈得电动作,CPU 将线圈的位地址对应的存储器位置为 1;逻辑运算结果为 0,线圈不通电,存储器位置为 0。即线圈代表 CPU 对存储器的写操作。所以在用户程序中,每个线圈一般只能使用一次。

(4) 指令盒。指令盒代表一些较复杂的功能。如定时器、计数器或数学运算指令等。当"能流"通过指令盒时,执行指令盒所代表的功能。

2) 梯形图编程规则

(1) 梯形图程序由网络段(逻辑行)组成,每个网络段由一个或几个梯级组成。

(2) 从左母线向右以触点开始,以线圈或指令盒结束,构成一个梯级。触点不能出现在线圈右边。在一个梯级中,左右母线之间是一个完整的"电路",不允许短路、开路。

(3) 在梯形图中与"能流"有关的指令盒或线圈不能直接接在左母线上。与"能流"无关的指令盒或线圈直接接在左母线上,如 LBL、SCR、SCRE 等。

(4) 指令盒的 EN(IN)端是允许输入端,该端必须存在"能流",指令盒的功能才能执行。

(5) 指令盒的 ENO 端是允许输出端,用于指令的级联。无允许输出端的指令盒不能用于级联(如 CALL、LBL、SCR 等)。如果指令盒 EN 存在"能流",且指令盒被准确无误地执行后,此时 ENO=1 并把能流传到下一个指令盒或线圈。如果执行存在错误,则"能流"就在错误的指令盒终止,ENO=0。

(6) 输入点对应的触点状态由外部输入设备开关信号驱动,用户程序不能随意改变。

(7) 梯形图中同一触点可以多次重复使用。

(8) 梯形图中同一继电器线圈通常不能重复使用，只能出现一次（置位、复位除外），若多次使用（又称双线圈输出）则最后一次有效，但它的触点可以无限次使用。

(9) 梯形图中的触点可以任意串联或并联，但继电器线圈只能并联而不能串联。

(10) 上重下轻、左重右轻原则：几个串联支路并联应将触点多的支路安排在上面，几个并联回路串联应将并联支路数多的安排在左面，以缩短用户程序的扫描时间。分别如图 2.20 所示。

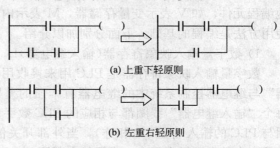

图 2.20　梯形图的上重下轻、左重右轻原则

2. 语句表(STL)程序设计语言

语句表程序设计语言是用助记符来描述程序的一种程序设计语言。语句表程序设计语言与计算机中的汇编语言非常相似，采用助记符来表示操作功能，具有容易记忆，便于掌握的特点，适用于对计算机编程比较熟悉的技术人员使用。

图 2.19 的梯形图转换为语句表程序如下。

```
网络 1            AN    T37          网络 2
LD  I0.0          =     Q0.0         LD  I0.2
O   Q0.0          TON   T37，+50     =   Q0.1
```

3. 功能块图(FBD)程序设计语言

功能块图程序设计语言是采用类似数字电路中逻辑门电路的图形编程语言，有数字电路基础的人很容易掌握。功能块图指令由输入/输出段及逻辑关系函数组成。用 STEP7 - Micro/WIN32 编程软件将图 2.19 所示的梯形图转换为 FBD 程序，如图 2.21 所示。方框的左侧为逻辑运算的输入变量，右侧为输出变量，输入输出端的小圆圈表示"非"运算，信号自左向右流动。

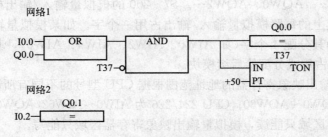

图 2.21　功能块图程序

五、S7－200 的数据存储区域及编址

1. 存储区域及功能

存储器是由许多存储单元组成的，每个存储单元都有唯一的地址，用户程序可以根据存储器地址来存取数据。可编程控制器的编址就是对 PLC 内部的存储区域和编程元件进

行编码，以便程序执行时可以唯一的识别。S7-200 PLC 为每种元件分配一个存储区域，并用字母作为存储区域标识符，同时表示元件的类型。如数字量输入映象寄存器(区域标识符为 I)，数字量输出映象寄存器(区域标识符为 Q)等。除了输入/输出外，PLC 还有其他编程元件，如 V 表示变量存储器，M 表示内部标志位存储器等。掌握各元件的功能和使用方法是编程的基础。下面分别加以介绍。

1) 数字量输入映象寄存器(输入继电器)I

数字量输入映象寄存器是 PLC 用来接收用户设备输入信号的接口。PLC 中的"继电器"与继电器控制系统中的继电器有本质的差别，它实质是存储单元，是"软继电器"。每个"输入继电器"线圈都与相应的 PLC 数字量输入端相连(如"输入继电器"I0.0 的线圈与 PLC 的输入端子 0.0 相连)，当外部开关信号闭合，则"输入继电器"的线圈得电，在程序中其常开触点闭合，常闭触点断开。由于存储单元可以无限次的读取，所以有无数对常开、常闭触点供编程时使用。编程时应注意，"输入继电器"的线圈只能由外部信号来驱动，不能在程序内部用指令来驱动，因此，在用户编制的梯形图中只应出现"输入继电器"的触点，而不应出现"输入继电器"的线圈。

输入继电器可按位、字节、字或双字存取，其位存取的地址编号范围为 I0.0~I15.7。

2) 数字量输出映象寄存器(输出继电器)Q

数字量输出映象寄存器是用来将输出信号传送到负载的接口，每个"输出继电器"线圈都有一对常开触点与相应 S7-200 的数字量输出端相连(如输出继电器 Q0.0 有一对常开触点与 PLC 输出端子 Q0.0 相连)用于驱动负载。除此之外，"输出继电器"还有无数对常开和常闭触点供编程时使用。输出继电器线圈的通断状态只能在程序内部用指令驱动。

输出继电器可按位、字节、字或双字存取，其位存取的地址编号范围为 Q0.0~Q15.7。

3) 模拟量输入/输出映象寄存器(AI/AQ)

S7-200 通过模拟量输入电路可将外部输入的模拟量信号转换成 1 字长的数字量存入模拟量输入映象寄存器区域(区域标识符为 AI)；通过模拟量输出电路可将模拟量输出映象寄存器区域(区域标识符为 AQ)1 字长的数值转换为模拟电流或电压输出。

S7-200 内的字长为 16 位，故模拟量输入/输出映象寄存器区域的地址均以偶数表示，如 AIW0、AIW2…；AQW0、AQW2…。S7-200 的模拟量输入/输出模块都是以 2 字为单位分配地址，其上的每路模拟量输入/输出占用一个字。如某模拟量输入模块有 3 路模拟量输入，则需为其分配 4 个字(如 AIW0、AIW2、AIW4、AIW6)，其中没有被使用的字 AIW6，不可被占用或分配给后续模块。

模拟量输入/输出映象寄存器的地址范围根据 CPU 型号的不同有所不同，CPU 222 为 AIW0~AIW30/AQW0~AQW30；CPU 224/226 为 AIW0~AIW62/AQW0~AQW62。模拟量输入映象寄存器区域只能读，模拟量输出映象寄存器区域只能写。

4) 变量存储器 V

变量存储器主要用于存放程序的中间运算结果或设置参数，在进行数据处理时，变量存储器会被经常使用。变量存储器可以按位、字节、字、双字为单位寻址，其存储区域大小根据 CPU 的型号有所不同，CPU 221/222 为 V0.0~V2047.7 共 2KB 存储容量，CPU 224/226 为 V0.0~V5119.7 共 5KB 存储容量。

5) 内部标志位存储器(中间继电器)M

内部标志位存储器用来保存控制继电器的中间操作状态，其作用相当于继电器控制中的中间继电器。内部标志位存储器在 S7 - 200 中没有输入/输出端与之对应，可采用位、字节、字或双字来存取，其位存取的地址编号范围为 M0.0～M31.7 共 32 字节。

6）特殊标志位存储器 SM

特殊标志位存储器用来在 CPU 和用户程序之间交换信息，是 S7 - 200 系统程序和用户程序的接口。特殊标志位存储器能以位、字节、字或双字存取，CPU 224 的 SM 的位地址编号范围为 SM0.0～SM179.7 共 180 字节。其中 SMB0～SMB29 为只读存储区域。

常用的特殊标志位存储器的用途如下。

SM0.0：运行监视。只要 PLC 处于 RUN 状态，SM0.0 始终为"1"状态。

SM0.1：初始化脉冲。S7 - 200 由 STOP 转为 RUN 状态时，ON(高电平)一个扫描周期(首个扫描周期为 1)，因此 SM0.1 的触点常用于调用初始化程序等。

SM0.2：当 RAM 中数据丢失时，ON(高电平)一个扫描周期，用于出错处理。

SM0.3：当 PLC 上电进入 RUN 方式时，ON(高电平)一个扫描周期。

SM0.4、SM0.5：占空比为 50% 的时钟脉冲。当 PLC 处于运行状态时，SM0.4 产生周期为 1min 的时钟脉冲，SM0.5 产生周期为 1s 的时钟脉冲。可用作时间基准或简易延时。

SM0.6：一个扫描周期为 ON(高电平)；另一个为 OFF(OFF)，循环交替。

SM0.7：工作方式开关位置指示，0 为 TERM 位置，1 为 RUN 位置。

SM1.0：零标志位，数学运算结果为 0 时，该位置为 1。

SM1.1：溢出标志位，数学运算结果溢出或非法数值时，该位置为 1。

SM1.2：负数标志位，数学运算结果为负数时，该位置为 1。

SM1.3：被 0 除标志位。

7）局部变量存储器 L

局部变量存储器 L 用来存放局部变量。局部变量存储器 L 和变量存储器 V 十分相似，主要区别在于变量存储器 V 是全局有效，即同一个变量可以被任何程序(主程序、子程序和中断程序)访问；而局部变量 L 只是局部有效，即变量只和特定的程序相关联。

S7 - 200 有 64 字节的局部变量存储器，其中前 60 字节可以作为暂时存储器，或给子程序传递参数。后 4 字节作为系统的保留字节。PLC 在运行时，根据需要动态地分配局部变量存储器，在执行主程序时，64 字节的局部变量存储器分配给主程序，当调用子程序或出现中断时，局部变量存储器分配给子程序或中断程序。

局部变量存储器可以按位、字节、字、双字直接寻址，其位地址编号范围为 L0.0～L63.7。

8）定时器 T

S7 - 200 所提供的定时器作用相当于继电器控制系统中的时间继电器。每个定时器可提供无数对常开和常闭触点供编程使用。其设定时间由程序设置。

每个定时器有一个 16 位的当前值寄存器，用于存储定时器累计的时基增量值(1～32767)，另有一个状态位表示定时器的状态。若当前值寄存器累计的时基增量值大于等于设定值时，定时器的状态位被置"1"，该定时器的常开触点闭合。

定时器用符号 T 和地址编号表示，共 256 个，地址编号为 T0～T225，它们的分辨率、定时范围并不相同，用户应根据所用 CPU 型号及分辨率正确选用定时器。

9）计数器 C

计数器用于累计计数输入端接收到的由断开到接通的脉冲个数。计数器可提供无数对常开和常闭触点供编程使用，其设定值由程序赋予。计数器的结构与定时器基本相同，每个计数器有一个 16 位的当前值寄存器用于存储计数器累计的脉冲数,另有一个状态位表示计数器的状态,若当前值寄存器累计的脉冲数大于等于设定值时,计数器的状态位被置"1",该计数器的常开触点闭合。计数器的地址编号范围为 C0～C255,共 256。

10) 高速计数器 HC

一般计数器的计数频率受扫描周期的影响,不能太高。而高速计数器可用来累计比 CPU 的扫描速度更快的脉冲。高速计数器的当前值是一个双字长(32 位)的整数,且为只读值。高速计数器的地址编号范围根据 CPU 的型号有所不同,CPU 221/222 各有四个高速计数器,CPU 224/226 各有 6 个高速计数器,编号为 HC0～HC5。

11) 累加器 AC

累加器是用来暂存数据的寄存器,它可以用来存放运算数据、中间数据和结果。S7 - 200 CPU 提供了 4 个 32 位的累加器,其地址编号为 AC0～AC3。累加器可按字节、字、双字存取,分别存取累加器的低 8 位、低 16 位和全部 32 位。

12) 顺序控制继电器 S(状态元件)

顺序控制继电器是使用步进顺序控制指令编程时的重要状态元件。顺序控制继电器的地址编号范围为 S0.0～S31.7。

2. 编址方式

因为存储器单位可以是位(bit)、字节(byte,单位符号为 B)、字(word)或双字(double word),所以存储器地址的表示格式也分为位、字节、字、双字地址格式。

1) 位地址格式

数据存储器区的某一位的地址格式是由存储区域标识符、字节地址及位号构成,其指定方式为:存储区域标识符+字节号. 位号,如 I0.0、Q0.0、I1.2、V5.4 等,如图 2.22 所示。I4.5 表示黑色标记的位地址,I 表示数字量输入映象存储器的标识符,4 表示数字量输入映象存储器中字节地址编号为 4 的字节,5 是第 4 字节的第 5 位,在字节地址 4 与位号 5 之间用点号"."隔开。

2) 字节、字、双字地址格式

数据存储区的字节、字、双字地址格式由存储区域标识符、数据长度以及该字节、字或双字的起始字节地址构成。如图 2.23 中,用 VB100、VW100、VD100 分别表示字节、

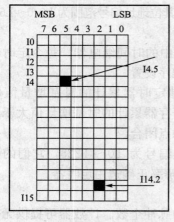

图 2.22 存储器中的位地址

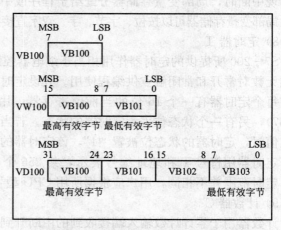

图 2.23 存储器中的字节、字、双字地址

字、双字的地址。VW100 由 VB100、VB101 两个字节组成，且 VB101 是低字节，VB100 是高字节；VD100 由 VB100～VB103 四个字节组成，VB103 是最低字节，VB100 是最高字节。

3）其他地址格式

数据区存储区域中，还包括定时器（T）、计数器（C）、累加器（AC）、高速计数器（HC）等。它们的地址格式为：区域标识符＋元件编号，如 T24 表示某定时器的地址。

六、S7－200 的数据类型及寻址方式

1. 数据类型

1）数据类型及数据范围

S7－200 系列 PLC 的基本数据类型有字符串型、1 位布尔型（BOOL）、8 位字节型（BYTE）、16 位无符号整数（WORD）、16 位有符号整数（INT）、32 位无符号双字整数（DWORD）、32 位有符号双字整数（DINT）和 32 位实数型（REAL，浮点数），实数型数据采用 32 位单精度数来表示。数据类型、长度及数据范围见表 2－8。

表 2－8　数据类型、长度及数据范围

数据的类型、长度	无符号整数范围		有符号整数范围	
	十进制	十六进制	十进制	十六进制
字节 B(8 位)	0～255	0～FF	−128～127	80～7F
字 W(16 位)	0～65535	0～FFFF	−32768～32767	8000～7FFF
双字 D(32 位)	0～4294967295	0～FFFFFFFF	−2147483648～2147483647	80000000～7FFFFFFF
位(BOOL)	0、1			
实数	$-10^{38}\sim10^{38}$			
字符串	每个字符串以字节形式存储，最大长度为 255B，第 1 个字节中定义该字符串的长度			

2）常数的表示

S7－200 的许多指令中常会使用常数。常数的数据长度可以是字节、字和双字，书写常数可以用二进制、十进制、十六进制、ASCII 码或实数等多种形式，具体格式如下：十进制常数：−1234 ；十六进制常数：16♯3AC6；二进制常数：2♯1010000111100000；ASCII 码："Show"；实数（浮点数）：＋1.175495E−38（正数），−1.175495E−38（负数）。

2. 寻址方式

S7－200 的指令由操作码和操作数组成。指令中提供参与操作的操作数或操作数地址的方法称为寻址方式。S7－200 的数据寻址方式有立即数寻址、直接寻址和间接寻址 3 大类。

1）立即数寻址

一条指令中，如果操作码后面的操作数就是指令所需要的具体数据，这种寻址方式就叫立即数寻址。如指令 MOVD 2505，VD500，该指令功能为将十进制数 2505 传送到 VD500 存储单元中，这里 2505 是源操作数，VD500 是目的操作数。因为源操作数的数值已经在指令中了，不用再去寻找，这个操作数即为立即数，这种寻址方式就是立即数寻址。而目标操作数的数值在指令中并未给出，只给出了要传送到的地址 VD500，这个操作

数的寻址方式就是直接寻址。

2)直接寻址

直接寻址是在指令中直接使用存储器或寄存器的元件名称(区域标志)和地址编号,直接到指定的区域读取或写入数据。直接寻址有按位、字节、字、双字的寻址方式。

3)间接寻址

间接寻址时操作数并不提供直接数据位置,而是通过使用地址指针来存取存储器中的数据。使用前,首先要将寻址的数据所在单元的内存地址放入地址指针寄存器,然后再通过地址指针来存取存储器中的数据。在 S7 - 200 中,允许对 I、Q、M、V、S、T、C(仅当前值)存储区进行间接寻址。间接寻址步骤如下。

(1) 建立地址指针。使用间接寻址前,要先创建一指向数据存储地址位置的指针。指针为双字(32 位),存放的是另一存储器的地址,只能用 V、L 或累加器 AC 作指针。生成指针时,要使用双字传送指令(MOVD),将数据所在单元的内存地址送入指针,双字传送指令的输入操作数开始处加"&"符号,表示某存储器的地址,而不是存储器内部的值。例如:MOVD &VB200,AC0 指令就是将 VB200 的地址送入累加器 AC0 中。

(2) 利用指针存取数据。在使用地址指针存取数据的指令中,操作数前加"*"号表示该操作数为地址指针。例如:MOVW *AC0,AC1,MOVW 表示字传送指令,若 AC0 中的内容为 VB200 的地址,则该指令将 AC0 中的内容为起始地址的一个字长的数据(即 VB200,VB201 内的数据)送入 AC1 内,如图 2.24 所示。

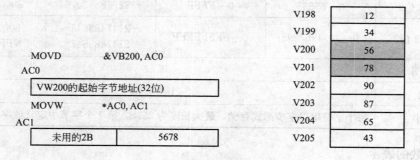

图 2.24　间接寻址

七、S7 - 200 的基本位操作指令

1. 基本位操作指令介绍

位操作指令是 PLC 最常用的基本指令,梯形图指令有触点和线圈两大类,触点又分常开触点和常闭触点两种形式;语句表指令有与、或以及输出等逻辑关系,位操作指令能够实现基本的位逻辑运算和控制功能。

1)触点装载(LD/LDN)及线圈驱动(=)指令

(1) 指令功能。

LD(load):常开触点逻辑运算的开始。对应梯形图则为在左侧母线或线路分支点处装载一个常开触点。

LDN(load not):常闭触点逻辑运算的开始(即对操作数的状态取反),对应梯形图则为在左侧母线或线路分支点处装载一个常闭触点。

＝（OUT）：输出指令，对应梯形图则为线圈驱动。对同一元件一般只能使用一次。

（2）指令格式，如图 2.25 所示。

（3）LD/LDN、＝指令使用说明。

① 触点代表 CPU 对存储器的读操作，常开触点和存储器的位状态一致，常闭触点和存储器的位状态相反。用户程序中同一触点可使用无数次。

如：存储器 I0.0 的状态为 1，则对应的常开触点 I0.0 接通，常闭触点 I0.0 断开。存储器 I0.0 的状态为 0，则对应的常开触点 I0.0 断开，常闭触点 I0.0 接通。

② 线圈代表 CPU 对存储器的写操作，若线圈左侧的逻辑运算结果为"1"，表示能流能够达到线圈，CPU 将该线圈所对应的存储器的位置为"1"，若线圈左侧的逻辑运算结果为"0"，表示能流不能够达到线圈，CPU 将该线圈所对应的存储器的位写入"0"。

③ LD、LDN 指令用于与输入公共母线（左母线）相连的接点，也可与 OLD、ALD 指令配合使用于分支回路的开始。"＝"指令用于 Q、M、SM、T、C、V、S。但不能用于输入映象寄存器 I。"＝"可以并联使用任意次，但不能串联，如图 2.26 所示。

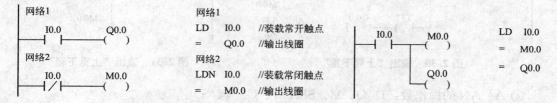

图 2.25　LD/LDN、OUT 指令　　　　图 2.26　输出指令的并联使用

④ LD/LDN 的操作数：I、Q、M、SM、T、C、V、S。

"＝"（OUT）的操作数：Q、M、SM、T、C、V、S。

2）触点串联指令 A（And）、AN（And not）

（1）指令功能。

A（And）：与常开触点，在梯形图中表示串联连接单个常开触点。

AN（And not）：与常闭触点，在梯形图中表示串联连接单个常闭触点。

（2）指令格式，具体如图 2.27 所示。

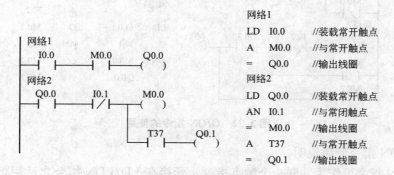

图 2.27　A/AN 指令的使用

（3）A/AN 指令使用说明。

① A、AN 是单个触点串联连接指令，可连续使用，如图 2.28 所示。

② 若要串联多个并联电路时，必须使用 ALD 指令，如图 2.29 所示。

LD　M0.0
A　T37
AN　T38
=　Q0.0

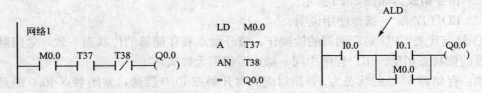

图 2.28　多个触点连续串联

图 2.29　并联电路串联

③ 若按正确次序编程(即输入遵循“左重右轻、上重下轻”；输出遵循“上轻下重”)，可以反复使用 A、AN 及“＝”指令，如图 2.30 所示。但按如图 2.31 所示的编程次序，就不能连续使用“＝”指令。

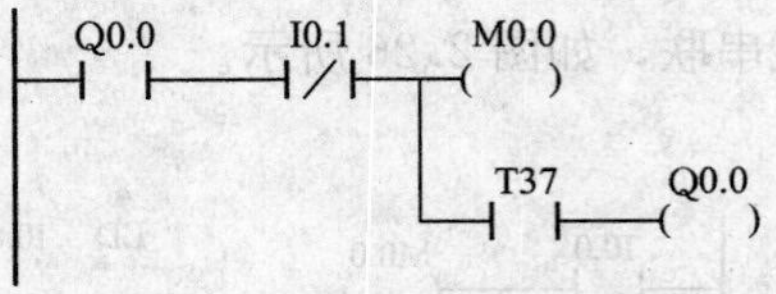

LD　Q0.0
AN　I0.1
=　M0.0
A　T37
=　Q0.1

图 2.30　输出“上轻下重”

图 2.31　输出“上重下轻”

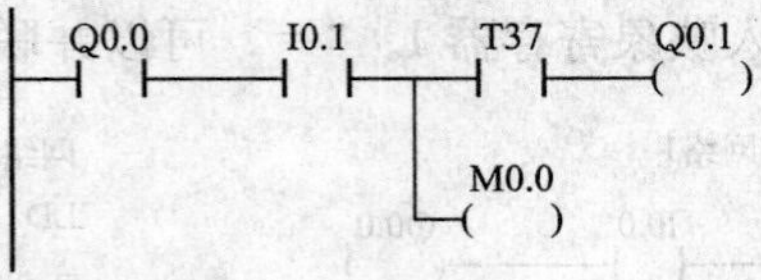

④ A、AN 的操作数：I、Q、M、SM、T、C、V、S。

3) 触点并联指令：O(Or)/ON(Or not)

(1) 指令功能。

O：或常开触点，在梯形图中表示并联连接一个常开触点。

ON：或常闭触点，在梯形图中表示并联连接一个常闭触点。

(2) 指令格式，如图 2.32 所示。

网络1
LD　I0.0
O　I0.1
ON　M0.0
=　Q0.0

网络2
LDN　Q0.0
A　I0.2
O　M0.1
AN　I0.3
O　M0.2
=　M0.1

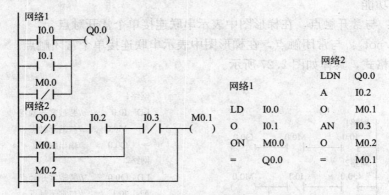

图 2.32　O/ON 指令的使用

(3) O/ON 指令使用说明。

① O/ON 指令可作为并联一个触点指令，紧接在 LD/LDN 指令之后用，即对其前面的 LD/LDN 指令所规定的触点并联一个触点，可以连续使用。

② 若要并联连接两个以上触点的串联回路时，须采用 OLD 指令。

③ O/ON 操作数：I、Q、M、SM、V、S、T、C。

4）并联电路块的串联指令 ALD

（1）指令功能。

ALD：块"与"操作，用于串联连接多个并联电路组成的电路块。

（2）指令格式。如图 2.33 所示。

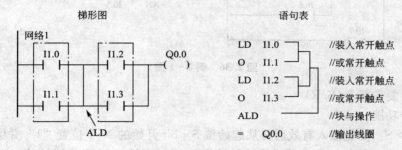

梯形图　　　　　　　　　　　　　　　语句表

网络1

LD	I1.0	//装入常开触点
O	I1.1	//或常开触点
LD	I1.2	//装入常开触点
O	I1.3	//或常开触点
ALD		//块与操作
=	Q0.0	//输出线圈

图 2.33　ALD 指令使用

（3）ALD 指令使用说明。

① 并联电路块与前面电路串联连接时，使用 ALD 指令。分支的起点用 LD/LDN 指令，并联电路结束后使用 ALD 指令与前面电路串联。

② 可以按图 2.34 所示顺次使用 ALD 指令串联多个并联电路块，数量没有限制。

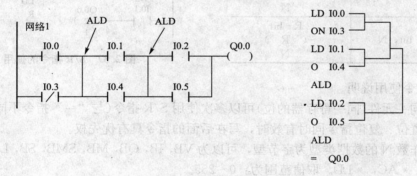

网络1

LD	I0.0
ON	I0.3
LD	I0.1
O	I0.4
ALD	
LD	I0.2
O	I0.5
ALD	
=	Q0.0

图 2.34　ALD 指令使用

5）串联电路块的并联指令 OLD

（1）指令功能。

OLD：块"或"操作，用于并联连接多个串联电路组成的电路块。

（2）指令格式，如图 2.35 所示。

（3）OLD 指令使用说明。

① 并联连接几个串联支路时，其支路的起点以 LD、LDN 开始，并联结束后用 OLD。

② 可以顺次使用 OLD 指令并联多个串联电路块，数量没有限制。

【例 2-1】 根据图 2.36 所示梯形图，写出对应的语句表。

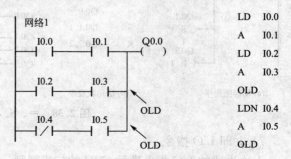

网络1

LD	I0.0
A	I0.1
LD	I0.2
A	I0.3
OLD	
LDN	I0.4
A	I0.5
OLD	

图 2.35　OLD 指令的使用

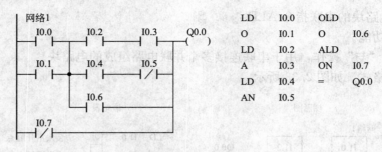

图 2.36 例 2-1 图

6) 置位/复位指令(S/R)

(1) 指令功能。

置位指令 S：使能输入有效后将从起始位 S-bit 开始的 N 个位置"1"并保持。

复位指令 R：使能输入有效后将从起始位 R-bit 开始的 N 个位清"0"并保持。

(2) 指令格式，S/R 指令格式见表 2-9，其使用如图 2.37 所示。

表 2-9 S/R 指令格式

STL	LAD
S S-bit, N	S-bit —(S) N
R S-bit, N	R-bit —(R) N

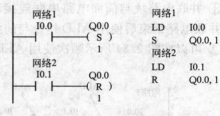

图 2.37 S/R 指令的使用

(3) 指令使用说明。

① 对同一元件(同一寄存器的位)可以多次使用 S/R 指令(与"="指令不同)。

② 当置位、复位指令同时有效时，写在后面的指令具有优先权。

③ 操作数 N 的数据类型为字节型，可以为 VB, IB, QB, MB, SMB, SB, LB, AC, 常量，* VD，* AC，* LD。取值范围为：0~255。

④ 操作数 S-bit 和 R-bit 为：Q, M, SM, T, C, V, S, L。数据类型为：布尔。

【例 2-2】 如图 2.38 所示为=、置位、复位指令应用举例及时序分析。

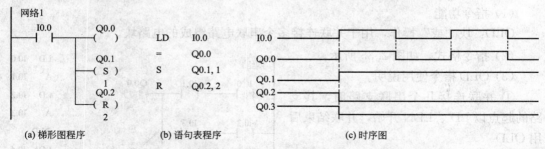

(a) 梯形图程序   (b) 语句表程序   (c) 时序图

图 2.38 =、S、R 指令比较

7) 立即 I/O 指令

上边讲述的 I/O 指令遵循 CPU 的扫描规则，程序执行过程中，梯形图中各输入继电器、输出继电器触点的状态取自于 I/O 映象寄存器。为了加快 I/O 响应速度，S7-200 中可以采用立即 I/O 指令。立即 I/O 指令包括立即触点、立即输出、立即置位和立即复位指令。

立即 I/O 指令不受 PLC 循环扫描工作方式的约束，允许对输入/输出物理点进行快速直接存取。执行立即触点指令时，CPU 绕过输入映象寄存器，直接读入物理输入点的状态作为程序执行期间的数据，输入映象寄存器不做刷新处理；执行立即输出指令时，则将结果同时立即复制到物理输出点和对应的输出映象寄存器，而不是等待程序执行结束后，转入输出刷新阶段才将结果传送到物理输出点，从而加快了输入/输出响应速度。

(1) 立即触点指令。当执行立即触点指令时，若某物理输入点的触点闭合时，相应的常开立即触点为 1，常闭立即触点为 0，反之亦然。

梯形图中，立即触点指令用常开和常闭立即触点表示，如图 2.39 所示。

语句表中，常开立即触点编程由 LDI、AI、OI 指令描述，常闭立即触点编程由 LDNI、ANI、ONI 指令描述。立即触点指令的操作数只限于 I。

```
LDI     I2.1
ANI     I2.2
=       Q1.1
LDNI    I2.3
OI      I2.4
=       Q1.2
```

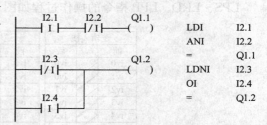

图 2.39　立即触点指令

执行 LDI(立即装载)指令，把物理输入点的位值立即装入栈顶；执行 AI(立即与)指令，把物理输入点的位值“与”栈顶值，运算结果仍存于栈顶；执行 OI(立即或)指令，把物理输入点的位值“或”栈顶值，运算结果仍存于栈顶。执行 LDNI、ANI、ONI 指令，把物理输入点的位值取反后，再做相应的装载、与、或操作。

(2) 立即输出指令。当执行立即输出指令时，栈顶值被同时立即复制到物理输出点和相应的输出映象寄存器，而不受扫描周期的影响。立即输出指令的操作数只限于 Q，如图 2.40 所示。

必须指出：立即 I/O 指令是直接访问物理输入输出点的，比一般指令访问输入/输出映象寄存器占用 CPU 的时间要长些，因而不能盲目地使用立即指令，否则会加长扫描周期的时间，反而会对系统造成不利影响。

(3) 立即置位和立即复位指令。当执行立即置位或立即复位指令时，从指令操作数指定的地址位开始的 N 个物理输出点将被立即置位或立即复位且被保持。立即置位或复位的点数 N 可以是 1～128，且只能对物理输出点进行操作。如图 2.41 所示立即置位、复位指令。

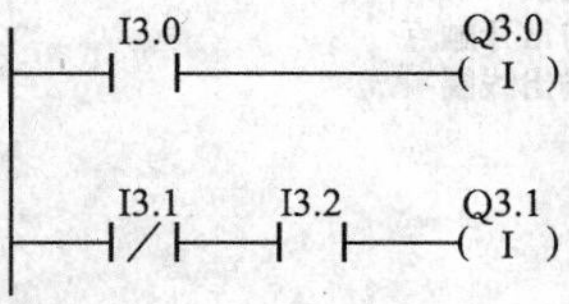

```
LD      I3.0
=I      Q3.0
LDN     I3.1
A       I3.2
=I      Q3.1
```

图 2.40　立即输出指令

```
LD      I3.0
SI      Q2.0, 2
LDN     I3.1
A       I3.2
RI      Q3.1, 4
```

图 2.41　立即置位、复位指令

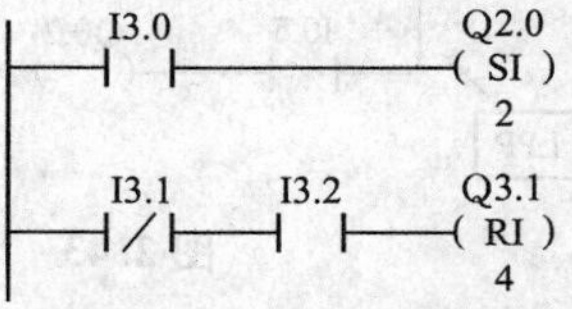

执行该指令时，新值被写到物理输出点和相应的输出映象寄存器。

8) 逻辑堆栈操作指令

S7-200 系列 PLC 采用逻辑堆栈来保存逻辑运算结果，堆栈共有 9 层。

(1) 指令功能。堆栈操作指令用于处理电路的分支点。在编制控制程序时，经常遇到多个分支电路同时受一个或一组触点控制的情况，若采用前述指令不容易编写程序，用堆

栈操作指令则可方便地将梯形图转换为语句表。

逻辑堆栈指令主要有：逻辑入栈 LPS 指令、逻辑读栈 LRD 指令和逻辑出栈 LPP 指令。

LPS 指令：把栈顶值复制后压入堆栈，栈中原来数据依次下移一层，栈底内容丢失。

LRD 指令：把逻辑堆栈第二层的值复制到栈顶，2～9 层数据不变。

LPP 指令：把堆栈弹出一级，原第二级的值变为新的栈顶值，栈中原来数据依次上移一层。指令执行完成后，栈底内容为不确定值。

LPS、LRD、LPP 指令的操作过程如图 2.42 所示。

逻辑入栈		逻辑读栈		逻辑出栈	
前	后	前	后	前	后
iv0	iv0	iv0	iv1	iv0	iv1
iv1	iv0	iv1	iv1	iv1	iv2
iv2	iv1	iv2	iv2	iv2	iv3
iv3	iv2	iv3	iv3	iv3	iv4
iv4	iv3	iv4	iv4	iv4	iv5
iv5	iv4	iv5	iv5	iv5	iv6
iv6	iv5	iv6	iv6	iv6	iv7
iv7	iv6	iv7	iv7	iv7	iv8
iv8	iv7	iv8	iv8	iv8	X

图 2.42　LPS、LRD、LPP 指令的操作过程

(2) 指令使用说明。

① 逻辑堆栈指令可以嵌套使用，最多为 9 层。

② 为保证程序地址指针不发生错误，入栈指令 LPS 和出栈指令 LPP 必须成对使用。

【例 2-3】　根据如图 2.43 所示梯形图，写出对应的语句表。

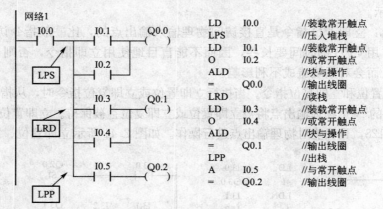

LD	I0.0	//装载常开触点
LPS		//压入堆栈
LD	I0.1	//装载常开触点
O	I0.2	//或常开触点
ALD		//块与操作
=	Q0.0	//输出线圈
LRD		//读栈
LD	I0.3	//装载常开触点
O	I0.4	//或常开触点
ALD		//块与操作
=	Q0.1	//输出线圈
LPP		//出栈
A	I0.5	//与常开触点
=	Q0.2	//输出线圈

图 2.43　堆栈指令的使用

9) 边沿触发(微分脉冲)指令 EU/ED

(1) 指令功能。

EU 指令：在 EU 指令前的逻辑运算结果有一个上升沿时(由 OFF→ON)产生一个宽度为一个扫描周期的脉冲，驱动后面的输出线圈。

ED 指令：在 ED 指令前的逻辑运算结果有一个下降沿时(由 ON→OFF)产生一个宽度为一个扫描周期的脉冲，驱动其后线圈。

(2) 指令格式，EU/ED 指令格式见表 2-10，使用及时序分析如图 2.44 所示。

表 2 - 10　EU/ED 指令格式

STL	LAD	操作数
EU(Edge Up)	—| P |—	—
ED(Edge Down)	—| N |—	—

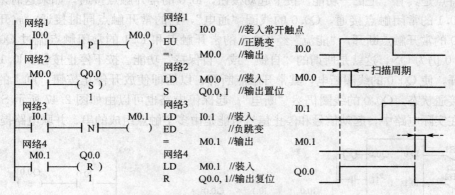

图 2.44　EU/ED 指令的使用及时序分析

I0.0 的上升沿，经触点(EU)产生一个扫描周期的时钟脉冲，驱动输出线圈 M0.0 导通一个扫描周期，M0.0 的常开触点闭合一个扫描周期，使输出线圈 Q0.0 置位为 1 并保持。

I0.1 的下降沿，经触点(ED)产生一个扫描周期的时钟脉冲，驱动输出线圈 M0.1 导通一个扫描周期，M0.1 的常开触点闭合一个扫描周期，使输出线圈 Q0.0 复位为 0 并保持。

(3) 指令使用说明。

① EU、ED 指令只在输入信号变化时有效，其输出信号的脉冲宽度为一个扫描周期。

② 对开机时就为接通状态的输入条件，EU 指令不执行。

10) 取非和空操作指令 NOT/NOP

取非和空操作指令格式见表 2 - 11。

表 2 - 11　NOT/NOP 指令格式

STL	LAD	操作数
NOT	—|NOT|—	—
NOP	$\frac{N}{\text{NOP}}$	—

(1) 取非指令(NOT)。指对存储器位的取非操作，用来改变能流的状态。梯形图指令用触点形式表示，触点左侧为 1 时，右侧为 0，能流不能到达右侧，输出无效。反之亦然。

(2) 空操作(NOP)。空操作指令起增加程序容量和延时作用。使能输入有效时，执行空操作指令，将稍微延长扫描周期长度，不影响用户程序的执行，也不会使能流输出断开。操作数 N 为执行空操作的次数，N＝0～255。

【例 2 - 4】　取非指令和空操作指令应用举例

如图 2.45 所示。

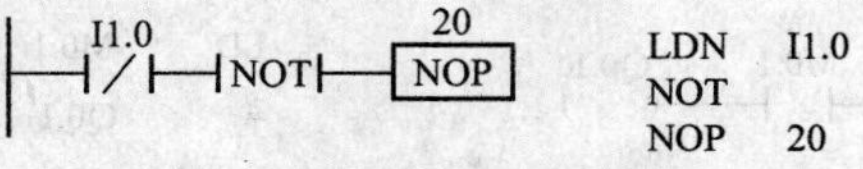

2. 基本位操作指令应用举例

1) 起动、保持、停止电路

—\| / \|—\|NOT\|—\[NOP 20 \]—

LDN　I1.0
NOT
NOP　20

图 2.45　取非指令和空操作指令应用举例

起动、保持和停止电路简称为"起保停"电路，其梯形图和对应的 PLC 外部接线如图 2.46 所示。输入映象寄存器 I0.0 的状态与起动常开按钮 SB1 的状态相对应，I0.1 的状态与停止常开按钮 SB2 的状态相对应，程序运行结果写入输出映象寄存器 Q0.0，并通过输出电路控制负载。图中的起动信号 I0.0 和停止信号 I0.1 持续时间一般都很短。起保停电路最主要的特点是具有"记忆"功能。按下起动按钮，I0.0 的常开触点接通，如果这时未按停止按钮，I0.1 的常闭触点接通，Q0.0 的线圈"通电"，它的常开触点同时接通。放开起动按钮，I0.0 的常开触点断开，"能流"经 Q0.0 的常开触点和 I0.1 的常闭触点流过 Q0.0 的线圈，Q0.0 仍为 ON，这就是所谓的"自锁"或"自保持"功能。按下停止按钮，I0.1 的常闭触点断开，使 Q0.0 的线圈断电，其常开触点断开，以后即使放开停止按钮，I0.1 的常闭触点恢复接通状态，Q0.0 的线圈仍然"断电"。起保停电路也可以由如图 2.47 所示 S/R 指令实现。在实际电路中，起动信号和停止信号可能是由多个触点组成的串、并联电路提供。

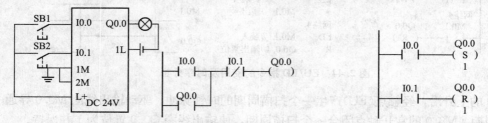

图 2.46　起保停电路外部接线图和梯形图　　　　图 2.47　S/R 指令实现的起保停电路

2）互锁电路

如图 2.48 所示输入信号为 I0.0 和 I0.1，若 I0.0 先接通，M0.0 自保持，使 Q0.0 有输出，同时 M0.0 的常闭触点断开，即使 I0.1 再接通，也不能使 M0.1 动作，故 Q0.1 无输出。若 I0.1 先接通，则情形与前述相反。因此在控制环节中，该电路可实现信号互锁。

3）比较电路

图 2.49 所示电路按预先设定的输出要求，根据对两个输入信号的比较，决定某一输出。若 I0.0、I0.1 同时接通，Q0.0 有输出；I0.0、I0.1 均不接通，Q0.1 有输出；若 I0.0 不接通，I0.1 接通，则 Q0.2 有输出；若 I0.0 接通，I0.1 不接通，则 Q0.3 有输出。

图 2.48　互锁电路　　　　　　　　　　　　　图 2.49　比较电路

4）分频电路

用 PLC 可以实现对输入信号的任意分频。图 2.50 是一个二分频电路。将脉冲信号加到 I0.0 端，在第一个脉冲的上升沿到来时，M0.0 产生一个扫描周期的单脉冲，使 M0.0 的常开触点闭合，由于 Q0.0 的常开触点断开，M0.1 线圈断开，其常闭触点 M0.1 闭合，Q0.0 的线圈接通并自保持；第二个脉冲上升沿到来时，M0.0 又产生一个扫描周期的单脉冲，M0.0 的常开触点又接通一个扫描周期，此时 Q0.0 的常开触点闭合，M0.1 线圈通电，其常闭触点 M0.1 断开，Q0.0 线圈断开；直至第三个脉冲到来时，M0.0 又产生一个扫描周期的单脉冲，使 M0.0 的常开触点闭合，由于 Q0.0 的常开触点断开，M0.1 线圈断开，其常闭触点 M0.1 闭合，Q0.0 的线圈又接通并自保持。以后循环往复，不断重复上过程。如图 2.50 所示输出信号 Q0.0 是输入信号 I0.0 的二分频。

```
LD  I0.0
EU
=   M0.0
LD  M0.0
A   Q0.0
=   M0.1
LD  M0.0
O   Q0.0
AN  M0.1
=   Q0.0
```

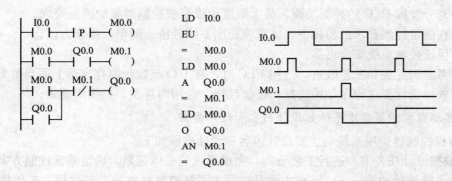

图 2.50 分频电路

5）抢答器电路

设有 3 个抢答席和 1 个主持人席，每个抢答席上各有 1 个抢答按钮和一盏抢答指示灯。参赛者在允许抢答时，第一个按下抢答按钮的抢答席上的指示灯将会亮，且释放抢答按钮后，指示灯仍然亮；此后另外两个抢答席上即使再按各自的抢答按钮，其指示灯也不会亮。这样主持人就可以轻易地知道谁是第一个按下抢答器的。该题抢答结束后，主持人按下主持席上的复位按钮(常闭按钮)，则指示灯熄灭，又可以进行下一题的抢答比赛。输入/输出分配表和程序及抢答器程序设计如图 2.51 所示。

I/O分配表

I0.0 S0 //主持席上的复位按钮(常闭)
I0.1 S1 //抢答席1上的抢答按钮
I0.2 S2 //抢答席2上的抢答按钮
I0.3 S3 //抢答席3上的抢答按钮
Q0.1 H1 //抢答席1上的指示灯
Q0.2 H2 //抢答席2上的指示灯
Q0.0 H3 //抢答席3上的指示灯

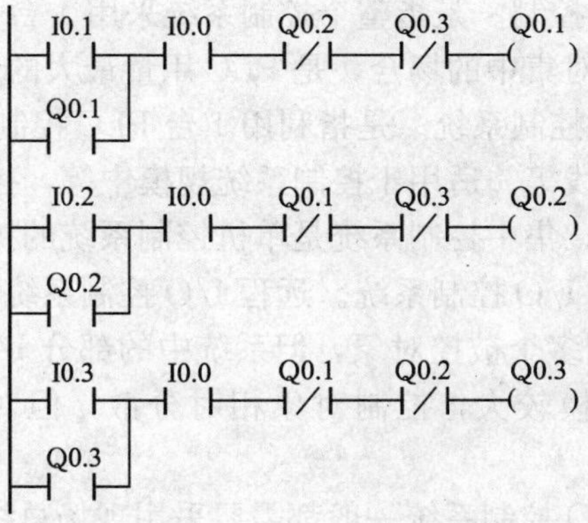

图 2.51 抢答器程序设计

方法与步骤

上面讲解了完成三相交流异步电动机正反转运动控制所需要的相关知识,下面讲解实现该任务的具体方法和步骤。该任务是一个关于可编程控制器在三相异步电动机运动控制中的应用系统设计实例,任何事物都有自身的规律,要进行可编程控制器应用系统设计,就必须先了解可编程控制器应用系统设计所特有的规律和步骤。

一、可编程控制器应用系统设计内容和设计步骤

1. 可编程控制器应用系统设计的基本原则

可编程控制器应用系统设计的基本原则如下。

(1) 充分发挥 PLC 的控制功能,最大限度地满足被控制对象的控制要求。

(2) 在满足控制要求的前提下,力求使控制系统经济、简单,维修方便。

(3) 保证控制系统安全可靠。

(4) 考虑到发展和工艺改进,选用 PLC 时,在 I/O 点数和内存容量上适当留有余地。

(5) 软件设计要求程序结构清楚,可读性强,占用内存少,扫描周期短。

2. 可编程控制器应用系统的设计内容和设计步骤

可编程控制器应用系统的主要设计内容和设计步骤如下。

1) 根据设计任务书,进行工艺分析,完成系统的总体规划,确定系统控制方案

这是系统设计的第一步。该步主要是在深入了解控制对象的工艺过程、工作特点和控制要求的基础上,确定系统的控制方案并划分控制的各个阶段,归纳各个阶段的特点和各阶段之间的转换条件,并由此确定系统的总体结构与组成。

(1) 明确控制要求。设计人员通过对控制系统和控制对象的现场了解,或对机械、液压、气动等工作原理的研究,明确了控制对象的控制要求后,就可以规划必要的指令元件(如按钮、行程开关、执行元件、功能部件等),并为确定控制方案和系统实施做好准备。

(2) 确定控制方案。控制要求明确以后,就可以确定系统的总体控制方案。一般来说,以 PLC 作为主体的控制系统,根据不同应用场合,可选择如下 4 种基本控制类型之一。

① 单机控制。是指整个控制系统采用 1 台 PLC 来控制。它适用于系统规模较小,各控制部分相对集中的场合,是 PLC 用量最大的应用领域。

② 集中控制系统。是指利用 1 台 PLC 控制多个相对集中的控制对象的情况,如数台设备、生产线等。适用于控制系统规模中等,控制对象相对集中,对象动作间有协调控制要求的场合。集中控制系统是单机控制系统的扩展,两者的软硬件构成一致。

③ 远程 I/O 控制系统。远程 I/O 控制系统实质上是集中控制系统的一种,它同样由 1 台 PLC 控制多个被控对象,但系统中的部分 I/O 单元远离 PLC 主机单独布设,因此它适用于系统规模较大,控制对象相对分散,但对象动作间有协调控制或集中控制要求的场合。

远程 I/O 控制系统一般都需要采用现场总线(如 PROFIBUS - DP、CC - Link 等)进行 PLC 与远程 I/O 单元之间的信息交换,需要在单机或集中控制系统的基础上增加远程 I/O

模块、总线接口通信模块、现场总线等必要的功能模块与硬件设施，系统构成相对较复杂。

④ 分布式控制系统。分布式 PLC 控制系统是一种以 PLC 为主体构成的网络控制系统。系统的一个或相对集中的数个被控对象由 1 台 PLC 进行控制，构成相对独立的单机或集中控制单元；各单元的 PLC 之间通过网络连接，组成生产现场控制网，并由上位机（通常要运行组态软件）进行统一调度与管理。分布式控制系统适用于柔性加工系统（FMS）、车间自动化系统、大型生产线、装配流水线等，是 PLC 的高级应用领域。

在完成系统总体规划，确定控制方案后，就可以进行控制系统的技术设计。技术设计是对系统进行设备选型、原理、安装、调试、维修等方面的具体设计，必须严格按照国际、国内有关标准和惯例进行，确保全部图样与技术文件的完整、准确、齐全、系统、统一。

PLC 控制系统的技术设计通常可分为硬件设计和软件设计两大部分。

硬件设计主要包括设备选型、电气原理图设计、工艺设计。设备选型主要是根据系统控制要求，选择输入/输出设备、PLC 设备、电源等；电气原理图设计主要包括控制系统主回路设计、控制回路设计、PLC 输入/输出回路设计，它是系统软件设计、工艺设计、现场施工以及系统调试与维修的基础；工艺设计主要包括电气控制柜、操作控制台或操作控制面板的机械结构设计、电器元件安装设计以及连线图、接线图等的设计，其目的是用于指导、规范现场生产与施工，为系统安装、调试、维修提供帮助，并提高系统的可靠性和标准化程度。软件设计主要包括软件编程和软件调试。

2）设备选型

设备选型就是要根据系统的控制要求，通过必要的参数计算，正确、合理地选择控制设备和电器元件，并形成 PLC 的 I/O 分配表和元件明细表。

（1）选择输入输出设备，确定 I/O 点数和 I/O 规格。根据控制要求、控制工艺和工作环境等，通过必要的参数计算，确定电力拖动方案，进而选择合适的电动机以及输入输出设备的规格、型号和数量；分析控制过程中输入、输出设备之间的关系，了解对输入信号的响应速度等。常用的输入设备有按钮、选择开关、行程开关、传感器等，常用的输出设备有继电器、接触器、指示灯、电磁阀、伺服驱动器、变频器、调速装置等。在此基础上，估算 PLC 需要的 I/O 点的数量和规格。

（2）确定 PLC 型号。在选择 PLC 机型时，主要考虑下面几点。

① 功能的选择。首先应确定系统是用 PLC 单机控制还是用 PLC 形成网络进行控制，对于小型的 PLC 主要考虑 I/O 扩展模块以及指令功能（如中断、PID 等）。

② I/O 点数的确定。根据统计的被控制系统的开关量、模拟量的 I/O 点数及类型（如直流还是交流、电压等级等），并考虑以后的扩充（一般加上 10%～20%的备用量），从而选择 PLC 的 I/O 点数和规格。对于数字量输入点，当输入设备距离 PLC 较近时，可以考虑使用低电压等级的直流输入点；反之，应考虑使用高电压等级的交流输入点。

③ 内存容量的估算。存储容量与指令的执行速度是 PLC 选型的重要指标，一般存储量越大、速度越快的 PLC 价格就越高。用户程序所需的内存容量主要与系统的 I/O 点数、控制要求、程序结构长短等因素有关。一般可按下式估算：存储容量＝开关量输入点数×10＋开关量输出点数×8＋模拟通道数×100＋定时器/计数器数量×2＋通信接口个数×300＋备用量。

④ "COM"点的选择。不同的PLC产品，其"COM"点的数量是不一样的。当负载的种类多且电流大时，采用一个"COM"点带4个输出点以下的产品，当负载种类少数量多时，采用一个"COM"点带8个输出点以上的产品。

⑤ 扩展模块的选用。对于小的系统，一般不需要扩展；当系统较大时，就需要扩展。不同公司的产品，对系统总点数及扩展模块数量都有限制，在选择时应当注意。

⑥ PLC的网络设计。当用PLC进行网络设计时，其难度比PLC单机控制大得多。首先应选用自己比较熟悉的机型，对通信接口、通信协议、数据传送速度等也要考虑。最后还要向PLC厂家寻求网络设计和软件支持及详细技术资料。

另外，在一个控制系统中，PLC应尽量选用大公司的产品且机型尽量统一，以利于系统的维护、扩展、软硬件升级和维修备品的准备。

(3) 分配PLC的I/O点。PLC选定后，就可以根据设计要求，分配PLC的输入/输出点给实际的输入/输出设备，并编写输入/输出分配表。

3) 电气原理图设计

电气原理图设计主要包括主回路、控制回路、PLC输入输出回路的设计。

(1) 根据控制要求设计主回路并画出主回路的电气原理图。在电气控制系统中，一般将高电压、大电流回路称为主回路。在常见的PLC控制系统中，主回路通常包括如下部分：

① 电动机主回路，包括用于电动机通断控制的接触器、电动机保护的断路器、熔断器、热继电器等；

② 各种动力驱动装置的电源回路和动力回路，如驱动器电源输入回路及其通断控制的接触器、保护断路器、伺服电机的电枢回路、直流电机的励磁回路等；

③ 各种控制变压器的原边输入回路，包括通断控制的接触器、保护断路器等；

④ 用于供给控制系统各部分主电源的输入与控制回路，包括电源变压器、整流器件、稳压器件，以及用于电源回路控制的接触器、保护断路器等。

(2) 根据控制要求设计控制回路并画出相应的电气原理图。PLC控制系统中的控制回路是指由继电器、接触器等低压电器构成的强电控制回路。在控制系统中，常见的控制回路一般有AC 220V(或AC 230V)和DC 24V两种。

① AC 220V控制回路。一般包括以下电路：用于电气控制系统的AC 220V安全电路，如紧急分断电路、安全门控制电路等；电气控制装置、电机、设备的起动/停止控制电路；主回路中的接触器通断控制电路；各种驱动装置、控制装置的AC 220V辅助控制电路。

② DC 24V控制回路。一般包括以下电路：DC 24V辅助继电器、接触器接点控制回路；用于电气控制系统的DC 24V紧急分断电路与安全电路；DC 24V电磁阀、电磁离合器等执行元件的驱动与控制电路；DC 24V制动器、安全门连锁控制电路等。

控制回路设计的基本要求和原则是必须保证系统安全、可靠地运行。控制回路的设计不仅要考虑设备正常运行下的情况，更要考虑当设备中的机械部件、电气元件发生故障以及出现误操作、误动作等情况下的紧急处理。无论出现何种情况，控制回路都必须能够确保设备的安全，并且不会对操作者、维修者与设备造成伤害。

(3) 根据控制要求设计PLC输入/输出回路并画出相应的电气原理图。在设计PLC输入/输出回路时，主要考虑如下问题。

① 在 PLC 控制系统中，大多数输入都属于开关量输入信号的范畴，如各种按钮、行程开关、继电器触点等，这些输入信号一般都可以直接与 PLC 的输入接口进行连接；同样，在 PLC 控制系统的输出中，开关量输出信号占的比重也是最大的，如接触器线圈、指示灯等，这些输出信号负载较小时，一般都可以通过 PLC 的输出接口直接驱动，但对于大电流负载则需要增加驱动电路，如中间继电器、SSR 等，同时应采用保护电路和浪涌吸收电路。

② PLC 上的 DC 24V 输出电源。各公司 PLC 产品上一般都有 DC 24V 输出电源，但该电源容量较小，一般为几十至几百毫安，用其带负载时应注意容量，同时做好防短路措施。

③ 外部 DC 24V 电源。若输入回路有由外部 DC 24V 供电的接近开关、光电开关等，则该电源的"－"端不要与 PLC 的 DC 24V 电源的"－"端相连。

④ 输入灵敏度。各生产厂家对 PLC 的输入电压和电流都有规定，当输入元件的漏电流大于 PLC 的最大输入电流时，PLC 就会误动作，故应尽量使用弱电流输入器件。对于输入漏电流较大的场合，可通过在 PLC 输入端并联适当"限泄漏电阻"的方法加以解决。

⑤ 外部互锁。利用 PLC 控制电机正反转等动作时，为避免 PLC 的异常动作引起事故及机械损坏，应在外部组成一个连锁回路。

⑥ 模拟信号的传输。一般采取屏蔽电缆传送模拟信号，电缆的屏蔽层一端(一般在控制柜端)要可靠接地，严禁多点接地。当模拟输入输出信号距 PLC 较远时，应采用电流传输方式，而不是电压传送方式。当模拟信号距离太远时，应考虑使用远端 I/O 模块或就地进行数字化处理然后通过网络进行传输。

4）工艺设计

(1) 划分电器组件，绘制每一组件的元件布置图。先根据控制系统要求和电气设备的结构，确定电器元件的总体布局以及电控箱内电气控制盘与操作控制面板上应安装的电器元件，然后绘制每一组件的元件布置图。

组件的划分原则如下。

① 将功能类似的元件组成在一起，构成操作控制面板、电气控制盘、电源等组件。

② 将接线关系密切的电器元件置于在同一组件中，以减少组件之间的连线数量。

③ 为求整齐美观，将外形尺寸相同，质量相近的电器元件组合在一起。

④ 为便于检查、维修与调试，将需要经常调节、维护和易损的元件组合在一起。

遵循上述规定，电器控制柜内的电器元件可按下述原则布置：

① 体积大或较重的电器应置于控制柜下方。

② 发热元件安装在柜的上方，并将发热元件与感温元件隔开。

③ 强电弱电应分开，弱电部分应加屏蔽隔离，以防强电及外界的干扰。

④ 电器的布置应考虑整齐、美观、对称。外形尺寸与结构类似的电器安装在一起。

⑤ 电器元器件间应留有一定间距，以利布线、维修和调整操作。

⑥ 接线端子的布置：用于相邻柜间连接用的接线端子一般布置在柜的两侧；用于与柜外电气元件连接的接线端子一般布置在柜的下部，且不得低于 200mm。

(2) 统计组件进出线的数量、编号以及各组件间的连接方式，绘制电气接线图和互联图。电气设备的各部分及组件之间的接线方式通常如下。

① 电气控制盘、机床电器的进出线一般采用接线端子。

② 被控制设备与电器控制柜内之间为便于拆装、搬运，尽可能采用多孔接插件。

③ 印制电路板与弱电控制组件之间宜采用各种类型接插件。

（3）设计零部件加工图。依据电器元件布置图及电器元器件的外形尺寸、安装尺寸，绘制电气控制盘(2.5～5mm 厚的绝缘板、镀锌铁板、钢板或层压板)、操作控制面板(有机玻璃板、铝板或铁板等)、垫板(有机械强度的绝缘板或镀锌板)等零部件加工图。图中应注明外形尺寸、安装孔径、定位尺寸与公差、板材厚度以及加工要求等。本部分设计可以与机械设计和机械加工技术人员共同完成。

（4）设计电气控制柜安装图。依据电气控制盘、操作控制面板尺寸设计或定制电控柜或电控箱，绘制电控柜或电控箱安装图。

经过工艺设计，最终形成与系统配套的配套件和零部件设计文件及清单，并按规定格式编制元件和设备明细表。

5）软件编程与调试

PLC 控制系统的软件设计主要是编制 PLC 用户程序、特殊功能模块控制程序、确定PLC 以及功能模块的设定参数等，它可以与工艺设计、元器件采购等同步进行。

应用程序设计一般包括主程序、子程序、中断程序、系统初始化程序、故障应急措施和辅助程序等的设计，小型开关量控制一般只有主程序。首先应根据系统总体要求和具体情况，确定程序的基本结构，画出控制流程图或功能流程图，简单的可以用经验法设计，复杂的系统一般用经验设计法和顺序控制设计法结合设计。

PLC 软件设计一般分为以下几个步骤。

（1）软件设计前的准备工作。软件设计前的准备工作就是要了解控制系统的全部功能、规模、控制方式、输入/输出信号的种类和数量、是否有特殊功能的接口、与其他设备的关系、通信的内容与方式等，从而对整个控制系统建立一个整体的概念。

（2）设计软件框图。根据控制系统的总体要求和具体情况，确定应用程序的基本结构，按软件设计标准绘制出程序结构框图，然后再根据工艺要求，绘出各功能单元的功能流程图。

（3）编写程序。根据设计出的框图编写控制程序。编写过程中要及时给程序加注释。

（4）软件调试。程序设计完成后，一般应通过必要的模拟和仿真手段对程序进行模拟与仿真调试，对于初次使用的伺服驱动器、变频器等部件，可以事先进行离线调整与测试，以缩短现场调试周期。

调试时先从各功能单元入手，设定输入信号，观察输出信号的变化情况。各功能单元调试完成后，再调试全部程序，调试各部分的接口情况，直到满意为止。

（5）编写软件说明书。在说明书中通常对程序的控制要求、程序的结构、流程图等给予必要的说明，并且给出软件的安装操作使用步骤等。

6）现场施工

根据图纸进行现场施工并检查。在现场施工、安装与布线过程中，应注意以下问题：

（1）安装前的准备工作。

① 合理配置 PLC 的使用环境，提高系统抗干扰能力。具体采取的措施有：远离高压柜、高频设备、动力屏以及高压线或大电流动力装置；PLC 不能与高压电器安装在同一个开关柜内，与 PLC 装在同一个开关柜内的电感性元件，如继电器，接触器的线圈应并联RC 消弧电路或续流二极管；PLC 柜内不用荧光灯等。另外，在使用中应尽量避免直接震动和冲击、阳光直射、油雾、雨淋、腐蚀性气体、灰尘过多、导电性杂物进入控制器等。

② 了解所需安装设备情况。主要包括：生产机械的主要结构和运动形式；电气原理图由几部分构成，各部分又有哪几个控制环节，各部分之间的相互关系如何；各种电器元件之间的控制及连接关系；电气控制线路的动作顺序；电器元件的种类和数量、规格等。

③ 各种电器元件的检查。根据明细表，检查各电器元件和电气设备是否短缺，规格是否符合设计要求；各电器元件的外观是否损坏，各接线端子及紧固件有无短缺、生锈等，尤其是电器元件中触点的质量，如触点是否光滑，接触面是否良好等；用兆欧表检查电器元件及电气设备的绝缘电阻是否符合要求，用万用表或电桥检查一些电器或电气设备线圈的通断情况，以及各操作机构和复位机构是否灵活等。

（2）电气控制柜（箱或板）的安装。

① 电器元件的安装。按产品说明书和电气接线图进行电器元件的安装，做到安全可靠，排列整齐。电器元件可按下列步骤进行安装。

（a）电器元件的定位。按电器产品说明书的安装尺寸，在底板上确定元件安装孔的位置并固定钻孔中心。

（b）钻孔。选择合适的钻头对准钻孔中心进行冲眼。此过程中，钻孔中心应保持不变。

（c）电器元件的固定。用螺栓加以适当的垫圈，将电器元件在底板上进行固定。

② 电器元件之间的导线连接。

（a）接线方法。所有导线的连接必须牢固，不得松动，在任何情况下，连接器件必须与连接的导线截面和材料性质相适应，一般一个端子只连接一根导线，最多不超过两根。有些端子不适合连接软导线时，可在导线端头上采用针形、叉形等冷压接线头。导线的接头除必须采用焊接方法外，所有的导线应当采用冷压接线头。

（b）导线的线号标志。导线的线号标志必须与电气原理图和电气安装接线图相符合，且在每一根连接导线接近端子处需套有标明该导线线号的套管。

③ 控制柜的内部配线。控制柜内部的配线方法有板前配线、板后配线和线槽配线等。

采用板前配线时要注意以下几点：连接导线选用 BV 型的单股塑料硬线；线路应整齐美观，横平竖直，导线之间不交叉，不重叠，转弯处应为直角，成束的导线用线束固定；导线的敷设不影响电器元件的拆卸；导线和接线端子应保证可靠的电气连接，线端应弯成羊角圈。对不同截面的导线在同一接线端子连接时，大截面在上。

采用板后配线时应注意以下几点：电器元件的安装孔、导线的穿线孔其位置应准确，孔的大小应合适；板前与电器元件的连接线应接触可靠，穿板的导线应与板面垂直；安装电器元件的一面朝向控制柜的门，以便于检查和维修；板与安装面要留有一定的余地。

采用线槽配线时应注意以下几点：线槽装线不要超过线槽容积的 70%，以便安装和维修；对装在可拆卸门上的线槽外部的电器接线必须采用互连端子板或连接器，且必须牢固固定在框架、控制箱或门上；从外部控制电路、信号电路进入控制箱内的导线要接到端子板或连接器件上过渡，但动力电路和测量电路的导线可以直接接到电器的端子上。

（3）控制柜的外部配线。为防铁屑、灰尘和液体的进入，所有的外部配线一律装入导线通道内，导线通道应留有余地，供备用导线和以后增加导线之用。

导线如采用钢管保护，钢管壁厚应不小于 1mm；如采用金属软管，则金属软管也要有适当的保护；移动部件或可调整部件上的导线必须用软线；运动的导线必须支撑牢固，使得在工作时既不产生机械拉力，又不会出现急剧的弯曲。

另外在配线时还应注意信号线与功率线应分开布线。不同类型的线缆应分别装入不同管槽,信号应尽量靠近地线或接地的金属导体。

(4) 接地处理。系统中各台电器设备应分别单独接地,严禁把地接到其他设备的地,再从其他设备的地到最终接地。接地电阻应小于 100Ω 且越小越好,接地线应尽量粗短(一般用大于 $4mm^2$ 的导线接地)且尽量避开强电回路和主回路的电线,不能避开时,应垂直相交,尽量缩短平行走线长度。

7) 现场调试

PLC 的现场调试是检查、优化 PLC 控制系统软硬件设计,提高控制系统可靠性的重要步骤。为了保证现场调试工作顺利进行,应按照检查、硬件调试、软件调试、空载运行试验、可靠性试验、实际运行试验等步骤进行。

如果控制系统由几个部分组成,则应先作局部调试,然后再进行整体调试;如果控制程序的步骤较多,则可先进行分段调试,然后连接起来总调。在现场调试过程中,需先将 PLC 系统与现场信号隔离(如可以切断输入/输出模板的外部电源),以免引起机械设备动作。等到觉得没有问题后,再将 PLC 系统与现场信号连接进行调试,直至满足系统控制要求。在调试阶段,一切均应以满足控制要求和确保系统安全可靠运行为最高准则,它是检验系统设计正确性的唯一标准,任何影响系统安全性与可靠性的设计,都必须予以修改。

8) 整理、编写相关技术文档

在现场调试完成,控制要求得到满足,设备安全性和可靠性得到确认后,着手进行系统技术文档的整理和编写工作,如修改电气原理图、连线图,编写设备操作使用说明、维护要求及注意事项等。

技术文档主要包括拖动方案选择依据及设计的主要特点,主要参数的计算过程,操作台和电气控制柜的电气原理图、安装布置图、接线图,I/O 分配表,电器元件明细表,控制流程图或顺序功能图,带注释的原程序清单和说明,设备调试要求与调试方法,系统使用、维护要求及注意事项,系统使用说明书等。

技术文档的编写应规范、系统、全面,必须保证图与实物一致,电气原理图、用户程序、设定参数等必须为调试完成后的最终版本,从而使技术文件尽可能为系统使用者以及以后的维修提供方便。

9) 验收并交付使用

当系统经过一段时间的试运行稳定后,就可以申请使用方进行验收并交付实际使用。

下面以三相异步电动机正反转控制系统设计为例说明 PLC 控制系统的主要设计过程。

二、确定控制方案

本系统控制较简单,可以采用传统的继电器-接触器控制系统进行控制,也可以采用 PLC 进行控制,本设计选用 PLC 单机控制。电动机正反转起停控制流程图如图 2.52 所示。

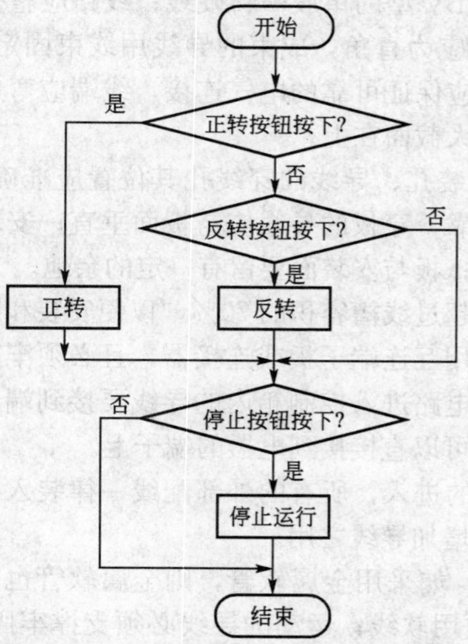

图 2.52 电动机正反转起停控制流程图

三、设备选型

1. 选择输入输出设备

该控制系统中，三相异步电动机功率不是很大，可以通过两个交流接触器的主触点控制直接采用全压起动；过载保护可选用带缺相保护的三极热继电器；短路保护可使用熔断器串到电动机主电路中；为了进行起停控制，需要正、反转起动按钮、停止按钮各1个，电源、正、反转指示灯各1个。另外系统还需要一低压断路器作为三相电源的引入开关。

通过以上电器元件的组合控制，可提高人工操作的安全性，以及提高电动机的过载、断相、过压、欠压、漏电等的保护。下面介绍上述元件的选择标准及方法。

1）电动机额定电流的速算速查

（1）电动机额定电流的对表速查。电动机额定电流是选择其配用的控制保护电器及导线的主要依据。实际工作中，可以使用表2-12所示的"Y系列三相鼠笼式异步电动机配用断路器、熔断器、接触器及导线选用速查表"（以后简称速查表），根据电动机的额定容量（kW），查出所对应的额定电流。例如一台Y132M-4、7.5kW电动机，从速查表查得其额定电流为15.4A。

表2-12 Y系列三相鼠笼式异步电动机配用断路器、熔断器、接触器及导线选用速查表

Y系列电动机功率/kW	额定电流/A				配用断路器		配用熔断器		配用接触器	配用导线截面/mm²
	2极	4极	6极	8极	型号	热脱扣器额定电流/A	型号	熔体电流/A		
0.75	1.8	2	2.3	—	DZ5-20	3	RL1-15	6	CJ20-6.3	1.5
1.1	2.5	2.7	3.2	—	DZ5-20	3/4.5	RL1-15	10	CJ20-6.3	1.5
1.5	3.4	3.7	4	—	DZ5-20	4.5	RL1-15	10	CJ20-6.3	1.5
2.2	4.7	5	5.6	5.8	DZ5-20	6.5	RL1-15	15	CJ20-10	1.5
3	6.4	6.8	7.2	7.7	DZ5-20	6.5/10	RL1-60	20	CJ20-10	1.5
4	8.2	8.8	9.4	9.9	DZ5-20	10	RL1-60	25	CJ20-16	1.5
5.5	11.1	11.6	12.6	13.3	DZ5-20	15	RL1-60	35	CJ20-16	2.5
7.5	15	15.4	17	17.7	DZ5-20	15/20	RL1-60	50	CJ20-25	4
11	21.8	22.6	24.6	25.1	DZ5-50	25	RL1-60	60	CJ20-40	6
15	29.4	30.3	31.4	34.1	DZ5-50	30/40	RL1-100	80	CJ20-40	10
18.5	35.5	35.9	37.7	41.3	DZ5-50	40/50	RL1-100	100	CJ20-63	16
22	42.2	42.5	44.6	47.6	DZ5-50	50	RL1-200	150	CJ20-63	16
30	56.9	56.8	59.5	63	DZ15-63	63	RL1-200	200	CJ20-100	25
37	69.8	70.4	72	78.2	DZ15-100	80	RT0-400	250	CJ20-100	35
45	84	84.2	85.4	93.2	DZ15-100	100	RT0-400	300	CJ20-100	50
55	102.6	102.5	104.4	109	DZ20-160	125	RT0-400	400	CJ20-160	70
75	140	139.7	142	148	DZ20-160	160	RT0-600	450	CJ20-160	95
90	167	164	167	175	DZ20-200	180	RT0-600	550	CJ20-250	120

(2) 电动机额定电流的速算口诀。速算口诀:对于常用的 380V、功率因数在 0.8 左右的三相异步电动机,电动机额定电流(A)和额定功率基本符合"一千瓦两安培"的原则。例如,一台 Y132S1-2、5.5kW 电动机,用速算口诀算得其额定电流为 $5.5 \times 2A = 11A$。再对照速查表验证得 11.1A,两者误差仅为 0.1A。

2) 低压断路器的选择

低压断路器又称自动开关或自动空气开关,一般分为塑料外壳式(又称装置式)断路器和框架式(又称万能式)断路器两大类。一般 380V,245kW 及以下的电动机多选用塑料外壳式断路器。

断路器按用途可分为保护配电线路用、保护电动机用、保护照明线路用和漏电保护用断路器等。常用的断路器有 DZ5、DZ15、DZ20、DW15、DW17 型等系列产品。

(1) 电动机保护用断路器选用原则。

① 额定电压和额定电流:保护电动机的断路器的额定电压与电动机的额定电压一致,额定电流一般为电动机额定电流的 1.1~1.5 倍。

② 长延时整定电流:长延时整定电流值等于电动机额定电流,长延时电流整定值的可返回时间应大于或等于电动机的起动时间。按起动时负载的轻重,可选用返回时间 1s、3s、5s、8s、15s 中的某一挡。

③ 瞬时整定电流:电动机使用的断路器,瞬时整定电流主要取决于被保护电动机的型号、容量和起动条件等。对于鼠笼式电动机一般取 8~15 倍电动机额定电流,对于绕线转子电动机一般取 3~6 倍电动机额定电流。

(2) 断路器规格型号的对表速查。根据电动机的容量或额定电流,即可查出其配用断路器的规格型号。例如,一台 Y160M-4、11kW 电动机,从速查表查得应配 DZ5-50 型、热脱扣器额定电流为 25A 的断路器。

(3) 断路器脱扣器整定电流的速算口诀。"电动机瞬动,千瓦 20 倍,热脱扣器,按额定值"。上述口诀是指控制保护一台 380V 三相鼠笼式异步电动机的断路器,其电磁脱扣瞬时动作整定电流,可按"kW 数的 20 倍"选用。对于热脱扣器,则按电动机的额定电流选择。

3) 熔断器的选择

选择熔断器类别及容量时,要根据负载的保护特性、短路电流的大小和使用场合、工作条件等进行。对于容量较小的照明电路或电动机的保护,可采用 RCA1 系列或 RM10 系列无填料密闭管式熔断器;对于容量较大的照明电路或电动机的保护,可采用螺旋式或有填料密闭管式熔断器;对于半导体元件的保护,则应采用快速熔断器。

对于大多数中小型电动机采用轻载全压或减压起动,起动电流一般为额定电流的 5~7 倍;若工作场合通风条件差,致使工作环境温度较高时,则在选用熔断器的分断能力和熔体的额定电流时,较一般工业使用要适当加大一点。

熔断器的额定电流应大于等于所装熔体的额定电流,因此确定熔体的额定电流是选择熔断器的主要任务,具体可遵循以下几条原则。

(1) 对于照明电路或电阻炉等没有冲击性电流的负载,熔断器做过载和短路保护,熔体的额定电流应大于或等于负载的额定电流。

(2) 对于电动机等有冲击性电流的负载,熔体在短时通过较大的起动电流时不应熔断,因此熔体的额定电流应选得较大,此时熔断器只宜做短路保护而不能用做过载保护。

当保护一台三相交流异步电动机时，熔体的额定电流可按下式计算：$I_{RN} \geqslant (1.5 \sim 2.5)I_N$，$I_N$ 为电动机的额定电流。当保护多台三相交流异步电动机时，熔体的额定电流可按下式计算：$I_{RN} \geqslant (1.5 \sim 2.5)I_{Nmax} + \sum I_N$，$I_{Nmax}$ 为容量最大的一台电动机的额定电流，$\sum I_N$ 为其余各台电动机额定电流的总和。

另外，对于单台三相交流异步电动机的保护，还可以按如下方式选择熔体的额定电流：

(1) 熔体额定电流的对表速查。根据电动机的容量或额定电流，即可查出其配用熔断器的型号和熔体的额定电流。例如一台 Y112M - 2、4kW 的电动机，从速查表查得应配用 RL1 - 60 型熔断器，熔体额定电流为 25A。

(2) 熔体额定电流的经验公式：熔体额定电流(A) ＝电动机额定电流(A)×3。

上述经验公式所算得的数值不一定恰好和熔体额定电流的系列规格相符，要选用与计算值相接近的规格。例如一台 Y112M - 2、4kW 电动机，按经验公式得：8.2A×3＝24.6A，按速算口诀得：4×6A＝24A。应选用和计算值相接近的熔体额定电流 25A。

4) 接触器的选择

(1) 接触器的选用原则。其具体原则如下。

① 按使用类别选用。根据国家规定，低压电器的使用类别及其代号有 AC - 1、AC - 2、AC - 3、AC - 4。实际使用中，首先要分析接触器所控制负载的工作类别是轻任务、一般任务还是重任务等。一般中小容量的三相鼠笼式异步电动机基本属于按 AC - 3 或 AC - 4 使用类别选用。

② 确定容量等级。选择接触器的容量等级时，应注意如下几点。

(a) 工作制及工作频率的影响。选用接触器时，应注意其控制对象是长期工作制，还是重复短时工作制。在操作频率高时，还必须考虑电弧的影响。一般对于长期工作制，但操作频率不高的，应尽可能选用银、银合金或镶银触点的接触器，如 CJ20 型系列产品。

(b) 环境条件的影响。当生产环境比较恶劣，粉尘污染严重，通风条件差，工作场所温度较高，或接触器安装于密闭的箱中或当环境温度高于规定条件时，应当降容使用。

(c) 主触点电压的选择。接触器铭牌上所标电压是指主触点能承受的额定电压，使用时接触器主触点的额定电压应大于或等于负载的额定电压。常用的交流接触器主触点额定电压有：220V、380V、660V、1140V、6000V。

(d) 主触点电流的选择。主触点的额定电流应大于或等于被控设备的额定电流，控制电动机的接触器还应考虑电动机的起动电流。如果接触器控制的电机起、制动或正反转频繁，一般将接触器主触点的额定电流降一级使用。此外，主触点的额定电流可根据如下经验公式计算为

$$I_{e主触点} \geqslant P_{e电机}(W)/(1 \sim 1.4)U_{e电机}(V)$$

(e) 线圈额定电压。接触器的电磁线圈额定电压有 36V、110V、220V、380V 等，电磁线圈允许在额定电压的 80%～105% 范围内使用，具体可根据控制回路的电压来选择。

(2) 接触器额定电流的对表速查。根据电动机的容量或额定电流，即可查出其配用接触器的规格型号。例如一台 Y180L - 4、22kW 电动机，从速查表查得应配用 CJ20 - 63 型接触器。该电动机额定电流 42.5A，接触器额定电流 63A，按一般 AC - 3 工作类别，该接触器可控制 380V 电动机功率为 30kW。

5) 热继电器的选择

热继电器是一种传统的保护电动机的电器，主要用于三相交流电动机的过载与断相保护。

(1) 热继电器类型的选择。从结构上来说，热继电器分为两极型和三极型，其中三极型又分为带断相保护和不带断相保护两种。三极型的热继电器主要用于三相交流电动机的过载与断相保护，当电动机定子绕组为星形接法时，可以选用一般的三极型或两极型热继电器；当电动机定子绕组为三角形接法时，应选用带断相保护的三极型热继电器；对于工作时间短，间歇时间长的电动机也可不装设过载保护。

(2) 热继电器电流的选择。热继电器电流的选择包括热继电器额定电流与热元件额定电流选择两个方面。

① 热继电器额定电流的选择：一般应等于或略大于电动机的额定电流。对于过载能力较弱且散热较困难的电动机，热继电器的额定电流为电动机额定电流 70% 左右。当热继电器使用的环境温度高于被保护电动机的环境温度 15℃时，应选择大一号额定电流等级的热继电器；反之，应选择小一号额定电流等级的热继电器。

② 热元件的额定电流一般应略大于电动机的额定电流，取电动机额定电流的 1.1～1.25 倍。对于反复短时工作，操作频率高的电动机取上限；如果是过载能力弱的小功率电动机，应选择其额定电流等于或略小于电动机的额定电流；如果热继电器与电动机的环境温度不一致，热元件的额定电流同样要作调整，调整的情况与上述热继电器额定电流的调整情况基本相同。

(3) 热继电器电流的调整。热继电器投入使用前必须对它的热元件的整定电流进行调整，调整后的值应小于或等于热元件的额定电流，以保证电动机能得到有效的保护。当电动机的起动电流为额定电流的 6 倍左右，且起动时间不超过 6s 时，整定电流可调整为电动机的额定电流；当电动机起动时间较长，所带负载具有冲击性且不允许停机时，整定电流调整为电动机额定电流的 1.1～1.15 倍；当电动机的过载能力较弱时，整定电流调整为电动机额定电流的 60%～80%。

6) 电动机主电路配用导线的选择

电动机主电路配用的绝缘导线按材料分，常用的有以下几种：

橡皮绝缘导线，型号：BLX——铝芯橡皮绝缘线、BX——铜芯橡皮绝缘线；聚氯乙烯绝缘导线（塑料线），型号：BLV——铝芯塑料线、BV——铜芯塑料线；橡皮电缆，型号：YHC——重型橡套电缆、NYHF——农用氯丁橡套拖曳电缆。

电动机主电路配用的绝缘导线按导线截面积（mm²）分有以下几种：$1mm^2$、$1.5mm^2$、$2.5mm^2$、$4mm^2$、$6mm^2$、$10mm^2$、$16mm^2$、$25mm^2$、$35mm^2$、$50mm^2$、$70mm^2$、$95mm^2$、$120mm^2$、$150mm^2$、$185mm^2$、$240mm^2$、$300mm^2$、$400mm^2$、$500mm^2$、$630mm^2$、$800mm^2$、$1000mm^2$ 等。

生产厂制造铝芯绝缘线的截面积通常从而 $2.5mm^2$ 开始，铜芯绝缘线则从 $1mm^2$ 开始。

(1) 电动机配用导线的对表速查，参见表 2-12。导线基于以下条件：BV 型铜芯塑料线穿钢管敷设；环境温度＜40℃；0.75～22kW 电动机按轻载全压不频繁起动，30kW 及以上电动机按轻载降压不频繁起动；4 根导线穿钢管方式。根据电动机的容量或额定电流，即可查出其配用导线的规格型号。例如一台 Y180L-4、22kW 电动机，从速查表可知配 BV 型 $16 mm^2$ 的铜芯塑料线。

（2）电动机配用导线的速算口诀。"1.5 加二、2.5 加三"、"4 后加四，6 后加六"、"25 后加五，50 后递增减五"、"百二导线，配百数"。该口诀是按三相 380V 交流电动机容量直接选配导线的，口诀使用说明如下。

"1.5 加二"表示 1.5mm² 的铜芯塑料线，能配 3.5kW 及以下的电动机。"2.5 加三"、"4 后加四"，表示 2.5mm² 及 4mm² 的铜芯塑料线分别能配 5.5kW、8kW 电动机。"6 后加六"，是说从 6mm² 铜芯塑料线开始，能配加大 6kW 的电动机。如 6mm² 的铜芯塑料线可配 12kW，选相近规格即配 11kW 电动机。"25 后加五"，是说从 25mm² 铜芯塑料线开始，加数由六改为五了。即 25mm² 铜芯塑料线可配 30kW 的电动机。"50 后递增减五"，是说从 50mm² 铜芯塑料线开始，由加大变成减少了，而且是逐级递增减五的。即 50mm² 铜芯塑料线可配 45kW 电动机（50－5）。70mm² 铜芯塑料线可配 60kW（70－10），选相近规格即配 55kW 电动机。"百二导线，配百数"，是说 120mm² 的铜芯塑料线可配 100kW 电动机，选相近规格即 90kW 电动机。

7）本控制任务中输入输出设备的选择

本控制任务中，电动机容量为 7.5kW，假设工作在一般条件下，则断路器可选用 DZ5－20，热脱扣器额定电流为 20A；熔断器选用 RL1－60，熔体额定电流为 50A；接触器选用 CJ20－25，线圈额定电压选 AC 220V；热继电器选用 JR20－25，热元件额定电流取 17A，整定电流取 15A；按钮可选用复合按钮，如 LA20－11；电源、正转、反转信号指示灯可选用 ND16 交流 220V 信号灯各 1 个，颜色可分别选用红色、绿色和绿色；主电路导线选用截面积为 4mm² 的绝缘铜导线。

2. 确定 PLC 型号

在实际应用中，确定 PLC 型号和选择输入输出设备通常要放在一起考虑。如本例中，选择接触器线圈电压等级时，要考虑作为控制装置的 PLC 的数字量输入/输出点是否有交流输入/输出以及电压等级等。

在本例中，只用到 2 个数字量输出点控制接触器的线圈，3 个数字量输入点作为电动机的起停控制，不需要模拟量 I/O 通道，一般的 PLC 都能胜任。考虑到备用和以后扩容，系统需要的 PLC 最少要有 4 个数字量输入点、3 个数字量输出点。如果操作按钮与 PLC 的距离不是很远，可以考虑使用 DC 24V 输入点，距离较远时可以考虑使用 AC 110V/220V 输入点；数字量输出点可以使用继电器输出或晶闸管输出。本例假设操作按钮与 PLC 的距离不是很远，选用 DC 24V 输入点类型。

通过上述综合分析，PLC 可选用 S7－200，CPU 选用 CPU 222 AC/DC/继电器。本 PLC 有 4KB 程序存储器，CPU 本身带有八个 DC 24V 数字量输入点，六个继电器数字量输出点。继电器输出带的 CJ20－25 交流接触器具有 94V·A 的线圈起动功率和 14V·A 的吸持功率，在 220V AC 电源下，冲击电流 $I=94V·A/220V=0.427A$，在 PLC 的继电器输出触点 2A 电流开关能力之内，满足设计要求。此外，CPU 222 还可带两个 I/O 扩展模块，以备系统以后扩容需要。

3. 分配 PLC 的输入/输出点，绘制 PLC 的输入/输出分配表

本例中，对电动机起保护作用的热继电器的常闭触点可以接到 PLC 的输入点上，也可以串接到接触器的线圈电路中，为了节约输入点，节省成本，本例采用后者。电动机正反转输入/输出分配见表 2－13。

表 2-13　电动机正反转输入/输出分配

输　入　点			输　出　点		
设　　备		输入点	设　　备		输出点
正转启动按钮	SB1	I0.0	正转接触器	KM1	Q0.0
反转启动按钮	SB2	I0.1	反转接触器	KM2	Q0.1
停车按钮	SB3	I0.2			

四、电气原理图设计

1. 设计主电路并画出其电气原理图

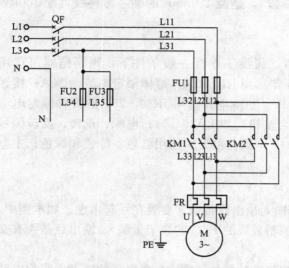

图 2.53　电动机正反转起停控制主电路

根据控制要求,电动机正反转起停控制主电路如图 2.53 所示。

(1) 主电路中交流接触器 KM1、KM2 分别控制电动机的正反转。

(2) 电动机 M 由热继电器 FR 实现过载保护。

(3) QF 为电源总开关,既可完成主电路的短路保护,又起到分断三相交流电源的作用,使用和维修方便。

(4) 熔断器 FU1 实现电动机回路的短路保护,熔断器选用 RL1-60,熔体额定电流选用 50A。FU2、FU3 分别完成交流控制回路和 PLC 控制回路的短路保护,熔断器选用 RT16-00,熔体额定电流选用 2A。

2. 设计控制电路和 PLC 输入/输出电路并画出相应的电气原理图

根据 PLC 选型及控制要求,设计控制电路和 PLC 输入/输出电路如图 2.54 所示。

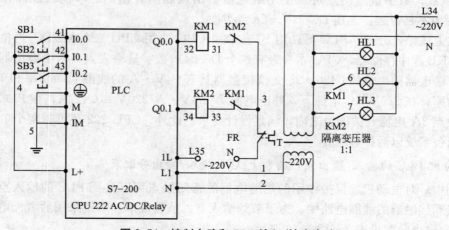

图 2.54　控制电路和 PLC 输入/输出电路

（1）PLC 采用继电器输出，每个输出点额定控制容量为 AC 250V、2A。L35 作为 PLC 输出回路的电源，向输出回路的负载供电，输出回路所有 COM 端短接后接入电源 N 端。

（2）KM1 和 KM2 接触器线圈支路设计了互锁电路，以防止误操作，增加系统可靠性。

（3）PLC 输入回路中，信号电源由 PLC 本身的 DC 24V 直流电源提供，所有输入元件一端短接后接入 PLC 电源 DC 24V 的 L＋端。CPU 222 能提供 180mA 的 DC 24V 电流，每个数字量输入点接通需要 4mA 的电流，$3 \times 4mA = 12mA < 180mA$，满足要求。

（4）为了增强系统的抗干扰能力，PLC 的供电电源采用了隔离变压器。隔离变压器 T 的选用根据 PLC 耗电量配置，本系统选用标准型、变比 1：1、容量为 100V·A 隔离变压器。

（5）HL1 为电源指示灯，HL2 和 HL3 分别为正转和反转指示灯。

（6）根据上述设计，对照主回路检查交流控制回路、PLC 控制回路、各种保护联锁电路等。

五、工艺设计

按设计要求设计绘制电气装置总体配置图、电气控制盘电器元件布置图、操作控制面板电器元件布置图及相关电气接线图。

（1）绘制电器元件布置图。本系统除电气控制箱（柜）外，在设备现场设计安装的电器元件和动力设备只有电动机。电气控制箱（柜）内安装的电器元件有：断路器、熔断器、隔离变压器、PLC、接触器、中间继电器、热继电器和端子板等。在操作控制面板上设计安装的电器元件有：控制按钮、指示灯等。

依据操作方便、美观大方、布局均匀对称等设计原则，绘制电气控制盘元件布置图、操作控制面板元件布置图如图 2.55 和图 2.56 所示。

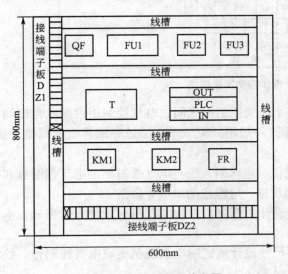

图 2.55 电气控制盘元件布置

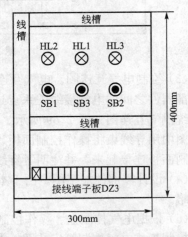

图 2.56 操作控制面板元件布置

（2）绘制电气接线图。电气接线图用来表示电气配电盘内部器件之间导线的连接关系，进出引线采用接线端子板连接。具体绘制方法和步骤如下。

① 标线号：在电气原理图上用数字标注线号，每经过一个器件改变一次线号(接线端子除外)。

② 布置器件：根据电器元件布置图，将电器元件在配电盘或控制盘上按先上后下，先左后右的规则排列，并以接线图的表示方法画出电器元件(用方框＋电气符号表示)。

③ 标器件号：给安放位置固定的器件标注编号(包括接线端子)。

④ 二维标注：在导线上标注导线线号和指示导线去向的器件号。

特别提示

配电盘的引出、引入导线均须采用接线端子连接。

与电器元件布置图相对应，在本系统中，电气接线图也分为操作控制面板和电气控制盘两部分，分别如图 2.57 和图 2.58 所示。图中线侧数字表示线号，线端数字表示导线连接的器件编号。

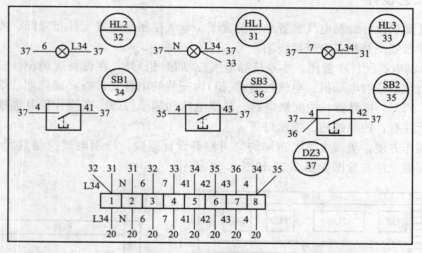

图 2.57　操作控制面板接线

(3) 绘制电气互连图。电气互连图表示电气控制柜之间、电气控制柜内配电盘之间以及外部器件之间的电气接线关系。这些连线一般用线束表示，通过穿线管或走线槽连接。本系统电气互连图如图 2.59 所示。

图中用导线束将操作控制面板、电动机、电源引入线与电气控制柜的电气控制盘和操作控制面板连接起来，并注明了穿线管的规格、电缆线的参数等数据。

(4) 设计零部件加工图。由于本部分设计主要由机械加工和机械设计人员完成，本设计从略。

(5) 依据电气控制盘、操作控制面板尺寸设计或定制电气控制柜或电气控制箱，绘制电气控制柜或电气控制箱安装图。本设计从略。

至此，基本完成了电动机正反转控制系统要求的电气控制原理和工艺设计任务。根据设计方案选择的电器元件，可以列出实现本系统用到的电器元件、设备和材料明细表，见表 2-14。

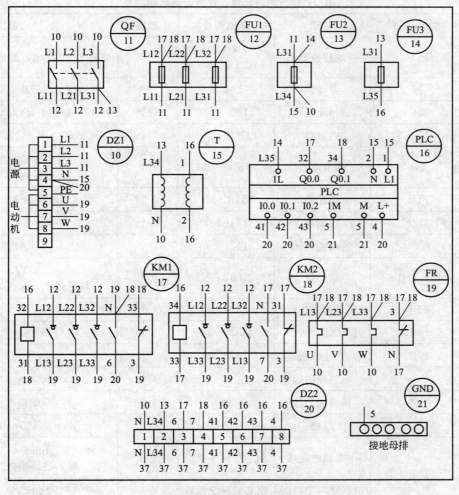

图 2.58 电气控制盘接线

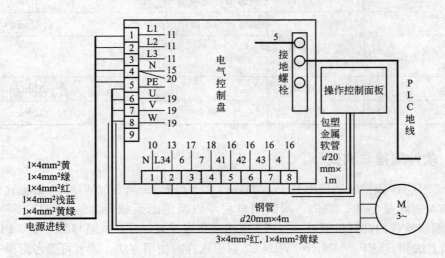

图 2.59 电气互连

表 2 - 14　电器元件、设备、材料明细表

序号	文字符号	名称	规格型号	数量	备　　注
1	PLC	可编程控制器	S7 - 200 CPU 222 AC/DC/Relay	1个	交流 220V 供电，继电器输出
2	M	电动机	Y 系列	1台	三相交流异步电动机
3	QF	低压断路器	DZ5 - 20	1个	脱扣电流 20A
4	KM1、KM2	接触器	CJ20 - 25	2个	线圈电压 AC 220V
5	FR	热继电器	JR20 - 25	1个	热元件额定电流 17A，整定电流 15A
6	FU1	熔断器	RL1 - 60	3个	熔体 50A
7	FU2、FU3	熔断器	RT16 - 00	2个	熔体 2A
8	T	隔离变压器	BK - 100	1个	变比 1:1，AC 220V
9	HL1~HL3	信号灯	ND16 - 22	3个	AC 220V， 红色1个，绿色2个
10	SB1	正转起动按钮	LA20 - 11	1个	绿色
11	SB2	反转起动按钮	LA20 - 11	1个	绿色
12	SB3	停止按钮	LA20 - 11	1个	红色
13	—	电气控制柜	—	1个	1200mm×800mm×600mm
14		接线端子板	JDO	3个	10 端口
15		线槽		10m	25mm×25mm
16		主电路电源线	铜芯塑料绝缘线	50m	4mm² （黄、绿、红、浅蓝、黄绿）
17		PLC 供电电源线	铜芯塑料绝缘线	5m	1mm²
18		PLC 地线	铜芯塑料绝缘线	1m	2mm²
19		控制导线	铜芯塑料绝缘线	30m	0.75mm²
20		线号标签或 线号套管	—	若干	—
21	—	包塑金属软管		10m	Φ20mm
22		钢管		5m	Φ20mm

六、软件编程与调试

S7 - 200 可编程控制器使用基于 Windows 的 STEP 7 - Micro/WIN 32 编程软件进行编程，其基本功能是创建、编辑、调试用户程序以及组态系统等。运行 STEP 7 - Micro/WIN 32 编程软件的计算机通过 PC/PPI 电缆或多点接口(MPI)电缆与 S7 - 200 PLC 连接，具体连接方法和 STEP 7 - Micro/WIN 32 编程软件的使用方法，读者可参考附录 A。

在 STEP 7 - Micro/WIN 32 中，与控制任务有关的软件是以项目为单位组织的。一个

项目包括程序块、系统块、数据块、配方、数据记录配置等，程序块包括主程序、子程序、中断程序，其中主程序是 S7－200 处于 RUN 状态时每个扫描周期都要执行一遍的程序，是一个项目中必须有的部分，在较小的控制项目中，子程序和中断程序可以没有，项目中的系统块和数据块可以使用默认设置，配方、数据记录配置等也可根据项目需要决定其有无。

本任务只需要主程序，不需要子程序和中断程序，且程序中只使用基本的位操作指令即可实现相应的功能，系统块和数据块使用默认设置即可，配方、数据记录配置不需要。

1. 建立项目

打开 STEP 7－Micro/WIN 软件，新建一个项目，保存为"三相异步电动机正反转控制．mwp"。

2. 设置 PLC 类型

将 PLC 类型设置为系统使用的实际 PLC 类型，此处为 CPU 222，软件版本可以通过 STEP 7 读取或直接设置。

3. 编辑符号表

为了便于程序的阅读、调试和维护，建议所有项目在编程前都先设置并编辑符号表。本例符号表设置如图 2.60 所示。

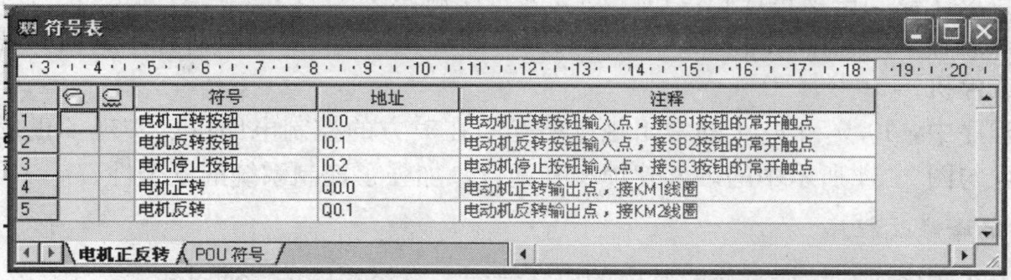

			符号	地址	注释
1			电机正转按钮	I0.0	电动机正转按钮输入点，接SB1按钮的常开触点
2			电机反转按钮	I0.1	电动机反转按钮输入点，接SB2按钮的常开触点
3			电机停止按钮	I0.2	电动机停止按钮输入点，接SB3按钮的常开触点
4			电机正转	Q0.0	电动机正转输出点，接KM1线圈
5			电机反转	Q0.1	电动机反转输出点，接KM2线圈

图 2.60 三相异步电动机正反转控制符号表

4. 编写程序

将窗口切换到程序编辑器窗口，选择 SIMATIC 指令集和梯形图编程语言，根据图 2.52 所示的电动机正反转起停控制流程图，在"主程序"中编写程序，如图 2.61 所示。

本程序主要由两个网络组成，每个网络都是一个典型的"起保停"电路。下面以网络 1 电动机正转控制为例说明。"电动机正转按钮" I0.0 常开触点是电动机正转的起动条件，当按下电动机正转启动按钮 SB1 时，"电动机正转按钮" I0.0 常开触点为 ON，此时"电动机反转按钮" I0.1 和"电机停止按钮" I0.2 的常闭触点均为 ON 状态，所以"电动机正转"输出点 Q0.0 有输出，接触器 KM1 的线圈得电，KM1 接在电动机主电路中的常开主触点闭合，电动动机得电正转；"电动机正转"线圈 Q0.0 的常开触点与"电动机正转按钮" I0.0 的常开触点并联，实现保持功能，即使 SB1 按钮松开，但由于"电动机正转"线圈 Q0.0 已经得电，所以其常开触点 Q0.0 已经为 ON 状态，电动机正转输出点 Q0.0 不会因为 SB1 的松开而失电；"电动机停止按钮" I0.2 和"电动机反转按钮" I0.1 的常闭触点串联构成停止电路，当反转按钮 SB2 或停止按钮 SB3 中的任意一个被按下，"电动机反

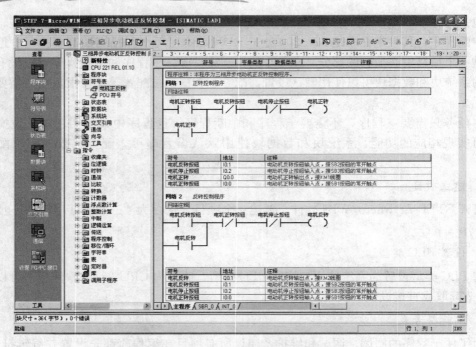

图2.61　三相异步电动机正反转控制程序

转按钮"I0.1或"电动机停止按钮"I0.2的常闭触点为OFF，"电动机正转"线圈Q0.0失电，接触器KM1的线圈失电，电动机主电路中KM1的主触点断开，从而实现电动机的反转或停机。

在程序中，I0.0和I0.1的常闭触点相互串在对方的控制电路中，实现了正反转的软件互锁，与图2.54所示中的硬件互锁相互配合，加强了控制系统的安全性。

5. 编译修改程序

对上述程序进行编译，修改其中的语法错误，直至程序编译通过。

6. 调试程序

程序设计完成后，可以先进行仿真或模拟调试，检查能否满足系统的控制要求。对于S7-200，程序的非现场调试有两种方法：一种是利用S7-200的仿真软件进行仿真调试；另一种是利用S7-200硬件和小开关等进行模拟调试。

(1) 仿真调试。S7-200有一个仿真软件，目前最新版本为V2.0，有西班牙语和英语两种界面，下载解压后即可使用。该软件目前能仿真S7-200的绝大部分基本位操作指令、定时器/计数器指令，部分功能如中断、子程序以及部分功能指令、顺控指令等不能仿真，所以其仿真功能有限。具体仿真调试操作步骤如下。

① 导出文件。将上面编写的程序利用"导出"命令导出为"三相异步电动机正反转控制.awl"文件。

② 进入仿真软件。打开S7-200的仿真程序，在密码框中输入密码"6596"，出现主界面如图2.62所示。

(a) CPU模块：可以通过在"CPU模块"上双击或选择菜单"Configration"→"CPU Type"对话框来选择CPU型号，如图2.63所示。

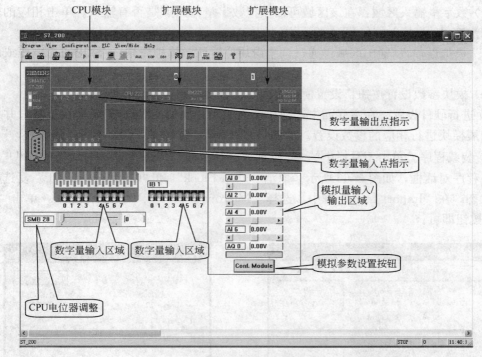

图 2.62　S7 - 200 仿真软件界面

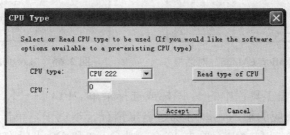

图 2.63　"CPU Type" 对话框

（b）扩展模块配置：在相应位置上双击出现如图 2.64 所示的模块配置对话框，在此对话框中可以选择扩展模块的种类。

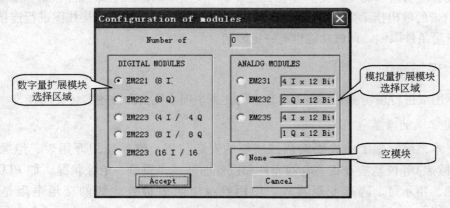

图 2.64　扩展模块型号选择对话框

(c) 数字量输入区域：在该区域可以模拟数字量输入点是否有输入。单击相应的输入点"灯泡"，输入点会在有/没有输入之间切换。

(d) 模拟量输入/输出区域：通过调整滑块位置调整模拟量输入/输出通道电压或电流的大小。

(e) 模块参数设置按钮：设置模拟量模块的有关参数，如图2.65所示。

③ 进行硬件设置。在主界面中选择与系统使用相同的CPU、扩展模块型号，并对模拟量扩展模块进行相应的参数设置。本例中CPU型号为CPU 222，不带扩展模块。

④ 装载程序。单击工具栏中的 图标或选择菜单"Program"→"Load in CPU"，打开装载程序对话框，如图2.66所示。取消"Data Block"和"Configuration CP"复选框的选中状态，在"Import from"框中，选择"Microwin V3.2，V4"软件版本，单击"Accept"按钮即可。

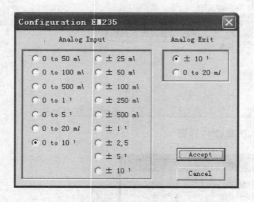

图2.65 "Configuration EM235"对话框

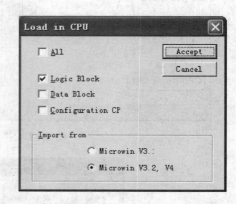

图2.66 "Load in CPU"对话框

⑤ 运行程序。单击工具栏中的 图标或选择菜单"PLC"→"Run"命令，将PLC置于RUN状态，单击相应的输入，即可观察输出情况。本例中，单击I0.0，则Q0.0有输出，单击I0.1，则Q0.1有输出，单击I0.2，则Q0.0和Q0.1没有输出，证明软件设计符合控制要求。

(2) 模拟调试。模拟调试需要有与系统配置相同的PLC模块，只是数字量输入可以使用开关代替现场输入设备，模拟量电压输入可以使用可调稳压电源代替，数字量输出使用PLC上自带的输出指示灯观察，输入接线方式依照设计的原理图或接线图进行连接，这种方式由于受条件限制，调试功能也有一定限制。

七、现场施工

根据图纸进行现场施工，施工过程中的注意事项参见前面讲述的相关内容。

1. 施工前的准备

对于本系统，施工前先要确认控制柜的安装位置，然后使用万用表、绝缘电阻表（又称兆欧表）等仪器检查相关电器元件和设备的外观、质量、绝缘状况，如PLC、接触器、按钮、指示灯、隔离变压器等，使用绝缘电阻表检查地线的接地电阻是否符合要求。

2. 电器元件的安装

电器元件检查无误后，再按照电器元件布置图进行电器元件的安装（这一步也可在研发和生产场所进行）。

3. 布线

按照原理图和接线图、电气互连图进行布线。布线可按照如下顺序：电气控制柜内部电路（电气控制盘、操作控制面板以及两者的互联）、电气控制柜外部电路。

4. 线路检查

将 QF 断开，对照原理图、接线图逐线核查。重点检查主电路两只接触器之间的换相线、热继电器发热元件的连线、接触器辅助常闭触点的互锁线、按钮的常开触点接线等，同时检查各端子处的接线、核对线号，排除虚接、短路和错线故障。

（1）检查主电路。断开 QF 切断电源，断开 FU2、FU3 切除控制电路，摘下 KM1、KM2 的灭弧罩，用万用表 R×1 电阻挡检查。首先检查各相通路，两只表笔分别接 QF 下面的 L11～L21、L21～L31、L11～L31 端子，测量相间电阻值。未操作前应测得断路；分别按下 KM1、KM2 的触点架，均应测得电动机定子绕组的直流电阻值。接着检查电源换相电路，两只表笔分别接 L11 端子和接线端子板上的 U 端子，按下 KM1 的触点架时应测得 $R \rightarrow 0$；松开 KM1 而按下 KM2 触点架时，应测得电动机绕组的电阻值。用同样的方法测量 L21～V、L31～W 之间通路。

（2）检查控制电路。接通 FU2、FU3。首先检查 PLC 的输入电路接线。用万用表两表笔分别接 PLC 的 L+ 和 I0.0，未操作前应测得断路，按下按钮 SB1 应测得 $R \rightarrow 0$。用同样方法检查 L+ 和 I0.1、L+ 和 I0.2 之间的通路。再检查变压器电路。用万用表两表笔分别接 L31 和接线端子的 N，应测得变压器一次绕组的电阻值；用万用表两表笔分别接 PLC 的 L1 和 N，应测得变压器二次绕组的电阻值。接着检查 PLC 的输出电路接线。用万用表两表笔分别接接线端子的 N 和 PLC 的 Q0.0，未操作前应测得接触器线圈的电阻，按下 KM2 的应测得断路。用同样方法检查 N 和 PLC 的 Q0.1 之间的通路。再检查控制电路。用万用表两表笔分别接接线端子的 N 和 QF 下端的 L31，未操作前，应侧得信号指示灯的电阻值，依次按下 KM1 和 KM2 的触点架，测量的电阻值应分别为信号指示灯电阻值的 1/2、1/3 左右。

（3）检查过载保护环节。摘下热继电器盖板，用万用表两表笔分别接接线端子的 N 和 PLC 的 Q0.0，应测得 KM1 线圈的阻值，同时用小螺钉旋具缓慢向右拨动热元件自由端，在听到热继电器常闭触点分断动作声音的同时，万用表应显示断路。否则应检查热继电器的动作及连线情况并排除故障。

检查完毕，盖上接触器的灭弧罩和热继电器盖板，并按下复位按钮让热继电器复位。

八、现场调试

1. 调试前的准备

一定要经过现场施工后期的线路检查后，才进入现场调试阶段。为保证系统的可靠性，现场调试前还要在断电的情况下使用万用表检查一下各电源线路，保证交流电源的各相以及相线与地线之间不要短路，直流电源的正负极之间不要短路。此处主要检查接线点

L34～N、L35～N、L11～L21、L11～L31、L21～L31 之间以及 L11、L21、L31 与 N 之间、PLC 的 L＋～M 之间不能出现短路。否则重新检查电路的接线。

2. 建立 PLC 与 PC 的连接

在断电状态下,通过 PC/PPI 电缆将 PLC 和装有 STEP 7 - Micro/WIN 软件的计算机连接好,拿掉 FU1 和 FU3,闭合 QF,则 HL1 指示灯亮,打开计算机进入 STEP 7 Micro/WIN 软件,设置好通信参数(一般采用默认设置即可),建立 PLC 和 PC 的连接。如果不能建立连接,应检查通信参数和 PC/PPI 电缆的情况。

3. 下载程序

在 STEP 7 - Micro/WIN 中打开设计好的"三相异步电动机正反转控制.mwp"项目,编译无误后,将程序下载到 PLC 中。

4. PLC 输入电路调试

此时 HL1 指示灯处于点亮状态。使 PLC 处于运行状态,按下 SB1,则应该可以看见 PLC 的 Q0.0 输出点指示灯亮;按下 SB3,Q0.0 输出点指示灯灭;按下 SB2,则应该可以看见 PLC 的 Q0.1 输出点指示灯亮;按下 SB3,Q0.1 输出点指示灯灭。否则应检查相应的按钮连接以及 PLC 的 DC 24V 电源是否正确。

5. PLC 输入/输出电路和控制电路调试

使 QF 断开,加上 FU3 熔断器(接通 PLC 输出电路),再接通 QF,则 HL1 指示灯应该亮。使 PLC 处于运行状态,按下 SB1,应该可以听见 KM1 继电器触点动作的声音,同时 HL2 指示灯亮;按下 SB3,应该可以听见 KM1 继电器触点动作的声音,同时 HL2 指示灯灭;按下 SB2,应该可以听见 KM1、KM2 继电器触点动作的声音,同时 HL2 指示灯灭,HL3 指示灯亮。同理可以调试先按下 SB2 按钮的情况。否则检查 PLC 输出、接触器辅助触点的连接情况。

6. 系统联调

使 QF 断开,加上 FU1 熔断器(接通主电路),再接通 QF,则 HL1 指示灯应该亮。使 PLC 处于运行状态,按下 SB1,电动机应该正转,同时 HL2 指示灯亮;此时如果按下 SB3,则电动机应该停止转动,同时 HL2 指示灯灭,如果按下 SB2,则电动机应该反转,同时 HL2 指示灯灭,HL3 指示灯亮。同理可以调试先按下 SB2 按钮的情况。否则应该检查主电路接线情况以及 FU1、FR、KM1、KM2 主触点的好坏。

调试完成后,让系统试运行。注意在系统调试和试运行过程中要认真观察系统是否满足控制要求和可靠性要求,如果不满足,则要修改相应的硬件或软件设计,直至满足。在调试和试运行过程中一定要做好调试和修改记录。

九、整理、编写技术文档

现场调试试运行完成后,要根据调试情况,重新修改、整理、编写相关的技术文档,主要包括:电气原理图(包括主电路、控制电路和 PLC 输入/输出电路)及设计说明(包括主要参数的计算及设备和元器件选择依据、设计依据),电器安装布置图(包括电气控制盘、操作控制面板),接线图(包括电气控制盘、操作控制面板),电气互连图,电气元件设备材料明细表,I/O 分配表,控制流程图,带注释的原程序清单和软件设计说明，系统调试记录，系统使用说明书（主要包括使用条件、操作方法及注意事项、维护要求等，本设计从略）。最后形成正确的、与系统最终交付使用时相对应的一整套完整的技术文档。

项 目 实 训

1. 三相交流异步电动机的丫-△降压起停控制实训

设计一个 7.5kW 的鼠笼式三相交流异步电动机的丫-△降压起停控制系统，要求用 PLC 控制，能进行单向连续运行控制；在按下电动机起动按钮后，定子绕组先接成星形，低速运行，经过一段时间，按下高速运行按钮后，电动机定子绕组接成三角形高速运行；在运行过程中，能随时控制其停止；要有必要的过载和短路保护、安全保护及工作指示。要求设计、实现该控制系统，并形成相应的设计文档。

2. 三相交流异步电动机的反接制动控制实训（基于速度继电器控制）

设计一个 3kW 的鼠笼式三相交流异步电动机的反接制动控制系统，要求用 PLC 控制，能进行单向连续运行控制；在按下电动机起动按钮后，电动机单方向全压起动运行；在连续运行过程中，能随时控制其停止，停止过程中采用由速度继电器控制的反接制动；要有必要的过载和短路保护、安全保护及工作指示。要求设计、实现该控制系统，并形成相应的设计文档。

项 目 小 结

本项目对 S7-200 系列 PLC 的基本结构，CPU 模块的分类及技术指标，数字量输入/输出模块的类型、技术指标，CPU 模块及数字量输入/输出模块的接线及使用，S7-200 系列 PLC 的存储区域、数据类型和寻址方式、基本逻辑指令等知识做了讲解，并对 PLC 三相异步电动机基本运动控制系统的设计与施工过程，包括控制方案的确定，设备和电器元件的选择，电气原理图设计，工艺设计，系统施工和调试，技术文件的编写整理等做了较详细的介绍，为以后从事相应的工作打下基础。

思考与练习

1. 简述 S7-200 PLC 系统的基本构成。

2. S7-200 CPU 22X 系列有哪些产品？

3. S7-200 的接口模块主要有多少种类？各有什么用途？

4. S7-200 CPU 22X 主机进行扩展配置时，应考虑哪些因素？I/O 是如何编址的？

5. S7-200 指令参数所用的基本数据类型有哪些？

6. S7-200 系列 CPU 224 PLC 有哪些寻址方式？

7. CPU 224 PLC 有哪些元件，它们的作用是什么？

8. 梯形图编程的注意事项主要有哪些？

9. 逻辑堆栈指令主要有哪些? 各用于什么场合?

10. 写出图 2.67 所示中两个梯形图程序对应的语句表程序。

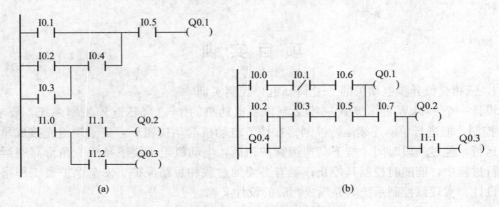

(a)　　　　　　　　　　　　(b)

图 2.67　10 题图

11. 梯形图程序如图 2.68 所示,画出 M0.0 的波形图。

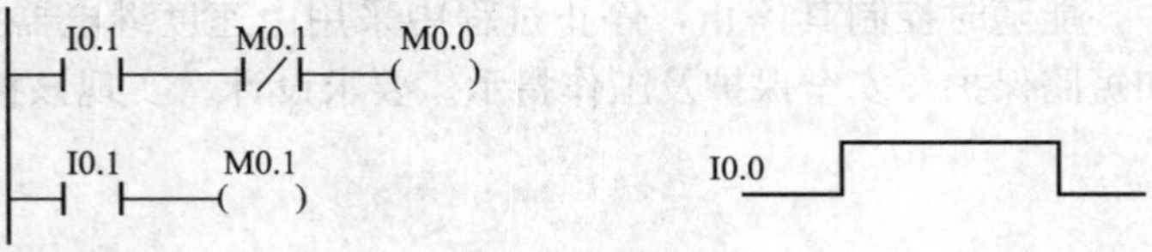

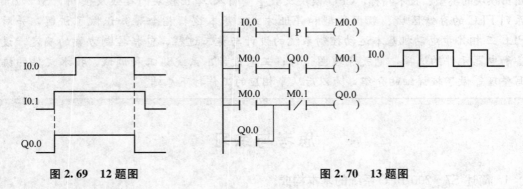

图 2.68　11 题图

12. 用 S、R 和跳变指令设计出如图 2.69 所示波形图的梯形图。

13. 梯形图程序如图 2.70 所示,画出 Q0.0 的波形图。

图 2.69　12 题图　　　　　**图 2.70　13 题图**

14. 使用置位指令、复位指令,编写两套程序,控制要求如下。

(1)起动时,电动机 M1 先起动,才能起动电动机 M2,停止时,电动机 M1、M2 同时停止。

(2)起动时,电动机 M1,M2 同时起动,停止时,只有在电动机 M2 停止后,电动机 M1 才能停止。

15. 写出下列语句表程序对应的梯形图程序。

(1)

LD	I0.2
AN	I0.0
O	Q0.3
ON	I0.1
LD	Q0.2
O	M3.7
AN	I1.5
LDN	I0.5
A	I0.4
OLD	
ON	M0.2
ALD	
O	I0.4
LPS	
EU	
=	M3.7
LPP	
AN	
NOT	
S	Q0.3，1

(2)

LD	I0.1
AN	I0.0
LPS	
AN	I0.2
LPS	
A	I0.4
=	Q2.1
LPP	
A	I4.6
R	Q3.1，1
LRD	
A	I0.5
=	M3.6
LPP	
AN	
=	Q0.0

(3)

LD	I0.7
AN	I2.7
LD	Q0.3
ON	I0.1
A	M0.1
OLD	
LD	I0.5
A	I0.3
O	I0.4
ALD	
ON	M0.2
NOT	
=	Q0.4
LD	I2.5
LDN	M3.5
ED	
=	Q0.1

项目 3

自动往返运行控制系统的设计与实现

➤ 知识目标

了解顺序控制系统；掌握 S7 - 200 系列 PLC 的定时器指令和计数器指令，程序控制类指令（循环、跳转、END、STOP、WDR 等），移位和循环移位指令，顺序功能图的画法，顺序功能图转梯形图的方法。

➤ 能力目标

能完成 PLC 顺序控制系统和具有单步、单周期、自动连续运行等多种控制方式的较复杂的控制系统的设计与施工，包括控制方案的确定，设备和电器元件的选择，电气原理图设计，工艺设计，软件编程，系统施工和调试，技术文件的编写整理等。

➤ 引言

三相交流异步电动机的正反转控制是电动机控制的基本环节之一。通过电动机的自动正反转控制，可以控制生产机械的自动前后、左右、上下等的往复运动，从而控制生产机械的基本运动方式，在生产实际中应用广泛，如机械滑台（如图 3.1 所示）的自动往复运动、小车的自动往返运行等都是其典型的应用。

图 3.1　机械滑台

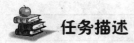 **任务描述**

设计某行车左右往复运动控制系统，行车左右往复运动由 7.5kW 电动机的正反转实现。要求用 PLC 控制，有单步、单周期和自动连续运行 3 种工作方式。在单步方式，可以按单步左行或单步右行按钮控制行车的左右运动，按钮按下则运行，弹起则停止，运行到左端或右端自动停止。在单周期和自动运行方式起动前，首先要进行复位，使行车处于最左端。在单周期方式，按起动按钮后，行车从左端开始向右运行，到达右端后自动停 5s，再向左运动，到达左端后停止。在自动运行方式，按起动按钮后，行车从左端开始向右运行，到达右端后自动停 5s，再向左运动，到达左端后自动停 5s，再向右运动，如此反复循环，直至按下停止按钮。在系统运行过程中，能随时控制其停止。要有必要的过载和短路保护、安全保护及工作指示。要求设计、实现该控制系统，并形成相应的设计文档。

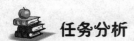 **任务分析**

该任务中，控制系统比较简单，一般的 PLC 都能胜任。硬件主要包括控制部分的 PLC、控制电动机主电路通断的接触器、进行过载和短路保护的热继电器和熔断器以及控制和显示电动机起动和停止的按钮、指示灯等，由于电动机容量较小，可以使用全压起动。

完成该任务的重点是进行 PLC 及输入/输出设备的选型，电气原理图设计，工艺设计，程序设计，相应的文档设计以及系统的安装、施工和调试。

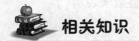 **相关知识**

一、S7－200 的定时器指令

1. 指令介绍

定时器由集成电路构成，是 PLC 中重要的硬件编程元件。定时器编程时要先给出时间预设值。当定时器的输入条件满足时，定时器开始计时，当前值从 0 开始按一定的时间单位增加，当定时器的当前值达到预设值时，定时器动作，发出中断请求，以便 PLC 响应而做出相应的动作，所以利用定时器可以得到控制所需的延时时间。

S7－200 PLC 提供了 3 种类型共 256 个（编号为 T0～T255）定时器：接通延时定时器（指令为 TON）、有记忆的接通延时定时器（指令为 TONR）和断开延时定时器（指令为 TOF）。

S7－200 PLC 定时器的分辨率有 3 种等级：1ms、10ms 和 100ms，分辨率等级和定时器编号对应关系见表 3－1。虽然接通延时定时器与断开延时定时器的编号范围相同，但是不能共享相同的定时器号。例如，在对同一个 PLC 进行编程时，T32 不能既做 TON 型定时器，又做 TOF 型定时器。

表 3-1　定时器的分类

定时器类型	分辨率/ms	定时范围/s	定时器号码
接通延时定时器(TON) 断开延时定时器(TOF)	1	32.767	T32，T96
	10	327.67	T33～T36，T97～T100
	100	3276.7	T37～T63，T101～T255
有记忆的接通延 时定时器(TONR)	1	32.767	T0，T64
	10	327.67	T1～T4，T65～T68
	100	3276.7	T5～T31，T69～T95

从定时器的原理可以知道定时时间的计算公式为

$$T = PT \times S$$

式中：T——定时时间；

PT——设定值；

S——分辨率等级。

定时器的设定值的数据类型均为 INT(整数)，除常数外，还可以用 VW、IW 等作为它们的设定值。如 TON 指令用定时器 T32，预设值为 100，则实际定时时间为

$$T = 100 \times 100 = 10000\text{ms}$$

定时器编号包含两方面的变量信息：定时器位和定时器当前值。

定时器位：存储定时器的状态，当定时器的当前值达到预设值 PT 时，该位发生动作。

定时器当前值：存储定时器当前所累计的时间，它用 16 位符号整数来表示。

表 3-2　定时器指令的有效操作数

输入/输出	数据类型	操　作　数
TON、TOF、TONR	WORD	常数(T0～T255)
IN	BOOL	I、Q、V、M、SM、S、T、C、L、能流
PT	INT	IW、QW、VW、MW、SMW、SW、LW、T、C、AC、AIW、*VD、*LD、*AC、常数

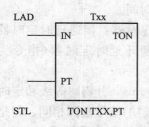

图 3.2　接通延时定时器指令

1) 接通延时定时器

接通延时定时器用于单一时间间隔的定时。接通延时定时器指令如图 3.2 所示。TON 为定时器标志符；Txx 为定时器编号；IN 为起动输入端(数据类型为 BOOL 型)；PT 为时间设定值输入端(数据类型为 INT 型)。

其具体工作过程是，当定时器的输入端电路断开时，定时器的当前值为 0，定时器位为 OFF(常开触点断开，常闭触点闭合)。当输入端电路接通时，定时器开始定时，然后每过一个基

本时间间隔,定时器的当前值加 1。当定时器的当前值等于或大于定时器的设定值 PT 时,定时器位变为 ON,定时器继续计时直到定时器值为 32767(最大值)时,才停止计时,当前值将保持不变。只要当前值大于等于 PT 值,定时器位就为 ON,如果不满足这个条件,定时器位为 OFF。

输入端电路断开时,定时器自动复位,当前值被清 0,定时器位变为 OFF。当输入端电路接通的时间不足以使当前值达到 PT 值时,定时器位不会由 ON 变为 OFF。

【例 3-1】 图 3.3 所示接通延时定时器应用举例。

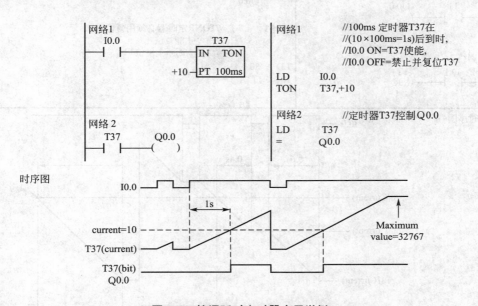

图 3.3 接通延时定时器应用举例

2)有记忆的接通延时定时器

有记忆的接通延时定时器用于对许多间隔的累计定时。有记忆的接通延时定时器指令如图 3.4 所示。TONR 为定时器标志符;Txx 为定时器编号;IN 为起动输入端;PT 为时间设定值输入端。

有记忆的接通延时定时器的原理与接通延时定时器基本相同。不同之处在于有记忆的接通延时定时器在输入端电路断开时,定时器位和当前值保持断开前的状态。当输入端电路再次接通时,当前值从上次的保持值继续计数,当累计当前值达到预设值时,定时器位为 ON。当前值连续计数达到 32767,才停止计时。因而有记忆的接通延时定时器的复位不能同普通接通延时定时器的复位那样使用断开输入端电路的方法,而只能使用复位指令 R 对其进行复位操作,使当前值清零。

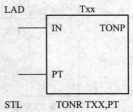

图 3.4 有记忆的接通延时定时器指令

【例 3-2】 如图 3.5 所示为有记忆的接通延时定时器应用举例。

3)断开延时定时器

断开延时定时器用于断电后的单一间隔时间计时。断开延时定时器指令的梯形图和语句表如图 3.6 所示,TOF 为定时器标志符;Txx 为定时器编号;IN 为起动输入端;PT

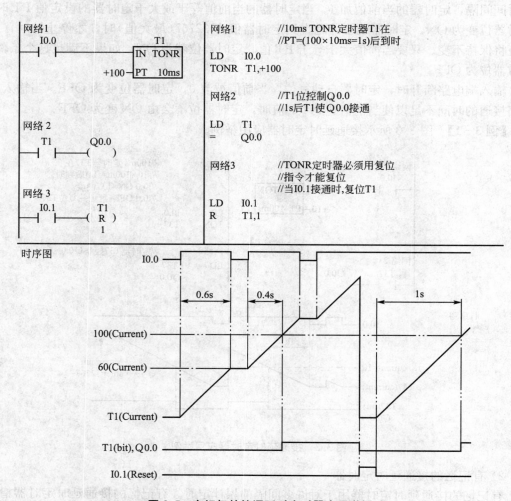

图 3.5 有记忆的接通延时定时器应用举例

为时间设定值输入端。

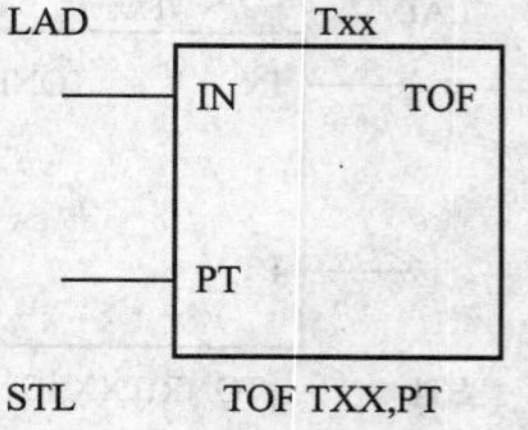

当定时器的输入信号端接通时,定时器位为 ON,当前值为 0,当定时器的输入信号端断开时定时器开始计时,每过一个基本时间间隔,定时器的当前值加 1。当定时器的当前值达到设定值 PT 时,定时器位变为 OFF,停止计时,当前值保持不变。当输入端电路接通时,则当前值复位(置为 0),定时器位变为 ON。当输入端断开后维持的时间不足以使当前值达到 PT 值时,定时器位不会变为 OFF。

图 3.6 断开延时定时器指令

【例 3 - 3】 如图 3.7 所示为断开延时定时器应用举例。

如图 3.8 所示为 3 种定时器工作特性比较。其中 T33 为通电延时定时器;T2 为有记忆通电延时定时器;T36 为断电延时定时器。

4)分辨率对定时器的影响

对于 1ms 分辨率的定时器来说,定时器位和当前值的更新由系统每隔 1ms 刷新 1 次,与扫描周期无关。对于大于 1ms 的程序扫描周期，定时器位和当前值在一个扫描周期内刷新多次，其值在一个扫描周期内不一定保持一致。

对于 10ms 分辨率的定时器来说，定时器位和当前值在每个程序扫描周期的开始刷新。定时器位和当前值在整个扫描周期过程中为常数。在每个扫描周期的开始会将一个扫描累计的时间间隔加到定时器当前值上。

对于 100ms 分辨率的定时器来说，定时器位和当前值在指令执行时刷新。因此，为了使定时器保持正确的定时值，要确保在每个扫描周期内执行一次 100ms 定时器指令。

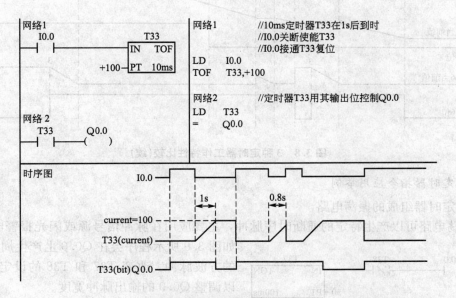

图 3.7 断开延时定时器应用举例

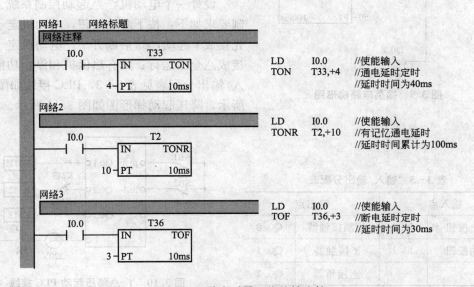

图 3.8 3 种定时器工作特性比较

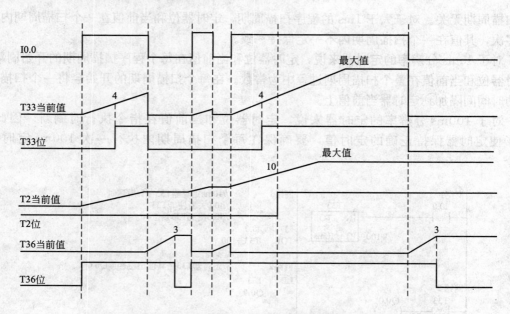

图 3.8　3 种定时器工作特性比较(续)

2. 定时器指令应用举例

1) 定时器组成的振荡电路

振荡电路可以产生特定的通断时序脉冲,主要应用在脉冲信号源或闪光报警电路中。如图 3.9 所示程序会在 Q0.0 上产生周期为 1s 的方波脉冲。改变 T37 和 T38 的设定值就可以调整 Q0.0 的输出脉冲宽度。

2) 电动机Y-△降压起动电路

设计一个电动机Y-△起动控制系统。其控制要求如下:按下起动按钮,电动机定子绕组先接成Y起动,3s 后断开Y,电动机定子绕组接成△全压运行;具有热保护和停止功能。输入/输出分配表见表 3-3,PLC 接线如图 3.10 所示,降压起动梯形图如图 3.11 所示。

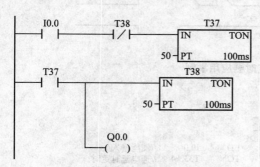

图 3.9　振荡电路梯形图

表 3-3　输入/输出分配表

输入点		输出点	
停止按钮	I0.0	控制接触器	Q0.0
起动按钮	I0.1	Y接触器	Q0.1
—	—	△接角器	Q0.2

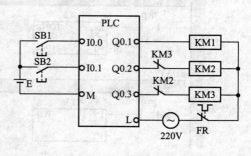

图 3.10　Y-△降压起动 PLC 接线

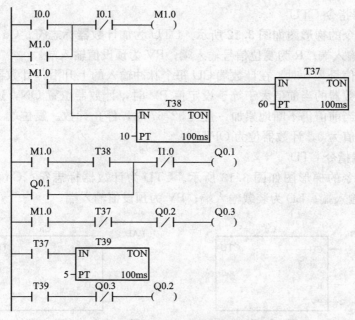

图3.11 丫-△降压起动梯形图

二、S7-200的计数器指令

1. 指令介绍

计数器与定时器的结构和使用基本相似，是应用非常广泛的编程元件。计数器用来累计输入脉冲的次数，经常用来对产品进行计数。编程时提前输入所计次数的预设值，当计数器的输入条件满足时，计数器开始运行并对输入脉冲进行计数，当计数器的当前值达到预设值时，计数器动作，发出中断请求，以便PLC响应而做出相应的动作。

S7-200 PLC的计数器有3种类型：增计数器(CTU)、减计数器(CTD)和增减计数器(CTUD)，共256个（编号为C0～C255）。在一个程序中，同一个计数器只能使用一次，计数脉冲输入和复位信号输入同时有效时，优先执行复位操作。用语句表表示时，各计数器一定要按梯形图所示的各个输入端顺序输入，不能颠倒。3种计数器指令的有效操作数见表3-4。

表3-4 3种计数器指令的有效操作数

输入/输出	数据类型	操 作 数
Cxx	WORD	常数(C0～C255)
CU、CD、LD、R	BOOL	I、Q、V、M、SM、S、T、C、L、能流
PV	INT	IW、QW、VW、MW、SMW、SW、LW、T、C、AC、AIW、*VD、*LD、*AC、常数

与定时器一样，一个计数器也包含两方面的变量信息：计数器位和计数器当前值。

计数器位：存储计数器的状态，根据条件是否满足使得计数器位置"1"或置"0"。

计数器当前值：存储计数器当前所累计的脉冲个数，用16位符号整数来表示，故最大计数值为32767，最小值为-32768。

1) 增计数器指令 CTU

增计数器指令的梯形图如图 3.12 所示。CTU 为加计数器标志符；Cn 为计数器编号；CU 为计数脉冲输入端；R 为复位信号输入端；PV 为预设值输入端。

当复位端的信号为 0 时，在计数端 CU 每个脉冲输入的上升沿，计数器的当前值进行加 1 操作。当计数器的当前值大于等于设定值 PV 时，计数器位置 ON，这时再来计数脉冲时，计数器的当前值仍不断地累加，直到 32767 时，停止计数。复位端 R 为 1，计数器被复位，即当前值为 0，计数器位为 OFF。

2) 减计数器指令 CTD

减计数器指令的梯形图如图 3.13 所示。CTD 为计数器标志符；Cn 为计数器编号；CD 为计数脉冲输入端；LD 为装载输入端；PV 为预设值输入端。

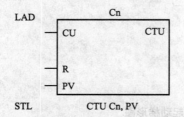

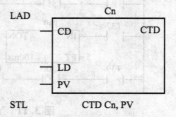

图 3.12　增计数器指令　　　　　图 3.13　减计数器指令

减计数器在装载输入端 LD 信号为 1 时，其计数器的设定值 PV 被装入计数器的当前值寄存器，此时当前值为 PV，计数器位为 OFF。当装载输入端的信号为 0 时，在计数端 CD 每个脉冲输入的上升沿，计数器的当前值进行减 1 操作。当计数器的当前值等于 0 时，计数器位变为 ON，并停止计数。这种状态一直保持到装载输入端 LD 变为 1，再次装入 PV 值后，计数器位变为 OFF，才能再次重新计数。

【例 3-4】　如图 3.14 所示减计数器指令的应用举例。

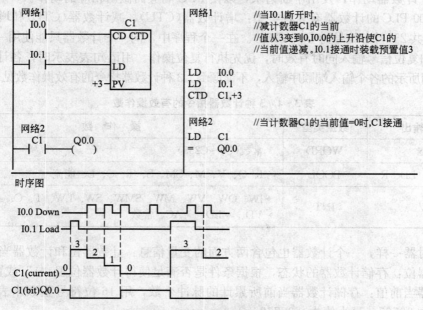

图 3.14　减计数器指令的应用举例

3) 增减计数器指令 CTUD

增减计数器指令的梯形图如图 3.15 所示。CTUD 为计数器标志符；Cn 为计数器编号；CU 为增计数脉冲输入端；CD 为减计数脉冲输入端；R 为复位信号输入端；PV 为预设值输入端。

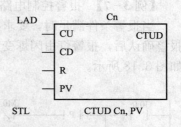

当接在 R 输入端的复位输入电路断开时，每当增计数脉冲输入端 CU 上升沿到来，计数器的当前值就进行加 1 操作。当计数器的当前值大于等于设定值 PV 时，计数器位变为 ON。这时再来增计数脉冲时，计数器的当前值仍不断地

图 3.15 增减计数器指令

累加，达到最大值 32767 后，下一个 CU 脉冲上升沿将使计数器当前值跳变为最小值（－32768）并停止计数。每当减计数脉冲输入端 CD 上升沿到来时，计数器的当前值进行减 1 操作。当计数器的当前值小于设定值 PV 时，计数器位变为 OFF。再来减计数脉冲时，计数器的当前值仍不断地递减，达到最小值（－32768）后，下一个 CD 脉冲上升沿使计数器的当前值跳变为最大值（32767）并停止计数。

【例 3 - 5】 如图 3.16 所示增减计数器指令的应用举例。

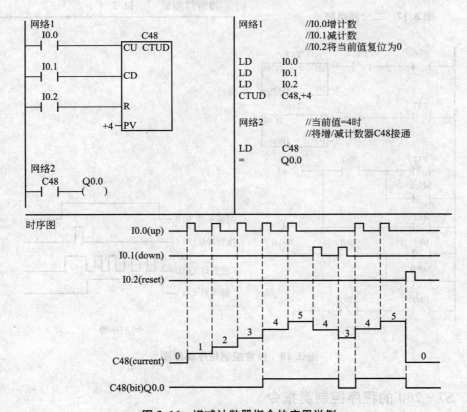

图 3.16 增减计数器指令的应用举例

2. 指令应用实例

【例 3 - 6】 如图 3.17 所示计数器组成二分频电路。

PLC 可以实现对输入信号的任意分频。前面介绍了用基本逻辑指令完成的二分频电

路,这里介绍由计数器组成的二分频电路。

【例 3 - 7】 报警控制电路。

当报警条件满足时,要求报警。报警时报警灯闪烁,闪烁周期为 1s,蜂鸣器鸣叫。当报警确认后,报警灯由闪烁变成常亮,蜂鸣器关闭。输入/输出分配表见表 3 - 5,其程序如图 3.18 所示。

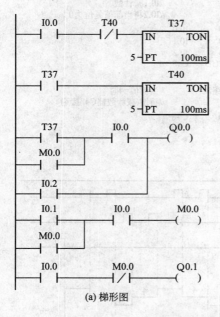

图 3.17 二分频电路

表 3 - 5 输入/输出分配表

输入点		输出点	
故障报警条件	I0.0	报警灯	Q0.0
报警确认	I0.1	蜂鸣器	Q0.1
报警灯测试	I0.2	—	—

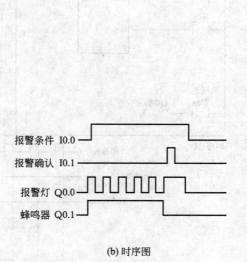

(a) 梯形图 　　　　(b) 时序图

图 3.18 报警控制程序梯形图

三、S7 - 200 的程序控制类指令

程序控制类指令使程序结构灵活,合理使用该类指令可以优化程序结构,增强程序功能。这类指令主要包括条件结束、停止、"看门狗"复位、跳转与标号、循环、子程序和顺序控制继电器等指令。这里只介绍条件结束、停止、"看门狗"复位、跳转与标号、循环指令。

1. 条件结束指令

条件结束指令(END)根据前面的逻辑关系终止当前扫描周期。执行该指令后，系统结束主程序，返回主程序起点。在主程序中可以使用条件结束指令，但不能在子程序或中断服务程序中使用该命令。条件结束指令梯形图如图3.19所示。

2. 停止指令

停止指令不含操作数，停止指令(STOP)使CPU从RUN转到STOP模式，从而可以立即终止程序的执行。如果STOP指令在中断程序中执行，那么该中断立即终止，并且忽略所有挂起的中断，继续扫描程序的剩余部分，完成当前周期的剩余动作，包括用户主程序的执行，并在当前扫描周期的最后，完成从RUN到STOP模式的转变。停止指令的梯形图如图3.20所示。

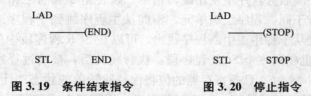

图3.19　条件结束指令　　　　图3.20　停止指令

【例3-8】　如图3.21所示为条件结束和停止指令应用举例。

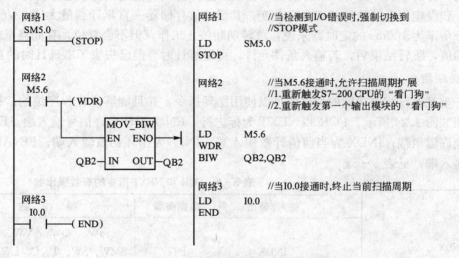

图3.21　条件结束和停止指令应用举例

3. "看门狗"复位指令

"看门狗"复位指令梯形图如图3.22所示。为了保证系统可靠运行，PLC内部设置了系统监视定时器，用于监视扫描周期是否超时。它的定时时间为500ms，每个扫描周期的开始它都被自动复位一次。正常工作时扫描周期小于500ms，它不起作用。

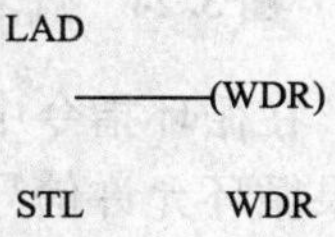

使用本指令可以延长扫描周期，从而可以有效避免监视定时器超时错误。为防止在正常情况下监视定时器动作，可以将"看门狗"复位指令WDR插入程序中适当的位置，使定时器复位，在没有监视程

```
LAD
——(WDR)

STL    WDR
```

图3.22　"看门狗"
复位指令

序错误的条件下增加 CPU 系统扫描占用的时间。使用"看门狗"复位指令时应当小心，因为使用该指令可能会过度地延迟扫描完成时间，从而造成系统不能及时对外部输入/输出进行响应。

4. 跳转与标号指令

在程序执行时，由于条件的不同，可能会产生一些分支，这时就需要用到跳转和标号指令，根据不同条件的判断，选择不同的程序段执行程序。

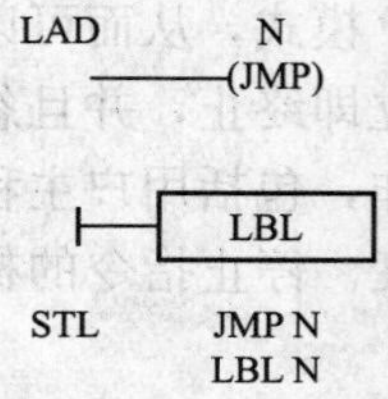

```
LAD        N
———(JMP)

    ┌─────┐
————┤ LBL │
    └─────┘

STL        JMP N
           LBL N
```

图 3.23 跳转和标号指令

跳转和标号指令的梯形图如图 3.23 所示。操作数 n 为数字 0~255。

当跳转条件满足时，跳转指令可以使程序流程转到具体的标号（N）处执行。标号指令用来标记跳转指令转移目的地的位置（N）。

跳转指令和标号指令必须配合使用。可以在主程序、子程序或者中断服务程序中使用跳转指令。跳转指令和与之相应的标号指令必须位于同一程序组织单元，不能从主程序跳到子程序或中断程序，也不能从子程序或中断程序跳出。可以在 SCR 程序段中使用跳转指令，但相应的标号指令必须也在同一个 SCR 程序段。执行跳转后，被跳过程序段中各寄存器的状态会有所不同：Q、M、S、C 等寄存器的位将保持跳转前的状态；计数器 C 停止计数，当前值存储器保持跳转前的计数值；对定时器来说，因刷新方式不同而工作状态不同。在跳转期间，分辨率为 1ms 和 10ms 的定时器会一直保持跳转前的工作状态，原来工作的继续工作，到设定值后其位的状态也会改变，其当前值存储器一直累计到最大值 32767 才停止。对分辨率为 100ms 的定时器来说，跳转期间停止工作，但不会复位，存储器里的值为跳转时的值，跳转结束后，若输入条件允许，可继续计时，但已失去了准确计时的意义。

5. 循环指令

对于重复执行相同功能的程序段可以使用循环指令，并且能够优化程序结构。循环指令梯形图如图 3.24 所示。FOR 和 NEXT 为标志符；EN 为循环允许信号输入端；ENO 为功能框允许输出端；INDX 为当前值计数输入端；INIT 为循环初值输入端；FINAL 为循环终值输入端，见表 3-6。

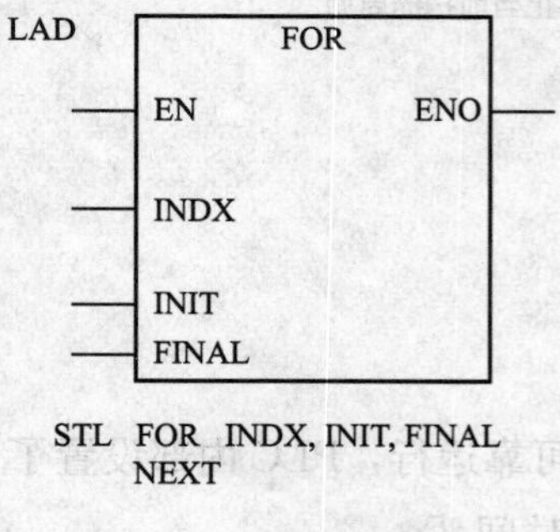

```
LAD        ┌──────────────┐
           │     FOR      │
        EN │          ENO │
           │              │
        INDX│             │
           │              │
        INIT│             │
        FINAL│            │
           └──────────────┘

STL  FOR  INDX, INIT, FINAL
     NEXT
```

图 3.24 循环指令

表 3-6 FOR 和 NEXT 指令的有效操作数

输入/输出	数据类型	操 作 数
INDX	INT	IW、QW、VW、MW、SMW、SW、T、C、LW、AC、*VD、*LD、*AC
INIT、FINAL	INT	VW、IW、QW、MW、SMW、SW、T、C、LW、AC、AIW、*VD、*AC、常数

在循环指令中，FOR 和 NEXT 之间的程序段称为循环体。当程序运行到循环指令时，如果循环允许信号 EN 端为 1，PLC 就会自动把循环初值输入端 INIT 的值复制给当前计数输入端 INDX，用 INDX 计数值与循环终值输入端 FINAL 的值进行比较，如果不大于终值，就执行循环体，每执行一次循环体，INDX 计数值增 1，并且将其结果同循环终值

作比较，如果大于终值，则终止循环。

【例3-9】 如图3.25所示循环指令应用举例。

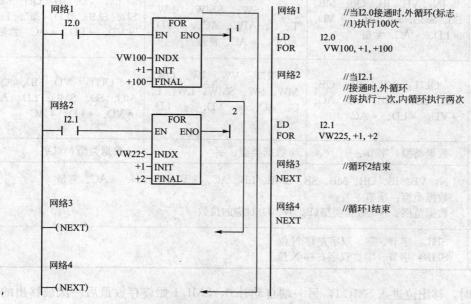

图3.25 循环指令应用举例

四、S7-200移位和循环移位指令

1. 指令介绍

移位操作指令包括移位指令、循环移位指令和移位寄存器指令，执行时只需考虑被移位存储单元的每一位数字状态，而不用考虑数据值的大小。该类指令在一个数字量输出端子对应多个相对固定状态的情况下有广泛的应用。

1）移位指令

移位指令有右移和左移两种，根据所移位数的长度分别又可分为字节型、字型和双字型。移位指令格式及功能见表3-7。SHR_B、SHR_W和SHR_DW分别为字节、字和双字右移标志符；相应的SHL_B、SHL_W和SHL_DW分别为字节、字和双字左移标志符；EN为移位允许信号输入端；ENO为功能框允许输出端；IN为移位数据输入端（数据类型为BYTE、WORD或DWORD）；OUT为移位数据输出端（数据类型为BYTE、WORD或DWORD）；N为移位次数输入端（数据类型为BYTE）。

表3-7 移位指令格式及功能

LAD	SHL_B EN ENO ????─IN OUT─???? ????─N	SHL_W EN ENO ????─IN OUT─???? ????─N	SHL_DW EN ENO ????─IN OUT─???? ????─N
STL	SLB OUT, N SRB OUT, N	SLW OUT, N SRW OUT, N	SLD OUT, N SRD OUT, N

续表

操作数及数据类型	IN: VB、IB、QB、MB、SB、SMB、LB、AC、*VD、*LD、*AC、常量	IN: VW、IW、QW、MW、SW、SMW、LW、T、C、AIW、AC、*VD、*LD、*AC、常量	IN: VD、ID、QD、MD、SD、SMD、LD、AC、HC、*VD、*LD、*AC、常量
	OUT: VB、IB、QB、MB、SB、SMB、LB、AC、*VD、*LD、*AC	OUT: VW、IW、QW、MW、SW、SMW、LW、T、C、AC、*VD、*LD、*AC	OUT: VD、ID、QD、MD、SD、SMD、LD、AC、*VD、*LD、*AC
	数据类型: 字节	数据类型: 字	数据类型: 双字
	N: VB、IB、QB、MB、SB、SMB、LB、AC、*VD、*LD、*AC、常量 数据类型: 字节 数据范围: N≤数据类型(B、W、D)对应的位数		
功能	SHL: 字节、字、双字左移 N 位 SHR: 字节、字、双字右移 N 位		

移位时，移出位进入 SM1.1，另一端自动补 0，SM1.1 始终存放最后一次被移出的位。如果移位操作使数据变为 0，则 SM1.0(零存储器位)自动置位。当移位允许信号 EN=1 时，被移位数 IN 根据移位类型相应的右移或左移 N 位，最左边或最右边移走的位依次用 0 填充，其结果传送到 OUT 中(在语句表中，IN 与 OUT 使用同一个单元)。如果移位次数 N 大于移位数据的位数，则超出次数无效，字节、字和双字移位的最大实际可移位次数分别为 8、16、32。

2) 循环移位指令

循环移位指令与普通移位指令类似，有循环右移和循环左移两种，根据所移位数的长度分别又可分为字节型、字型和双字型。循环移位数据存储单元的移出端与另一端相连，同时又与溢出位 SM1.1 相连，所以最后被移出的位被移到另一端的同时，也被放到 SM1.1 位存储单元。

循环移位指令格式及功能见表 3-8。ROR_B、ROR_W 和 ROR_DW 为字节、字和双字循环右移标志符；相应的 ROL_B、ROL_W 和 ROL_DW 为字节、字和双字循环左移标志符；其他操作数的含义和数据类型以及其寻址范围同普通移位指令一样。

表 3-8 循环移位指令格式及功能

LAD	ROL_B EN ENO ????—IN OUT—???? ????—N	ROL_W EN ENO ????—IN OUT—???? ????—N	ROL_DW EN ENO ????—IN OUT—???? ????—N
STL	RLB OUT, N RRB OUT, N	RLW OUT, N RRW OUT, N	RLD OUT, N RRD OUT, N

续表

操作数及 数据类型	IN：VB、IB、QB、MB、SB、SMB、LB、AC、＊VD、＊LD、＊AC、常量	IN：VW、IW、QW、MW、SW、SMW、LW、T、C、AIW、AC、＊VD、＊LD、＊AC、常量	IN：VD、ID、QD、MD、SD、SMD、LD、AC、HC、＊VD、＊LD、＊AC、常量
	OUT：VB、IB、QB、MB、SB、SMB、LB、AC、＊VD、＊LD、＊AC	OUT：VW、IW、QW、MW、SW、SMW、LW、T、C、AC、＊VD、＊LD、＊AC	OUT：VD、ID、QD、MD、SD、SMD、LD、AC、＊VD、＊LD、＊AC
	数据类型：字节	数据类型：字	数据类型：双字
	N：VB、IB、QB、MB、SB、SMB、LB、AC、＊VD、＊LD、＊AC、常量； 数据类型：字节；数据范围：N≤数据类型（B、W、D）对应的位数		
功能	ROL：字节、字、双字循环左移 N 位；ROR：字节、字、双字循环右移 N 位		

【例 3－10】 如图 3.26 所示移位和循环移位指令举例。

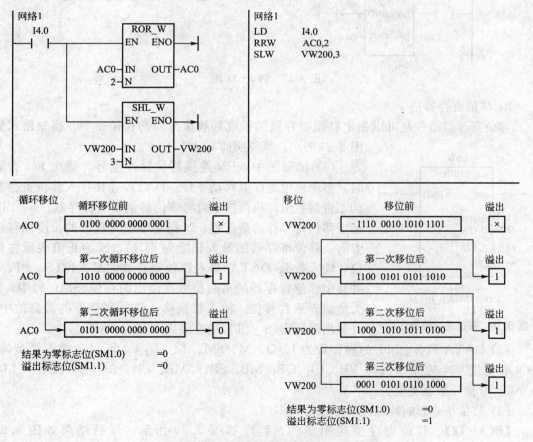

图 3.26 移位和循环移位指令举例

【例3-11】 用I0.0控制接在Q0.0～Q0.7上的8个彩灯循环移位,从左到右以0.5s的速度依次点亮,保持任意时刻只有一个指示灯亮,到达最右端后,再从右到左依次点亮。

分析:8个彩灯循环移位控制,可以用字节的循环移位指令。根据控制要求,首先应置彩灯的初始状态为QB0=1,即左边第一盏灯亮;其次灯从左到右以0.5s的速度依次点亮,即要求字节QB0中的"1"用循环左移位指令每0.5s移动1位,因此须在ROL_B指令的EN端接一个0.5s的移位脉冲。根据上述分析编写的梯形图程序如图3.27所示。

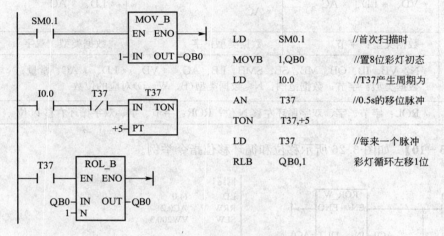

LD	SM0.1	//首次扫描时
MOVB	1,QB0	//置8位彩灯初态
LD	I0.0	//T37产生周期为
AN	T37	//0.5s的移位脉冲
TON	T37,+5	
LD	T37	//每来一个脉冲
RLB	QB0,1	彩灯循环左移1位

图3.27 例3-11图

3) 移位寄存器指令

移位寄存器指令是可以指定移位寄存器的长度和移位方向的移位指令。指令格式如图3.28所示,其说明如下。

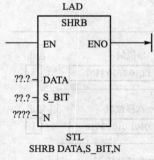

图3.28 移位寄存器指令格式

(1)梯形图中,EN连接移位脉冲信号,每次EN有效时,整个移位寄存器移动1位。DATA连接移入移位寄存器的二进制数值,执行指令时将该位的值移入寄存器。S_BIT指定移位寄存器的最低位。N指定移位寄存器的长度和移位方向,移位寄存器的最大长度为64位,N为正值表示左移位,输入数据(DATA)移入移位寄存器的最低位(S_BIT),并移出移位寄存器的最高位放在溢出内存位(SM1.1)中。N为负值表示右移位,输入数据移入移位寄存器的最高位中,并移出最低位(S_BIT)放在溢出内存位(SM1.1)中。

(2)DATA和S_BIT的操作数为I、Q、M、SM、T、C、V、S、L,数据类型为:BOOL变量。N的操作数为VB、IB、QB、MB、SB、SMB、LB、AC、*VD、*LD、*AC、常量,数据类型为:字节。

(3)移位指令影响特殊内部标志位SM1.1。

【例3-12】 移位寄存器应用举例。程序如图3.29所示,运行结果如图3.30所示。

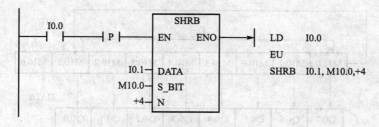

图 3.29 移位寄存器梯形图和语句表

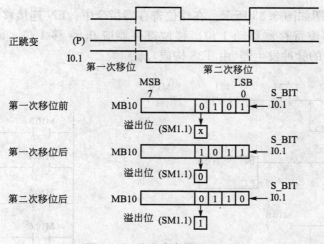

图 3.30 移位寄存器运行结果

【例 3-13】 用 PLC 构成如图 3.31 所示喷泉控制系统。用灯 L1～L12 分别代表喷泉的 12 个喷水柱。要求按下起动按钮 I0.0 后，隔灯闪烁，L1 亮 0.5s 后灭，接着 L2 亮 0.5s 后灭；接着 L3 亮 0.5s 后灭；接着 L4 亮 0.5s 后灭；接着 L5、L9 亮 0.5s 后灭；接着 L6、L10 亮 0.5s 后灭；接着 L7、L11 亮 0.5s 后灭；接着 L8、L12 亮 0.5s 后灭；L1 亮 0.5s 后灭。如此循环下去，直至按下停止按钮 10.1。

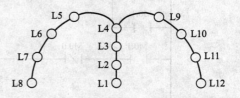

图 3.31 喷泉控制系统

(1) I/O 分配，具体分析如下。

输入	输出	
(常开)起动按钮：I0.0	L1：Q0.0	L5、L9：Q0.4
(常闭)停止按钮：I0.1	L2：Q0.1	L6、L10：Q0.5
	L3：Q0.2	L7、L11：Q0.6
	L4：Q0.3	L8、L12：Q0.7

(2) 喷泉控制梯形图，其过程如下。

分析：应用移位寄存器控制，根据喷泉模拟控制的 8 位输出（Q0.0～Q0.7），须指定一个 8 位的移位寄存器（M10.1～M11.0），移位寄存器的 S_BIT 位为 M10.1，并且移位寄存器的每 1 位对应 1 个输出，如图 3.32 所示。

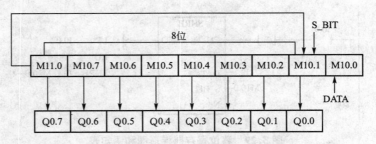

图 3.32　移位寄存器的位与输出对应关系

喷泉控制梯形图如图 3.33 所示。在移位寄存器指令中，EN 连接移位脉冲，每来一个脉冲的上升沿，移位寄存器移动 1 位。移位寄存器应 0.5s 移 1 位，因此需要设计一个 0.5s 产生一个脉冲的脉冲发生器(由 T38 构成)。

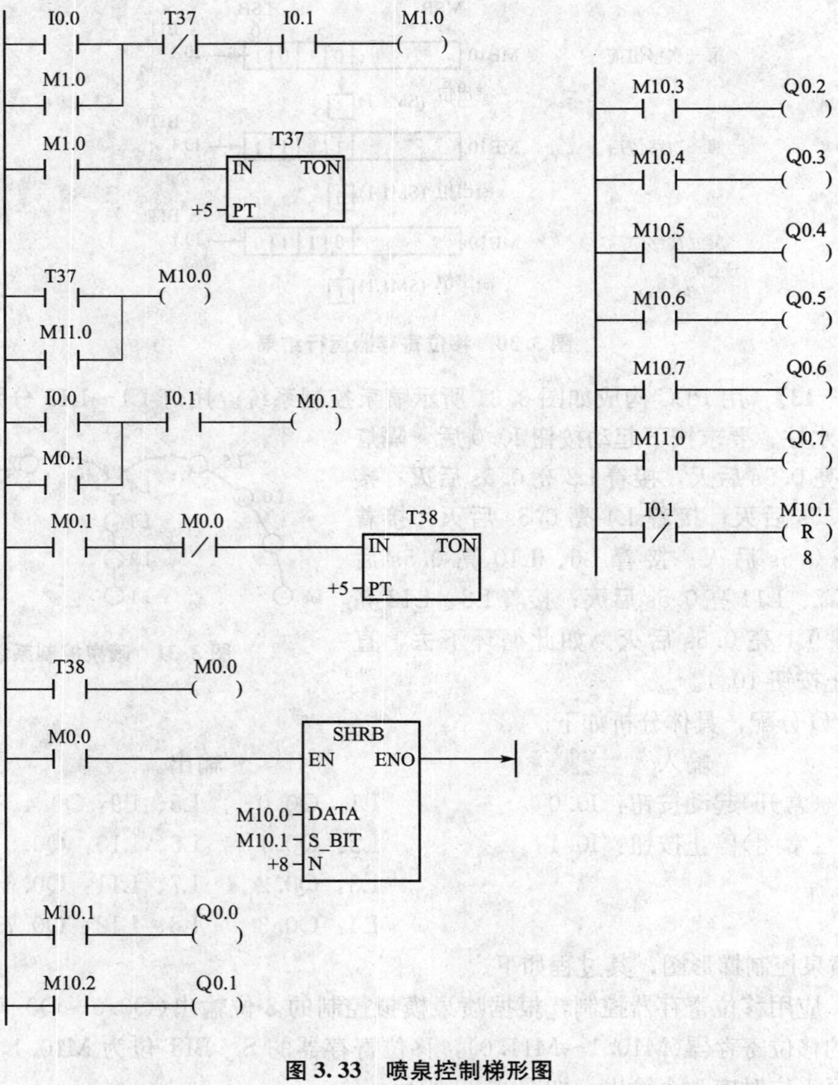

图 3.33　喷泉控制梯形图

M10.0 为数据输入端 DATA，根据控制要求，每次只有一个输出，因此只需要在第 1 个移位脉冲到来时由 M10.0 送入移位寄存器 S_BIT 位(M10.1)一个"1"，第 2 个脉冲至第 8 个脉冲到来时由 M10.0 送入 M10.1 的值均为"0"，这在程序中由定时器 T37 延时 0.5s 导通一个扫描周期实现，第 8 个脉冲到来时 M11.0 置位为 1，同时通过与 T37 并联的 M11.0 常开触点使 M10.0 置位为 1，在第 9 个脉冲到来时由 M10.0 送入 M10.1 的值又为 1，如此循环下去，直至按下停止按钮。按下常闭停止按钮(I0.1)，其对应的常闭触点接通，触发复位指令，使 M10.1~M11.0 的 8 位全部复位。

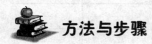

方法与步骤

前面主要介绍了 S7-200 的定时器、计数器、条件结束指令、停止指令、"看门狗"复位指令、循环指令、跳转指令及移位指令等完成行车往返控制所需的相关知识。下面讲述实现该任务的具体方法和步骤。

一、确定控制方案

本系统控制较简单，本设计选用 PLC 单机控制。其控制流程如图 3.34 所示。

二、设备选型

1. 低压电器的选型

根据项目 2 中对电动机、接触器等电器元件的选择原则进行设备选型。该控制系统中所需的三相异步电动机功率不大，可以通过两个交流接触器的主触点控制直接采用全压起动电动机的正反转运行；过载保护可选用带缺相保护的三极热继电器，将热继电器的发热元件串联到电动机的主电路中，常闭触点串联到接触器线圈的控制电路中；短路保护可使用熔断器串联到电动机主电路中；为了能实现控制系统的单步、单周期和自动连续控制，需要使用 1 个 3 波段选择开关选择运行方式，需要单步左行按钮、单步右行按

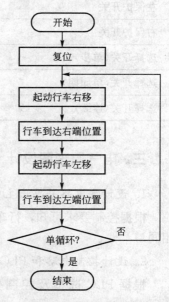

图 3.34　程序控制流程

钮、复位按钮、单周期和自动运行起动按钮、停止按钮各 1 个，行程开关 4 个，电源指示灯、正转指示灯、反转指示灯各 1 个。另外系统还需要一低压断路器作为三相电源的引入开关。

2. 确定 PLC 型号

在本例中，只用到两个数字量输出点控制接触器的线圈，12 个数字量输入点作为电动机的起停控制，不需要模拟量 I/O 通道，一般的 PLC 都能胜任。通过分析，PLC 选用 S7-200，CPU 选用 CPU 224 AC/DC/ 继电器。

3. 分配 PLC 的输入/输出点，绘制 PLC 的输入/输出分配表

行车往返控制的输入/输出分配如表 3-9 所示。

表 3-9　行车往返控制的输入/输出分配

输　入　点			输　出　点		
设　　备	输入点		设　　备	输出点	
单步左行按钮	SB1	I0.0	正转接触器	KM1	Q0.0
单步右行按钮	SB2	I0.1	反转接触器	KM2	Q0.1
单周期或自动运行起动按钮	SB3	I0.2	—	—	—
停止按钮	SB4	I0.3	—	—	—
复位按钮	SB5	I0.4	—	—	—
左限位开关	SQ1	I0.6	—	—	—
右限位开关	SQ2	I0.7	—	—	—
左保护开关	SQ3	I1.0	—	—	—
右保护开关	SQ4	I1.1	—	—	—
选择开关(单步)	S1-1	I1.2	—	—	—
选择开关(单周期)	S1-2	I1.3	—	—	—
选择开关(连续)	S1-3	I1.4	—	—	—

三、电气原理图设计

1. 设计主电路并画出主电路的电气原理图

根据控制要求可知，行车的往返控制主要是控制电动机的正反转，其主电路与项目 2 相同。

2. 设计控制电路和 PLC 输入/输出电路并画出相应的电气原理图

根据 PLC 选型及控制要求，设计控制电路和 PLC 输入/输出电路，如图 3.35 所示。

四、工艺设计

按设计要求设计绘制电气控制柜电器元件布置图、操作控制面板电器元件布置图及相关电气接线图。

1. 电器元件布置图

电气控制柜和操作控制面板电器元件布置图分别，如图 3.36 和图 3.37 所示。

2. 电气接线图和连线图

与电器元件布置图相对应，在本系统中，电气接线图也分为电气控制柜接线图和操作控制面板接线图两部分，本设计从略。电气控制柜和操作控制面板之间的连线图本设计也从略，由读者自行完成。

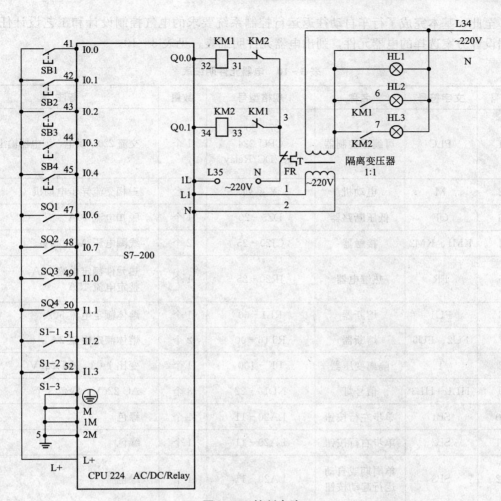

图 3.35 控制电路

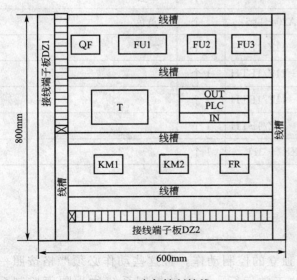

图 3.36 电气控制接线

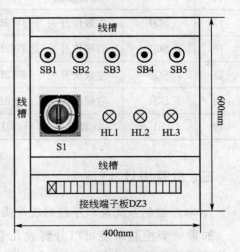

图 3.37 操作控制面板接线

至此，基本完成了行车自动往返运行控制系统要求的电气控制设计和工艺设计任务。根据设计方案选择的电器元件，列出电器元件明细表，见表 3-10。

表 3-10 电器元件明细表

序号	文字符号	名称	规格型号	数量	备注
1	PLC	可编程控制器	S7-200 CPU 224 AC/DC/Relay	1个	交流 220V 供电，继电器输出
2	M	电动机	Y 系列	1台	三相交流异步电动机
3	QF	低压断路器	DZ5-20	1个	脱扣电流 10A
4	KM1、KM2	接触器	CJ20-25	2个	线圈电压 AC 220V
5	FR	热继电器	JR20-25	1个	热元件额定电流 17A，整定电流 15A
6	FU1	熔断器	RL1-60	1个	熔体额定电流 50A
7	FU2、FU3	熔断器	RT16-00	2个	熔体额定电流 2A
8	T	隔离变压器	BK-100	1个	变比1:1，AC 220V
9	HL1~HL3	信号灯	ND16-22	3个	AC 220V，绿色 3 个
10	SB1	单步左行按钮	LA20-11	1个	绿色
11	SB2	单步右行按钮	LA20-11	1个	绿色
12	SB3	单周期或自动运行起动按钮	LA20-11	1个	绿色
13	SB4	停止按钮	LA20-11	1个	红色
14	SB5	复位按钮	LA20-11	1个	黄色
15	SQ1	左限位开关	JW2B-11Z/1FTH	1个	—
16	SQ2	右限位开关	JW2B-11Z/1FTH	1个	—
17	SQ3	左保护开关	JW2B-11Z/1FTH	1个	—
18	SQ4	右保护开关	JW2B-11Z/1FTH	1个	—
19	S1	选择开关	JLXK1-311	1个	

五、软件设计

1. 顺序控制系统及顺序控制设计法

如果一个控制系统可以分解成几个独立的控制动作，且这些动作必须严格按照一定的先后次序执行才能保证生产过程的正常运行，这样的控制系统称为顺序控制系统，又称步进控制系统，在工业控制领域中，顺序控制系统的应用很广，尤其在机械行业。

对于顺序控制系统的设计，通常使用顺序控制设计法。顺序控制设计法首先要根据系统的工艺过程，画出顺序功能图，然后根据顺序功能图设计出梯形图。这是一种先进的设计方法，很容易被初学者接受。

2. 顺序功能图组成及结构

顺序功能图（Sequential Function Chart，SFC）又称状态转移图，是描述控制系统的控制过程、功能和特性的一种通用的技术语言，是设计 PLC 的顺序控制程序的有力工具。

顺序功能图是一种通用的技术语言，可以供进一步设计和不同专业人员之间进行交流。我国在 1986 年颁布了顺序功能图的国家标准 GB 6988.6—1986《电气制图-功能表图》，现最新标准为 GB/T 21654—2008《顺序功能表图用 GRAFCET 规范语言》。S7 - 200 PLC 采用顺序控制设计法时，可用通用逻辑控制指令、顺序控制继电器（SCR）指令、置位/复位（S/R）指令等实现顺序功能图到梯形图的编程。

顺序功能图用约定的几何图形、有向线段和简单的文字来说明来描述 PLC 的处理过程及程序的执行步骤。顺序功能图的基本元素有 3 个：步、路径（即有向连线）和转换。主要组成部分有步、转换、转换条件、有向连线和动作（或命令）等。

1) 顺序功能图的组成

(1) 步与动作。步(step)是顺序功能图中最基本的组成部分，它是将一个工作周期分解为若干个顺序相连而清晰的阶段，并用编程元件（如内部标志位存储器 M 和顺序控制继电器 S）来表示。步是根据输出量的状态变化来划分的。在任何一步内，输出量的状态应保持不变，但当两步之间的转换条件满足时，系统就由原来的步进入新的步，同时输出量的状态发生了改变。一个步可以是动作的开始、持续或结束，且步数划分得越多，过程描述得越精确。

步有两种状态：活动态和非活动态。当步处于活动态时称为"活动步"，与之相对应的命令或动作将被执行。初始状态一般是系统等待起动命令或相对静止的状态，系统在开始进行自动控制之前，首先应进入规定的初始状态。与系统的初始状态相对应的步称为"初始步"，每一个顺序功能图至少应该有一个初始步。步的图形符号见表 3 - 11。

表 3 - 11　步的图形符号

图形符号	说　　明
步编号	初始步用带步编号（如步 0、M0.0 等）的双线框表示
步编号	步的一般编号，矩形的长宽比任意，必须有编号

续表

图形符号	说　明
步编号	在步的图形符号中添加一个小圆表示该步是活动步(仅用于分析时)
步编号	在步的图形符号中没有小圆表示该步是非活动步(仅用于分析时)

一个控制系统可以分为施控系统和被控系统,施控系统发出一个或数个"命令(Comn-nand)",而被控系统则执行相应的一个或数个"动作（Action)",将这些动作或命令通称为动作。动作使用矩形框里边加上文字或符号表示,该矩形框应与相应的步的符号用水平短线相连,如图 3.38(a)所示。如果某一步有几个动作,可以用如图 3.38(b)所示中的两种画法表示,但是并不隐含这些动作之间的任何顺序。

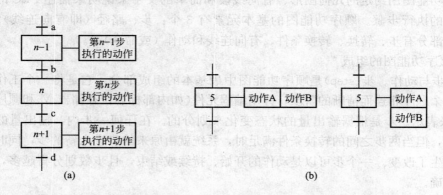

图 3.38　"动作"的表示

与某步对应的动作分为保持型动作和非保持型动作。若为保持型动作,则该步不活动时继续执行该动作。若为非保持型动作则指该步不活动时,与其对应的动作也停止执行。

(2) 有向连线。有向连线表示步与步之间进展的路线和方向,也表示各步之间的连接顺序关系,有向连线又称路径。由于 PLC 的扫描顺序遵循从上到下、从左到右的原则,按照此原则发展的路线可不必标出箭头,如果不遵循上述原则,应该在有向连线上用箭头注明进展方向。在可以省略箭头的有向连线上,为了更易于理解也可以加箭头。如果垂直线和水平线没有内在的联系则允许它们交叉,否则不允许交叉。有向连线在复杂顺序功能图或几张图中表示而使用相连线必须中断时,应在中断点处指明下一步的标号(或来自上一步的编号)和所在的页号。

(3) 转换与转换条件。

① 转换。转换表示结束上一步的操作并起动下一步的操作。步的活动状态的进展由转换的实现来完成,并与控制过程的发展相对应。转换在顺序功能图中用与有向连线垂直的短横线表示,两个转换不能直接相连,必须用一个步隔开,而两个步之间也绝对不能直

接相连，必须用一个转换隔开。

② 转换条件。转换条件是与转换相关的逻辑命题，是使系统由当前步进入下一步的信号。转换条件可以是外部的输入信号，也可以是 PLC 内部产生的信号，还可能是若干个信号与、或、非逻辑的组合。转换条件的表达形式有文字符号、布尔代数表达式、梯形图符号或二进制逻辑图符号等，它们标注在转换的短横线旁边。使用最多的是布尔代数表达式。

③ 转换实现的基本规则。在顺序功能图中步的活动状态的进展是由转换的实现来完成。转换实现的基本规则是根据顺序功能图设计梯形图的基础，它适用于顺序功能图中的各种基本结构。转换实现必须同时满足两个条件如下。

（a）该转换所有的前级步都是活动步。

（b）相应的转换条件得到满足。

转换实现时应完成两个操作，分别如下。

（a）使所有由有向连线与相应转换条件相连的后续步都变为活动步。

（b）使所有由有向连线与相应转换条件相连的前级步都变为不活动步。

（4）步、有向连线、转换的关系。步经有向连线连接到转换，转换经有向连线连接到步。为了能在全部操作完成后返回初始状态，步和有向连线应构成一个封闭的环状结构，即循环不能够在某步被终止。

2）顺序功能图举例

在梯形图中，用编程元件(如位存储器 M)来代表步，当某步为活动步时，该步对应的编程元件状态为 1。当该步之后的转换条件满足时，转换条件对应的触点或电路接通，因此应该将该触点或电路与代表所有前级步的编程元件的常开触点串联，作为与转换实现的两个条件同时满足对应的电路。转换完成后，原当前步成为非活动步，其对应的编程元件状态由 1 变为 0，原后级步成为当前活动步，其对应的编程元件状态由 0 变为 1。

液压滑台的工作过程时序图及完整的顺序功能图如图 3.39 所示。系统初始时，滑台

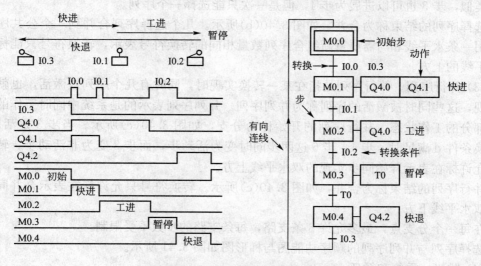

图 3.39　液压滑台时序图及顺序功能图

停在左边呈原位等待状态，此时左限位开关接的 PLC 输入点 I0.3 有输入，当按下起动按钮 I0.0，滑台开始快速向右进给(快进)，碰到中间的限位开关 I0.1 后，滑台变为向右按工作速度进给(工进)，碰到右限位开关 I0.2 后，暂停一段时间，然后向左快速进给(快退)，直至碰到左限位开关 I0.3，又回到原位等待状态，完成一个工作循环。再按下起动按钮 I0.0 后，又按上述过程进行下一个工作循环。

3) 顺序功能图的结构形式

根据顺序功能图中序列有无分支及转换实现的不同，其基本结构形式有 3 种：单序列、选择序列和并行序列，其他结构都是这 3 种结构的复合。

(1) 单序列。如果一个序列中各步依次变为活动步，此序列称为单序列。在单序列中，每一步后面仅有一个转换，而每个转换后面也仅有一个步，如图 3.40(a)所示。

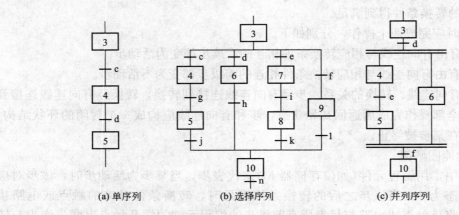

图 3.40 单序列、选择序列和并行序列

(2) 选择序列。选择序列是指在某一步后有若干个单序列等待选择，一次只能选择一个序列进入。选择序列的开始部分称为分支，转换符号只能标在选择序列开始的水平线之下，如图 3.40(b)所示。如果步 3 是活动步，当转换条件 d 满足时，则从步 3 进展为步 6。与之类似，步 3 也可以进展为步 4，但是一次只能选择一个序列。

选择序列的结束称为合并，如图 3.40(b)所示。几个选择序列合并到一个公共序列上时，用一条水平线和与需要重新组合序列数量相同的转换符号表示，转换符号只能标在结束水平线的上方。

(3) 并行序列。并行序列是指在某一转换实现时，同时有几个序列被激活，也就是同步实现，这些同时被激活的序列称为并列序列。并行序列表示的是系统中同时工作的几个独立部分的工作状态。并行序列的开始称为分支，如图 3.40(c)所示。当步 3 是活动步，且转换条件 d 满足时，步 4、步 6 这两步同时变为活动步，而步 3 变为非活动步。转换符号只允许标在表示开始同步实现的双水平线上方。

并行序列的结束称为合并，如图 3.40(c)所示。转换符号只允许标在表示合并同步实现的双水平线下方。

在每一个分支点，最多允许 8 条支路，每条支路的步数不受限制。

选择序列与并行序列的顺序功能图与梯形图如图 3.41 所示。

(4) 跳步、重复和循环。

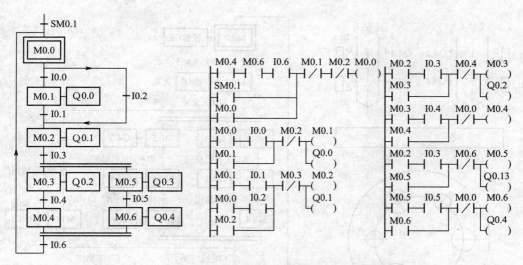

图 3.41 选择序列与并列序列的顺序功能图与梯形图

① 跳步。在生产过程中，有时要求在一定条件下停止执行某些原定动作，可用图 3.42(a)所示的跳步序列实现。这是一种特殊的选择序列，当步 1 为活动步时，若转换条件 f 成立，b 不成立时，则步 2、步 3 不被激活而直接转入步 4。

② 重复。在一定条件下，生产过程需重复执行某几个工步的动作，可用图 3.42(b)绘制的顺序功能图实现。它也是一种特殊的选择序列，当步 4 为活动步时，若转换条件 e 不成立，h 成立时，序列返回到步 3，重复执行步 3、步 4，直到转换条件 e 成立才转入步 7。

③ 循环。在序列结束后，用重复的办法直接返回到初始步，就形成了系统的循环，如图 3.42(c)所示。

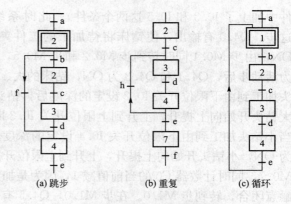

(a) 跳步   (b) 重复   (c) 循环

图 3.42 跳步、重复和循环

(5) 复杂结构的顺序功能图。复杂结构的顺序功能图是集单序列、选择序列、并行序列、循环序列等于一体的一种顺序功能图。

如图 3.43 所示 PLC 控制的专用组合钻床加工系统，主要用来加工圆盘状零件上均匀分布的六个孔，上面是钻床的侧视图，下面是工件的俯视图。因为钻床对圆盘零件的加工在时间上是按照预先设定的动作的先后次序进行的，所以可以使用顺序控制设计法进行程序设计，如图 3.44 所示为与其对应的顺序功能。

在进入自动运行之前，系统处于初始状态，两个钻头应在最上面位置，上限位开关 I0.3 和 I0.5 为 ON，计数器 C0 的初始值设定为 3。在图 3.44 的顺序功能图中用存储器位 M 来代表各步。

该组合钻床加工系统的工作过程如下：操作人员放好工件后，按下起动按钮 I0.0，则系统开始对工件进行加工(为了保证系统确实处于初始状态，在初始步到下一步的转换条

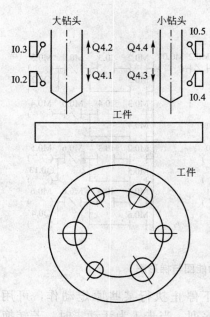

图 3.43 组合钻床

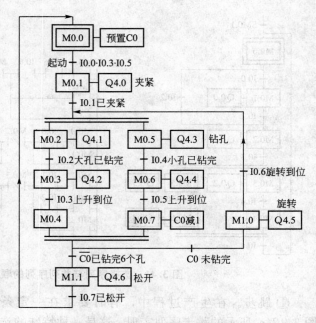

图 3.44 组合钻床的顺序功能

件中加上了 I0.3 和 I0.5 这两个条件),此时系统由初始步 M0.0 转到步 M0.1。在 M0.1 这步,Q4.0 有输出,使钻床将待加工的工件夹紧。工件被夹紧后,压力继电器 I0.1 为 ON,由步 M0.1 同时转到步 M0.2 和步 M0.5,并行序列开始。在步 M0.2 和步 M0.5 成为活动步后,Q4.1 和 Q4.3 为 ON,钻床的大、小钻头同时向下对工件进行加工。当大钻头加工到由下限位开关 I0.2 设定的深度后,钻头停止向下,转入步 M0.3,Q4.2 为 ON,大钻头开始向上提升,上升到上限位开关 I0.3 时,大钻头停止上升,进入等待步 M0.4。当小钻头加工到由下限位开关 I0.4 设定的深度后,钻头停止向下,转入步 M0.6,Q4.4 为 ON,小钻头开始向上提升,上升到上限位开关 I0.5 时,小钻头停止上升,进入等待步 M0.7,同时计数器 C0 的当前值减 1,因为是加工第一组工件,C0 不为 0,其对应的常开触点闭合,转到步 M1.0。在步 M1.0,Q4.5 有输出,使工件旋转,旋转到 120°时,I0.6 为 ON,工作台停止旋转,又返回到步 M02 和步 M0.5,开始钻第二对孔。三对孔都钻完后,计数器 C0 的当前值变为 0,其对应的常闭触点闭合,进入步 M1.1,Q4.6 有输出使工件松开。松开到位时,限位开关 I0.7 为 ON,系统返回初始步 M0.0,等待操作人员按起动按钮,进行下一个工作循环。

在图 3.44 所示的顺序功能中,既有单序列、又有选择序列和并行序列。为了加快速度,要求大小两个钻头向下加工工件和向上提升的过程同时进行,所以采用并行序列来描述。在步 M0.1 之后,有一个并行序列的分支,由 M0.2~M0.4 和 M0.5~M0.7 组成的两个单序列分别用来描述。此后两个单序列内部各步的状态转换是相互独立的。两个单序列中的最后一步应都成为活动步时,并行序列才可能结束,但是两个钻头一般不会同时提升到位,所以设置了等待步 M0.4 和 M0.7。当限位开关 I0.3 和 I0.5 都为 ON(表示两个钻头都已提升到位),并行序列将会立即结束。

并行序列结束后,有一个选择序列的分支。没有加工完 6 个工件时,转换条件 C0 成立,如果两个钻头都提升到位,将从步 M0.4 和步 M0.7 转到步 M1.0。如果工件全部加工完毕，转换条件 $\overline{C0}$ 成立，将从步 M0.4 和 M0.7 转换到步 M1.1。在步 M0.1 之后，有一选择序列的合并。当步 M0.1 为活动步，且转换条件 I0.1 成立，将转换到步 M0.2 和步 M0.5；当步 M1.0 为活动步，且转换条件 I0.6 成立时，也会转换到步 M0.2 和步 M0.5。

特别提示

绘制顺序功能图时应注意以下几个问题。

（1）两个步绝对不能直接相连，必须用一个转换将它们隔开。

（2）两个转换也不能直接相连，必须用一个步将它们隔开。

（3）功能表图中初始步是必不可少的，一般对应系统等待起动的初始状态。

（4）自动控制系统应具有封闭性，即能多次重复执行同一工艺过程，因此在顺序功能图中一般应有由步和有向连线组成的闭合的环。在自动单周期操作时，完成一次工艺过程的全部操作之后，应从最后一步返回到初始步，系统停留在初始状态；在自动连续循环工作方式时，将从最后一步返回到下一工作周期开始运行的第一步。

（5）只有当某一步所有的前级步都是活动步时，该步才有可能变成活动步。PLC 开始进入 RUN 方式时各步均处于"0"状态，因此必须要有初始化信号，将初始步预置为活动步，否则顺序功能图中永远不会出现活动步，系统将无法工作。

3. 顺序功能图的梯形图编程

根据顺序控制系统的功能要求设计出顺序功能图后，可以很方便地将其转化为 PLC 的梯形图。对于 S7-200 PLC，顺序功能图转梯形图有 3 种常用方法，分别为：使用通用逻辑指令的方法（又称起保停电路的方法）、使用置位/复位（S/R）指令的方法（又称以转换为中心的方法）和使用 SCR 指令的方法。为了便于将顺序功能图转化为梯形图，一般将步的代号及转换条件和各步的动作与命令用代表各步的编程元件的地址表示。

因为在没有并行序列或并行序列未处于活动状态时，只能有一个活动步，所以系统处于初始状态时与初始步对应的编程元件应置为 1，而其他的编程元件应置为 0。在下面所讲述的各种方法中，假设程序开始时，系统已处于要求的初始状态下，且其余各步的编程元件均为 0 状态。初始步的转换利用初始化脉冲 SM0.1 触发。

1）使用通用逻辑指令的方法

在顺序控制中，各步按照顺序先后接通和断开，犹如电动机按顺序地接通和断开，因此可以像处理电动机的起动、保持、停止那样，用典型的起保停电路解决顺序控制的问题。

下面以图 3.45 所示的液压滑台控制系统为例进行说明。

（1）控制电路的编程方法。设计起保停电路的关键是确定它的起动和停止条件。根据转换实现的基本规则，转换实现的条件是它的前级步为活动步，并且满足相应的转换条件。下面以控制 M0.2 的起保停电路为例作说明。

步 M0.2 变为活动步的条件是步 M0.1 为活动步，并且转换条件 I0.1=1，在梯形图中则应将 M0.1 和 I0.1 的常开触点串联后作为控制 M0.2 的起动电路。又通过分析可知，起保停电路的起动电路只能接通一个扫描周期，因此必须使用有记忆功能的保持电路来保持代表步的存储器位，也即需要将 M0.2 和 M0.1、I0.1 组成的串联电路并联。

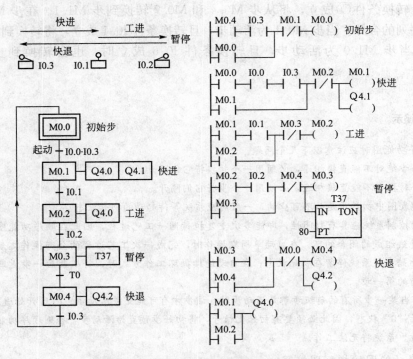

图 3.45 液压滑台的顺序功能图及梯形图

当 M0.2 和 I0.2 均为 1 状态时,步 M0.3 变为活动步,步 M0.2 应变为非活动步,因此可以将 M0.3＝1 作为控制 M0.2 的停止条件,即将 M0.3 的常闭触点与 M0.2 的线圈串联。

由上述分析可知,M0.2 可用下述逻辑关系式来表示

$$M0.2=(M0.1 \cdot I0.1+M0.2)\overline{M0.3}$$

在这个例子中,可以用 I0.2 的常闭触点来代替 M0.3 的常闭触点。但是当转换条件由多个信号的与或非逻辑运算组合而成时,需要将他们的逻辑表达式求反,经过逻辑代数运算后再将对应的触点串并联电路作为起保停电路的停止电路,不如使用后续步对应的常闭触点简单。

(2) 输出电路的编程方法。下面介绍输出电路的编程方法。因为步是根据输出状态的变化来划分的,所以梯形图中输出部分的编程极为简单,可以分为两种情况来处理:

① 某一输出线圈仅在某一步中为"1"状态,如图 3.45 所示中的 Q4.1 就属于这种情况。此时可以将 Q4.1 线圈与对应步的存储器位 M0.1 线圈并联,在该例中,Q4.1 和 Q4.2 就属于这种情况。看起来用这些输出线圈来代表该步(如用 Q4.1 代替 M0.1),可以节省一些编程元件,但 PLC 的存储器位是充足的,且多用编程元件并不增加硬件费用,所以一般情况下全部用存储器位来代表各步,具有概念清楚,编程规范,易于阅读、调试和维护等优点。

② 某一输出线圈在几步中都为"1"状态,图 3.45 所示中的 Q4.0 就属于这种情况。此时应将代表各有关步的存储器位的常开触点并联后,驱动该输出继电器的线圈。如 Q4.0 在快进、工进步均为"1"状态,将 M0.1 和 M0.2 的常开触点并联后控制 Q4.0 线圈。注意,为了避免出现双线圈现象,不能将 Q4.0 线圈分别与 M0.1 和 M0.2 线圈串联。

（3）选择序列的编程方法。对选择序列和并行序列编程的关键在于对它们的分支和合并的正确处理，转换实现的基本规则是设计复杂顺控系统梯形图的基本规则。如图3.46所示一个自动门控制系统的顺序功能图和对应的梯形图。下面以此为例来讲解选择序列的编程方法。

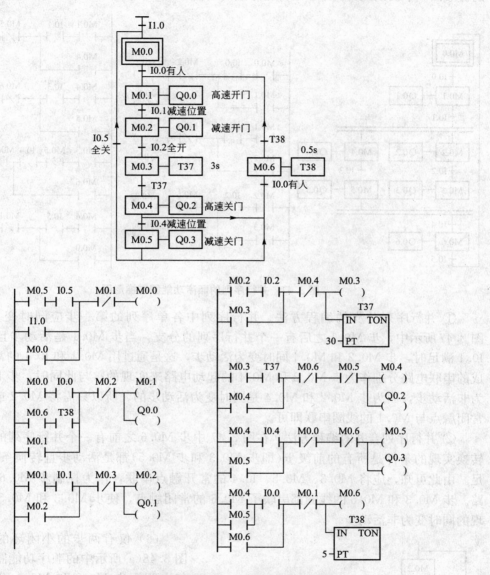

图3.46　自动门控制系统的顺序功能图和梯形图

① 选择序列分支的编程方法。如果某一步的后面有一个由 N 条分支组成的选择序列，该步可能转到不同的 N 个步去，应将这 N 个后续步对应的代表步的存储器位的常闭触点与该步的线圈串联，作为结束该步的条件。在图3.46中的 M0.4 和 M0.5 就是这样的情况。

② 选择序列合并的编程方法。对于选择序列的合并，如果某一步之前有 N 个转换（即有 N 条分支在该步之前合并后进入该步），则代表该步的存储器位的起动电路由 N 条支路

并联而成，各支路由某一前级步对应的存储器位的常开触点与相应转换条件对应的触点或电路串联而成。在图 3.46 中的 M0.0 和 M0.1 就是这种情况。

（4）并行序列的编程方法。如图 3.47 所示是一个具有并行序列的顺序功能图和对应的梯形图。下面以此为例来讲解并行序列的编程方法。

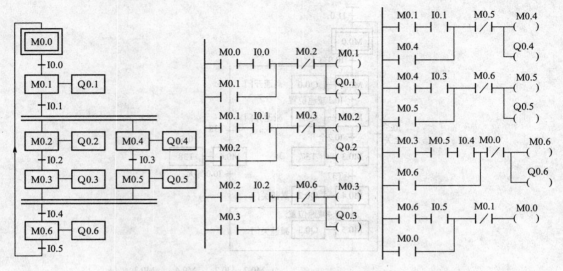

图 3.47　并行序列的顺序功能图和梯形图

① 并行序列分支的编程方法。并行序列中各单序列的第一步应同时变为活动步。图 3.47 所示中，步 M0.1 之后有一个并行序列的分支，当步 M0.1 是活动步且转换条件 I0.1 满足时，步 M0.2 和 M0.4 同时变为活动步，这是通过用 M0.1 和 I0.1 的常开触点组成的串联电路分别作为步 M0.2 和 M0.4 的起动电路来实现的；与此同时，步 M0.1 应变为非活动步，因为步 M0.2 和 M0.4 是同时变为活动步的，所以只需将 M0.2 或 M0.4 的常闭触点与 M0.1 的线圈串联即可。

② 并行序列合并的编程方法。在图 3.47 中步 M0.6 之前有一个并行序列的合并，该转换实现的条件是所有的前级步（即步 M0.3 和步 M0.5）都是活动步且转换条件 I0.4 满足。由此可知，应将 M0.3、M0.5、I0.4 的常开触点串联，作为控制步 M0.6 的起动电路。步 M0.3 和 M0.5 的线圈都串联了 M0.6 的常闭触点，使步 M0.3 和 M0.5 在转换实现的同时变为非活动步。

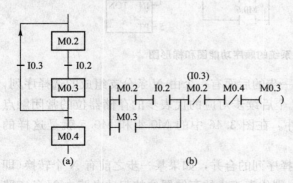

图 3.48　仅有两步的小闭环处理

（5）仅有两步的小闭环的处理。如图 3.48(a)所示中的顺序功能图中有一个仅由两个步 M0.2 和 M0.3 组成的小闭环，对于这种情况，使用起保停电路转换成的梯形图不能正常工作。这是因为步 M0.2 既是 M0.3 的前级步，同时也是 M0.3 的后续步。如在 M0.2 和 I0.2 均为 1 时，M0.3 的起动电路接通，但这时与 M0.3 的线圈串联的 M0.2 的常闭触点是断开的，所以 M0.3 的线圈不能"通电"。

在这种情况下，只要将图 3.48(b)中 M0.2 的常闭触点改为转换条件 I0.3 的常闭触点，就不会再出现问题了。

2) 使用置位/复位(S/R)指令的方法

几乎各种型号的 PLC 都有置位/复位（S/R）指令或相同功能的编程元件。能用逻辑指令实现的顺序功能控制同样也可以利用 S/R 指令实现。下面介绍使用 S/R 以转换条件为中心的编程方法。

所谓以转换条件为中心，是指同一种转换在梯形图中只能出现一次，而对辅助存储器位可重复进行置位、复位。在任何情况下，代表步的存储器位的控制电路都可以用这一方法设计，每一个转换对应一个这样的控制置位和复位的电路块，有多少个转换就有多少个这样的电路块。

(1) 单序列的编程方法。以转换为中心的顺序控制梯形图编程方法与转换实现的基本规则之间有着严格的对应关系。在任何情况下，代表步的存储器位的控制电路都可以使用这一统一的规则来设计，每一个转换对应一个如图 3.49 所示控制置位和复位电路块，有多少个转换就有多少个这样的电路块。这种编程方法特别有规律，尤其是在设计复杂的顺序功能图的梯形图时，更能显示出它的优越性。相对而言，使用起保停电路的编程方法的规则较为复杂，选择序列的分支与合并、并行序列的分支与合并都有单独的规则需要记忆。如图 3.50 所示给出了图 3.45 所示的液压滑台系统在利用以转换为中心的编程方法时所得到的梯形图。

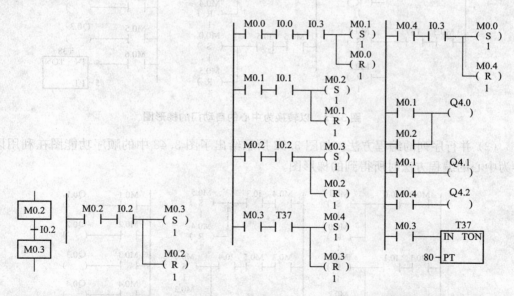

图 3.49 以转换为中心的编程方式　　　图 3.50 以转换为中心的液压滑台的梯形图

使用这种编程方法时一定要注意，不能将输出继电器的线圈与置位和复位指令并联，而应根据顺序功能图，用代表步的存储器位的常开触点或它们的并联电路来驱动输出继电器的线圈。这是因为前级步和转换条件对应的串联电路的接通时间只有一个扫描周期，转换条件满足后，前级步马上被复位，下一个扫描周期的该串联电路就会断开，而输出线圈至少应在某一步为活动步时所对应的全部时间内被接通。

(2) 选择序列的编程方法。如果某一转换与并行序列的分支、合并无关，那么它的前级步和后续步都只有一个，需要置位、复位的存储器位也只有一个，因此对选择序列的分支与合并的编程方法实际上与单序列的编程方法完全相同。

如图 3.51 所示给出了图 3.46 中自动门控制系统在利用以转换为中心的编程方法时所得到的梯形图。

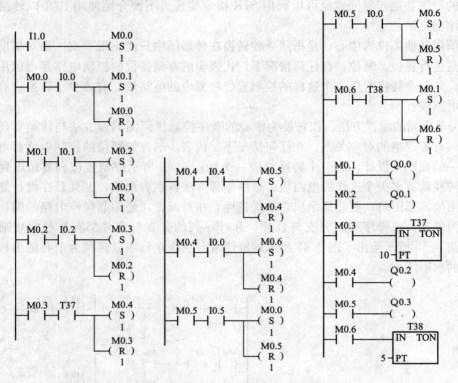

图 3.51   以转换为中心的自动门的梯形图

（3）并行序列的编程方法。如图 3.52 所示给出了图 3.48 中的顺序功能图在利用以转换为中心的编程方法时所得到的梯形图。

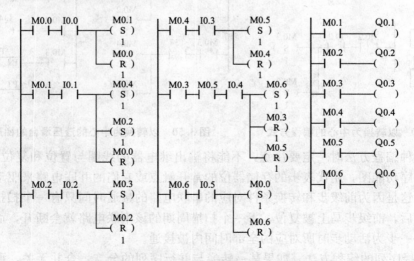

图 3.52   以转换为中心的并行序列的梯形图

在并行序列的分支中，只要转换条件成立，所有的后续步都同时成为活动步，同时前级步变为非活动步，所以需要将代表前级步的存储器位和转换条件的常开触点串联作为控制电路，在输出中将所有后续步置位，前级步复位。在并行序列的分支时，因为只有所有前级步都是活动步且转换条件成立时，后续步才变为活动步，同时所有前级步变为非活动步，所以需要将所有代表前级步的存储器位和转换条件的常开触点串联作为控制电路，在输出中将后续步置位，所有前级步复位。

（4）应用举例。对应前面图 3.44 所示的组合钻床控制系统的顺序功能图，如图 3.53 所示的是对应的用以转换为中心的方法编制的梯形图。

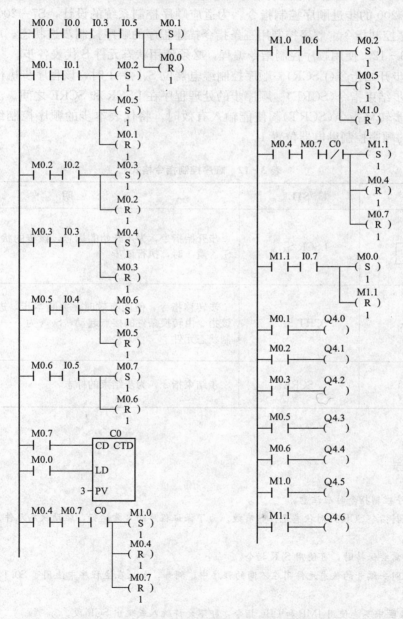

图 3.53　以转换为中心的钻床加工控制梯形图

如图 3.53 所示,由 M0.2~M0.4 和 M0.5~M0.7 组成的两个单序列是并行工作的,设计梯形图时,应保证这两个序列同时开始和同时结束。

另一个值得注意的问题是,在将顺序功能图转换成梯形图时需要将减计数器线圈 C0 紧跟在使 M0.7 置位的指令后面。因为如果 M0.4 先变为活动步,M0.7 再变为活动步后,在本次扫描周期的下一个网络中 M0.7 就被复位了。如果将减计数器线圈 C0 放在使 M0.7 复位的指令后面,C0 还没来得及做减计数操作 M0.7 就被复位了,这样 C0 将不能进行正常计数操作,从而引起系统工作错误。

3) 使用 S7-200 步进顺序控制指令的方法

(1) S7-200 的步进顺序控制指令。为适应顺序控制系统的设计,S7-200 PLC 有专门的步进顺序控制指令。顺序控制用三条指令描述程序的顺序控制步进状态,顺序控制指令格式见表 3-12。使用顺序控制指令编程,必须使用状态元件 S 代表各步。

① 顺序步开始指令(LSCR)。顺序控制继电器位 $S_{x.y}=1$ 时,该程序步执行。

② 顺序步结束指令(SCRE)。顺序步的处理程序在 LSCR 和 SCRE 之间。

③ 顺序步转移指令(SCRT)。使能输入有效时,将代表本步的顺序控制继电器位清零,下一步的顺序控制继电器位置 1。

表 3-12 顺序控制指令格式

LAD	STL	说　明
$S_{x.y}$ / SCR	LSCR $S_{x.y}$	步开始指令,为步开始的标志,该步的状态元件的位 $S_{x.y}$ 置 1 时,执行该步
$S_{x.y}$ —(SCRT)	SCRT $S_{x.y}$	步转移指令,使能有效时,关断本步,进入下一步。该指令由转换条件的接点起动,$S_{x.y}$ 为下一步的顺序控制状态元件
—(SCRE)	SCRE	步结束指令,为步结束的标志

 **特别提示**

在使用顺序控制指令时应注意。

① 步进控制指令 SCR 只对状态元件 S 有效。为了保证程序的可靠运行,驱动状态元件 S 的信号应采用短脉冲信号。

② 当输出需要保持时,可使用 S/R 指令。

③ 不能把同一编号的状态元件用在不同的程序中,例如,如果在主程序中使用了 S0.1,则不能再在子程序中使用。

④ 在 SCR 段中不能使用 JMP 和 LBL 指令,即不允许跳入或跳出 SCR 段。

⑤ 不能在 SCR 段中使用 END 指令。

（2）单序列的编程方法。使用步进顺序控制指令，编写出实现红、绿灯循环显示的程序（要求循环间隔时间为1s）。根据控制要求首先画出如图 3.54 所示红绿灯顺序显示的顺序功能。起动条件为按钮 I0.0，步进条件为时间。梯形图程序如图 3.55 所示。

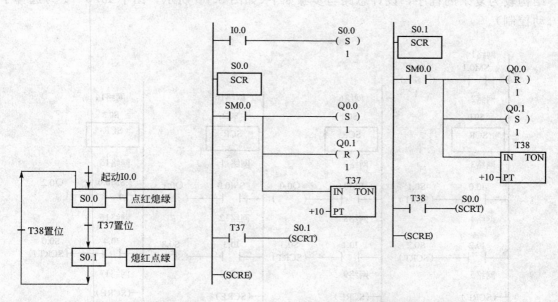

图 3.54　红、绿灯循环显示的顺序功能　　　　图 3.55　红、绿灯循环显示的梯形图

分析：当 I0.0 输入有效时，起动 S0.0，执行程序的第一步，输出 Q0.0 置 1（点亮红灯），Q0.1 置 0（熄灭绿灯），同时起动定时器 T37，经过 1s，步进转移指令使得 S0.1 置 1，S0.0 置 0，程序进入第二步，输出点 Q0.1 置 1（点亮绿灯），输出点 Q0.0 置 0（熄灭红灯），同时起动定时器 T38，经过 1s，步进转移指令使得 S0.0 置 1，S0.1 置 0，程序进入第一步执行。如此周而复始，循环工作。

（3）选择序列的编程方法。对于具有选择分支的顺序功能图，使用顺序控制指令进行编程的方法与单序列的编程方法基本一致。

【例 3-14】　如图 3.56 所示顺序功能图，使用顺序控制指令设计出梯形图程序。

对应的梯形图程序如图 3.57 所示。

（4）并行序列的编程方法。其应用举例如下。

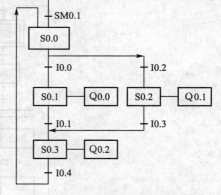

图 3.56　例 3-14 顺序功能图

【例 3-15】　如图 3.58 所示为含有并行序列的顺序功能图，使用顺序控制指令设计出梯形图程序。

对应的梯形图程序如图 3.59 所示。在此需要注意并行序列的开始（步 S0.1：网络 5～8）和合并处［步 S0.3（网络 13～15）和步 S0.5（网络 20～22）以及网络 23］的编程方法。

4. 本系统的软件编程

对于本行车控制系统,要求既有手动单步控制,又有自动控制,自动控制又分为单周期和自动循环两种方式,这两种方式显然可以通过顺序控制法进行设计。对于这种结构较为复杂的程序,设计思路与步骤如下(如图 3.60 所示,图中 I0.0＝1 为选择手动控制)。

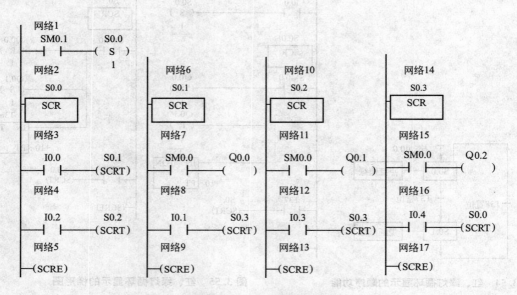

图 3.57　例 3－14 梯形图

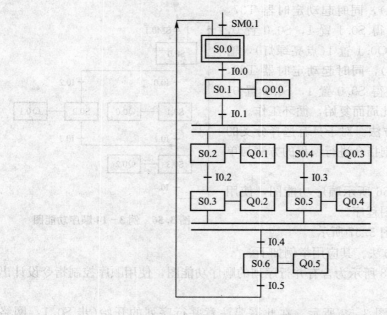

图 3.58　例 3－15 顺序功能图

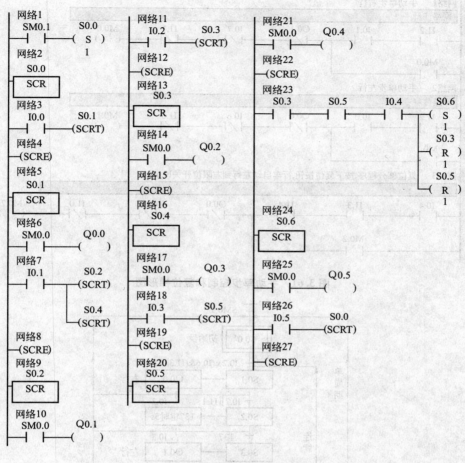

图 3.59 例 3-15 梯形图

首先，确定程序的总体结构。将系统的程序按工作方式和功能分成若干部分，如公共程序、手动程序、自动程序等部分。手动程序和自动程序是不同时执行的，所以用跳转指令将它们分开，用工作方式的选择信号作为跳转的条件。

其次，分别设计局部程序。公共程序和手动程序相对较为简单，一般采用经验设计法进行设计；自动程序相对比较复杂，对于顺序控制系统一般采用顺序控制设计法。

最后，进行程序的综合与调试。进一步理顺各部分程序之间的相互关系，并进行程序的调试。

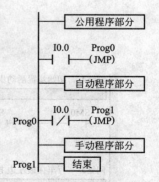

图 3.60 自动、手动工作方式的典型程序结构

1) 程序设计

对于本任务，当系统处于手动单步控制方式和复位状态时，采用经验设计法进行编程，其梯形图程序如图 3.61 所示。

当系统处于单周期和自动连续运行方式时，其顺序功能图如图 3.62 所示。使用置位复位指令的梯形图如图 3.63 所示。

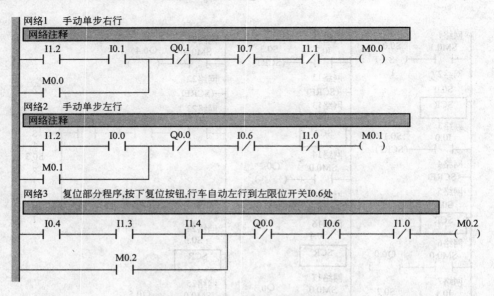

图 3.61 手动单步控制和复位梯形图

图 3.62 行车控制系统顺序功能图

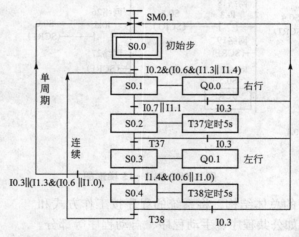

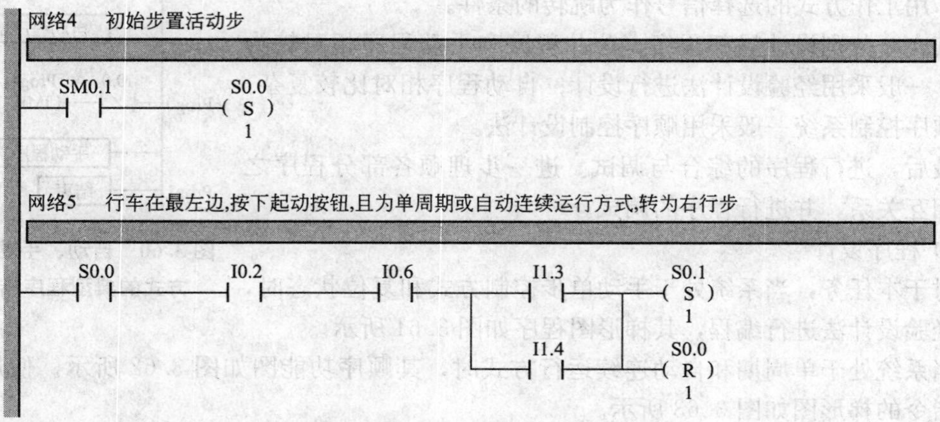

图 3.63 置位复位指令的梯形图

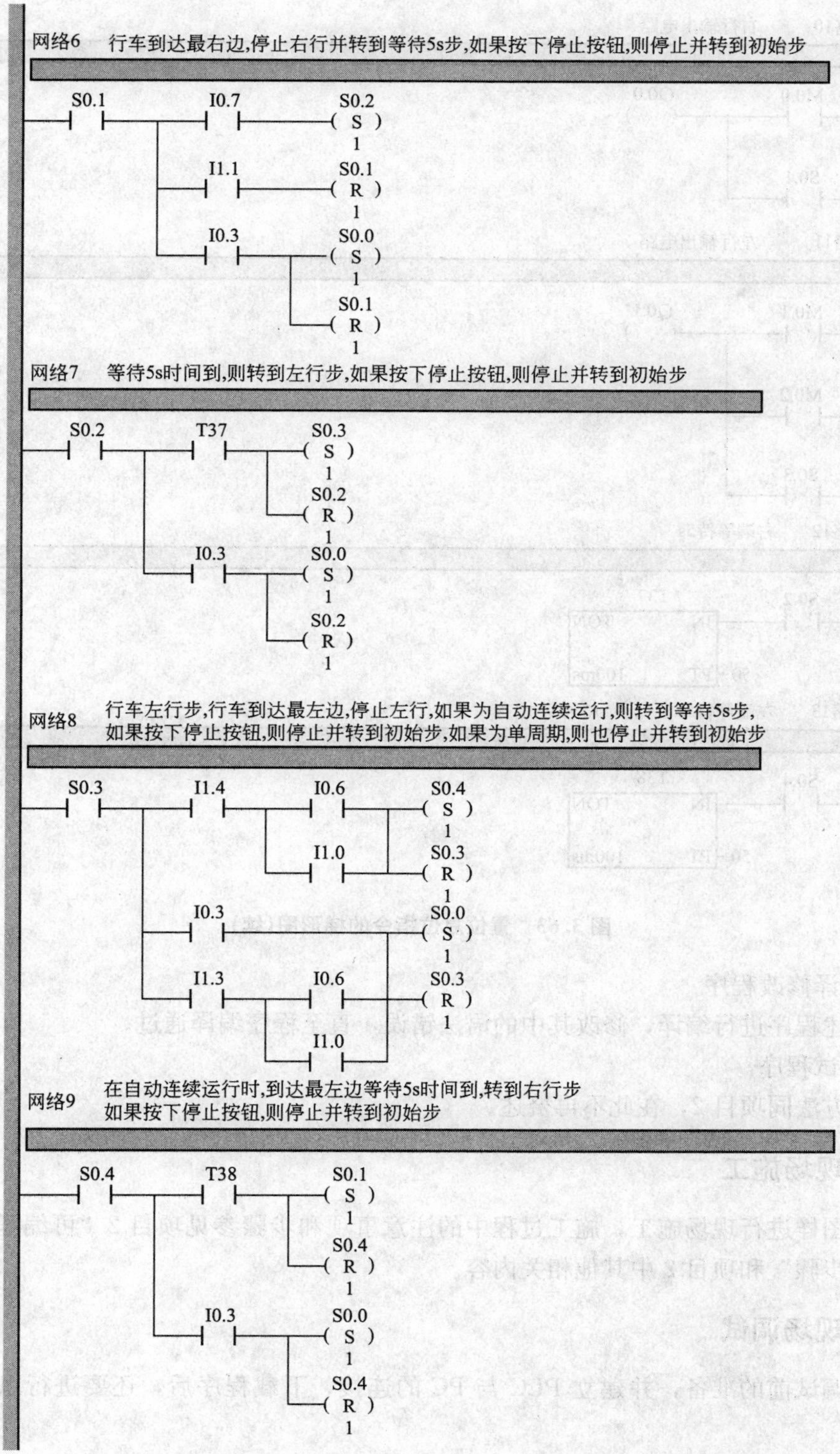

网络6 行车到达最右边,停止右行并转到等待5s步,如果按下停止按钮,则停止并转到初始步

```
S0.1      I0.7         S0.2
─┤├────┬───┤├──────────( S )
       │               1
       │   I1.1        S0.1
       ├───┤├──────────( R )
       │               1
       │   I0.3        S0.0
       └───┤├──────┬───( S )
           │       │   1
           │       │   S0.1
           │       └───( R )
                       1
```

网络7 等待5s时间到,则转到左行步,如果按下停止按钮,则停止并转到初始步

```
S0.2      T37          S0.3
─┤├────┬───┤├──────┬───( S )
       │           │   1
       │           │   S0.2
       │           └───( R )
       │               1
       │   I0.3        S0.0
       └───┤├──────┬───( S )
           │       │   1
           │       │   S0.2
           │       └───( R )
                       1
```

网络8 行车左行步,行车到达最左边,停止左行,如果为自动连续运行,则转到等待5s步,
如果按下停止按钮,则停止并转到初始步,如果为单周期,则也停止并转到初始步

```
S0.3      I1.4     I0.6       S0.4
─┤├────┬───┤├──┬───┤├─────────( S )
       │       │              1
       │       │   I1.0       S0.3
       │       └───┤├─────────( R )
       │                      1
       │   I0.3              S0.0
       ├───┤├──────┬─────────( S )
       │           │          1
       │   I1.3    │  I0.6    S0.3
       └───┤├──────┴──┤├──────( R )
                   │          1
                   │   I1.0
                   └───┤├──
```

网络9 在自动连续运行时,到达最左边等待5s时间到,转到右行步
如果按下停止按钮,则停止并转到初始步

```
S0.4      T38          S0.1
─┤├────┬───┤├──────┬───( S )
       │           │   1
       │           │   S0.4
       │           └───( R )
       │               1
       │   I0.3        S0.0
       └───┤├──────┬───( S )
           │       │   1
           │       │   S0.4
           │       └───( R )
                       1
```

图 3.63 置位复位指令的梯形图(续)

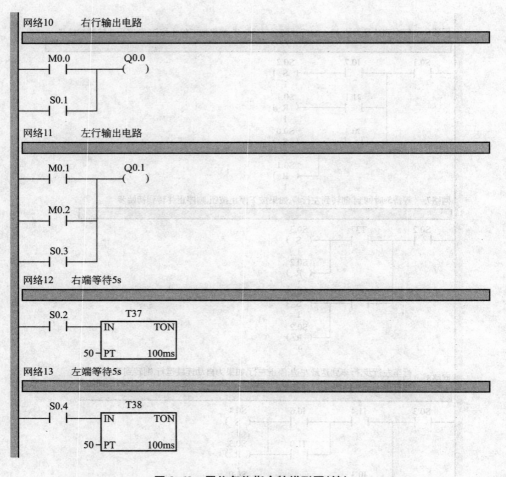

图3.63 置位复位指令的梯形图(续)

2）编译修改程序

对上述程序进行编译，修改其中的语法错误，直至程序编译通过。

3）调试程序

调试方法同项目2，在此不再赘述。

六、现场施工

根据图样进行现场施工，施工过程中的注意事项和步骤参见项目2"可编程控制器设计内容和步骤"和项目2中其他相关内容。

七、现场调试

做好调试前的准备，并建立 PLC 与 PC 的连接，下载程序后，还要进行以下方面的调试。

1. PLC 输入电路调试

接通 QF，此时 HL1 指示灯处于点亮状态。使 PLC 处于运行状态，按下 SB1，则应该看见 PLC 的 Q0.1 输出点指示灯亮；按下 SB2，则应该看见 PLC 的 Q0.0 输出点指示灯亮；按下 SB3、SB4，则应该看见 PLC 的 I0.2、I0.3 输入点指示灯亮；按下 SB5，则应该看见 PLC 的 I0.4 输入点和 Q0.1 输出点指示灯亮；按下 SQ1～SQ4，则应该分别看见 PLC 的 I0.6～I1.1 输入点指示灯亮；拨动选择开关 S1 分别到单步、单周期、全自动三个位置，则应该分别看见 PLC 的 I1.2～I1.4 输入点指示灯亮；否则应检查相应的按钮连接以及 PLC 的 DC 24V 电源是否正确。

2. PLC 输出电路和控制电路调试

接通 PLC 输出电路，再接通 QF，则 HL1 指示灯应该亮。使 PLC 处于运行状态，按下 SB1，应该可以听见 KM2 继电器触点动作的声音，按下 SB2，应该可以听见 KM1 继电器触点动作的声音。否则检查 PLC 输出、接触器辅助触点的连接情况。

3. 系统联调

接通主电路，则 HL1 指示灯应该亮，使 PLC 处于运行状态。先进行手动单步检查：将选择开选择在单步状态，按下 SB1，行车向左运动，到达左限位，行车停止；按下 SB2，则行车右行，到达右限位，行车停止。再进行复位检查：将择开选择在单周期或自动状态，将行车停在左右限位开关之间的任意位置，按复位按钮 SB5，行车应回到左限位开关所处的初始位置。同理可以调试单周期和连续运行的情况。否则应该检查主电路接线情况以及 FU1、FU2、FR、KM1、KM2 等的好坏。

调试完成后，让系统试运行。注意在系统调试和试运行过程中要认真观察系统是否满足控制要求和可靠性要求，如果不满足，则要修改相应的硬件或软件设计，直至满足。在调试和试运行过程中一定要做好调试和修改记录。

八、文件归档

现场调试试运行完成后，要根据调试情况，重新修改、整理、编写相关的技术文档，主要包括：电气原理图（包括主电路、控制电路和 PLC 输入/输出电路）及设计说明（包括主要参数的计算及设备和元器件选择依据、设计依据），电器安装布置图（包括电气控制盘、操作控制面板），接线图（包括电气控制盘、操作控制面板），电气互连图，电器元件设备材料明细表，I/O 分配表，控制流程图，带注释的源程序清单和软件设计说明，系统调试记录，系统使用说明书（主要包括使用条件、操作方法及注意事项、维护要求等，本设计从略）。最后形成正确的、与系统最终交付使用时相对应的一整套完整的技术文档。

项 目 实 训

1. 三相异步电动机的顺序起停控制实训

设计一个 M1、M2、M3 三台电动机按顺序间隔起动和逆序间隔停止的控制系统，要求用 PLC 进行控制，间隔时间为 3s。起动过程中若紧急停止也要按相反的顺序进行。要有相应的过载和短路保护、安全保护及工作指示。要求设计、实现该控制系统，并形成相应的设计文档。

2. 霓虹灯控制系统

设计一个霓虹灯自动循环闪烁的控制系统,要求用 PLC 控制。其控制要求如下:3 盏霓虹灯 HL1、HL2、HL3,按下起动按钮后 HL1 亮,1s 后 HL1、HL2 亮,1s 后 HL2 灭、HL3 亮,1s 后 HL1、HL2、HL3 全亮,1s 后全灭,闪烁 5 次,1s 后循环;随时按停止按钮停止系统运行。要有必要的过载和短路保护、安全保护及工作指示。要求设计、实现该控制系统,并形成相应的设计文档。

3. 机械手控制实训

传送工件的某机械手控制如图 3.64 所示,其任务是将工件从传送带 A 搬运到传送带 B。

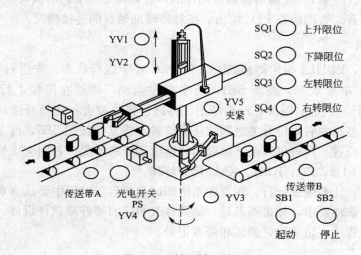

图 3.64 某机械手控制

控制要求为:按起动按钮后,传送带 A 运行直到光电开关 PS 检测到物体,才停止,同时机械手下降。下降到位后机械手夹紧物体,2s 后开始上升,而机械手保持夹紧。上升到位左转,左转到位下降,下降到位后,机械手松开,2s 后机械手上升。上升到位后,传送带 B 开始运行,同时机械手右转,右转到位,传送带 B 停止,此时传送带 A 运行直到光电开关 PS 再次检测到物体,才停止循环。

机械手的上升、下降和左转、右转的执行,分别由双线圈二位电磁阀控制汽缸的运动。当下降电磁阀通电时,机械手下降,若下降电磁阀断电,机械手停止下降,保持现有的动作状态。当上升电磁阀通电时,机械手上升。同样左转/右转也是由对应的电磁阀控制。夹紧/放松则是由单线圈的二位电磁阀控制汽缸的运动来实现,线圈通电时执行夹紧动作,断电时执行放松动作。并且要求只有当机械手处于上限位时才能进行左/右移动,因此在左右转动时用上限条件作为连锁保护。由于上下运动,左右转动采用双线圈两位电磁阀控制,两个线圈不能同时通电,因此在上/下、左/右运动的电路中须设置互锁环节。

为了保证机械手动作准确,机械手上安装了限位开关 SQ1、SQ2、SQ3、SQ4,分别对机械手进行下降、上升、左转、右转等动作的限位,并给出动作到位的信号。光电开关 PS 负责检测传送带 A 上的工件是否到位,到位后机械手开始动作。

项目小结

本项目对 S7－200 系列 PLC 的定时器指令和计数器指令，程序控制类指令（循环、跳转、END、STOP、WDR 等），移位和循环移位指令，顺序控制系统的概念及顺序功能图的画法，顺序功能图转梯形图的方法等知识作了讲解，并对 PLC 顺序控制系统和具有单步、单周期、自动连续运行等多种控制方式的较复杂的控制系统的设计与施工（包括控制方案的确定，设备和电器元件的选择，电气原理图设计，工艺设计，系统施工和调试等）进行了较详细的讲解和介绍，为以后从事相应的工作打下基础。

思考与练习

1. 西门子 S7－200 定时器的类型及特点。

2. 西门子 S7－200 计数器的类型及特点。

3. 使用跳转指令的注意事项是什么？

4. 什么是顺序控制？西门子 S7－200 顺序控制指令是什么？使用顺序控制指令的注意事项是什么？

5. 顺序功能图中"步"、"路径"和"转换"之间的关系是什么？

6. 叙述分辨率对定时器的影响。

7. 叙述顺序功能图的结构。

8. 写出如图 3.65 所示梯形图的语句表。

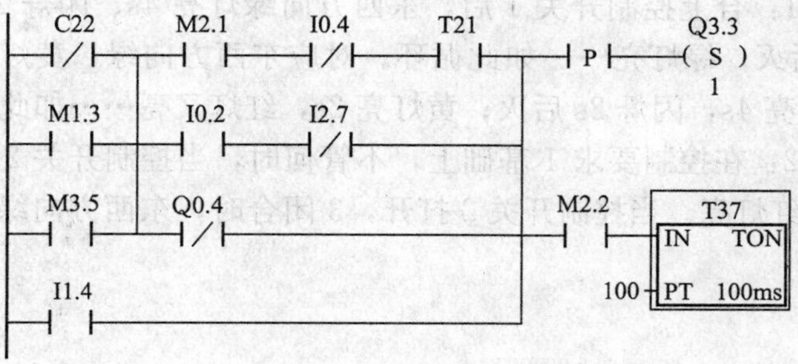

图 3.65 题 8 图

9. 写出如图 3.66 所示梯形图的语句表。

10. 指出如图 3.67 所示中的错误。

11. 设计如图 3.68 所示的顺序功能图的梯形图程序。

12. 设计如图 3.69 所示的顺序控制功能图的梯形图程序。

13. 行车在初始状态时停在中间，限位开关 I0.0 为 ON，按下起动按钮，行车开始右行，并按如图 3.70 所示顺序运动，最后返回并停在初始位置。画出控制系统的顺序控制功能图并编制程序。

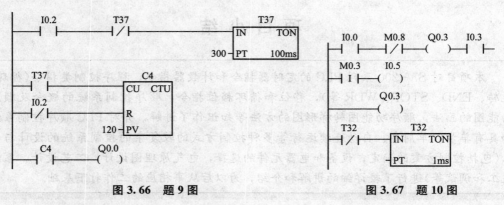

图 3.66　题 9 图　　　　　　　　　　　图 3.67　题 10 图

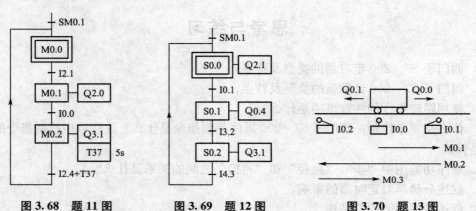

图 3.68　题 11 图　　　图 3.69　题 12 图　　　图 3.70　题 13 图

14. 设计交通灯控制系统。

(1) 控制要求 1：合上控制开关 1 后，东西方向绿灯亮 4s、闪烁 2s 后灭；黄灯亮 2s 后灭；红灯亮 8s 后灭；绿灯亮……如此循环。对应东西方向绿、黄灯亮时，南北方向红灯亮 8s，接着绿灯亮 4s，闪烁 2s 后灭；黄灯亮 2s，红灯又亮……如此循环。

(2) 控制要求 2：在控制要求 1 基础上，不管何时，当控制开关 2 闭合时，南北方向绿灯亮，东西方向红灯亮。当控制开关 2 打开，3 闭合时，东西方向绿灯亮，南北方向红灯亮。

项目 4

步进电动机运动控制系统的设计与实现

> ### 知识目标

掌握 S7-200 系列 PLC 的数据传送类指令、表功能指令、比较触点指令、高速脉冲输出指令及其应用、子程序及其调用。

> ### 能力目标

能完成 PLC 步进电动机基本运动控制系统的设计与施工，包括控制方案的确定，设备和电器元件的选择，电气原理图设计，工艺设计，软件编程，系统施工和调试，技术文件的编写整理。

> ### 引言

步进电动机是一种控制用的特种电动机，作为执行元件，它是将电脉冲信号转变为角位移或线位移的执行机构。步进电动机驱动器每接收到一个脉冲信号，它就驱动步进电动机按设定的方向转动一个固定的角度（即步进角）。在非超载情况下，步进电动机的转速、停止的位置只取决于脉冲信号的频率和脉冲数，而不受负载变化的影响。使用者可以通过控制脉冲个数来控制角位移量，从而达到准确定位的目的；同时也可以通过控制脉冲频率来控制电动机转动的转速，从而达到调速的目的。

步进电动机具有转子惯量低、定位精度高、无累积误差、控制简单等特点，使得其在速度、位置等控制等领域得到了广泛应用。随着微电子和计算机技术的发展，步进电动机的需求量与日俱增，已成为运动控制领域的重要执行元件，广泛应用于各种自动化控制系统和机电一体化设备，特别是开环控制系统中。

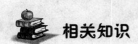

任务描述

设计某一两相混合式步进电动机带动的直线左右运动控制系统。要求按下启动按钮，步进电动机先反转左行，左行过程包括加速、匀速和减速 3 个阶段。在加速阶段，要求在 4000 个脉冲内从 200Hz 增到最大频率 1000Hz，匀速阶段持续 20000 个脉冲，频率 1000Hz，减速阶段要求在 4000 个脉冲从 1000Hz 减到 200Hz；反转左行完成后再正转右行，正转过程与反转过程相同。在正转或反转过程中，如果按下停止按钮则停止运行；如果反转左行时碰到左限位开关，则停止左行并开始正转右行，若正转右行过程中碰到右限位开关则停止运行；如果按启动按钮时就在左限位开关处，则只进行右行过程，右行完成后，系统停止运行。系统停止运行后，再按启动按钮，又会重复上述过程。要求设计、实现该控制系统，并形成相应的设计文档。

任务分析

该项目中，硬件部分主要包括 PLC、步进电动机及步进电动机驱动器等。软件部分主要需掌握 PLC 的数据传送类指令、表功能指令、比较触点指令、子程序及调用和高速脉冲输出指令的运用，下面就此做重点介绍。完成该项目设计的重点在于对步进电动机及步进电动机驱动器的选择，以及对 S7 - 200 数据传送、子程序调用以及高速脉冲输出指令的使用，电气原理图设计，工艺设计，相应的文档设计以及系统的安装、施工和调试。

相关知识

一、S7 - 200 的数据传送类指令

1. 单个数据的传送指令

（1）数据传送指令的梯形图表示。传送指令由传送符 MOV、数据类型（B/W/D/R）、传送使能信号 EN、源操作数 IN 和目标操作数 OUT 构成。

（2）数据传送指令的语句表表示。传送指令由操作码 MOV、数据类型（B/W/D/R）、源操作数 IN 和目标操作数 OUT 构成，单个数据的传送指令如图 4.1 所示。

（3）数据传送指令的功能。当使能号信 EN＝1 时，执行传送功能。其功能是把源操作数 IN 传送到目标操作数 OUT 中。ENO 为传送状态位。

（4）数据传送指令的注意事项。应用传送指令应该注意数据类型，字节用符号 B，字用符号 W，双字用符号 D，实数用符号 R 表示。

（5）操作数范围。

① 传送使能信号 EN 位：I、Q、M、T、C、SM、V、S、L（位）。

② 字节传送操作数 IN：VB、IB、QB、MB、SMB、LB、AC、常数、＊VD、＊AC、＊LD。

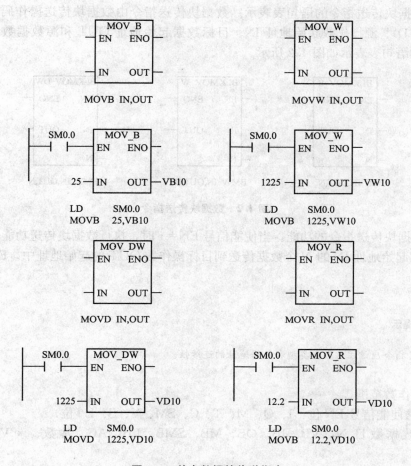

图 4.1　单个数据的传送指令

OUT：VB、IB、QB、MB、SMB、LB、AC、＊VD、＊AC、＊LD。

③ 字传送操作数 IN：VW、IW、QW、MW、SMW、LW、T、C、AIW、AC、常数、＊VD、＊AC、＊LD。

OUT：VW、IW、QW、MW、SMW、LW、T、C、AQW、AC、＊VD、＊AC、＊LD。

④ 双字传送操作数 IN：VD、ID、QD、MD、SMD、LD、HC、＆VB、＆IB、＆QB、＆MB、＆SB、＆T、＆C、AC、常数、＊VD、＊AC、＊LD。

OUT：VD、ID、QD、MD、SMD、LD、AC、＊VD、＊AC、＊LD。

⑤ 实数传送操作数 IN：VD、ID、QD、MD、SMD、LD、AC、常数、＊VD、＊AC、＊LD。

OUT：VD、ID、QD、MD、SMD、LD、AC、＊VD、＊AC、＊LD。

2. 数据块的传送指令

（1）数据块传送指令的梯形图表示。数据块传送指令由数据块传送符 BLKMOV、数据类型（B/W/D）、传送使能信号 EN、源数据起始地址 IN、源数据数目 N 和目标操作数起始地址 OUT 构成。

（2）数据块传送指令的语句表表示。数据块传送指令由数据块传送操作码 BM、数据类型（B/W/D）、源操作数起始地址 IN、目标数据起始地址 OUT 和源数据数目 N 构成。其梯形图和语句表表示如图 4.2 所示。

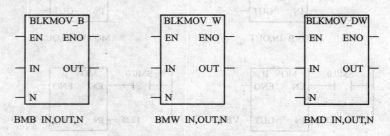

图 4.2　数据块传送指令

（3）数据块传送指令的功能。当使能信号 EN＝1 时，执行数据块传送功能。其功能是把源操作数起始地址 IN 的 N 个数据传送到目标操作数 OUT 的起始地址中。ENO 为传送状态位。

特别提示

应用传送指令应该注意数据类型和数据地址的连续性。

（4）操作数范围。

① 传送使能信号 EN 位：I、Q、M、T、C、SM、V、S、L（位）。

② 源数据数目 N：VB、IB、QB、MB、SMB、LB、AC、常数、＊VD、＊AC、＊LD。

③ 字节传送操作数 IN：VB、IB、QB、MB、SMB、LB、＊VD、＊AC、＊LD。

OUT：VB、IB、QB、MB、SMB、LB、＊VD、＊AC、＊LD。

④ 字传送操作数 IN：VW、IW、QW、MW、SMW、LW、T、C、AIW、＊VD、＊AC、＊LD。

OUT：VW、IW、QW、MW、SMW、LW、T、C、AQW、＊VD、＊AC、＊LD。

⑤ 双字传送操作数 IN：VD、ID、QD、MD、SMD、LD、＊VD、＊AC、＊LD。

OUT：VD、ID、QD、MD、SMD、LD、＊VD、＊AC、＊LD。

【例 4-1】　使用块传送指令，把 VB0～VB3 4B 的内容传送到 VB100～VB103 单元中，启动信号为 I0.0。这时 IN 数据应为 VB0，N 应为 4，OUT 数据应为 VB100，如图 4.3 所示。

3. 交换字节指令

（1）交换字节指令的梯形图表示。交换字节指令由交换字标识符 SWP、交换启动信号 EN、交换数据字地址 IN 构成。

（2）交换字节指令的语句表表示。交换字节指令由交换字节操作码 SWP 和交换数据字地址 IN 构成。其梯形图和语句表表示如图 4.4 所示。

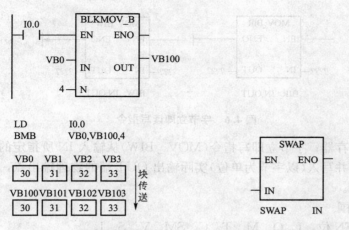

图 4.3 块传送指令举例　　　　图 4.4 交换字节指令

（3）交换字节指令的功能。当使能信号 EN＝1 时，执行交换字节功能。其功能是把数据（IN）的高字节与低字节交换，ENO 为传送状态位。

（4）操作数范围。VW、IW、QW、MW、SW、SMW、LW、T、C、AC、＊VD、＊AC、＊LD。

4. 存储器填充指令

（1）存储器填充指令的梯形图表示。存储器填充指令由存储器填充标识符 FILL ＿ N、存储器填充启动信号 EN、存储器填充字 IN、填充字数 N 和被填充的起始地址 OUT 构成。

（2）存储器填充指令的语句表表示。存储器填充指令由存储器填充操作码 FILL、存储器填充字 IN、被填充的起始地址 OUT 和填充字数 N 构成。其梯形图和语句表表示如图 4.5 所示。

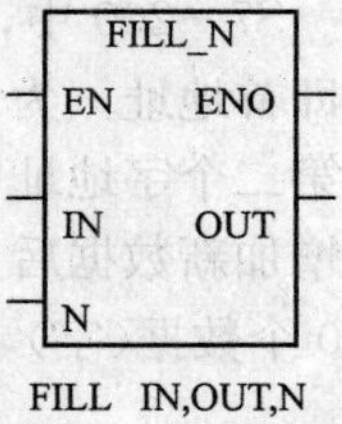

（3）存储器填充指令的功能。当使能信号 EN＝1 时，执行存储器填充功能。其功能是把 N 个数据（IN）依次填入 OUT 的起始地址中，ENO 为存储器填充状态位。

图 4.5 存储器填充指令

（4）操作数范围。

① 使能信号 EN 位：I、Q、M、T、C、SM、V、S、L 。

② 存储器填充字 IN：VW、IW、QW、MW、SW、SMW、LW、AIW、T、C、AC、常数、＊VD、＊AC、＊LD。

③ 填充字数 N：VB、IB、QB、MB、SB、SMB、LB、AC、常数、＊VD、＊AC、＊LD。

④ 被填充数地址 OUT：VW、IW、QW、MW、SW、SMW、LW、T、C、AQW、＊VD、＊AC、＊LD。

5. 字节立即读写指令

（1）字节立即读写指令格式。其梯形图和语句表如图 4.6 所示。

（2）字节立即读写指令功能。当使能信号 EN＝1 时，字节立即读指令（MOV ＿ BIR）读取实际输入端 IN 给出的 1 个字节的数值，并将结果写入 OUT 所指定的存储单元，但

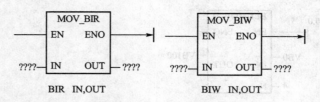

图 4.6　字节立即读写指令

不更新输入映象寄存器；字节立即写指令(MOV _ BIW)从输入 IN 所指定的存储单元中读取 1 个字节的数值并写入(以字节为单位)实际输出 OUT 端的物理输出点，同时刷新对应的输出映象寄存器。

(3) 操作数范围。

① 使能信号 EN 位：I、Q、M、T、C、SM、V、S、L 。

② 字节立即读指令：IN：IB、*VD、*LD、*AC。

OUT：VB、IB、QB、MB、SB、SMB、LB、AC、*VD、*AC、*LD。

③ 字节立即写指令：IN：VB、IB、QB、MB、SB、SMB、LB、AC、常数、*VD、*AC、*LD。

OUT：QB、*VD、*LD、*AC。

二、S7-200 的表功能指令

S7-200 中，数据表是用来存放字型数据的表格，如图 4.7 所示。表格的第一个字地址即首地址，为表地址，首地址中的数值是表格的最大长度(TL)，即最大填表数。表格的第二个字地址中的数值是表的实际长度(EC)，指定表格中的实际填表数。每次向表格中增加新数据后，EC 自动加 1。从第三个字地址开始，存放数据(字)。表格最多可存放 100 个数据(字)，不包括指定最大填表数(TL)和实际填表数(EC)的参数。

VW200	0006	TL(最大填表数)	TL(最大填表数)
VW202	0002	EC(实际填表数)	EC(实际填表数)
VW204	1234	d0 数据0	d0 数据0
VW206	5678	d1 数据1	d1 数据1
VW208	××××		
VW210	××××		
VW212	××××		
VW214	××××		

图 4.7　数据表格

要建立表格，首先须确定表的最大填表数，如图 4.8 所示。

```
LD      SM0.1
MOVW    +6,VW200  //输入表格的最大填表数
```

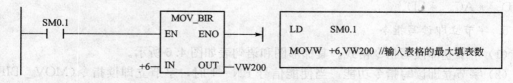

图 4.8　输入表格的最大填表数

确定表格的最大填表数后，可用表功能指令在表中存取字型数据。表功能指令包括向表添加数据指令，查表指令，查表指令，字填充指令。所有的表格读取和表格写入指令必须用边缘触发指令激活。

1. 向表添加数据指令

（1）向表添加数据指令的梯形图表示。向表添加数据指令由向表添加数据运算符（AD＿T＿TBL）、向表添加数据指令允许信号（EN）、数据（DATA）、数据表（TBL）构成。

（2）向表添加数据指令的语句表表示。向表添加数据指令由向表添加数据操作码（ATT）、数据（DATA）、数据表（TABLE）构成。其梯形图和语句表如图 4.9 所示。

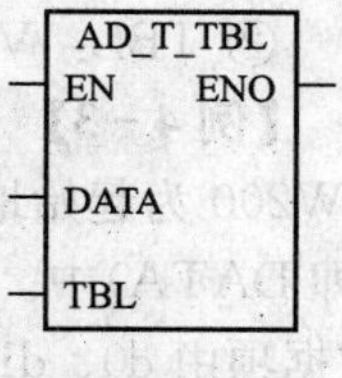

（3）向表添加数据指令的操作。在梯形图和语句表表示中，当向表添加数据允许信号 EN＝1 时，将一个数据 DATA 添加到表 TBL 的末尾。TBL 表中第一个字表示最大允许长度（TL）；表的第二个字表示表中现有的数据项的个数（EC），每次将新数据添加到表中时，EC 的值自动加 1。

（4）数据范围。

① 数据 DATA：VW、IW、QW、MW、SW、SMW、LW、T、C、AIW、AC、常数、＊VD、＊AC、＊LD。

② 数据 TBL：VW、IW、QW、MW、SW、SMW、LW、T、C、＊VD、＊AC、＊LD。

【例 4－2】 如图 4.10 所示给出了一个填表指令的编程例子。

```
AD_T_TBL
EN    ENO

DATA

TBL
```

ATT DATA,TABLE

**图 4.9　向表添加
数据指令**

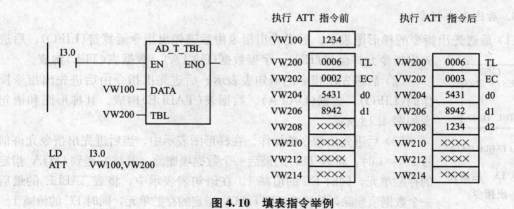

图 4.10　填表指令举例

当 I3.0 为 1 时，VW100 中的数据 1234 被填到表的最后（d2）。这时最大填表数 TL 未变（TL＝6），实际填表数 EC 加 1（EC＝3），表中的数据项由 d0、d1 变为 d0、d1、d2。

2. 先进先出指令

（1）先进先出指令的梯形图表示。先进先出指令由先进先出运算符（FIFO）、先进先出指令允许信号（EN）、数据（DATA）、数据表（TBL）构成。

（2）先进先出指令的语句表表示。先进先出指令由先进先出指令操作码（FIFO）、字型数据（DATA）、数据表（TABLE）构成。其梯形图和语句表表示如图 4.11 所示。

(3) 先进先出指令的操作。在梯形图和语句表表示中，当先进先出指令允许信号 EN=1 时，将表 TBL 的第一个数据项(不是第一个字)移出，并将它送到 DATA 指定的存储单元。表中其余的数据项都向前移动一个位置，同时 EC 的值减 1。

(4) 数据范围。

① 数据 DATA：VW、IW、QW、MW、SW、SMW、LW、T、C、AQW、AC、 *VD、*AC、*LD。

② TBL：VW、IW、QW、MW、SW、SMW、LW、T、C、*VD、*AC、*LD。

【例 4-3】 如图 4.12 所示给出一个先进先出指令的编程例子。当 I4.1 为 1 时，以 VW200 为起始地址的表(TBL)中的数据 d0、d1 和 d2 中的第 1 项数据 d0 被移到 VW400 (即 DATA)中。这时最大填表数 TL 未变(TL=6)，实际填表数 EC 减 1(EC=2)，表中的数据项由 d0、d1、d2 变为 d0、d1(请注意，现在 d0、d1 的地址与执行 FIFO 前已有不同)。

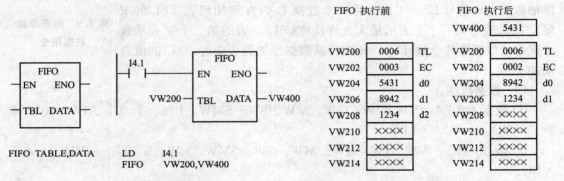

图 4.11 先进先出指令   图 4.12 先进先出指令举例

3. 后进先出指令

(1) 后进先出指令的梯形图表示。后进先出指令由后进先出指令运算符(LIFO)、后进先出指令允许信号(EN)、字型数据(DATA)、数据表(TBL)构成。

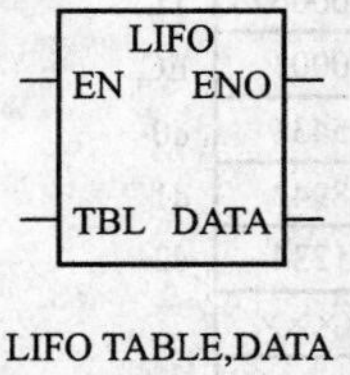

(2) 后进先出指令的语句表表示。后进先出指令由后进先出指令操作码(LIFO)、数据(DATA)、数据表(TABLE)构成。其梯形图和语句表如图 4.13 所示。

(3) 后进先出指令的操作。在梯形图表示中，当后进先出指令允许信号 EN=1 时，将表 TBL 的最后一个数据项删除，并将它送到 DATA 指定的存贮单元，同时 EC 的值减 1。在语句表表示中，将表 TABLE 的最后一个数据项删除，并将它送到 DATA 指定的存贮单元，同时 EC 的值减 1。

图 4.13 后进先出指令

(4) 数据范围。

① 数据 DATA：VW、IW、QW、MW、SW、SMW、LW、T、C、AQW、AC、 *VD、*AC、*LD。

② 数据 TBL：VW、IW、QW、MW、SW、SMW、LW、T、C、*VD、*AC、*LD。

【例 4-4】 如图 4.14 所示给出一个后进先出指令的编程例子。当 I4.1 为 1 时，以 VW200 为起始地址的表(TBL)中的数据 d0、d1 和 d2 中的第 3 项数据 d2 被移到 VW400 (即 DATA)中。这时最大填表数 TL 未变(TL=6)，实际填表数 EC 减 1(EC=2)，表中的数据项由 d0、d1、d2 变为 d0、d1(请注意现在 d0、d1 的地址与执行 LIFO 前相同)。

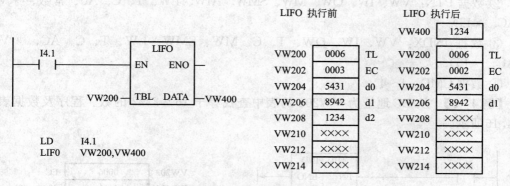

图 4.14　后进先出指令举例

4. 查表指令

（1）查表指令的梯形图表示。查表指令由查表运算符（TBL＿FIND）、查表指令允许信号（EN）、搜索表（TBL）、搜索表中数据开始项（INDX）、给定值（PTN）、搜索条件（CMD）构成。

（2）查表指令的语句表表示。查表指令由查表操作码（FND）、搜索表（TBL）、搜索表中数据开始项（INDX）、给定值（PTN）、搜索条件（＝、＜＞、＜、＞）构成。其梯形图和语句表如图 4.15。

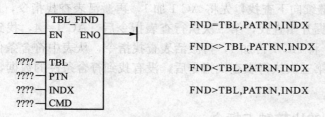

图 4.15　查表指令

（3）查表指令的操作。在梯形图表示中，当查表允许信号 EN＝1 时，从搜索表 TBL 中由 INDX 设定的数据开始项开始，依据给定值 PTN 和搜索条件 CMD（CMD＝1 表示等于、CMD＝2 表示不等于、CMD＝3 表示大于、CMD＝4 表示小于）进行搜索。每搜索过一个数据项，INDX 自动加 1。如果找到一个符合条件的数据项，则 INDX 中指明该数据项在表中的位置。如果一个符合条件的数据项也找不到，则 INDX 的值等于数据表的长度。为了搜索下一个符合条件的值，在再次使用 TBL＿FIND 指令之前，必须先将 INDX 加 1。在语句表表示中，从搜索表 TBL 中，由 INDX 设定的数据开始项开始，依据给定值 PTN 和搜索条件（＝、＜＞、＞、＜）进行搜索，搜索过程同上所述。

（4）数据范围。

① 数据表 TBL：VW、IW、QW、MW、SMW、T、C、＊VD、＊AC、＊LD。

 **特别提示**

TBL 为表格的实际填表数对应的地址（第二个字地址）。

② 数据 PTN：VW、IW、QW、MW、SMW、AIW、LW、T、C、AC、常数、＊VD、＊AC、＊LD。

③ 数据 INDX：VW、IW、QW、T、C、MW、SMW、LW、T、C、AC、＊VD、＊AC、＊LD。

④ 数据 CMD：1～4。

【例 4-5】 从 EC 地址为 VW202 的表中查找等于 16#2222 的数。程序及数据表如图 4.16 所示。

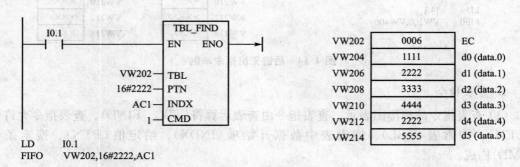

```
LD    I0.1
FIFO  VW202,16#2222,AC1
```

图 4.16 例 4-5 指令举例

为了从表格的顶端开始搜索，AC 1 的初始值＝0，查表指令执行后 AC 1＝1，找到符合条件的数据 1。继续向下查找，先将 AC 1 加 1，再激活表查找指令，从表中符合条件的数据 1 的下一个数据开始查找，第二次执行查表指令后，AC 1＝4，找到符合条件的数据 4。继续向下查找，将 AC 1 再加 1，再激活表查找指令，从表中符合条件的数据 4 的下一个数据开始查找，第三次执行表查找指令后，没有找到符合条件的数据，AC 1＝6(实际填表数)。

三、S7-200 的比较触点指令

比较触点指令是将两个操作数按指定的条件比较，操作数可以是整数，也可以是实数，在梯形图中用带参数和运算符的触点表示比较指令，比较条件成立时，触点就闭合，否则断开。比较触点可以装入，也可以串、并联。比较指令为上、下限控制提供了极大的方便。

1. 指令格式

S7-200 的比较触点指令格式见表 4-1。

2. 指令说明

xx：表示比较运算符，＝＝ 等于(在 STL 中为＝)、<小于、>大于、<＝小于等于、>＝ 大于等于、<> 不等于。

□：表示操作数 N1，N2 的数据类型及范围。

B(Byte)：字节比较(无符号整数)，例如，LDB＝ IB2，MB2。

I(INT)/ W(Word)：整数比较(有符号整数)，例如，AW>＝ MW2，VW12。

DW(Double Word)：双字的比较(有符号整数)，例如，OD＝ VD24，MD1。

R(Real)：实数的比较(有符号的双字浮点数，仅限于 CPU214 以上)。

IN1，IN2 操作数的范围包括：I，Q，M，SM，V，S，L，AC，VD，LD，常数。

表 4-1 比较触点指令格式

STL	LAD	说　明
LD□ xx IN1，IN 2	IN1 ─┤ ├─ xx□ ─ IN2	比较触点接左母线
LD N A □ xx IN1，IN 2	N IN1 ─┤ ├──┤ ├─ xx□ ─ IN2	比较触点的"与"
LD N O □ xx IN1，IN 2	N ─┤ ├─── IN1 ├─ xx□ IN2	比较触点的"或"

特别提示

对于整数比较，在 LAD 中用"I"，STL 中用"W"。

四、S7-200 的子程序及调用

S7-200 PLC 把程序分为 3 大类：主程序(OB1)、子程序(SBR_n)和中断程序(INT_n)。实际应用中，有些程序内容可能被反复使用，对于这些可能被反复使用的程序往往编成一个单独的程序块，存放在某一个区域，程序执行时可以随时调用这些程序块。这些程序块可以带一些参数，也可以不带参数，这类程序块被称为子程序。

子程序由子程序标号开始，到子程序返回指令结束。S7-200 的编程软件 Micro/WIN 32 为每个子程序自动加入子程序标号和子程序返回指令。在编程时，子程序开头不用编程者另加子程序标号，子程序末尾也不需另加返回指令。

子程序的优点在于它可以对一个大的程序进行分段及分块，使其成为较小的更易管理的程序块。通过使用较小的子程序块，会使得对一些区域及整个程序检查及排除故障变得更简单。子程序只在需要时才被调用、执行。

在程序中使用子程序，必须完成下列 3 项工作：建立子程序；在子程序局部变量表中定义参数(如果有)；从适当的 POU(Program Orgnazation Unit：程序组织单元，POU 指主程序、子程序或中断处理程序)调用子程序。

1. 子程序的建立

在 STEP 7-Micro/Win 32 编程软件中，可采用下列方法之一建立子程序。

(1) 从"编辑"菜单，选择插入(Insert)→子程序(Subroutine)。

(2) 从"指令树"中，右击"程序块"图标，并从弹出的快捷菜单中选择插入(Insert)→子程序(Subroutine)。

(3) 在"程序编辑器"窗口中右击，并从弹出的快捷菜单选择插入(Insert)→ 子程序(Subroutine)。

程序编辑器从显示先前的 POU 更改为新的子程序。程序编辑器底部会出现一个新标签(缺省标签为 SBR_0、SBR_1)，代表新的子程序名。此时，可以对新的子程序编程，也可以双击子程序标签对子程序重新命名。如果为子程序指定一个符号名，如 USR_NAME，则该符号名会出现在指令树的"调用子程序"文件夹中。

2. 为子程序定义参数

如果要为子程序指定参数，可以使用该子程序的局部变量表来定义参数。S7-200 为每个 POU 都安排了局部变量表。必须利用选定该子程序后出现的局部变量表为该子程序定义局部变量或参数，一个子程序最多可具有 16 个输入/输出参数。

如 SBR_0 子程序是一个含有 4 个输入参数、1 个输入输出参数、1 个输出参数的带参数的子程序。在创建这个子程序时，首先要打开这个子程序的局部变量表，然后在局部变量表中为这 6 个参数赋予名称(如 IN1、IN2、IN3、IN4、INOUT1、OUT1)，选定变量类型(IN 或者 IN/OUT 或者 OUT)，并赋正确的数据类型(如 BOOL、BYTE、WORD、DWORD 等)，局部变量的参数定义见表 4-2。这时再调用 SBR_0 时，这个子程序自然就带参数了。表中地址一项(L 区)参数是自动形成的。

表 4-2　局部变量的参数定义

地址	名称	变量类型	数据类型
L0.0	IN1	IN	BOOL
LB1	IN2	IN	BYTE
L2.0	IN3	IN	BOOL
LD3	IN4	IN	DWORD
LD7	INOUT1	IN_OUT	DWORD
LD11	OUT1	OUT	DWORD

3. 子程序调用与返回指令

(1) 子程序调用与返回指令的梯形图表示。子程序调用指令由子程序调用允许端 EN、子程序调用助记符 SBR 和子程序标号 n 构成。子程序返回指令由子程序返回条件、子程序返回助记符 RET 构成。

(2) 子程序调用与返回指令的语句表表示。子程序调用指令由子程序调用助记符 CALL 和子程序标号 SBR_n 构成。子程序返回指令由子程序返回条件、子程序返回助记符 CRET 构成。

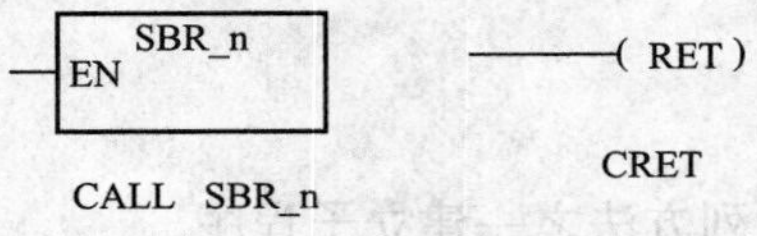

如果调用的子程序带有参数时，还要附上调用时所需的参数。子程序调用与返回指令的梯形图如图 4.17 所示，图 4.18 所示为带参数的子程序调用。

图 4.17　子程序调用与返回指令的梯形图

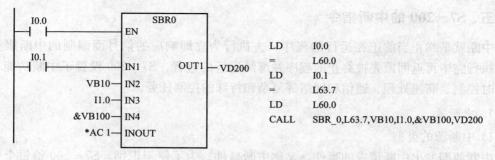

图4.18 带参数的子程序调用

（3）子程序的操作。主程序内使用的调用指令决定是否去执行指定子程序。子程序的调用由调用指令完成。当子程序调用允许时，调用指令将程序控制转移给子程序 SBR_n，程序扫描将转到子程序入口处执行。当执行子程序时，将执行全部子程序指令直至满足返回条件而返回，或者执行到子程序末尾而返回。当子程序返回时，返回到原主程序出口的下一条指令执行，继续往下扫描程序。

（4）数据范围。n 为 0～63。

4. 子程序编程步骤

（1）建立子程序（SBR_n）。

（2）在子程序（SBR_n）中编写应用程序。

（3）在主程序或其他子程序或中断程序中编写调用子程序（SBR_n）的指令。

特别提示

（1）一个项目内总共可有 64 个子程序。子程序可以嵌套，最大嵌套深度为 8。

（2）不允许直接递归。例如，不能从 SBR_0 调用 SBR_0。但是，允许进行间接递归。

（3）各子程序调用的输入/输出参数不能超过 16 个。

（4）对于带参数的子程序调用指令应遵守下列原则：参数必须与子程序局部变量表内定义的变量完全匹配，参数顺序应为输入参数最先、其次是输入/输出参数、再次是输出参数。

（5）在子程序内不能使用 END 指令。

【例4-6】 如图4.19所示一个用梯形图语言对无参数子程序调用的编程例子。

OB1 是 S7-200 的主程序。在 OB1 中仅有一个网络，该程序的功能是，当输入端 I0.0＝1 时，调用子程序 1。

SBR1 是被调用的子程序。该程序段的第一个网络的功能是，如果输入信号 I0.1＝1，则立刻返回主程序，而不向下扫描该子程序。该程序段第二个网络的功能是，每隔 1s 启动 Q0.0 输出 1 次，占空比为 50%。

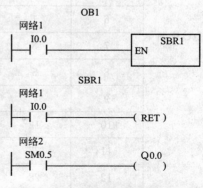

图4.19 梯形图语言对无参数子程序调用的编程

五、S7－200 的中断指令

中断就是终止当前正在运行的程序,去执行为立即响应的信号而编制的中断服务程序,执行完毕再返回原先被终止的程序并继续运行的过程。S7－200 设置了中断功能,用于实时控制、高速处理、通信和网络等复杂和特殊的控制任务。

1. 中断源

1) 中断源的类型

中断源即发出中断请求的事件,又称中断事件。为了便于识别,S7－200 给每个中断源都分配了一个编号,称为中断事件号。S7－200 系列可编程控制器总共有 34 个中断源,分为 3 大类:通信中断、I/O 中断和时基中断,见表 4－3。

表 4－3 中断事件及优先级

优先级分组	组内优先级	中断事件号	中断事件说明	中断事件类别
通信中断	0	8	通信口 0:接收字符	通信口 0
	0	9	通信口 0:发送完成	
	0	23	通信口 0:接收信息完成	
	1	24	通信口 1:接收信息完成	通信口 1
	1	25	通信口 1:接收字符	
	1	26	通信口 1:发送完成	
I/O 中断	0	19	PTO 0 脉冲串输出完成中断	脉冲输出
	1	20	PTO 1 脉冲串输出完成中断	
	2	0	I0.0 上升沿中断	外部输入
	3	2	I0.1 上升沿中断	
	4	4	I0.2 上升沿中断	
	5	6	I0.3 上升沿中断	
	6	1	I0.0 下降沿中断	
	7	3	I0.1 下降沿中断	
	8	5	I0.2 下降沿中断	
	9	7	I0.3 下降沿中断	
	10	12	HSC0 当前值＝预置值中断	高速计数器
	11	27	HSC0 计数方向改变中断	
	12	28	HSC0 外部复位中断	
	13	13	HSC1 当前值＝预置值中断	

续表

优先级分组	组内优先级	中断事件号	中断事件说明	中断事件类别
I/O 中断	14	14	HSC1 计数方向改变中断	高速计数器
	15	15	HSC1 外部复位中断	
	16	16	HSC2 当前值＝预置值中断	
	17	17	HSC2 计数方向改变中断	
	18	18	HSC2 外部复位中断	
	19	32	HSC3 当前值＝预置值中断	
	20	29	HSC4 当前值＝预置值中断	
	21	30	HSC4 计数方向改变	
	22	31	HSC4 外部复位	
	23	33	HSC5 当前值＝预置值中断	
时基中断	0	10	定时中断 0	定时
	1	11	定时中断 1	
	2	21	定时器 T32 CT＝PT 中断	定时器
	3	22	定时器 T96 CT＝PT 中断	

（1）通信中断。S7－200 PLC 的串行通信口可由用户程序来控制，通信口的这种操作模式称为自由口通信模式。在自由口通信模式下，用户可通过编程来设置波特率、奇偶检验和通信协议等参数。利用接收和发送中断可简化程序对通信的控制。通信口中断事件编号有 8、9、23～26。

（2）I/O 中断。I/O 中断包括外部输入上升/下降沿中断、高速计数器中断和高速脉冲输出（PTO）中断。S7－200 可用输入点 I0.0～I0.3 的上升或下降沿产生中断。这些输入点用于捕获外部必须立即处理的事件。高速计数器中断指对高速计数器运行时产生的事件实时响应，包括当前值等于预设值时产生的中断，计数方向的改变时产生的中断或计数器外部复位产生的中断。高速脉冲输出中断是指预定数目的高速脉冲输出完成而产生的中断。

（3）时基中断。时基中断包括定时中断和定时器 T32/T96 中断。定时中断用于支持一个周期性的活动，如对模拟量输入进行采样或定期执行 PID 回路等，周期时间从 1ms～255ms，时基是 1ms。使用定时中断 0，必须在 SMB34 中写入周期时间；使用定时中断 1，必须在 SMB35 中写入周期时间。定时器 T32/T96 中断指允许对定时间隔产生中断，这类中断只能用时基为 1ms 的定时器 T32/T96 构成。

2）中断优先级和中断队列

优先级是指多个中断事件同时发出中断请求时，CPU 对中断事件响应的优先次序。S7－200 规定的中断优先由高到低依次是：通信中断、I/O 中断、时基中断。

一个项目中总共可有 128 个中断。S7－200 在各自的优先级组内按照先来先服务的原则为中断提供服务。在任何时刻，PLC 只能执行一个中断程序。一旦一个中断程序开始执行，则一直执行至完成，不能被另一个中断程序打断，即使是更高优先级的中断程序。中断程序执行中，新的中断请求按优先级排队等候。中断队列能保存的中断个数有限，若超出，则会产生溢出。中断队列的最多中断个数和溢出标志位如表 4-4 所示。

表 4-4 列的最多中断个数和溢出标志位

队列	CPU 221	CPU 222	CPU 224	CPU 226 和 CPU 226XM	溢出标志位
通信中断队列	4	4	4	8	SM4.0
I/O 中断队列	16	16	16	16	SM4.1
时基中断队列	8	8	8	8	SM4.2

2. 中断指令

中断指令有 4 条，分别为开、关中断指令，中断连接和分离指令。中断指令格式见表 4-5。

表 4-5 中断指令格式

STL	ENI	DISI	ATCH INT，EVNT	DTCH EVNT
LAD	—(ENI)	—(DISI)	ATCH EN　ENO ????—INT ????—EVNT	DTCH EN　ENO ????—EVNT
操作数及数据类型	无	无	INT：常量 0~127 EVNT：常量 CPU 224：0~23，27~33 INT/EVNT 数据类型：字节	EVNT：常量 CPU 224：0~23，27~33 数据类型：字节

1) 开、关中断指令

开中断(ENI)指令全局性允许所有中断事件，关中断(DISI)指令全局性禁止所有中断事件，中断事件出现后均须排队等候，直至使用全局开中断指令重新启用中断。

PLC 转换到 RUN(运行)模式时，中断是被禁用的，所有中断都不响应，可以通过执行开中断指令，允许 PLC 响应所有中断事件。

2) 中断连接和分离指令

中断连接指令(ATCH)将中断事件(EVNT)与中断程序编号(INT)相连接，并启用该中断事件。中断分离指令(DTCH)取消某中断事件(EVNT)与所有中断程序之间的连接，并禁用该中断事件。

 特别提示

一个中断事件不能连接多个中断程序，但多个中断事件可以连接到同一个中断程序上。

3．中断处理程序

1）中断处理程序的概念

中断处理程序是为处理中断事件而事先编好的程序。中断处理程序不是由程序调用，而是在中断事件发生时由操作系统自动调用。中断处理程序由中断程序标号开始，以无条件返回指令（CRETI）结束。在中断处理程序中禁止使用 DISI、ENI、HDEF、LSCR 和 END 指令。

2）建立中断处理程序的方法

方法一：依次执行编辑→插入（Insert）→ 中断（Interrupt）命令。

方法二：在指令树上，右击"程序块"图标并从弹出的快捷菜单中选择插入（Insert）→ 中断（Interrupt）命令。

方法三：在"程序编辑器"窗口中右击，在弹出的快捷菜单中选择插入（Insert）→ 中断（Interrupt）。

程序编辑器从显示先前的 POU 更改为新中断处理程序，在程序编辑器的底部会出现一个新标记（默认为 INT _ 0、INT _ 1…），代表新的中断处理程序。

【例4-7】 编写由 I0.1 的上升沿产生的中断事件的初始化程序。

分析：查表 4-2 可知，I0.1 上升沿产生的中断事件号为 2。所以在主程序中用 ATCH 指令将事件号 2 和中断程序 0 连接起来，并全局开中断。如果检测到 I/O 错误（M5.0 为 1），则分离中断并全局禁止中断，程序如图 4.20 所示。

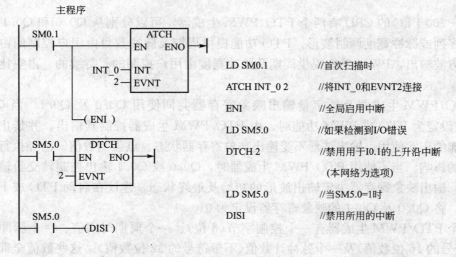

图4.20 例4-7题图

【例4-8】 利用定时中断功能编制一个程序，实现如下功能：当 I0.0 由 OFF→ON，Q0.0 亮 1s，灭 1s，如此循环反复直至 I0.0 由 ON→OFF，Q0.0 变为 OFF。程序如图 4.21 所示。

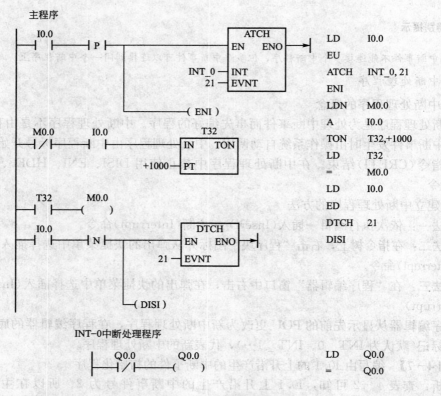

图 4.21 例 4-8 题图

六、S7-200 的高速脉冲输出指令

S7-200 PLC 的 CPU 有两个 PTO/PWM 生成器，可以分别从 Q0.0 和 Q0.1 输出高速脉冲序列或脉冲宽度调制波形。PTO 功能提供周期及脉冲数目由用户控制的占空比为 50% 的方波输出，PWM 功能提供周期及脉冲宽度由用户控制的、持续的、占空比可变的输出。

PTO/PWM 生成器及数字量输出映象寄存器共同使用 Q0.0 及 Q0.1。当 Q0.0 或 Q0.1 被设定为 PTO 或 PWM 功能时，由 PTO/PWM 生成器控制其输出，并禁止输出点通用功能的正常使用。输出波形不受输出映象寄存器状态、点强制数值、已经执行立即输出指令的影响。当不使用 PTO/PWM 生成器时，Q0.0 或 Q0.1 输出控制转交给输出映象寄存器。输出映象寄存器决定输出波形的初始及最终状态。建议在启动 PTO 或 PWM 操作之前，将 Q0.0 及 Q0.1 的映象寄存器设定为 0。

每个 PTO/PWM 生成器有一个控制字节(8 位)、一个周期时间值、一个脉冲宽度值(不带符号的 16 位数值)及一个脉冲计数值(不带符号的 32 位数值)。这些数值全部存储在指定的特殊内存(SM)区域。一旦这些特殊存储器的位被置成所需要的操作后，可以通过执行脉冲输出指令(PLS)来启动输出脉冲。通过修改在 SM 区域内(包括控制字节)的相应位值，可改变 PTO 或 PWM 波形的特征，然后再执行 PLS 指令输出。在任意时刻，可以通过向控制字节(SM67.7 或 SM77.7)的 PTO/PWM 启动位写入 0，然后再执行 PLS 指令,停止 PTO 或 PWM 波形的生成。所有控制位、周期时间、脉冲宽度及脉冲计数值的默认值均为 0。在 PTO/PWM 功能中,若输出从 0→1 和从 1→0 的切换时间不一样,这种差异会引起占空比的畸变。PTO/PWM 的输出负载至少应为额定负载的 10%,才能提供陡直的上升沿和下降沿。

1. PWM 操作

PWM 功能提供占空比可调的脉冲输出。可以以微秒(μs)或毫秒(ms)为时间单位指定周期时间及脉冲宽度。周期时间的范围是从 50~65535μs,或从 2~65535ms。脉冲宽度时间范围是从 0μs~65535μs,或从 0~65535ms。当脉冲宽度指定数值大于或等于周期时间数值时,波形的占空比为 100%,输出被连续打开。当脉冲宽度为 0 时,波形的占空比为 0%,输出被关闭。如果指定的周期时间小于两个时间单位,周期时间被默认为两个时间单位。

有两种不同方法可改变 PWM 波形的特征:同步更新和异步更新。

(1)同步更新。如果不要求改变时间基准(周期),即可以进行同步更新。进行同步更新时,波形特征的变化发生在周期边缘,提供平滑转换。

(2)异步更新。如果要求改变 PWM 生成器的时间基准,则应使用异步更新。异步更新会造成暂时关闭 PWM 生成器,可能造成控制设备暂时不稳。基于此原因,建议选择可用于所有周期时间的时间基准以使用同步 PWM 更新。

控制字节中的 PWM 更新方法位(SM67.4 或 SM77.4)用于指定更新类型,执行 PLS 指令来激活这种更新的改变。如果时间基准改变,将发生异步更新,而和这些控制位无关。

2. PTO 操作

PTO 功能提供生成指定脉冲数目的方波(50% 占空比)脉冲序列。周期时间可以微秒或毫秒为时间单位。周期时间范围从 50~65535μs,或从 2~65535ms。如果指定周期时间为奇数,会引起占空比一些失真,脉冲数范围可从 1~4294967295。

如果指定的周期时间少于两个时间单位,则周期时间默认为两个时间单位。如果指定的脉冲数目默认为 0,则脉冲数目默认为 1。

状态字节(SM66.7 或 SM76.7)内的 PTO 空闲位用来指示脉冲序列是否完成。另外,也可在脉冲序列完成时启动中断程序。如果使用多段操作,将在包络表完成时启动中断程序。

PTO 功能允许脉冲序列的排队。当激活脉冲序列完成时,新脉冲序列输出立即开始,可以实现前后输出脉冲序列的连续性。

1)PTO 的两种方式

(1)单段序列。在单段序列中,需要为下一个脉冲序列更新特殊寄存器(SM 位值)。一旦启动了初始 PTO 段,就必须按照要求立即修改第二波形的特殊寄存器(SM 位值),并再次执行 PLS 指令。第二脉冲序列的属性将被保留在序列内,直至第一脉冲序列完成。序列内每次只能存储一条脉冲序列。第一脉冲序列输出完成后,第二脉冲序列输出开始,此时序列可再存储新的脉冲序列属性。

如果装载满脉冲序列,状态寄存器(SM66.6 或 SM76.6)内的 PTO 溢出位将被置位。进入运行模式时,此位被初始化为 0。如果随后发生溢出,必须手工清除此位。

（2）多段序列。在多段序列中，CPU 自动从 V 存储区的包络表中读取各脉冲序列段的特征。在此模式下仅使用特殊寄存器区的控制字节和状态字节。欲选择多段操作，必须装载包络表在 V 内存起始偏移地址（SMW168 或 SMW178）。可以微秒或毫秒为单位指定时间基准，但是，选择用于包络表内的全部周期时间必须使用一个时间基准，并且在包络表运行过程中不能改变。然后可执行 PLS 指令开始多段操作。

每段脉冲序列在包络表中的长度均为 8 个字节，由 16 位周期值、16 位周期增量值和32 位脉冲计数值组成。包络表的格式见表 4-6。多段 PTO 操作的另一特征是能够以指定的周期增量自动增加或减少周期时间。在周期增量区输入一个正值将增加周期时间，在周期增量区输入一个负值将减少周期时间，若数值为零，则周期保持不变。

表 4-6 多段 PTO 操作的包络表格式

偏移量	段数	说　明
0		段数目（1~255）；数 0 会生成非致命性错误，无 PTO 输出生成。
1		初始周期时间（2~65535 个时间基准单位）
3	♯1	每个脉冲的周期增量（带符号数值）（−32768~32767 个时间基准单位）
5		脉冲数（1~4294967295）
9		初始周期时间（2~65535 个时间基准单位）
11	♯2	每个脉冲的周期增量（带符号数值）（−32768~32767 个时间基准单位）
13		脉冲数（1~4294967295）

如果在许多脉冲后指定的周期增量值导致非法的周期值，则发生算术溢出错误，PTO功能被终止，PLC 的输出变成由映象寄存器控制。另外，状态字节（SM66.4 或 SM76.4）内的增量计算错误位被置为 1。如果要人为地停止正在运行中的 PTO 包络，只需要把控制字节的允许位（SM67.7 或 SM77.7）置 0，重新执行 PLS 指令即可。当 PTO 包络执行时，当前启动的段数目保存在 SMB166（SMB176）内。

2. 计算包络表值

多段序列的特点是编程简单，能够通过指定脉冲的数量自动增加或减少周期，周期增量值 Δ 为正值会增加周期；周期增量值 Δ 为负值会减少周期；若 Δ 为零，则周期不变。在包络表中的所有的脉冲串必须采用同一时基，在多段序列执行时，包络表的各段参数不能改变。多段序列常用于步进电动机的控制。

下面以控制步进电动机加速、恒速及减速的输出波形说明如何生成所要求的包络表。

【例 4-9】 步进电动机的控制要求如图 4.22 所示。从 A 点到 B 点为加速过程，从B 到 C 为恒速运行，从 C 到 D 为减速过程。根据控制要求列出 PTO 包络表。

在本例中，PTO 序列可以分为 3 段，需建立 3 段脉冲的包络表。起始和终止脉冲频率为 2kHz，最大脉冲频率为 10kHz，所以起始和终

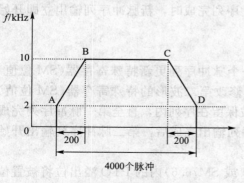

图 4.22 步进电动机的控制要求

止周期为 $500\mu s$，与最大频率的周期为 $100\mu s$。第一段：加速运行，应在 200 个脉冲时达到最大脉冲频率。第二段：恒速运行，（4000－200－200）＝3600 个脉冲。第三段：减速运行，应在 200 个脉冲时完成。

某一段每个脉冲周期增量值 △ 用下式确定

周期增量值 △＝（该段结束时的周期时间－该段初始的周期时间）/该段的脉冲数

用该式，计算出第一段的周期增量值 △ 为－$2\mu s$，第二段的周期增量值 △ 为 0，第三段的周期增量值 △ 为 $2\mu s$。假设包络表位于从 VB200 开始的 V 存储区中，则包络表见表 4－7。

表 4－7 例 4－25 包络表

V 变量存储器地址	段号	参数值	说　　明
VB200		3	段数
VB201		$500\mu s$	初始周期
VB203	段 1	－$2\mu s$	每个脉冲的周期增量 △
VB205		200	脉冲数
VB209		$100\mu s$	初始周期
VB211	段 2	0	每个脉冲的周期增量 △
VB213		3600	脉冲数
VB217		$100\mu s$	初始周期
VB219	段 3	$2\mu s$	每个脉冲的周期增量 △
VB221		200	脉冲数

3. PTO/PWM 状态寄存器和控制寄存器

控制 PTO/PWM 操作的寄存器见表 4－8、4－9、4－10 和 4－11，可以这几个表作参考，由在 PTO/PWM 控制寄存器内存放的数值来确定启动脉冲输出所要求的操作。如果需要装载新的脉冲数（SMD72 或 SMD82）、脉冲宽度（SMW70 或 SMW80）或周期时间（SMW68 或 SMW78），在执行 PLS 指令之前应装载这些数值以及控制寄存器。如果使用多段脉冲序列操作，在执行 PLS 指令之前还需要装载包络表的起始偏移量（SMW168 或 SMW178）以及包络表数值。

表 4－8 PTO /PWM 状态寄存器

Q0. 0	Q0. 1	PTO /PWM 状态寄存器		
SM66.4	SM76.4	PTO 包络由于增量计算错误而中止	0＝无错误	1＝中止
SM66.5	SM76.5	PTO 包络由于用户命令而中止	0＝无错误	1＝中止
SM66.6	SM76.6	PTO 脉冲序列上溢/下溢	0＝无溢出	1＝上溢/下溢
SM66.7	SM76.7	PTO 空闲	0＝进行中	1＝PTO 空闲

表 4-9　PTO /PWM 控制寄存器

Q0. 0	Q0. 1	PTO /PWM 控制寄存器		
SM67.0	SM77.0	PTO/PWM 更新周期时间数值	0＝无更新	1＝更新周期值
SM67.1	SM77.1	PWM 更新脉冲宽度时间数值	0＝无更新	1＝更新脉冲宽度
SM67.2	SM77.2	PTO 更新脉冲数值	0＝无更新	1＝更新脉冲数
SM67.3	SM77.3	PTO/PWM 时间基准选择	0＝1μs/时基	1＝1ms/时基
SM67.4	SM77.4	PWM 更新方法	0＝异步更新	1＝同步更新
SM67.5	SM77.5	PTO 操作	0＝单段操作	1＝多段操作
SM67.6	SM77.6	PTO/PWM 模式选择	0＝选择 PTO	1＝选择 PWM
SM67.7	SM77.7	PTO/PWM 允许	0＝禁止 PTO/PWM	1＝允许 PTO/PWM

表 4-10　其他 PTO/PWM 寄存器

Q0. 0	Q0. 1	其他 PTO/PWM 寄存器
SMW68	SMW78	PTO/PWM 周期时间数值（范围：2 至 65535）
SMW70	SMW80	PWM 脉冲宽度数值（范围：0 至 65535）
SMD72	SMD82	PTO 脉冲计数值（范围：1 至 4294967295）
SMB166	SMB176	进行中的段数（只用于多段 PTO 操作中）
SMW168	SMW178	包络表的起始位置，以距 V0 的字节偏移量表示（只用于多段 PTO 操作中）

表 4-11　PTO/PWM 控制字节编程参考

控制寄存器 （十六进制数）	执行 PLS 指令的结果							
	允许	模式 选择	PTO 段操作	PWM 更新方法	时间 基准	脉冲数	脉冲 宽度	周期 时间
16#81	是	PTO	单段	—	1μs/周期	—	—	更新
16#84	是	PTO	单段	—	1μs/周期	更新	—	—
16#85	是	PTO	单段	—	1μs/周期	更新	—	更新
16#89	是	PTO	单段	—	1ms/周期	—	—	更新
16#8C	是	PTO	单段	—	1ms/周期	更新	—	—
16#8D	是	PTO	单段	—	1ms/周期	更新	—	更新
16#A0	是	PTO	多段	—	1μs/周期	—	—	—
16#A8	是	PTO	多段	—	1ms/周期	—	—	—
16#D1	是	PWM	—	同步	1μs/周期	—	—	更新
16#D2	是	PWM	—	同步	1μs/周期	—	更新	—
16#D3	是	PWM	—	同步	1μs/周期	—	更新	更新

续表

控制寄存器 (十六进制数)	执行 PLS 指令的结果							
	允许	模式 选择	PTO 段操作	PWM 更新方法	时间 基准	脉冲数	脉冲 宽度	周期 时间
16♯D9	是	PWM	—	同步	1ms/周期	—	—	更新
16♯DA	是	PWM	—	同步	1ms/周期	—	更新	—
16♯DB	是	PWM	—	同步	1ms/周期	—	更新	更新

4. 高速脉冲输出指令

高速脉冲输出指令的表示：脉冲输出指令由脉冲输出指令助记符 PLS、脉冲输出指令允许输入端 EN 和脉冲输出端 Q0.X 构成。其指令如图 4.23 所示。

高速脉冲输出指令的操作：当脉冲输出指令允许输入端 EN=1 的时候，脉冲输出指令检测为脉冲输出端（Q0.0 或 Q0.1）所设置的特殊存储器位，然后激活由特殊存储器位定义的（PWM 或 PTO）操作。

数据范围：Q0.X 为 0 或 1。

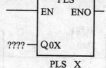

图 4.23 PLS 指令

5. PTO/PWM 的初始化及操作步骤

1) PWM 初始化

（1）利用 SM0.1 将输出初始化为 0，并调用子程序进行初始化操作。

（2）在初始化子程序中设置控制字节。如将 16♯D3（时基微秒）或 16♯DB（时基毫秒）写入 SMB67 或 SMB77，则控制功能为允许 PTO/PWM 功能、选择 PWM 操作、设置更新脉冲宽度和周期数值、选择时基（微秒或毫秒）。

（3）将所需周期时间送 SMW68 或 SMW78。

（4）将所需脉脉宽值送 SMW70 或 SMW80。

（5）执行 PLS 指令，使 S7-200 编程为 PWM 发生器，并由 Q0.0 或 Q0.1 输出。

（6）可为下一输出脉冲预设控制字。在 SMB67 或 SMB77 中写入 16♯D2（微秒）或 16♯DA（毫秒）则将禁止改变周期值，允许改变脉宽。以后只要装入一个新的脉宽值，不用改变控制字节，直接执行 PLS 指令就可改变脉宽值。

【例 4-10】 这是一个脉冲宽度调制（PWM）的例子。本例一共有 3 个程序块。主程序（OB1）的功能是调用子程序 SBR0 把 Q0.1 初始化成 PWM，调用子程序 SBR1 以改变 PWM 的脉冲宽度，如图 4.24 所示。

（1）OB1。

网络 1，首次扫描复位 Q0.1，调子程序 SBR0。

网络 2，当 M0.0=1（需要改变脉冲宽度时，使 M0.0=1）时，调子程序 SBR1。

（2）SBR0。

支路 1，设置高速脉冲输出方式。允许 PTO/PWM、选择 PWM、单段操作、同步更新、时基为 1ms、脉冲数不更新、脉冲宽度值更新、周期更新。

支路 2，设定周期时间等于 10s。

支路 3，定脉冲宽度为 1000ms。

支路 4, 启动 PLS, 是把 PWM 操作赋予 Q0.1。

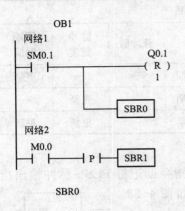

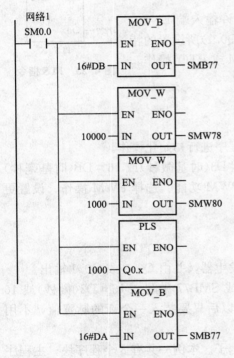

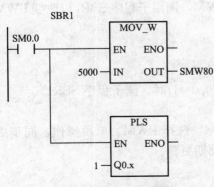

图 4.24 例 4 - 10 题图

支路 5, 复位控制字中的更新周期位, 允许改变脉冲宽度, 装入一个新的脉冲宽度, 不需要修改控制字节就可以执行 PLS 指令。

(3) SBR1。

支路 1, 设定脉冲宽度为 5000ms。

支路 2, 执行 PLS 指令编程, 启动 PLS。

2) PTO 初始化-单段操作

把 Q0.0 初始化成单段 PTO 操作, 请按下列步骤进行。

(1) 利用 SM0.1 复位 Q0.X 输出为 0, 并调用子程序进行初始化操作。

(2) 在初始化子程序内, 以微秒为单位把 PTO 数值 16♯85 装入 SMB67(或以毫秒为单位把 PTO 数值 16♯8D 装入)。此数值设定控制字节的目的是: 启动 PTO/PWM 功能、选择 PTO 单段操作、选择以微秒或毫秒为单位、选择更新脉冲个数及周期时间数值。

(3) 将所需周期时间送 SMW68。

(4) 将所需脉冲计数送 SMD72。

(5) 这一步是可选步骤。如果在脉冲输出完成之后要立即进行其他相关功能, 可以利用 ATCH 指令将脉冲序列完成事件(中断事件 19)关联中断子程序, 对中断进行编程, 并执行全局中断允许指令 ENI。

(6) 执行 PLS 指令, 使 S7 - 200 对 PTO/PWM 生成器进行编程。

3) PTO 初始化-多段操作(对 Q0.0)

(1) 利用 SM0.1 复位 Q0.0 为 0, 并调用子程序进行初始化操作。

(2) 在初始化子程序内, 以微秒为单位把 PTO 数值 16♯A0(或以毫秒为单位把 PTO 数值 16♯A8) 存入 SMB67。此数值设定控制字节的目的是: 启动 PTO/PWM 功能、选择 PTO 及多段操作、选择微秒或毫秒为单位。

(3) 将包络表的起始 V 内存偏移量存入 SMW168。

(4) 计算并设置包络表。

(5) 此步与 "2)PTO 初始化-单段操作" 的步骤(5)相同。

(6) 执行 PLS 指令, 使 S7 - 200 为 PTO/PWM

生成器编程。

【例4－11】 这是一个用多段操作的脉冲序列输出的例子，如图4.25所示。

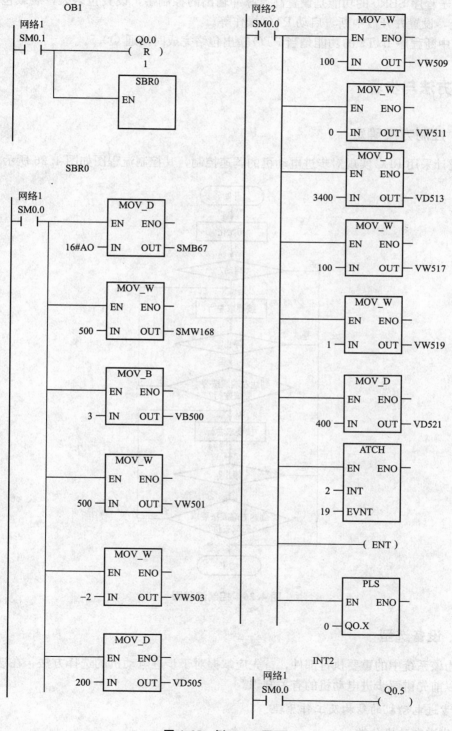

图4.25　例4－11题图

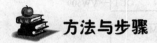

该程序由三个程序块组成,主程序 OB1,子程序 SBR0 和中断程序 INT2。

(1)主程序 OB1 的功能是利用 SM0.1 复位映象寄存器 Q0.0 位,并调用子程序 SBR0。

(2)子程序 SBR0 的功能是设置高速脉冲输出的控制字,设置包络表,装载包络表的起始地址,设置并开放中断,启动 PTO 操作等。

(3)中断程序 INT2 的功能是当 PTO 输出包络完成时接通 Q0.5。

方法与步骤

一、控制方案确定

本设计采用 PLC 实现对步进电动机的调速控制,其控制流程图如图 4.26 所示。

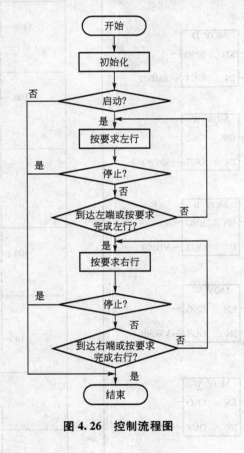

图 4.26 控制流程图

二、设备选型

作为该系统中的重要执行部件,首先应掌握对于步进电动机的选择方法,在选择步进电动机以前先讲解步进电动机的有关知识。

1. 步进电动机的结构及工作原理

1)步进电动机分类

步进电动机是一种将电脉冲信号转换成角位移或线位移的电磁装置，也可以看作是在一定频率范围内转速与控制脉冲频率同步的同步电动机。每一个主令脉冲都可以使步进电动机的转轴前进一定的角度，并依靠它特有的定位转矩将转轴准确地锁定在空间位置上，这个角度就是步进电动机的步距角。

步进电动机的转轴输出的角位移量与输入的脉冲个数有关，可以通过控制输入脉冲个数来控制步进电动机的角位移量，而通过控制脉冲频率可实现调速。

步进电动机分 3 种：永磁式（PM）、反应式（VR）和混合式（HB）。其中反应式步进电动机和混合式步进电动机应用得最为广泛。

永磁式步进电动机的转子是用永磁材料制成的，转子本身就是一个磁源。它的输出转矩大，动态性能好，转子的极数与定子的极数相同，所以步距角一般较大，精度差。

反应式步进电动机的转子是由软磁材料制成的，转子中没有绕组。它结构简单，成本低，步距角可以做到很小，但动态性能差，效率低，发热大，可靠性差。

混合式步进电动机是指混合了永磁式和反应式的优点。它的输出转矩大，动态性能好，步距角小，但结构复杂，成本较高。

2）步进电动机的结构和工作原理

下面以三相反应式步进电动机为例具体说明步进电动机的结构和工作原理。三相反应式步进电动机结构图如图 4.27 所示。从图中可以看出它分为转子和定子两部分。定子是由硅钢片叠成的，有 6 个磁极（大极），每两个相对的磁极（N、S 极）组成 1 对，共有 3 对。每对磁极都缠有同一绕组，即形成一相，这样 3 对磁极有 3 个绕组，形成三相。每个磁极的内表面都分布着多个小齿，它们大小相同，间距相同。

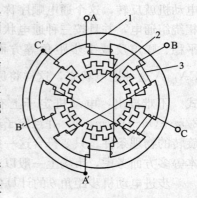

转子是由软磁材料制成的，其外表面也均匀分布着小齿，这些小齿与定子磁极上的小齿的齿距相同，形状相似，如图 4.28 所示。

由于小齿的齿距相同，所以不管是定子还是转子，其齿距角都可计算如下

**图 4.27　三相反应式步进
电动机结构图**
1—定子；2—转子；3—绕组

$$\theta_z = 360°/Z \tag{4-1}$$

式中：Z——转子齿数。

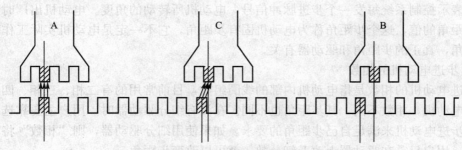

图 4.28　反应式步进电动机工作原理图

例如：如果转子的齿数为 40，则齿距角 = 360°/40 = 9°。

电动机转子均匀分布着很多小齿，定子齿有 3 个励磁绕组，其几何轴线依次分别与转子齿轴线错开 0、$\frac{1}{3}\tau$、$\frac{2}{3}\tau$（相邻两转子齿轴线间的距离为齿距以 τ 表示），即 A 与齿 1 相对齐，B 与齿 2 向右错开 $\frac{1}{3}\tau$，C 与齿 3 向右错开 $\frac{2}{3}\tau$，A' 与齿 5 相对齐，（A' 就是 A，齿 5 就是齿 1）。如 A 相通电，B、C 相不通电时，由于磁场作用，齿 1 与 A 对齐（转子不受任何力，以下均同）。如 B 相通电，A、C 相不通电时，齿 2 应与 B 对齐，此时转子向右移过 $\frac{1}{3}\tau$，此时齿 3 与 C 偏移为 $\frac{1}{3}\tau$，齿 4 与 A 偏移 $\left(\tau-\frac{1}{3}\tau\right)=\frac{2}{3}\tau$。如 C 相通电，A、B 相不通电，齿 3 应与 C 对齐，此时转子又向右移过 $\frac{1}{3}\tau$，此时齿 4 与 A 偏移为 $\frac{1}{3}\tau$ 对齐。如 A 相通电，B、C 相不通电，齿 4 与 A 对齐，转子又向右移过 $\frac{1}{3}\tau$，这样经过 A、B、C、A 分别通电状态，齿 4（即齿 1 前一齿）移到 A 相，电动机转子向右转过一个齿距，如果不断地按 A，B，C，A…顺序通电，电动机就每步（每脉冲）$\frac{1}{3}\tau$，向右旋转。如按 A，C，B，A…顺序通电，电动机就反转，这个通电顺序称为步进电动机的"相序"。以上两种方式每一瞬间只有一相绕组通电，并且按三种通电状态循环通电，故称为三相单三拍运行方式。处于对力矩、平稳、噪声及减少步距角等方面考虑，在实际应用中往往采用 A，AB，B，BC，C，CA，A 这种通电状态，这样将原来每步 $\frac{1}{3}\tau$ 改变为 $\frac{1}{6}\tau$，这种方式称为三相六拍运行方式。不难推出：电动机定子上有 m 相励磁绕阻，其轴线分别与转子齿轴线偏移 $1/m$，$2/m\cdots(m-1)/m$，1，并且定子通电按一定的相序，电动机的正反转就能被控制——这是旋转的物理条件。只要符合这一条件，理论上就可以制造任何相的步进电动机，但出于成本等多方面考虑，市场上一般以二相、三相、四相、五相为多。

步进电动机步距角 θ 的计算公式

$$\theta=360°/(NZ) \tag{4-2}$$

式中：N——步进电动机中一个通电循环的拍数；

Z——转子齿数。

2. 步进电动机的主要参数

1）电动机固有步距角

它表示控制系统每发一个步进脉冲信号，电动机所转动的角度。电动机出厂时给出了一个步距角的值，这个步距角称为电动机固有步距角，它不一定是电动机实际工作时的真正步距角，真正的步距角和驱动器有关。

2）步进电动机的相数

步进电动机的相数是指电动机内部的线圈组数，目前常用的有二相、三相、四相、五相步进电动机，相数不同，其步距角也不同。在没有细分驱动器时，用户主要靠选择不同相数的步进电动机来满足自己步距角的要求。如果使用细分驱动器，则"相数"将变得没有意义，用户只需在驱动器上改变细分数，就可以改变步距角。

3）保持转矩

保持转矩是指步进电动机通电但没有转动时，定子锁住转子的力矩，它是步进电动机最重要的参数之一。通常步进电动机在低速时的力矩接近保持转矩。由于步进电动机的输出力矩随速度的增大而不断衰减，输出功率也随速度的增大而变化，所以保持转矩就成为衡量步进电动机最重要的参数之一。比如，当人们说 2N·m 的步进电动机，在没有特殊说明的情况下是指保持转矩为 2N·m 的步进电动机。

4）钳制转矩

钳制转矩是指步进电动机没有通电的情况下，定子锁住转子的力矩。由于反应式步进电动机的转子不是永磁材料，所以它没有钳制转矩。

3．步进电动机的驱动

步进电动机不能直接接到直流或交流电源上工作，必须使用专用的驱动电源—步进电动机驱动器。步进电动机驱动器针对每一个步进脉冲，按一定的规律向电动机各相绕组通电（励磁），以产生必要的转矩，驱动转子运动。控制器（脉冲信号发生器）可以通过控制脉冲的个数来控制角位移量，从而达到准确定位的目的；同时可以通过控制脉冲频率来控制电动机转动的速度和加速度，从而达到调速的目的。步进电动机、驱动器和控制器构成了步进电动机驱动系统不可分割的 3 部分。步进电动机驱动方式的发展先后有单电压驱动、双电压驱动、斩波恒流驱动、升频升压驱动等。

如图 4.29 所示为 86BYG250A－0202 两相双极混合式步进电动机接线示意图，如图 4.30 所示为 SH－20504D 两相混合式步进电动机驱动方式接线示意图，与控制器的连

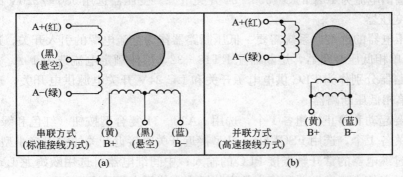

图 4.29　86BYG250A－0202 两相双极混合式步进电动机接线示意图

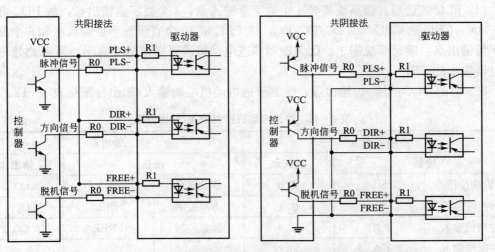

图 4.30　SH－20504D 两相混合式步进电动机驱动方式接线示意图

接有共阳极和共阴极两种方式。该驱动器不但可以控制两相双极混合式步进电动机的方向，还可以通过 DIP 开关设置细分功能，具体设置方法如图 4.31 所示。另外，该驱动器还具有脱机控制信号(FREE)，当 FREE 有效时，步进电动机驱动器输出的脉冲不能到达步进电动机。图 4.30 所示中，步进电动机驱动器内部电阻 R1＝330Ω，适用于 VCC 为 5V 的情况，若 VCC 为 12V，则外部应串联电阻 R0，阻值为 1kΩ，若 VCC 为 24V，R0 应为 2kΩ 的电阻。其他电压依此类推计算。

3	4	A型	B型	C型	3	4	A型	B型	C型
OFF	OFF	4细分	5细分	5细分	OFF	ON	16细分	20细分	10细分
ON	OFF	8细分	10细分	6细分	ON	ON	32细分	40细分	18细分

图 4.31 SH－20504D 步进电机驱动器细分 DIP 开关设置

4. 设备选型

(1) 步进电动机和驱动器选型。该控制系统中，步进电动机选用 86BYG250A－0202 两相双极混合式步进电动机，驱动器选用与之配套的 SH－20504D 两相混合式步进电动机细分驱动器。

(2) 24V 直流电源和变压器的选型。步进电动机驱动器和 PLC 需要 DC 24V 电源供电，本系统选用输出电流为 10A 的 S－350－24 开关电源。变压器选用 380V/220V 的 BK－1000 型单相隔离变压器。

(3) 低压电器的选型。系统需要一低压断路器作为交流电源的引入开关，选用 C65N－C10A/2P 的单相低压断路器，熔断器配 RT18－32，熔体额定电流选用 10A。另外还需要两个低压断路器分别作为 PLC 供电电源开关和 DC 24V 开关电源供电开关，选用 C65N－C5A/2P 的单相低压断路器。

系统需要起动和停止按钮各 1 个，选用 LA20－11 复合型按钮 (红色和绿色各 1 个)；左右限位开关各 1 个，选用 FSC1204－N 型接近开关，接近开关的输出接小型中间继电器的线圈，通过继电器的常开触点接 PLC 的输入；中间继电器可选用欧姆龙 LY1 系列一常开、一常闭触点的小型继电器和相应的安装插座，线圈电压为 DC 24V。

(4) PLC 的选型。该系统需要 4 个数字量输入点，3 个数字量输出点，故 PLC 可选用 S7－200，CPU 选 CPU 222 DC/DC/DC，该 PLC 带 10 个直流数字量输入点和 6 个晶体管数字量输出点，满足系统需求。因为驱动步进电动机需要高速脉冲输出，所以此处不能选继电器输出的 CPU。

(5) 分配 PLC 的输入/输出点，绘制步进电动机控制输入/输出分配见表 4－12。

表 4－12 步进电动机控制输入/输出分配

输入点			输出点		
设备	输入点	输入点	设备	输出点	输出点
启动按钮	SB1	I0.0	脉冲输出	PLS	Q0.0
停止按钮	SB2	I0.1	方向控制	DIR	Q0.1
左限位输入	KA1	I0.6	脱机控制	FREE	Q0.2
右限位输入	KA2	I0.7	—		

三、电气原理图设计

1. 设计主电路并绘制主电路的电气原理图

该系统中主回路主要用于提供工作电源，主电路原理图如图 4.32 所示。

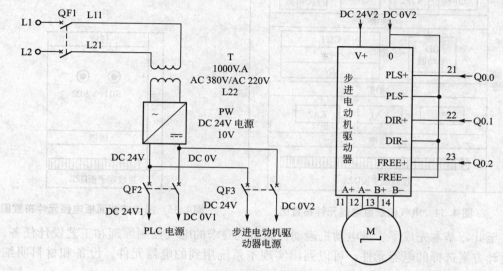

图 4.32　主电路原理图

(1) 进线电源断路器 QF1 既可完成主电路的短路保护，同时起到分断交流电源的作用。

(2) 隔离变压器 T 起到降低干扰以及安全隔离的作用。

(3) 开关电源 PW 为 PLC 以及步进电动机驱动器提供直流 24V 工作电源。

(4) 断路器 QF2、QF3 分别作为 PLC 以及步进电动机驱动器分断及保护器件。

2. 设计控制电路和 PLC 输入/输出电路并画出相应的电气原理图

根据 PLC 选型及控制要求，设计控制电路和 PLC 输入/输出电路，如图 4.33 所示。

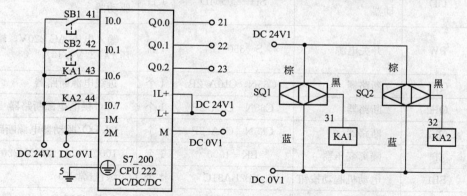

图 4.33　控制电路和 PLC 输入/输出电路原理图

四、工艺设计

按设计要求设计绘制电气控制盘电器元件布置图和操作控制面板电器元件布置图分别

如图 4.34 和 4.35 所示，电气控制盘和操作控制面板接线图及电气控制盘和操作控制面板连线图设计从略，由读者自行完成。

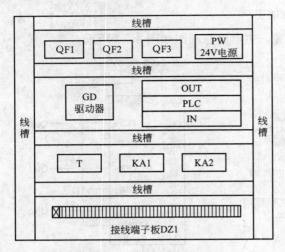
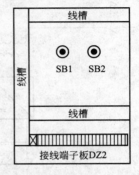

图 4.34　电气控制盘电器元件布置图　　图 4.35　操作控制面板电器元件布置图

至此，基本完成了步进电动机运动控制系统要求的电气控制原理和工艺设计任务。根据设计方案选择的电器元件，可以列出实现本系统用到的电器元件、设备和材料明细表，见表 4-13。

表 4-13　电器元件、设备、材料明细表

序号	文字符号	名称	规格型号	数量	备注
1	PLC	可编程控制器	S7-200 CPU 222 DC/DC/DC	1 台	直流 24V 供电，晶体管输出
2	SM	步进电动机	86BYG250A-0202	1 台	两相混合步进电动机
3	GD	步进电动机驱动器	SH-20504D	1 台	两相混合式步进电动机细分驱动器
4	PW	开关电源	S-350-24	1 台	输入电压 AC 220V，输出电压 DC 24V，10A
5	QF1	断路器	C65N-C10A/2P	1 个	进线电源断路器
6	QF2	断路器	C65N-C5A/2P	1 个	PLC 供电电源断路器
7	QF3	断路器	C65N-C5A/2P	1 个	DI/DO/驱动器电源断路器
8	T	隔离变压器	BK-1000	1 个	1000V·A，380V/220V
9	SB1	电动机起动按钮	XB2BA31C	1 个	绿色(常开)
10	SB2	电动机停止按钮	XB2BA42C	1 个	红色(常开)
11	SQ1、SQ2	接近开关	FSC1204-N	2 个	左右限位开关
12	KA1、KA2	中间继电器	LY1	2 个	线圈电压 24V
13	—	电气控制柜	—	1 个	1200mm×800mm×600mm

序号	文字符号	名称	规格型号	数量	备注
14	—	接线端子板	UK5N	2个	20端口
15	—	线槽	JDO	10m	25mm×25mm
16	—	供电电源线	铜芯塑料绝缘线	5m	1mm²
17	—	PLC地线	铜芯塑料绝缘线	1m	2mm²
18	—	控制导线	铜芯塑料绝缘线	30m	0.75mm²
19	—	线号标签或线号套管	—	若干	—
20	—	包塑金属软管	—	10m	Φ20mm
21	—	钢管	—	5m	Φ20mm

五、软件设计

1. 软件编程

本项目顺序功能图如图 4.36 所示。程序由主程序(如图 4.37 所示)、初始化子程序(如图 4.38 所示)以及 PTO 包络脉冲输出完成中断处理程序(如图 4.39 所示)组成。主程序采用顺控程序设计法进行设计。

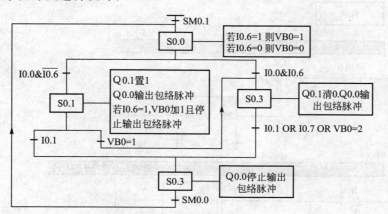

图 4.36 主程序顺序功能图

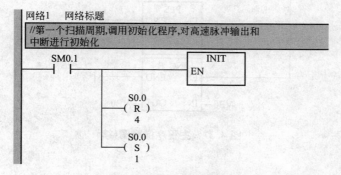

图 4.37 主程序梯形图

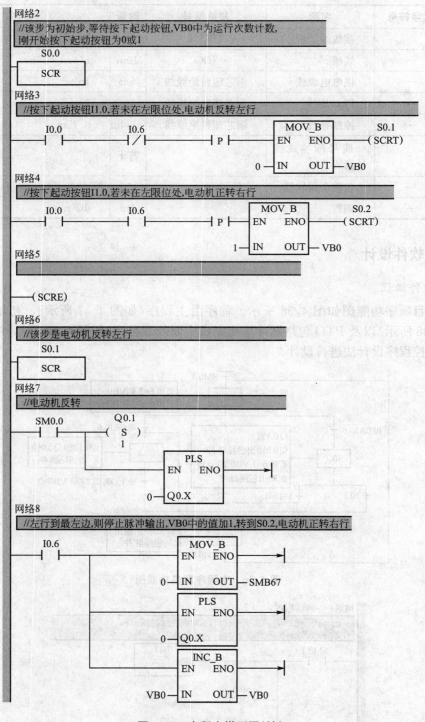

网络2

//该步为初始步,等待按下起动按钮,VB0中为运行次数计数,
刚开始按下起动按钮为0或1

S0.0
SCR

网络3

//按下起动按钮I1.0,若未在左限位处,电动机反转左行

```
  I0.0        I0.6                          MOV_B         S0.1
──┤ ├────────┤/├──────────┤P├───────┤EN    ENO├──────( SCRT )
                                   0─┤IN    OUT├─VB0
```

网络4

//按下起动按钮I1.0,若未在左限位处,电动机正转右行

```
  I0.0        I0.6                      MOV_B         S0.2
──┤ ├────────┤ ├──────────┤P├───────┤EN    ENO├──────( SCRT )
                               1─┤IN    OUT├─VB0
```

网络5

──(SCRE)

网络6

//该步是电动机反转左行

S0.1
SCR

网络7

//电动机反转

```
  SM0.0          Q0.1
──┤ ├───────────( S )
                  1
              │         PLS
              └──────┤EN    ENO├──┤
                   0─┤Q0.X│
```

网络8

//左行到最左边,则停止脉冲输出,VB0中的值加1,转到S0.2,电动机正转右行

```
  I0.6                  MOV_B
──┤ ├──────┬───────┤EN    ENO├──┤
           │          0─┤IN    OUT├─SMB67
           │
           │          PLS
           ├───────┤EN    ENO├──┤
           │          0─┤Q0.X│
           │
           │          INC_B
           └───────┤EN    ENO├──┤
                   VB0─┤IN    OUT├─VB0
```

图4.37 主程序梯形图(续)

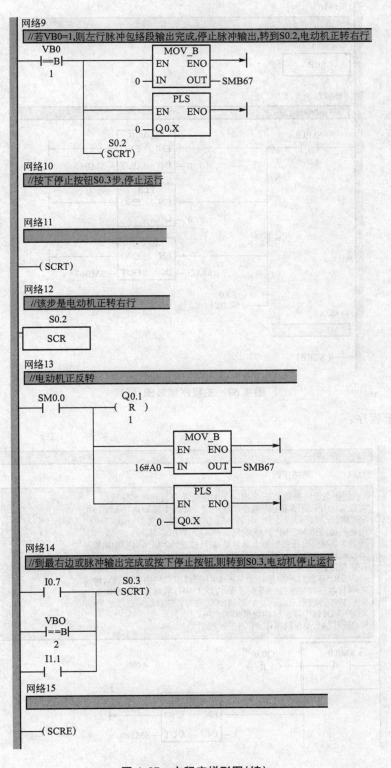

图 4.37 主程序梯形图(续)

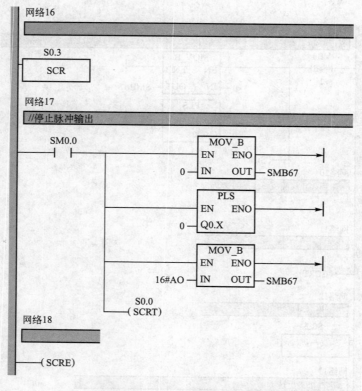

图 4.37　主程序梯形图(续)

初始化子程序：

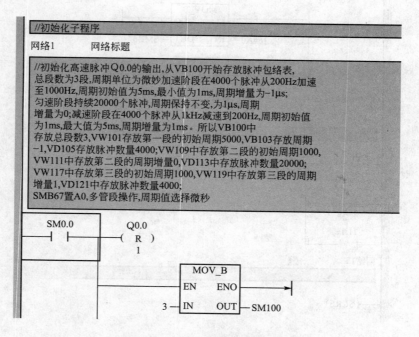

图 4.38　初始化子程序梯形图

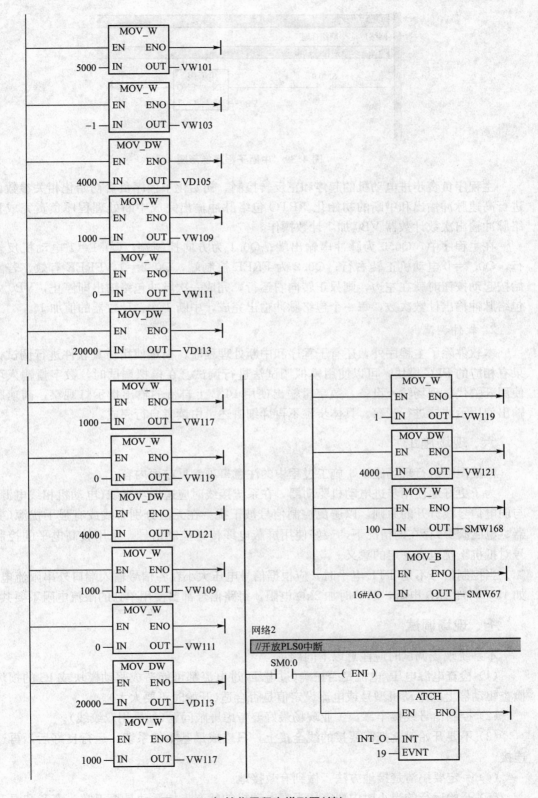

图4.38 初始化子程序梯形图(续)

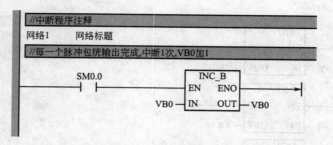

图 4.39　中断子程序梯形图

主程序负责步进电动机的起停和正反转控制。初始化子程序负责初始化相关参数以及进行高速脉冲输出和中断的初始化。PTO 包络脉冲输出完成中断处理程序负责完成将包络脉冲输出次数计数器 VB0 加 1 计数操作。

在主程序中，Q0.0 为脉冲串输出端；Q0.1 为方向控制端，Q0.1＝1 电动机反转左行，Q0.1＝0 电动机正转右行；Q0.2 为 FREE 控制端，Q0.2＝1，FREE 有效，若刚开始按起动按钮时就在左边，则只正转向右运行，完成一次脉冲包络输出即停止，VB0 中为包络脉冲输出计数次数，每一个包络脉冲输出完成，中断 1 次，计数器的值加 1。

2. 软件调试

本软件除了主程序外，还有子程序和中断处理程序，很难使用仿真软件进行调试，如果有相应的 PLC 模块，可以使用模拟调试法进行调试。在模拟调试时，数字量输入可以使用开关代替现场输入设备，数字量输出使用 PLC 上自带的输出指示灯观察，高速脉冲输出使用示波器进行观察。具体步骤不再详细讲述，由读者自行完成。

六、现场施工

根据图纸进行现场施工，施工过程中的注意事项参见前面内容。

为了更好地使用步进电动机驱动器，在系统接线时应遵循功率线(电动机相线电源线)与弱电信号线分开的原则，以避免控制信号被干扰。在无法分别布线或有强干扰源(变频器、电磁阀等)存在的情况下，最好使用屏蔽电缆传送控制信号。采用较高电平的控制信号对抵抗干扰也有一定的意义。

当控制信号不是 TTL 电平时，应根据信号电压大小在各信号输入端口外串限流电阻，如 12V 时加 1kΩ 电阻，24V 时加 2kΩ 电阻，每路信号都要使用单独的限流电阻不要共用。

七、现场调试

本系统现场调试时应注意以下问题：

(1) 检查电源电压/电流是否正确(过电压/过电流都可能造成驱动模块或 IC 的损坏)；检查驱动器上的电动机型号或电流设定值是否合适(开始时不要太大)。

(2) 控制信号线接牢靠，工业现场最好要考虑屏蔽问题(如采用双绞线)。

(3) 不要开始时就把需要接的线全接上，只连成最基本的系统，运行良好后，再逐步连接。

(4) 一定要搞清楚接地方法，做到有效接地。

(5) 开始运行的半小时内要密切观察电动机的状态，如运动是否正常，声音和温升情况是否正常，发现问题立即停机调整。注意驱动器连接电路不能带电拔插。

（6）步进电动机启动运行时，有时动一下就不动了或原地来回动，运行时有时还会失步，一般要考虑以下方面作检查：

① 电动机力矩是否足够大，能否带动负载。因此一般推荐用户选型时，要选用力矩比实际需要大 $50\% \sim 100\%$ 的电动机，因为步进电动机不能过负载运行，哪怕是瞬间，都会造成失步，严重时停转或不规则原地反复动。

② 上位控制器来的输入走步脉冲的电流是否够大（一般要大于 10mA），以使光耦合器稳定导通，输入的频率是否过高，导致接收不到，如果上位控制器的输出电路是 CMOS 电路，则也要选用 CMOS 输入型的驱动器。

③ 起动频率是否太高，在起动程序上是否设置了加速过程，最好从电动机规定的起动频率内开始加速到设定频率，哪怕加速时间很短。否则可能就不稳定，甚至处于惰态。

④ 电动机未固定好时，有时会出现此状况，则属于正常。因为，实际上此时造成了电动机的强烈共振而导致进入失步状态。电动机必须固定好。

⑤ 对于五相电动机来说，相位接错，电动机也不能工作。

（7）步进电动机不可以自行拆开检修或改装，最好让厂家去做，拆开后没有专业设备很难安装回原样，电动机的转定子间的间隙无法保证。磁钢材料的性能被破坏，甚至造成失磁，电动机力矩大大下降。

八、整理、编写技术文档

现场调试及试运行完成后，要根据调试情况，重新修改、整理、编写相关的技术文档。主要包括：电气原理图（包括主电路、控制电路和 PLC 输入/输出电路）及设计说明（包括主要参数的计算及设备和元器件选择依据、设计依据），电器安装布置图（包括电气控制盘、操作控制面板），接线图（包括电气控制盘、操作控制面板），电气互连图，电气元件设备材料明细表，I/O 分配表，控制流程图，带注释的原程序清单和软件设计说明，系统调试记录，系统使用说明书（主要包括使用条件、操作方法、注意事项、维护要求等，本设计从略）。最后形成正确的，且与系统最终交付使用时相对应的一整套完整的技术文档。

项 目 小 结

本项目对 S7 - 200 系列 PLC 的数据传送类指令、表功能指令、比较触点指令、高速脉冲输出指令、子程序及调用等知识作了讲解，并对 PLC 步进电动机基本运动控制系统的设计与施工（包括控制方案的确定，设备和电器元件的选择，电气原理图设计，工艺设计，系统施工和调试等）进行了较详细的讲解和介绍，为以后从事相应的工作打下基础。

思 考 与 练 习

1. 已知 VB10＝18，VB20＝30，VB21＝33，VB32＝98。将 VB10，VB30，VB31，VB32 中的数据分别送到 AC1，VB200，VB201，VB202 中。写出梯形图及语句表程序。

2. 用传送指令控制输出的变化，要求控制 Q0.0～Q0.7 对应的 8 个指示灯，在 I0.0 接通时，使输出隔位接通，在 I0.1 接通时，输出取反后隔位接通。上机调试程序，记录结果。如果改变传送的数值，输出的状态如何变化，从而学会设置输出的初始状态。

3. 编程实现下列控制功能：假设有 8 个指示灯，从右到左以 0.5s 的速度依次点亮，任意时刻只有一个指示灯亮，到达最左端，再从右到左依次点亮。

4. 舞台灯光的模拟控制。控制要求：L1、L2、L9→L1、L5、L8→L1、L4、L7→L1、L3、L6→L1→L2、L3、L4、L5→L6、L7、L8、L9→L1、L2、L6→L1、L3、L7→L1、L4、L8→L1、L5、L9→L1→L2、L3、L4、L5→L6、L7、L8、L9→L1、L2、L9→L1、L5、L8…循环下去，每次持续 0.5s。

按下面的 I/O 分配编写程序。

输入	输出	
起动按钮：I0.0	L1：Q0.0	L6：Q0.5
停止按钮：I0.1	L2：Q0.1	L7：Q0.6
	L3：Q0.2	L8：Q0.7
	L4：Q0.3	L9：Q1.0
	L5：Q0.4	

5. 将 VW100 开始的 20 个字的数据送到 VW200 开始的存储区。

6. 编写程序完成数据采集任务，要求每 100ms 采集一个数。

7. 编写一个输入/输出中断程序，要求实现：

(1) 从 0 到 255 的计数。

(2) 当输入端 I0.0 为上升沿时，执行中断程序 0，程序采用加计数。

(3) 当输入端 I0.0 为下降沿时，执行中断程序 1，程序采用减计数。

(4) 计数脉冲为 SM0.5。

8. 编写实现脉宽调制 PWM 的程序。要求从 PLC 的 Q0.1 输出高速脉冲，脉宽的初始值为 0.5s，周期固定为 5s，其脉宽每周期递增 0.5s，当脉宽达到设定的 4.5s 时，脉宽改为每周期递减 0.5s，直到脉宽减为 0，以上过程重复执行。

9. 读程序，给程序加注释。

NETWORK 1
LD   SM0.1
MOVW   +20，VW0
NETWORK 2
LD   I0.0
EU
FILL   +0，VW2，21
NETWORK 3
LD   I0.1
EU
ATT   VW100，VW0

NETWORK 4
LD   I0.2
EU
LIFO   VW0，VW102
NETWORK 5
LD   I0.3
EU
FIFO   VW0，VW104
NETWORK 6
LD   I0.4
EU
MOVW   +0，VW106
FND＝   VW2，+10，VW106

项目 5

电动机转速测量显示系统的设计与实现

▶ 知识目标

了解编码器的分类、原理、应用，掌握 S7-200 系列 PLC 的数据运算类指令、数据转换类指令、高速计数器指令、PLC 控制 LED 数码管的显示方法。

▶ 能力目标

能完成 PLC 电动机转速测量显示控制系统的设计与施工，包括控制方案的确定，设备和电器元件的选择，电气原理图设计，工艺设计，软件编程，系统施工和调试，技术文件的编写整理等。

▶ 引言

在实际生产应用中，经常需要测量电动机的转速并实时显示出来，以便进一步用于位置控制（如数控机床主轴进给控制、工件位置控制等）、电动机转速控制（如变频调速等）等。因此，电动机转速的测量和显示在实际应用中具有十分重要的意义。

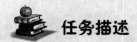 **任务描述**

设计一 7.5kW 三相交流异步电动机的转速(转速最高为 1440r/min)测量显示控制系统。要求按下起动按钮后，电动机先进行丫连接，10s 后自动转到△连接，按下停止按钮后电动机自由停车，能手动进行电动机的正反转控制，电动机转速能用七段数码管实时显示，要有必要的过载、短路和连锁保护等措施及正反转指示。要求设计、实现该控制系统，并形成相应的设计文档。

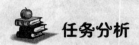 **任务分析**

该任务中，硬件部分主要包括 PLC、控制电动机正反转的接触器、保护电动机的熔断器和热继电器、测量电动机转速的编码器、显示电动机转速的数码管驱动电路等。软件部分主要需掌握 PLC 的数学运算类指令、数据转换类指令、高速计数器指令的编程及运用。完成该任务硬件设计的重点在于对 PLC、接触器、熔断器、热继电器、编码器的选择以及数码管显示电路的设计。软件设计的重点在于 S7 - 200 高速计数器的应用和数码管显示程序的编写。其他主要还包括电气原理图设计，工艺设计，相应的文档设计以及系统的安装、施工和调试。

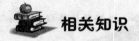 **相关知识**

一、S7 - 200 的数学运算指令

1. 整数与双整数加减法指令

(1) 整数加法(ADD_I)和减法(SUB_I)指令：使能输入有效时，将两个 16 位符号整数相加或相减，并产生一个 16 位的结果输出到 OUT。

(2) 双整数加法(ADD_D)和减法(SUB_D)指令：使能输入有效时，将两个 32 位符号整数相加或相减，并产生一个 32 位结果输出到 OUT。

整数与双整数加减法指令格式见表 5 - 1。

表 5 - 1 整数与双整数加减法指令格式

	ADD_I	SUB_I	ADD_DI	SUB_DI
LAD	EN ENO / IN1 OUT / IN2	EN ENO / IN1 OUT / IN2	EN ENO / IN1 OUT / IN2	EN ENO / IN1 OUT / IN2
STL	MOVW IN1, OUT +I IN2, OUT	MOVW IN1, OUT −I IN2, OUT	MOVD IN1, OUT +D IN2, OUT	MOVD IN1, OUT −D IN2, OUT
功能	IN1+IN2=OUT	IN1−IN2=OUT	IN1+IN2=OUT	IN1−IN2=OUT

续表

操作数及 数据类型	IN1/IN2：VW, IW, QW, MW, SW, SMW, T, C, AC, LW, AIW, 常量, * VD, * LD, * AC OUT：VW, IW, QW, MW, SW, SMW, T, C, LW, AC, * VD, * LD, * AC IN/OUT 数据类型：整数	IN1/IN2：VD, ID, QD, MD, SMD, SD, LD, AC, HC, 常量, * VD, * LD, * AC OUT：VD, ID, QD, MD, SMD, SD, LD, AC, * VD, * LD, * AC IN/OUT 数据类型：双整数
ENO＝0 的 错误条件	0006(间接地址)，SM4.3(运行时间)，SM1.1(溢出)	

说明：

（1）当 IN1、IN2 和 OUT 操作数的地址不同时，在 STL 指令中，首先用数据传送指令将 IN1 中的数值送入 OUT，其次再执行加、减运算即：OUT＋IN2＝OUT、OUT－IN2＝OUT。为了节省内存，在整数加法的梯形图指令中，可以指定 IN1＝OUT 或 IN2＝OUT，这样，可以不用数据传送指令。如指定 IN1＝OUT，则语句表指令为：＋I IN2，OUT。如指定 IN2＝OUT，则语句表指令为：＋I IN1，OUT。在整数减法的梯形图指令中，可以指定 IN1＝OUT，则语句表指令为：－I IN2，OUT。这个原则适用于所有的算术运算指令，且乘法和加法对应，减法和除法对应。

（2）整数与双整数加减法指令影响算术标志位 SM1.0(零标志位)，SM1.1(溢出标志位)和 SM1.2(负数标志位)。

【例 5－1】 求 5000 加 400 的和，5000 在数据存储器 VW200 中，结果放入 AC0。程序如图 5.1 所示。

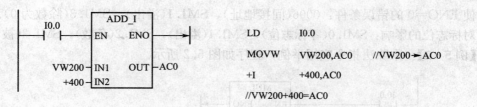

图 5.1 例 5－1 题图

2. 整数乘除法指令

整数乘法指令(MUL_I)：使能输入有效时，将两个 16 位符号整数相乘，并产生一个 16 位积，从 OUT 指定的存储单元输出。如果输出结果大于一个字，则溢出位 SM1.1 置位为 1。

整数除法指令(DIV_I)：使能输入有效时，将两个 16 位符号整数相除，并产生一个 16 位商，从 OUT 指定的存储单元输出，不保留余数。

双整数乘法指令(MUL_D)：使能输入有效时，将两个 32 位符号整数相乘，并产生一个 32 位乘积，从 OUT 指定的存储单元输出。

双整数除法指令(DIV_D)：使能输入有效时，将两个 32 位整数相除，并产生一个 32 位商，从 OUT 指定的存储单元输出，不保留余数。

整数乘法产生双整数指令(MUL)：使能输入有效时，将两个 16 位整数相乘，得出一个 32 位乘积，从 OUT 指定的存储单元输出。

整数除法产生双整数指令(DIV)：使能输入有效时，将两个 16 位整数相除，得出一个 32 位结果，从 OUT 指定的存储单元输出。其中高 16 位放余数，低 16 位放商。

整数乘除法指令格式见表 5-2。

表 5-2 整数乘除法指令格式

LAD	MUL_I EN ENO IN1 OUT IN2	DIV_I EN ENO IN1 OUT IN2	MUL_DI EN ENO IN1 OUT IN2	MUL_DI EN ENO IN1 OUT IN2	MUL EN ENO IN1 OUT IN2	DIV EN ENO IN1 OUT IN2
STL	MOVW IN1, OUT * I IN2, OUT	MOVW IN1, OUT/I IN2, OUT	MOVD IN1, OUT * D IN2, OUT	MOVD IN1, OUT/D IN2, OUT	MOVW IN1, OUT MUL IN2, OUT	MOVW IN1, OUT DIV IN2, OUT
功能	IN1 * IN2= OUT	IN1/IN2= OUT	IN1 * IN2= OUT	IN1/IN2= OUT	IN1 * IN2= OUT	IN1/IN2= OUT

整数双整数乘除法指令操作数及数据类型和加减运算的相同。

整数乘法除法产生双整数指令的操作数：IN1/IN2 为 VW，IW，QW，MW，SW，SMW，T，C，LW，AC，AIW，常量，* VD，* LD，* AC；数据类型为整数。OUT 为 VD，ID，QD，MD，SMD，SD，LD，AC，* VD，* LD，* AC；数据类型为双整数。

使 ENO=0 的错误条件：0006(间接地址)，SM1.1(溢出)，SM1.3(除数为 0)。

对标志位的影响：SM1.0(零标志位)，SM1.1(溢出)，SM1.2(负数)，SM1.3(被 0 除)。

【例 5-2】 乘除法指令应用举例，程序如图 5.2 所示。

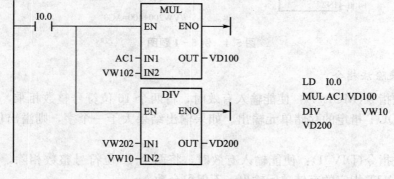

```
LD   I0.0
MUL AC1 VD100
DIV        VW10
VD200
```

图 5.2 例 5-2 题图

特别提示

因为 VD100 包含 VW100 和 VW102 两个字；VD200 包含 VW200 和 VW202 两个字，所以在语句表

指令中不需要使用数据传送指令。

3. 实数加减乘除指令

实数加法（ADD_R）、减法（SUB_R）指令：将两个 32 位实数相加或相减，并产生一个 32 位实数结果，从 OUT 指定的存储单元输出。

实数乘法（MUL_R）、除法（DIV_R）指令：使能输入有效时，将两个 32 位实数相乘（除），并产生一个 32 位积（商），从 OUT 指定的存储单元输出。

操作数：IN1/IN2 为 VD, ID, QD, MD, SMD, SD, LD, AC, 常量，* VD, * LD, * AC。OUT 为 VD, ID, QD, MD, SMD, SD, LD, AC, * VD, * LD, * AC。

数据类型：实数。

实数加减乘除指令见表 5 - 3。

表 5 - 3 实数加减乘除指令

	ADD_R	SUB_R	MUL_R	DIV_R
LAD	EN ENO IN1 OUT IN2	EN ENO IN1 OUT IN2	EN ENO IN1 OUT IN2	EN ENO IN1 OUT IN2
STL	MOVD IN1, OUT +R IN2, OUT	MOVD IN1, OUT −R IN2, OUT	MOVD IN1, OUT * R IN2, OUT	MOVD IN1, OUT /R IN2, OUT
功能	IN1+IN2＝OUT	IN1−IN2＝OUT	IN1 * IN2＝OUT	IN1/IN2＝OUT
ENO＝0 的 错误条件	0006 间接地址，SM4.3 运行时间， SM1.1 溢出		0006 间接地址，SM1.1 溢出，SM4.3 运行时间，SM1.3 除数为 0	
对标志位 的影响	SM1.0(零), SM1.1(溢出), SM1.2(负数), SM1.3(被 0 除)			

【例 5 - 3】 实数运算指令的应用，程序如图 5.3 所示。

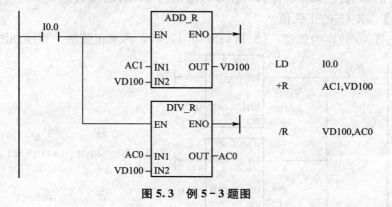

图 5.3 例 5 - 3 题图

4. 数学函数变换指令

数学函数变换指令包括平方根、自然对数、指数、三角函数等。

（1）平方根（SQRT）指令：对 32 位实数（IN）取平方根，并产生一个 32 位实数结果，从 OUT 指定的存储单元输出。

（2）自然对数（LN）指令：对 IN 中的数值进行自然对数计算，并将结果置于 OUT 指定的存储单元中。

求以 10 为底数的对数时，用自然对数除以 2.302585（约等于 10 的自然对数）。

（3）自然指数（EXP）指令：将 IN 取以 e 为底的指数，并将结果置于 OUT 指定的存储单元中。

将"自然指数"指令与"自然对数"指令相结合，可以实现以任意数为底，任意数为指数的计算。如求 y^x，可输入以下指令：EXP（x * LN（y））。

例如：求 2^3＝EXP(3 * LN(2))＝8；27 的 3 次方根＝$27^{1/3}$＝EXP(1/3 * LN(27))＝3。

（4）三角函数指令：分别求一个实数的弧度值 IN 的 SIN（正弦）、COS（余弦）、TAN（正切），得到实数运算结果，从 OUT 指定的存储单元输出。

函数变换指令格式及功能见表 5 - 4。

表 5 - 4　函数变换指令格式及功能

LAD	SQRT EN　ENO IN　OUT	LN EN　ENO IN　OUT	EXP EN　ENO IN　OUT	SIN EN　ENO IN　OUT	COS EN　ENO IN　OUT	TAN EN　ENO IN　OUT
STL	SQRT IN, OUT	LN IN, OUT	EXP IN, OUT	SIN IN, OUT	COS IN, OUT	TAN IN, OUT
功能	SQRT(IN)＝OUT	LN(IN)＝OUT	EXP(IN)＝OUT	SIN(IN)＝OUT	COS(IN)＝OUT	TAN(IN)＝OUT
操作数及数据类型	IN: VD, ID, QD, MD, SMD, SD, LD, AC, 常量, * VD, * LD, * AC OUT: VD, ID, QD, MD, SMD, SD, LD, AC, * VD, * LD, * AC 数据类型：实数					

使 ENO＝0 的错误条件：0006（间接地址），SM1.1（溢出）SM4.3（运行时间）。

对标志位的影响：SM1.0（零），SM1.1（溢出），SM1.2（负数）。

【例 5 - 4】　求 45°的正弦值。

分析：先将 45 转换为弧度：（3.14159/180）×45，再求正弦值。程序如图 5.4 所示。

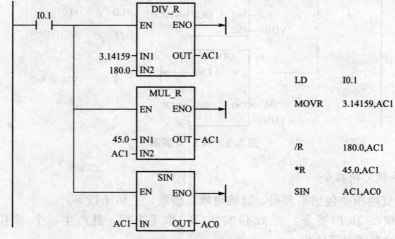

图 5.4　例 5 - 4 题图

二、S7－200 的递增递减指令

递增、递减指令用于对输入无符号数字节、符号数字、符号数双字进行加 1 或减 1 的操作。指令格式见表 5－5。

表 5－5　递增、递减指令格式

LAD	INC_B EN　ENO IN　OUT	DEC_B EN　ENO IN　OUT	INC_W EN　ENO IN　OUT	DEC_W EN　ENO IN　OUT	INC_DW EN　ENO IN　OUT	DEO_DW EN　ENO IN　OUT
STL	INCB OUT	DECB OUT	INCW OUT	DECW OUT	INCD OUT	DECD OUT
功能	字节加 1	字节减 1	字加 1	字减 1	双字加 1	双字减 1
操作及数据类型	IN：VB, IB, QB, MB, SB, SMB, LB, AC, 常量, ＊VD, ＊LD, ＊AC OUT：VB, IB, QB, MB, SB, SMB, LB, AC, ＊VD, ＊LD, ＊AC IN/OUT 数据类型：字节		IN：VW, IW, QW, MW, SW, SMW, AC, AIW, LW, T, C, 常量, ＊VD, ＊LD, ＊AC OUT：VW, IW, QW, MW, SW, SMW, LW, AC, T, C, ＊VD, ＊LD, ＊AC 数据类型：整数		IN：VD, ID, QD, MD, SD, SMD, LD, AC, HC, 常量, ＊VD, ＊LD, ＊AC OUT：VD, ID, QD, MD, SD, SMD, LD, AC, ＊VD, ＊LD, ＊AC 数据类型：双整数	

1. 递增字节（INC_B）/递减字节（DEC_B）指令

递增字节和递减字节指令在输入字节（IN）上加 1 或减 1，并将结果置入 OUT 指定的变量中。递增和递减字节运算不带符号。

2. 递增字（INC_W）/递减字（DEC_W）指令

递增字和递减字指令在输入字（IN）上加 1 或减 1，并将结果置入 OUT。递增和递减字运算带符号（16♯7FFF＞16♯8000）。

3. 递增双字（INC_DW）/递减双字（DEC_DW）指令

递增双字和递减双字指令在输入双字（IN）上加 1 或减 1，并将结果置入 OUT。递增和递减双字运算带符号（16♯7FFFFFFF＞16♯80000000）。

说明：

(1) 使 ENO＝0 的错误条件。SM4.3（运行时间），0006（间接地址），SM1.1（溢出）。

(2) 影响标志位。SM1.0（零），SM1.1（溢出），SM1.2（负数）。

(3) 在梯形图指令中，IN 和 OUT 可以指定为同一存储单元，这样可以节省内存，在语句表指令中不需使用数据传送指令。

三、S7－200 的逻辑运算指令

逻辑运算是对无符号数按位进行与、或、异或和取反等操作。操作数的长度有 B、W、DW。指令格式见表 5－6。

表 5-6 逻辑运算指令格式

LAD				
WAND_B EN ENO IN1 OUT IN2	WOR_B EN ENO IN1 OUT IN2	WXOR_B EN ENO IN1 OUT IN2	INV_B EN ENO IN1 OUT IN2
WAND_W EN ENO IN1 OUT IN2	WOR_W EN ENO IN1 OUT IN2	WXOR_W EN ENO IN1 OUT IN2	INV_W EN ENO IN1 OUT IN2
WAND_DW EN ENO IN1 OUT IN2	WOR_DW EN ENO IN1 OUT IN2	WXOR_DW EN ENO IN1 OUT IN2	INV_DW EN ENO IN1 OUT IN2

STL	ANDB IN1, OUT ANDW IN1, OUT ANDD IN1, OUT	ORB IN1, OUT ORW IN1, OUT ORD IN1, OUT	XORB IN1, OUT XORW IN1, OUT XORD IN1, OUT	INVB OUT INVW OUT INVD OUT
功能	IN1, IN2 按位相与	IN1, IN2 按位相或	IN1, IN2 按位相异或	对 IN 取反

操作 数	B	IN1/IN2：VB, IB, QB, MB, SB, SMB, LB, AC, 常量，*VD, *AC, *LD OUT：VB, IB, QB, MB, SB, SMB, LB, AC, *VD, *AC, *LD
	W	IN1/IN2：VW, IW, QW, MW, SW, SMW, T, C, AC, LW, AIW, 常量，*VD, *AC, *LD OUT：VW, IW, QW, MW, SW, SMW, T, C, LW, AC, *VD, *AC, *LD
	DW	IN1/IN2：VD, ID, QD, MD, SMD, AC, LD, HC, 常量，*VD, *AC, SD, *LD OUT：VD, ID, QD, MD, SMD, LD, AC, *VD, *AC, SD, *LD

（1）逻辑与（WAND）指令。将输入 IN1，IN2 按位相与，得到的逻辑运算结果放入 OUT 指定的存储单元。

（2）逻辑或（WOR）指令。将输入 IN1，IN2 按位相或，得到的逻辑运算结果放入 OUT 指定的存储单元。

（3）逻辑异或（WXOR）指令。将输入 IN1，IN2 按位相异或，得到的逻辑运算结果放入 OUT 指定的存储单元。

（4）取反（INV）指令。将输入 IN 按位取反，将结果放入 OUT 指定的存储单元。

说明：

（1）在梯形图指令中设置 IN2 和 OUT 所指定的存储单元相同，这样对应的语句表指令如表中所示。若在梯形图指令中，IN2（或 IN1）和 OUT 所指定的存储单元不同，则在语句表指令中需使用数据传送指令，将其中一个输入端的数据先送入 OUT，在进行逻辑运算。如：

MOVB IN1，OUT

ANDB IN2，OUT

（2）ENO=0 的错误条件：0006（间接地址），SM4.3（运行时间）。

（3）对标志位的影响：SM1.0（零）。

【例 5-5】 逻辑运算编程举例，程序如图 5.5 所示。

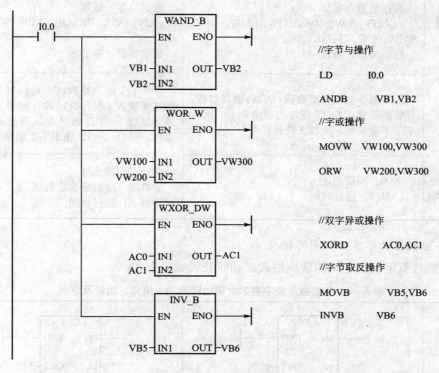

//字节与操作

LD   I0.0

ANDB   VB1,VB2

//字或操作

MOVW   VW100,VW300

ORW   VW200,VW300

//双字异或操作

XORD   AC0,AC1

//字节取反操作

MOVB   VB5,VB6

INVB   VB6

图 5.5   例 5-5 题图

四、S7-200 的数据转换指令

转换指令是对操作数的类型进行转换，并输出到指定目标地址中。转换指令包括数据的类型转换、数据的编码和译码指令以及字符串类型转换指令。

不同功能的指令对操作数要求不同。类型转换指令可将固定的一个数据用到不同类型要求的指令中，包括字节型数据与字整数之间的转换，整数与双整数之间的转换，双字整数与实数之间的转换，BCD 码与整数之间的转换等。

1. 字节型数据与字整数之间的转换

字节型数据与字整数之间转换的指令见表 5-7。

表 5-7   字节型数据与字整数之间转换指令

LAD	B_I EN ENO ????-IN OUT-????	I_B EN ENO ????-IN OUT-????
STL	BTI IN，OUT	ITB IN，OUT

操作数及数据类型	IN：VB，IB，QB，MB，SB，SMB，LB，AC，常量 　数据类型：字节 　OUT：VW，IW，QW，MW，SW，SMW，LW，T，C，AC 　数据类型：整数	IN：VW，IW，QW，MW，SW，SMW，LW，T，C，AIW，AC，常量 　数据类型：整数 　OUT：VB，IB，QB，MB，SB，SMB，LB，AC 　数据类型：字节
功能及说明	BTI指令将字节型数据(IN)转换成整数，并将结果置入OUT指定的存储单元。因为字节不带符号，所以无符号扩展	ITB指令将字整数(IN)转换成字节，并将结果置入OUT指定的存储单元。输入的字整数0～255被转换。超出部分导致溢出，SM1.1＝1。输出不受影响
ENO＝0的错误条件	0006：间接地址 SM4.3：运行时间	0006：间接地址 SM1.1：溢出或非法数值 SM4.3：运行时间

2. 字整数与双字整数之间的转换

字整数与双字整数之间的转换格式、功能及说明见表5-8。

表5-8 字整数与双字整数之间的转换指令格式、功能及说明

LAD		
STL	ITD IN，OUT	DTI IN，OUT
操作数及数据类型	IN：VW，IW，QW，MW，SW，SMW，LW，T，C，AIW，AC，常量 　数据类型：整数 　OUT：VD，ID，QD，MD，SD，SMD，LD，AC 　数据类型：双整数	IN：VD，ID，QD，MD，SD，SMD，LD，HC，AC，常量 　数据类型：双整数 　OUT：VW，IW，QW，MW，SW，SMW，LW，T，C，AC 　数据类型：整数
功能及说明	ITD指令将整数(IN)转换成双整数，并将结果置入OUT指定的存储单元。符号被扩展	DTI指令将双整数(IN)转换成整数，并将结果置入OUT指定的存储单元。如果转换的数值过大，则无法在输出中表示，产生溢出SM1.1＝1，输出不受影响
ENO＝0的错误条件	0006：间接地址 SM4.3：运行时间	0006：间接地址 SM1.1：溢出或非法数值 SM4.3：运行时间

3. 双整数与实数之间的转换

双整数与实数之间的转换格式、功能及说明见表5-9。

表 5-9　双字整数与实数之间的转换指令格式、功能及说明

	DI_R	ROUND	TRUNC
LAD	EN　ENO ???? — IN　OUT — ????	EN　ENO ???? — IN　OUT — ????	EN　ENO ???? — IN　OUT — ????
STL	DTR IN，OUT	ROUND IN，OUT	TRUNC IN，OUT
操作数及 数据类型	IN：VD, ID, QD, MD, SD, SMD, LD, HC, AC, 常量 　数据类型：双整数 　OUT：VD, ID, QD, MD, SD, SMD, LD, AC 数据类型：实数	IN：VD, ID, QD, MD, SD, SMD, LD, AC，常量 数据类型：实数 　OUT：VD, ID, QD, MD, SD, SMD, LD, AC 数据类型：双整数	IN：VD, ID, QD, MD, SD, SMD, LD, AC，常量 数据类型：实数 　OUT：VD, ID, QD, MD, SD, SMD, LD, AC 数据类型：双整数
功能及 说明	DTR 指令将 32 位带符号整数 IN 转换成 32 位实数，并将结果置入 OUT 指定的存储单元	ROUND 指令小数部分按四舍五入的原则，将实数（IN）转换成双整数值，并将结果置入 OUT 指定的存储单元	TRUNC（截位取整）指令小数部分按直接舍去的原则，将 32 位实数（IN）转换成 32 位双整数，并将结果置入 OUT 指定存储单元
ENO=0 的 错误条件	0006：间接地址 SM4.3：运行时间	0006：间接地址 SM1.1：溢出或非法数值 SM4.3：运行时间	0006：间接地址 SM1.1：溢出或非法数值 SM4.3：运行时间

特别提示

　　不论是四舍五入取整，还是截位取整，如果转换的实数数值过大，无法在输出中表示，则产生溢出，即影响溢出标志位，使 SM1.1＝1，输出不受影响。

　　4. BCD 码与整数的转换

　　BCD 码与整数之间转换的指令格式、功能及说明见表 5-10。

表 5-10　BCD 码与整数之间转换的指令格式、功能及说明

	BCD_I	ADD_I
LAD	EN　ENO ???? — IN　OUT — ????	EN　ENO ???? — IN　OUT — ????
STL	BCDI OUT	IBCD OUT
操作数及 数据类型	IN：VW, IW, QW, MW, SW, SMW, LW, T, C, AIW, AC，常量 OUT：VW, IW, QW, MW, SW, SMW, LW, T, C, AC IN/OUT 数据类型：字	

续表

功能及说明	BCD_I 指令将二进制编码的十进制数 IN 转换成整数,并将结果送入 OUT 指定的存储单元。IN 的有效范围是 BCD 码 0～9999	I_BCD 指令将输入整数 IN 转换成二进制编码的十进制数,并将结果送入 OUT 指定的存储单元。IN 的有效范围是 0～9999
ENO＝0 的错误条件	0006:间接地址 SM1.6:无效 BCD 数值 SM4.3:运行时间	

特别提示

(1)数据长度为字的 BCD 格式的有效范围为:0～9999(十进制),0000～9999(十六进制),0000 0000 0000 0000～1001 1001 1001 1001(BCD 码)。

(2)指令影响特殊标志位 SM1.6(无效 BCD 码)。

(3)在表 4－10 所示的 LAD 和 STL 指令中,IN 和 OUT 的操作数地址相同。若 IN 和 OUT 操作数地址不是同一个存储器,对应的语句表指令为:MOV IN,OUT,BCDI OUT。

5. 译码和编码指令

译码和编码指令的格式和功能见表 5－11。

表 5－11　译码和编码指令的格式和功能

LAD	DECO EN　ENO ????－IN　OUT－????	ENCO EN　ENO ????－IN　OUT－????
STL	DECO　IN,OUT	ENCO　IN,OUT
操作数及数据类型	IN:VB,IB,QB,MB,SMB,LB,SB,AC,常量 　数据类型:字节 　OUT:VW,IW,QW,MW,SMW,LW,SW,AQW,T,C,AC 　数据类型:字	IN:VW,IW,QW,MW,SMW,LW,SW,AIW,T,C,AC,常量 　数据类型:字 　OUT:VB,IB,QB,MB,SMB,LB,SB,AC 　数据类型:字节
功能及说明	译码指令根据输入字节(IN)的低 4 位表示的输出字的位号,将输出字的相对应的位置位为 1,输出字的其他位均置位为 0	编码指令将输入字(IN)最低有效位(其值为 1)的位号写入输出字节(OUT)的低 4 位中
ENO＝0 的错误条件	0006:间接地址 SM4.3:运行时间	

【例 5－6】　译码编码指令应用举例,程序如图 5.6 所示。

如(AC2)＝2,执行译码指令,则将输出字 VW40 的第二位置 1,VW40 中的二进制数为 2#0000 0000 0000 0100;若(AC3)＝2#0000 0000 0000 0100,执行编码指令,则输出字节 VB50 中的数值为 2。

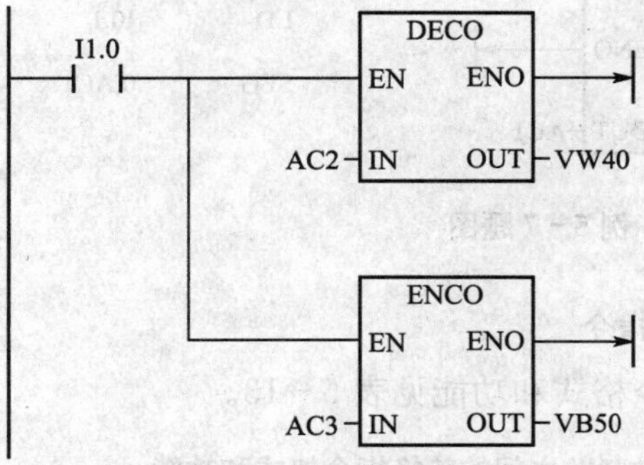

```
      I1.0            DECO
  ─────┤ ├────┬──────EN    ENO────┤
               │
               │     AC2─IN    OUT─VW40
               │
               │            ENCO
               └──────EN    ENO────┤
                     AC3─IN    OUT─VB50
```

```
LD      I1.0
DECO    AC2,VW40      //译码
ENCO    AC3,VB50      //编码
```

图 5.6 例 5-6 题图

6. 七段显示译码指令

七段显示器的 abcdefg 段分别对应于字节的第 0 位～第 6 位，字节的某位为 1 时，其对应的段亮；输出字节的某位为 0 时，其对应的段暗。将字节的第 7 位补 0，则构成与七段显示器相对应的 8 位编码，称为七段显示码。数字 0～9、字母 A～F 与七段显示码的对应如图 5.7 所示。

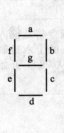

IN	段显示	(OUT) -gfe dcba
0	0	0011 1111
1	1	0000 0110
2	2	0101 1011
3	3	0100 1111
4	4	0110 0110
5	5	0110 1101
6	6	0111 1101
7	7	0000 0111

IN	段显示	(OUT) -gfe dcba
8	8	0111 1111
9	9	0110 0111
A	A	0111 0111
B	b	0111 1100
C	C	0011 1001
D	d	0101 1110
E	E	0111 1001
F	F	0111 0001

图 5.7 与七段显示码对应的代码

七段译码指令 SEG 将输入字节 16#0～F 转换成七段显示码。指令格见表 5-12。

表 5-12 七段显示译码指令

LAD	STL	功能及操作数
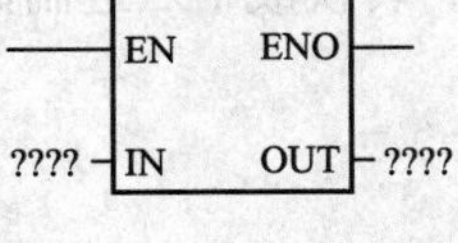 ![SEG block] SEG EN ENO ????─IN OUT─????	SEG IN，OUT	功能：将输入字节(IN)的低四位确定的 16 进制数(16#0～F)，产生相应的七段显示码，送入输出字节 OUT IN：VB，IB，QB，MB，SB，SMB，LB，AC，常量 OUT：VB，IB，QB，MB，SMB，LB，AC IN/OUT 的数据类型：字节

使 ENO=0 的错误条件：0006 间接地址，SM4.3 运行时间。

【例 5-7】 编写显示数字 0 的七段显示码的程序。程序实现如图 5.8 所示。

程序运行结果为 AC1 中的值为 16#3F(2#0011 1111)。

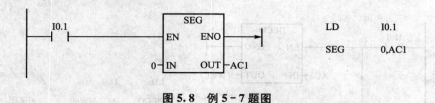

图 5.8　例 5－7 题图

7. ASCII 码与十六进制数之间的转换指令

ASCII 码与十六进制数之间的转换指令格式和功能见表 5－13。

表 5－13　ASCII 码与十六进制数之间的转换指令格式和功能

LAD	ATH EN　ENO ????－IN　　OUT－???? ????－LEN	HTA EN　ENO ????－IN　　OUT－???? ????－LEN
STL	ATH IN, OUT, LEN	HTA IN, OUT, LEN
操作数及 数据类型	IN/ OUT：VB，IB，QB，MB，SB，SMB，LB。数据类型：字节 LEN：VB，IB，QB，MB，SB，SMB，LB，AC，常量。数据类型：字节。最大值 为 255	
功能及 说明	ASCII 至 HEX(ATH)指令将从 IN 开始 的长度为 LEN 的 ASCII 字符转换成十六进 制数，放入从 OUT 开始的存储单元	HEX 至 ASCII (HTA)指令将从输入字 节(IN)开始的长度为 LEN 的十六进制数 转换成 ASCII 字符，放入从 OUT 开始的 存储单元
ENO＝0 的 错误条件	0006：间接地址 SM4.3：运行时间 0091：操作数范围超界 SM1.7：非法 ASCII 数值(仅限 ATH)	

特别提示

合法的 ASCII 码对应的十六进制数包括 30～39H，41～46H。如果在 ATH 指令的输入中包含非法的 ASCII 码，则终止转换操作，并将内部标志位 SM1.7 置位。

【例 5－8】　将 VB10～VB12 中存放的 3 个 ASCII 码 33、45、41，转换成十六进制数。梯形图和语句表程序如图 5.9 所示。

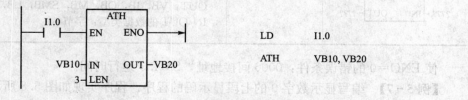

图 5.9　例 5－8 题图

程序运行结果如下。

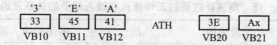

可见将 VB10～VB12 中存放的 3 个 ASCII 码 33、45、41，转换成十六进制数 3E 和 Ax，放在 VB20 和 VB21 中，"x"表示 VB21 的"半字节"即低 4 位的值未改变。

五、S7 - 200 的高速计数器指令

前面讲的计数器指令的计数速度受扫描周期的影响，对于比 CPU 扫描频率高的脉冲输入，就不能满足计数要求了。为此，SIMATIC S7 - 200 系列 PLC 设计了高速计数功能（HSC），其计数自动进行，不受扫描周期的影响，最高计数频率取决于 CPU 的类型。CPU 22x 系列最高计数频率为 30kHz，用于捕捉比 CPU 扫描速度更快的事件，并能产生中断，通过执行中断程序，即可完成预定的操作。高速计数器最多可设置 12 种不同的操作模式。用高速计数器可实现高速运动的精确控制。

1. 高速计数器占用的输入端子

CPU 224 有 6 个高速计数器，其占用的输入端子见表 5 - 14。各高速计数器不同的输入端有专用的功能，如时钟脉冲端、方向控制端、复位端、起动端。

表 5 - 14　高速计数器占用的输入端子

高速计数器	使用的输入端子	高速计数器	使用的输入端子
HSC0	I0.0，I0.1，I0.2	HSC3	I0.1
HSC1	I0.6，I0.7，I1.0，I1.1	HSC4	I0.3，I0.4，I0.5
HSC2	I1.2，I1.3，I1.4，I1.5	HSC5	I0.4

特别提示

同一个输入端不能用于两种不同的功能。但是高速计数器当前模式未使用的输入端均可用于其他用途，如作为中断输入端或作为数字量输入端。例如，如果在模式 2 中使用高速计数器 HSC0，模式 2 使用 I0.0 和 I0.2，则 I0.1 可用于边缘中断或用于 HSC3。

2. 高速计数器的工作模式

1）高速计数器的工作模式

高速计数器有 12 种工作模式。模式 0～模式 2 采用单路脉冲输入的内部方向控制加/减计数；模式 3～模式 5 采用单路脉冲输入的外部方向控制加/减计数；模式 6～模式 8 采用两路脉冲输入的加/减计数；模式 9～模式 11 采用两路脉冲输入的双相正交计数。

S7 - 200 CPU 224 有 HSC0～HSC5 六个高速计数器，每个高速计数器有多种不同的工作模式。HSC0 和 HSC4 有模式 0、1、3、4、6、7、8、9、10；HSC1 和 HSC2 有模式 0～模式 11；HSC3 和 HSC5 只有模式 0。每种高速计数器所拥有的工作模式和其占有的输

入端子的数目有关，见表 5 - 15。

表 5 - 15　高速计数器的工作模式和输入端子的关系及说明

HSC 编号及其对应的输入端子	功能及说明	占用的输入端子及其功能			
HSC 模式	HSC0	I0.0	I0.1	I0.2	×
	HSC4	I0.3	I0.4	I0.5	×
	HSC1	I0.6	I0.7	I1.0	I1.1
	HSC2	I1.2	I1.3	I1.4	I1.5
	HSC3	I0.1	×	×	×
	HSC5	I0.4	×	×	×
0	单路脉冲输入的内部方向控制加/减计数。控制字 SM37.3＝0,减计数; SM37.3＝1,加计数。	脉冲输入端	×	×	×
1			×	复位端	×
2			×	复位端	起动
3	单路脉冲输入的外部方向控制加/减计数。方向控制端＝0,减计数; 方向控制端＝1,加计数。	脉冲输入端	方向控制端	×	×
4				复位端	×
5				复位端	起动
6	两路脉冲输入的单相加/减计数。加计数有脉冲输入,加计数; 减计数端脉冲输入,减计数。	加计数脉冲输入端	减计数脉冲输入端	×	×
7				复位端	×
8				复位端	起动
9	两路脉冲输入的双相正交计数。 A 相脉冲超前 B 相脉冲,加计数; A 相脉冲滞后 B 相脉冲,减计数。	A 相脉冲输入端	B 相脉冲输入端	×	×
10				复位端	×
11				复位端	起动

说明：表中×表示没有。

　　选用某个高速计数器在某种工作方式下工作后，高速计数器所使用的输入不是任意选择的，必须按系统指定的输入点输入信号。如 HSC1 在模式 11 下工作，就必须用 I0.6 为 A 相脉冲输入端，I0.7 为 B 相脉冲输入端，I1.0 为复位端，I1.1 为起动端。

　　2) 高速计数器的计数方式

　　(1) 单路脉冲输入的内部方向控制加/减计数。即只有一个脉冲输入端，通过高速计数器的控制字节的第 3 位来控制作加计数或者减计数。该位＝1，加计数；该位＝0，减计数。如图 5.10 所示内部方向控制的单路加/减计数。

　　(2) 单路脉冲输入的外部方向控制加/减计数。即有一个脉冲输入端，有一个方向控制端，方向输入信号等于 1 时，加计数；方向输入信号等于 0 时，减计数。如图 5.11 所示外部方向控制的单路加/减计数。

　　(3) 两路脉冲输入的单相加/减计数。即有两个脉冲输入端：一个是加计数脉冲；一个是减计数脉冲，计数值为两个输入端脉冲的代数和，如图 5.12 所示。

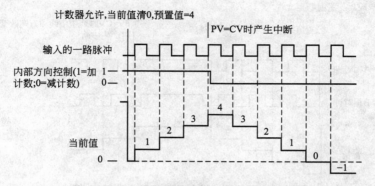

图 5.10 内部方向控制的单路加/减计数

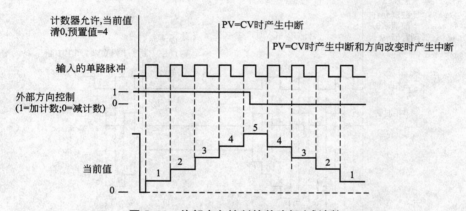

图 5.11 外部方向控制的单路加/减计数

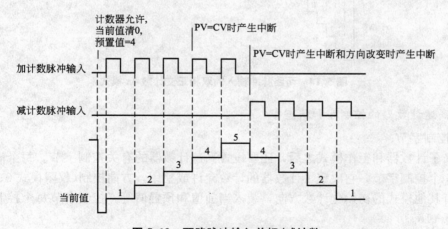

图 5.12 两路脉冲输入单相/减计数

（4）两路脉冲输入的双相正交计数。即有两个脉冲输入端，输入的两路脉冲 A 相、B 相，相位互差 90°(正交)，A 相超前 B 相 90°时，加计数；A 相滞后 B 相 90°时，减计数。在这种计数方式下，可选择 1x 模式(单倍频，一个时钟脉冲计一个数)和 4x 模式(四倍频，一个时钟脉冲计四个数)，如图 5.13 和图 5.14 所示。

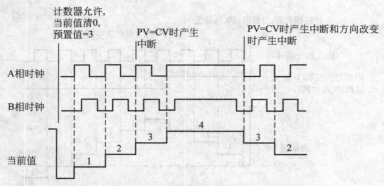

图 5.13　两路脉冲输入的双相正交计数 1x 模式

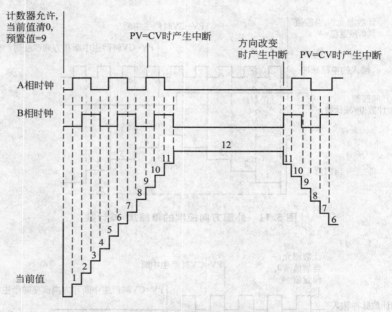

图 5.14　两路脉冲输入的双相正交计数 4x 模式

3. 高速计数器的控制字和状态字

1) 控制字节

定义了计数器和工作模式之后，还要设置高速计数器的有关控制字节。每个高速计数器均有一个控制字节，它决定了计数器的计数允许或禁用，方向控制(仅限模式 0、1 和 2)或对所有其他模式的初始化计数方向，装入当前值和预置值等。控制字节每个控制位的说明见表 5－16。

表 5－16　控制字节每个控制位的说明

HSC0	HSC1	HSC2	HSC3	HSC4	HSC5	说　　明
SM37.0	SM47.0	SM57.0	—	SM147.0	—	复位有效电平控制： 0＝复位信号高电平有效； 1＝低电平有效

HSC0	HSC1	HSC2	HSC3	HSC4	HSC5	说　明
—	SM47.1	SM57.1	—	—	—	起动有效电平控制： 0=起动信号高电平有效； 1=低电平有效
SM37.2.	SM47.2	SM57.2	—	SM147.2		正交计数器计数速率选择： 0=4×计数速率；1=1×计数速率
SM37.3	SM47.3	SM57.3	SM137.3	SM147.3	SM157.3	计数方向控制位： 0=减计数；1=加计数
SM37.4	SM47.4	SM57.4	SM137.4	SM147.4	SM157.4	向 HSC 写入计数方向： 0=无更新；1=更新计数方向
SM37.5	SM47.5	SM57.5	SM137.5	SM147.5	SM157.5	向 HSC 写入新预置值： 0=无更新；1=更新预置值
SM37.6	SM47.6	SM57.6	SM137.6	SM147.6	SM157.6	向 HSC 写入新当前值： 0=无更新；1=更新当前值
SM37.7	SM47.7	SM57.7	SM137.7	SM147.7	SM157.7	HSC 允许： 0=禁用 HSC；1=启用 HSC

2）状态字节

每个高速计数器都有一个状态字节，状态位表示当前计数方向以及当前值是否大于或等于预置值。每个高速计数器状态字节的状态位见表 5-17。状态字节的 0～4 位不用。监控高速计数器状态的目的是使外部事件产生中断，以完成重要的操作。

表 5-17　高速计数器状态字节的状态位

HSC0	HSC1	HSC2	HSC3	HSC4	HSC5	说　明
SM36.5	SM46.5	SM56.5	SM136.5	SM146.5	SM156.5	当前计数方向状态位： 0=减计数；1=加计数
SM36.6	SM46.6	SM56.6	SM136.6	SM146.6	SM156.6	当前值等于预设值状态位： 0=不相等；1=等于
SM36.7	SM46.7	SM56.7	SM136.7	SM146.7	SM156.7	当前值大于预设值状态位： 0=小于或等于；1=大于

4. 高速计数器指令及举例

1）高速计数器指令

高速计数器指令有两条：高速计数器定义指令 HDEF 和高速计数器指令 HSC。指令格式见表 5-18。

表 5 - 18 高速计数器指令格式

LAD	HDEF EN ENO ????- HSC ????- MODE	HSC EN ENO ????- N
STL	HDEF HSC, MODE	HSC N
功能说明	高速计数器定义指令 HDEF	高速计数器指令 HSC
操作数	HSC：高速计数器的编号，为常量（0～5）。数据类型：字节 MODE：工作模式，为常量（0～11） 数据类型：字节	N：高速计数器的编号，为常量（0～5）。数据类型：字
ENO=0 的出错条件	SM4.3（运行时间），0003（输入点冲突），0004（中断中的非法指令），000A（HSC 重复定义）	SM4.3（运行时间），0001（HSC 在 HDEF 之前），0005（HSC/PLS 同时操作）

（1）高速计数器定义指令 HDEF。指令指定高速计数器（HSCx）的工作模式。选择了某一工作模式即选择了高速计数器的输入脉冲、计数方向、复位和起动功能。每个高速计数器只能用一条"高速计数器定义"指令定义。

（2）高速计数器指令 HSC。根据高速计数器控制位的状态和按照 HDEF 指令指定的工作模式，控制高速计数器进行计数。参数 N 指定高速计数器的号码。

2）高速计数器指令的使用

（1）每个高速计数器都有一个 32 位当前值和一个 32 位预置值，当前值和预设值均为带符号的整数值。要设置高速计数器的新当前值和新预置值，必须设置控制字节令其第 5 位和第 6 位为 1，允许更新预置值和当前值，新当前值和新预置值写入特殊内部标志位存储区。然后执行 HSC 指令，将新数值传输到高速计数器。当前值和预置值占用的特殊内部标志位存储区见表 5 - 19。

表 5 - 19 HSC0～HSC5 当前值和预置值占用的特殊内部标志位存储区

要装入的数值	HSC0	HSC1	HSC2	HSC3	HSC4	HSC5
新的当前值	SMD38	SMD48	SMD58	SMD138	SMD148	SMD158
新的预置值	SMD42	SMD52	SMD62	SMD142	SMD152	SMD162

除控制字以及新预设值和当前值外，还可以使用 HC 加计数器号码（0、1、2、3、4 或 5）读取每个高速计数器的当前值。因此，读取操作可直接读取当前值，但只有用上述 HSC 指令才能执行写入操作。

（2）执行 HDEF 指令之前，必须将高速计数器控制字节的位设置成需要的状态，否则将采用默认设置。默认设置为：复位和起动输入高电平有效，正交计数速率选择 4x 模式。执行 HDEF 指令后，就不能再改变计数器的设置，除非 CPU 进入停止模式。

（3）执行 HSC 指令时，CPU 检查控制字节和有关的当前值和预置值。

3）高速计数器的初始化

高速计数器的初始化步骤如下。

（1）用首次扫描接通一个扫描周期的特殊内部存储器 SM0.1 调用一个子程序，完成初始化操作。

（2）在初始化子程序中，根据希望的控制设置控制字（SMB37，SMB47，SMB137，SMB147，SMB157），如设置 SMB47＝16＃F8，则表示：允许计数，写入新当前值，写入新预置值，更新计数方向为加计数，若为正交计数设为 4x，复位和起动设置为高电平有效。

（3）执行 HDEF 指令，设置 HSC 的编号（0～5），设置工作模式（0～11）。如 HSC 的编号设置为 1，工作模式输入设置为 11，则为既有复位又有起动的正交计数工作模式。

（4）用新的当前值写入 32 位当前值寄存器（SMD38，SMD48，SMD58，SMD138，SMD148，SMD158）。如写入 0，则清除当前值，用指令 MOVD 0，SMD48 实现。

（5）用新的预置值写入 32 位预置值寄存器（SMD42，SMD52，SMD62，SMD142，SMD152，SMD162）。如执行指令 MOVD 1000，SMD52，则设置预置值为 1000。若写入预置值为 16＃00，则高速计数器处于不工作状态。

（6）如果要捕捉当前值等于预置值事件，将条件 CV＝PV 中断事件（对于 HSC1 为事件 13）与一个中断程序相联系。

（7）如果要捕捉计数方向的改变，将方向改变的中断事件（对于 HSC1 为事件 14）与一个中断程序相联系。

（8）如果要捕捉外部复位，将外部复位中断事件（对于 HSC1 为事件 15）与一个中断程序相联系。

（9）执行全局中断允许指令（ENI）允许 HSC 中断。

（10）执行 HSC 指令使 S7－200 对高速计数器进行编程。

（11）结束子程序。

【例 5－9】 高速计数器应用举例。

（1）主程序。如图 5.15 所示用首次扫描接通一个扫描周期的特殊内部存储器 SM0.1 去调用一个子程序，完成初始化操作。

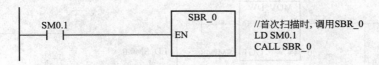

图 5.15 例 5－9 主程序

（2）初始化子程序，如图 5.16 所示。

在初始化子程序（见图 5.16）中，定义 HSC1 的工作模式为模式 11（两路脉冲输入的双相正交计数，具有复位和起动输入功能），设置 SMB47＝16＃F8（允许计数，更新新当前值，更新新预置值，更新计数方向为加计数，若为正交计数设为 4x，复位和起动设置为高电平有效）。HSC1 的当前值 SMD48 清零，预置值 SMD52＝50，当前值＝预设值，产生中断（中断事件 13），中断事件 13 连接中断程序 INT－0。

（3）中断程序 INT_0，如图 5.17 所示。

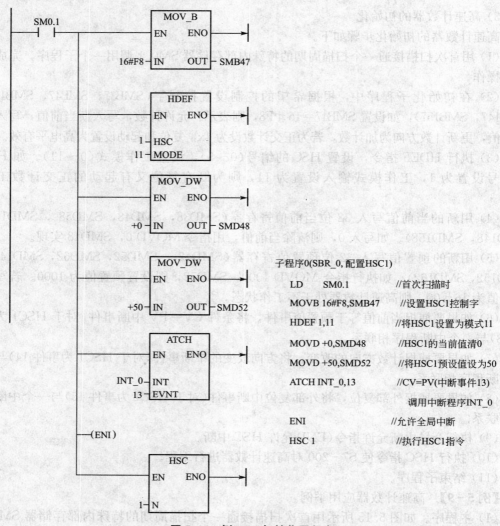

子程序0(SBR_0, 配置HSC1)

LD SM0.1	//首次扫描时
MOVB 16#F8,SMB47	//设置HSC1控制字
HDEF 1,11	//将HSC1设置为模式11
MOVD +0,SMD48	//HSC1的当前值清0
MOVD +50,SMD52	//将HSC1预设值设为50
ATCH INT_0,13	//CV=PV(中断事件13)
	调用中断程序INT_0
ENI	//允许全局中断
HSC 1	//执行HSC1指令

图5.16 例5-9初始化子程序

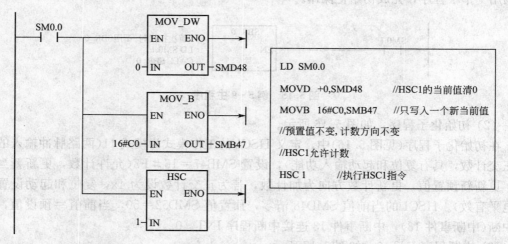

LD SM0.0

MOVD +0,SMD48 //HSC1的当前值清0

MOVB 16#C0,SMB47 //只写入一个新当前值

//预置值不变, 计数方向不变

//HSC1允许计数

HSC 1 //执行HSC1指令

图5.17 例5-9中断程序

方法与步骤

一、控制方案确定

本设计采用 S7 - 200 PLC 单机控制实现电动机的控制和转速测量显示，其控制流程如图 5.18 所示。

对于电动机转速的显示可以有多种方案，如使用四个七段 LED 数码管，也可以使用较简单的专用文本显示界面 TD - 200 或 TD - 400 等，还可以使用高级的 HMI，如触摸屏。在以上三种方案中，第一种方案成本最低，使用也较简单，适用于显示信息不是很多的情况，但需要自己制作专门的显示电路板或购买专用数码管显示设备，本系统选用此方案显示转速，且采用自己制作专门的显示电路板这种方式，在电路板上采用 CD4511 LED 数码管显示译码器配合 PLC 程序驱动数码管显示转速。

二、设备选型

作为该系统中的重要部件，首先应掌握测量电动机特速的编码器的选择方法，在介绍选择编码器的方法以前先讲解与其有关的知识。

1. 编码器的分类、结构及工作原理

1) 编码器的分类

编码器是把角位移或直线位移转换成电信号的一种装置。由于编码器具有高精度、高分辨率和高可靠性等特点，已被广泛应用于各种位移、转速等的测量。

编码器的种类很多，根据检测原理可分为电刷式、

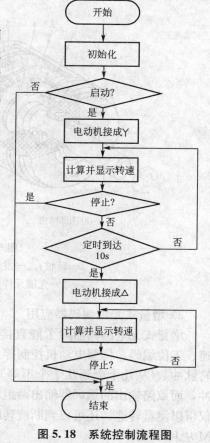

图 5.18　系统控制流程图

电磁感应式及光电式；按照读出方式可以分为接触式和非接触式；按照工作原理不同又可分为增量式和绝对式。

增量式编码器又称脉冲盘式编码器，它将角位移转换成周期性的电信号，再把这个电信号转变成计数脉冲，用脉冲的个数表示位移的大小。绝对式编码器又称码盘式编码器，它的每一个位置对应一个确定的数字码，可以直接将角度或直线坐标转换为数字编码，能方便地与数字系统（如微机）连接，它的示值只与测量的起始和终止位置有关，而与测量的中间过程无关。由于光电编码器具有非接触、体积小、分辨率高、抗干扰能力强等优点，因此，它是目前应用最为广泛的一种编码器。本系统中测量转速采用的编码器就是增量式编码器，下面重点讲解增量式光电编码器的结构和工作原理。

2) 增量式光电编码器的结构和工作原理

增量式光电编码器码盘结构如图 5.19(a)所示，外形如图 5.19(b)所示。光电码盘与

转轴连在一起，码盘在边缘制成向心的透光狭缝，透光狭缝在码盘圆周上等分，这样，整个码盘圆周上就被等分成 n 个透光的槽，数量从几百条到几千条不等。当光电码盘随工作轴一起转动时，光线透过光电码盘和光栏板狭缝，形成忽明忽暗的光信号。光敏元件把此光信号转换为电信号，经整形、放大等电路的变换后变成脉冲信号。通过计算脉冲的数目，即可测出工作轴的转角，并通过数显装置进行显示；通过检测计数脉冲的频率，也可测出工作轴的转速。光电编码器的输出波形如图 5.20 所示。

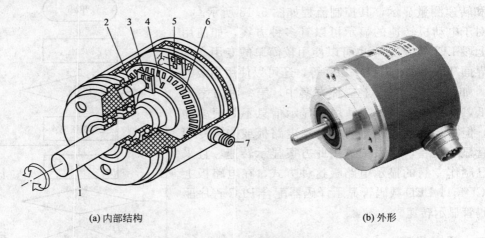

(a) 内部结构　　　　　　　　　　　　　(b) 外形

图 5.19　增量式光电码盘结构

1—转轴；2—发光二极管；3—光栏板；4—零位标志槽；

5—光敏元件；6—码盘；7—电源及信号线连接座

3) 增量式光电编码器应用

增量式光电编码器除了能直接测量角位移或间接测量直线位移外，还可用于数字测速、工位编码、伺服电动机控制等。它分为单路输出和双路输出两种。技术参数主要有每转脉冲数(从几十个到几千个不等)和供电电压等。单路输出是指编码器的输出是一组脉冲，而双路输出的编码器输出两组相位差 90°的脉冲，如图 5.20 所示，通过这两组脉冲不仅可以测量转速，还可以判断旋转的方向。使用增量式光电编码器进行测速的方法主要有M 法和 T 法。

(1) M 法测速。适合于测量高转速场合。它是在一定的时间间隔 t_c 内(又称闸门时间，如 10s、1s、0.1s 等)，用增量式光电编码器所产生的脉冲数来确定速度，其示意图如图 5.21 所示。

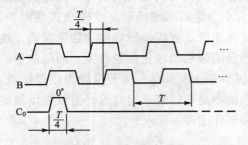

图 5.20　光电编码器的输出波形

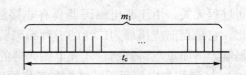

图 5.21　增量式光电编码器的 M 法测速示意图

若增量式光电编码器每转产生 N 个脉冲，在闸门时间间隔 t_C 内得到 m_1 个脉冲，则增量式光电编码器所产生的脉冲频率 f 为

$$f = \frac{m_1}{t_C} \qquad (5-1)$$

转速 n（单位为 r/min）为

$$n = 60\frac{f}{N} = 60\frac{m_1}{t_C N} \qquad (5-2)$$

M 法测速适合于测量转速较快的场合，否则计数值较少，测量准确度会较低。闸门时间 t_C 的长短对测量精度也有较大影响。t_C 取得较长，测量精度较高，但不能反应速度的瞬时变化，动态性能变差；t_C 取得太小，使得在 t_C 时段内的脉冲太少，而使测量精度降低。

（2）T 法测速。适合于低转速场合。它是用已知频率 f_c 作为时钟，填充到编码器输出的两个相邻脉冲之间，其示意图如图 5.22 所示。

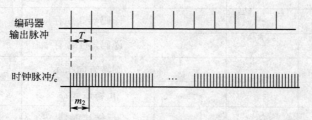

图 5.22　增量式光电编码器的 T 法测速示意图

假设编码器每转产生 N 个脉冲，两个相邻脉冲之间填充的时钟 f_c 的脉冲数为 m_2，则转速 n（单位为 r/min）为

$$n = 60\frac{f_c}{N m_2} \qquad (5-3)$$

2. 设备选型

1）PLC 选型

该系统采用 4 个共阴极七段数码管显示电动机的转速，1 个数码管（最左边的数码管）显示电动机的转向（该数码管显示"—"表示反转，不显示表示正转），需要制作专门的显示电路板。在该电路中，4 个显示译码器 CD4511 的数据输入端 A、B、C、D 分别并联在一起接到 PLC 的 4 个输出点，经译码后作为数码管显示的字形信息。每个 CD4511 还需要一个控制端 LE 以决定某一时刻那个数码管显示，另外还需要一个输出点控制转向的显示（反向旋转时显示"—"），所以显示部分总共需要 9 个 PLC 的数字量输出点。为控制电动机的正反转和星三角起动，还需要 4 个数字量输出点，所以总共需要 13 个数字量输出点。因为显示速度较快，应选用晶体管输出的 PLC。另外该系统需要 3 个数字量输入点连接正反转启动按钮各 1 个、停止按钮 1 个，为测量电动机旋转方向和转速，需要 2 个数字量输入点连接到编码器的脉冲输出端，所以系统总共需要 5 个数字量输入点。根据上述分析，PLC 可选用 S7 - 200，CPU 选 CPU 226 DC/DC/DC，该 PLC 带 24 个直流数字量输入点和 16 个晶体管数字量输出点。CPU 自带的高速计数器能进行双向计数，计数频率最高可达 20kHz，在转速测量精度要求不高的情况下可以满足系统需求。

2）分配 PLC 的输入/输出点，绘制 PLC 的输入/输出分配表

PLC 输入/输出分配表见表 5-20。

表 5-20 PLC 输入/输出分配表

输　　　入			输　　出		
设　　备		输入点	设　　备		输出点
编码器 A 相脉冲	AP	I0.0	译码器输入 A	A	Q0.0
编码器 B 相脉冲	BP	I0.1	译码器输入 B	B	Q0.1
正转起动按钮	SB1	I1.0	译码器输入 C	C	Q0.2
反转起动按钮	SB2	I1.1	译码器输入 D	D	Q0.3
停止按钮	SB3	I1.2	译码器 1 锁存	LE1	Q0.4
—	—	—	译码器 2 锁存	LE2	Q0.5
—	—	—	译码器 3 锁存	LE3	Q0.6
—	—	—	译码器 4 锁存	LE4	Q0.7
—	—	—	旋转方向指示	DPG	Q1.0
—	—	—	正转接触器	KM1	Q1.1
—	—	—	反转接触器	KM2	Q1.2
—	—	—	星形接触器	KM3	Q1.3
—	—	—	三角形接触器	KM4	Q1.4

3）编码器选型

该控制系统中，编码器应为具有 2 路脉冲输出的增量式编码器，因为 S7-200 PLC 的高速脉冲计数器对于双相脉冲计数的最高频率为 20kHz，而电动机的最高转速可达 1440r/min，所以编码器精度不能选得太高(不超过 14p/r)，根据上述分析，该系统选用欧姆龙公司的分辨率为 10p/r 的 E6C2-CWZ6C 型编码器，该编码器供电电压为 DC 5～24V，输出形式为 NPN 集电极开路输出。

4）24V 直流电源的选型

PLC、显示电路板和输入输出点都需要 DC 24V 直流电源供电，本系统选用 S-350-24，输出电流为 10A 的开关电源。

5）低压电器的选型

低压电器的选型注意事项具体见项目 2 中"设备选型"一节。本控制任务中，电动机容量为 7.5kW，假设工作在一般条件下，则系统电源引入断路器可选用 DZ5-20；总熔断器选用 RL1-60，熔体额定电流为 50A；4 个接触器可选施耐德公司的 TeSys D 系列 LC1-D25BDC 交流接触器，线圈额定电压为 DC 24V；保护电动机过载的热继电器选用 JR20-25，热元件额定电流取 17A，整定电流取 15A；按钮可选用一常开、一常闭的复合按钮，如 LA20-11；电源、正转、反转信号指示灯可选用 AD38 系列直流 24V 信号灯各 1 个，颜色可全部选用绿色；主电路导线选用截面积为 4mm² 的绝缘铜导线。

三、电气原理图设计

1. 设计主电路并画出主电路的电气原理图

根据控制要求，电动机转速测量显示主电路如图 5.23 所示。

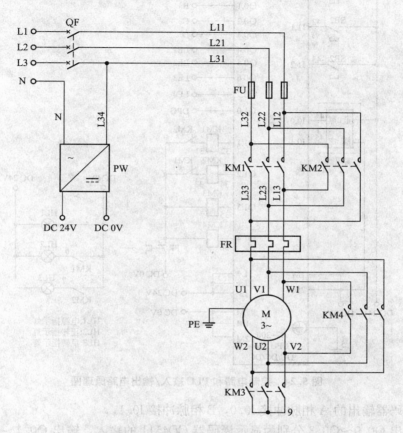

图 5.23　电动机转速测量显示主电路

（1）主电路中交流接触器 KM1、KM2 分别控制电动机的正反转；KM3、KM4 分别为星形和三角形连接的接触器。电动机正转启动时，KM1 和 KM3 闭合，电动机为丫连接，延时 10s 后，KM1 和 KM4 闭合，电动机为△连接；电动机反转启动时，KM2 和 KM3 闭合，电动机为丫连接，延时 10s 后，KM2 和 KM4 闭合，电动机为△连接。

（2）电动机 M 由热继电器 FR 实现过载保护。

（3）QF 为电源总开关，既可完系统总的短路保护，又起到分断三相交流电源的作用，使用和维修方便。

（4）熔断器 FU 实现电动机回路的短路保护，熔断器选用 RL1–60，熔体额定电流选用 50A。

（5）PW 为直流 24V 电源，为 PLC、PLC 输入/输出点、接触器线圈、显示电路板等提供 DC 24V 电源。

2. 设计控制电路和 PLC 输入/输出电路并画出相应的电气原理图

根据 PLC 选型及控制要求，计控制电路和 PLC 输入/输出电路原理如图 5.24 所示。

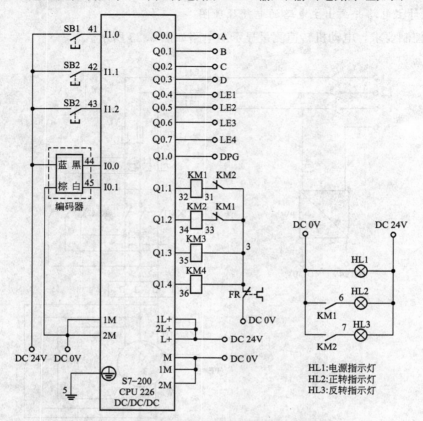

图 5.24　控制电路和 PLC 输入/输出电路原理图

（1）编码器输出的 A 相脉冲接 I0.0，B 相脉冲接 I0.1。

（2）输出 Q0.0～Q0.3 分别为显示译码器 CD4511 的输入，输出 Q0.4～Q0.7 分别为 4 个显示译码器 CD4511 锁存译码控制端，Q1.0 为方向显示，反转显示"—"。

（3）KM1 和 KM2 接触器线圈支路设计了互锁电路，以增加系统可靠性。

（4）HL1 为电源指示灯，HL2 和 HL3 分别为正转和反转指示灯。

3. 设计显示电路并画出相应的电气原理图

显示电路原理图如图 5.25 所示。本系统中，采用红色 1.8″两芯串联的七段共阴极 LED 数码管作为显示器件，其中一个用于显示正反转(正转时不显示，反转时显示"—"符号)，四个用于显示电动机转速，每个数码管采用一个 CD4511 显示译码器驱动，显示译码器工作电源为 12V。LED 数码管每段导通时的电压降约为 4V，电流约为 12.5mA。

四、工艺设计

按设计要求设计绘制电气控制盘电器元件布置图和操作控制面板电器元件布置图分别如图 5.26 和图 5.27 所示，电气控制盘和操作控制面板接线图及电气控制盘和操作控制面板连线图本设计从略，由读者自行完成。

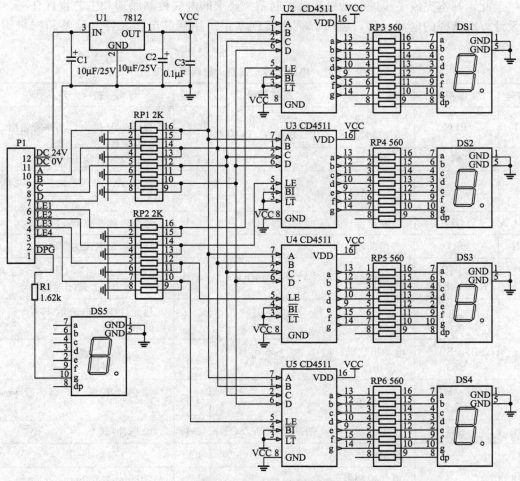

图 5.25 显示电路原理图

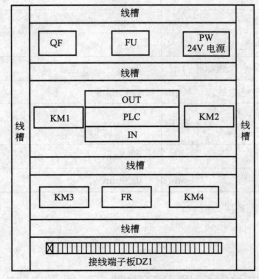

图 5.26 电气控制盘电器元件布置图

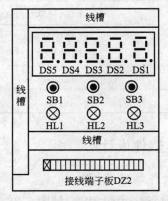

图 5.27 操作控制面板电器元件布置图

至此，基本完成了步进电动机运动控制系统要求的电气控制原理和工艺设计任务。根据设计方案选择的电器元件，就可以列出实现本系统用到的电器元件、设备和材料明细表，见表 5 - 21。

表 5 - 21　电器元件、设备、材料明细表

序号	文字符号	名　称	规格型号	数量	备　注
1	PLC	可编程控制器	S7 - 200 CPU 226 DC/DC/DC	1 台	直流 24V 供电，晶体管输出
2	M	电动机	—	1 台	三相交流异步电动机
3	PW	开关电源	S - 350 - 24	1 台	输入 AC 220V，输出 DC 24V，10A
4	QF	断路器	DZ5 - 20	1 个	进线电源断路器
5	FU	熔断器	RL1 - 60	1 个	熔体额定电流为 50A
6	KM1、KM2、KM3、KM4	交流接触器	LC1 - D25BDC	4 个	线圈电压 DC 24V，3 个主触点，2 常开、2 常闭辅助触点
7	FR	热继电器	JR20 - 25	1 个	热元件额定电流取 17A，整定电流取 15A
8	SB1、SB2、SB3	电动机启动、停止按钮	LA20 - 11	3 个	绿色 2 个，红色 1 个
9	HL1、HL2、HL3	信号指示灯	AD38	3 个	绿色，电源、正转、反转各 1 个
10	BM	编码器	E6C2 - CWZ6C	2 个	10 脉冲/转
11	—	显示电路板		1 块	
12	—	电气控制柜	—	1 个	1200mm×800mm×600mm
13	—	接线端子板	UK5N	2 个	40 端口
14	—	线槽	JDO	10m	25mm×25mm
15	—	供电电源线	铜芯塑料绝缘线	50m	4mm^2
16	—	PLC 地线	铜芯塑料绝缘线	1m	2mm^2
17	—	控制导线	铜芯塑料绝缘线	100m	0.75mm^2
18	—	线号标签或线号套管		若干	—
19	—	包塑金属软管		10m	Φ20mm
20	—	钢管		5m	Φ20mm

五、软件设计

1. 软件编程

本项目程序由主程序(如图 5.28 所示)、初始化子程序 INIT(如图 5.29 所示)、转速显示

子程序 Speed＿Disp(如图 5.30 所示)、高速计数器计数方向改变中断处理程序 HSC＿INT
(如图 5.31 所示)以及定时中断处理程序 TIME＿INT(如图 5.32 所示)组成。

1) 主程序

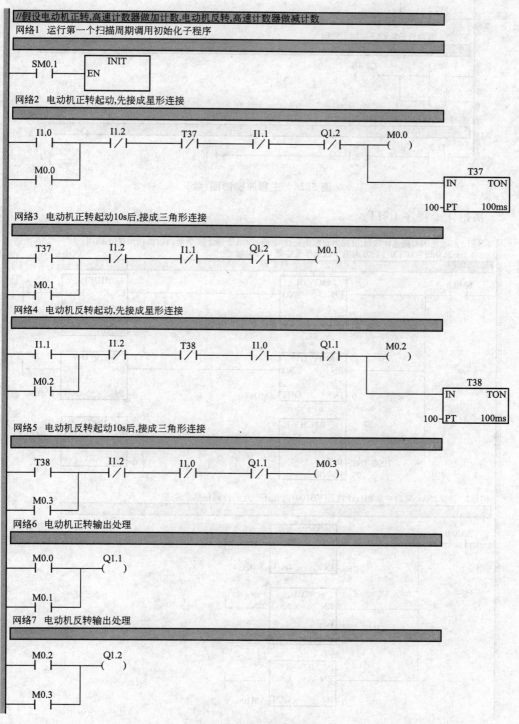

图 5.28　主程序梯形图

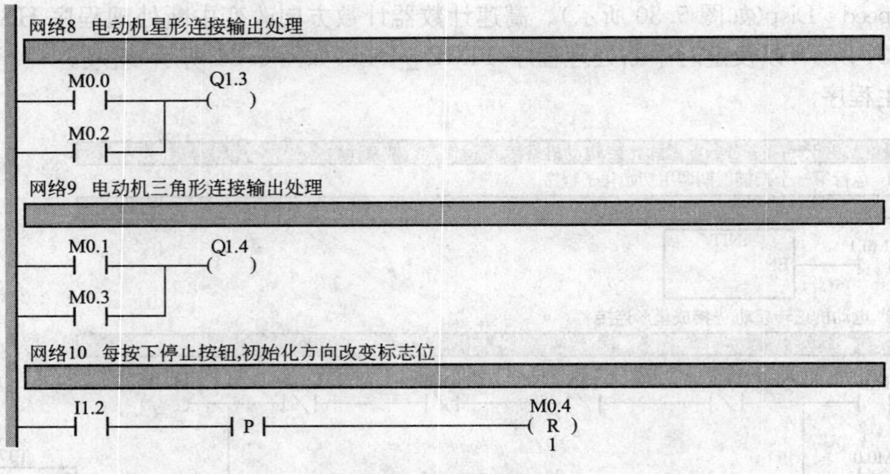

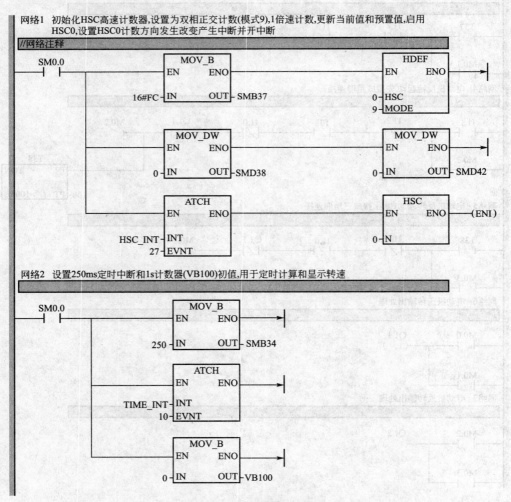

图 5.28 主程序梯形图(续)

2) 初始化子程序 INIT

图 5.29 初始化子程序梯形图

网络3 初始化AC0、AC3和方向改变标志位AC0保存前1s计数器的值,AC3保存方向改变前的计数器的值, M0.4为方向改变标志位

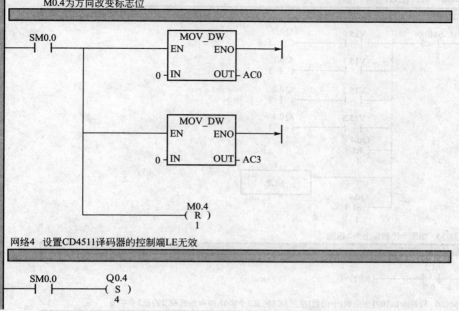

网络4 设置CD4511译码器的控制端LE无效

图 5.29 初始化子程序梯形图(续)

3)转速显示子程序 Speed_Disp

网络1 显示转速子程序,转速保存在AC2的低2个字节,数码管DS5显示转向,DS1显示个位, DS2显示10位,DS3显示百位,DS4显示千位

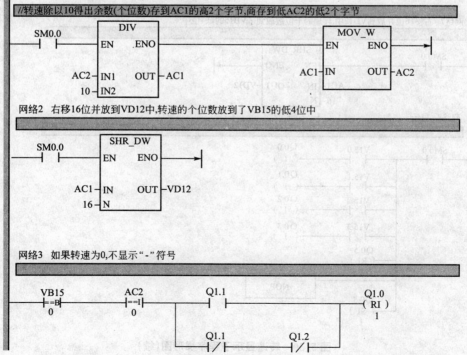

图 5.30 转速显示子程序梯形图

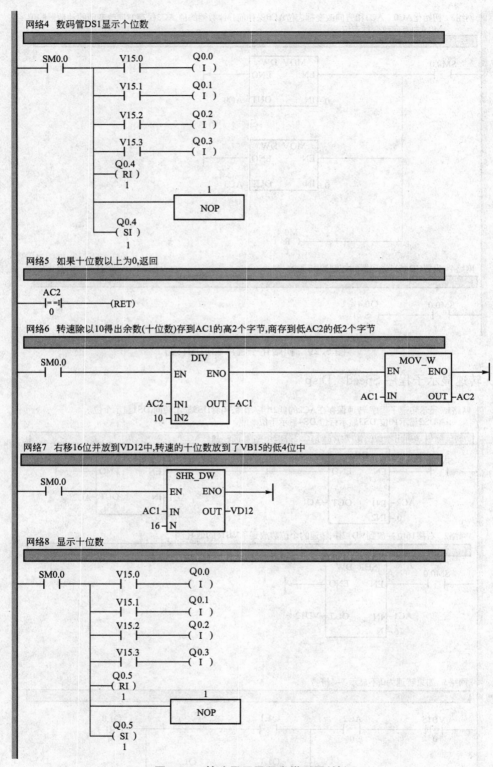

图5.30 转速显示子程序梯形图(续)

网络9 如果百位数以上为0,返回

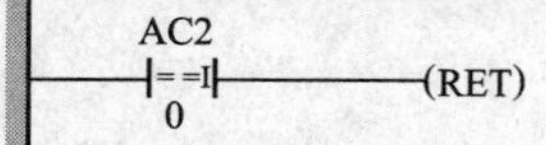

```
AC2
==I        (RET)
0
```

网络10 转速除以10得出余数(百位数)存到AC1的高2个字节,商存到低AC2的低2个字节

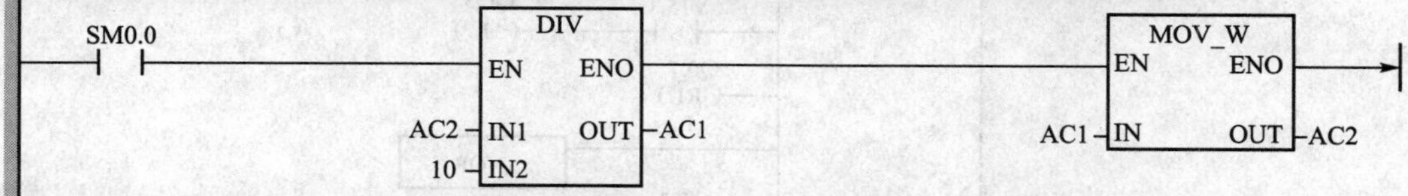

```
SM0.0            DIV                      MOV_W
──┤├──      EN      ENO            EN      ENO
                                                  ──►
         AC2─IN1  OUT─AC1        AC1─IN   OUT─AC2
          10─IN2
```

网络11 右移16位并放到VD12中,转速的百位数放到了VB15的低4位中

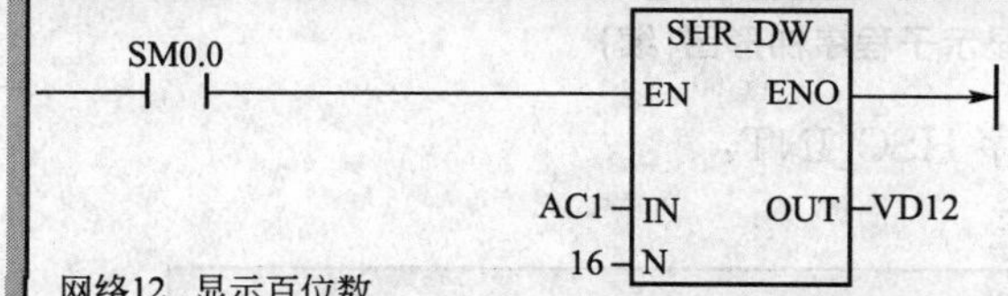

```
SM0.0           SHR_DW
──┤├──      EN      ENO
                          ──►
         AC1─IN   OUT─VD12
          16─N
```

网络12 显示百位数

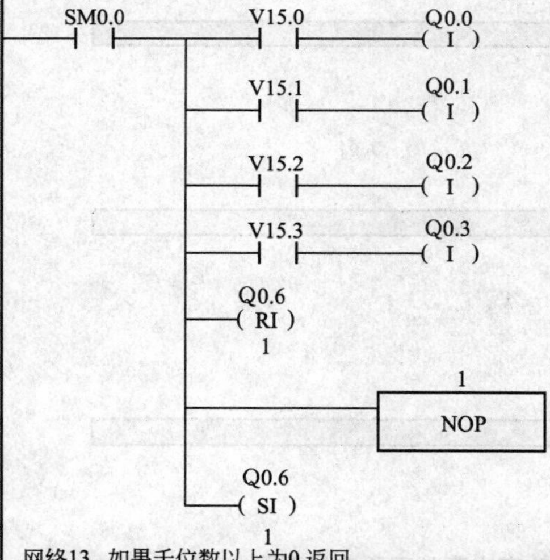

```
SM0.0    V15.0        Q0.0
──┤├─────┤├──────────( I )

         V15.1        Q0.1
         ─┤├──────────( I )

         V15.2        Q0.2
         ─┤├──────────( I )

         V15.3        Q0.3
         ─┤├──────────( I )

         Q0.6
        ( RI )
          1

                      1
                    ┌──────┐
                    │ NOP  │
                    └──────┘

         Q0.6
        ( SI )
          1
```

网络13 如果千位数以上为0,返回

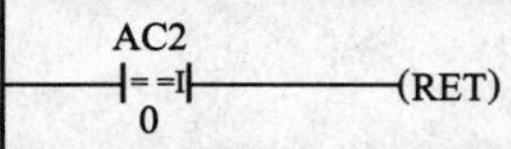

```
AC2
==I        (RET)
0
```

网络14 转速除以10得出余数(千位数)存到AC1的高2个字节,右移16位并放到VD12中,转速的千位数放到了
       VB15的低4位中

```
SM0.0            DIV                      SHR_DW
──┤├──      EN      ENO            EN      ENO
                                                  ──►
         AC2─IN1  OUT─AC1        AC1─IN   OUT─VD12
          10─IN2                  16─N
```

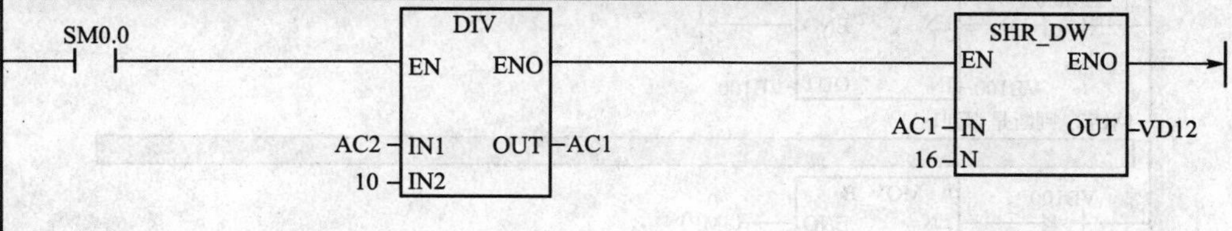

图5.30 转速显示子程序梯形图(续)

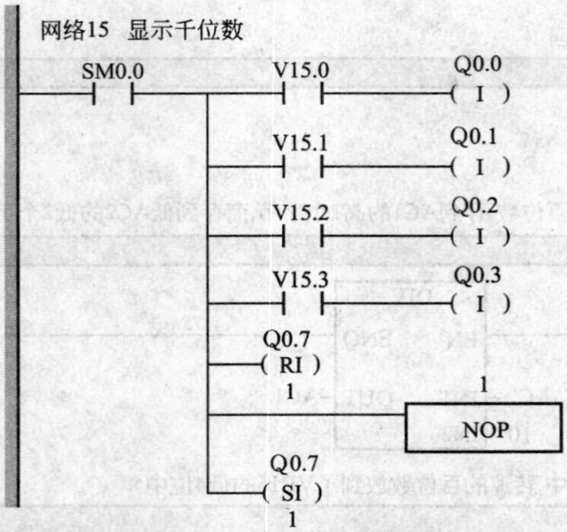

网络15 显示千位数

图 5.30 转速显示子程序梯形图(续)

高速计数器计数方向改变中断处理程序 HSC_INT：

高速计数器计数方向改变中断处理程序HSG_INT：

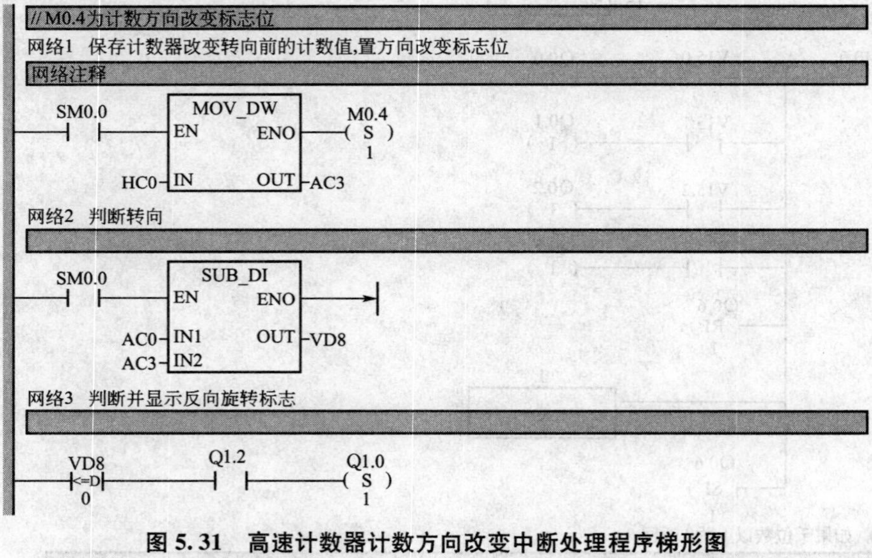

图 5.31 高速计数器计数方向改变中断处理程序梯形图

定时中断处理程序 TIME_INT：

定时中断处理程序TIME_INT：

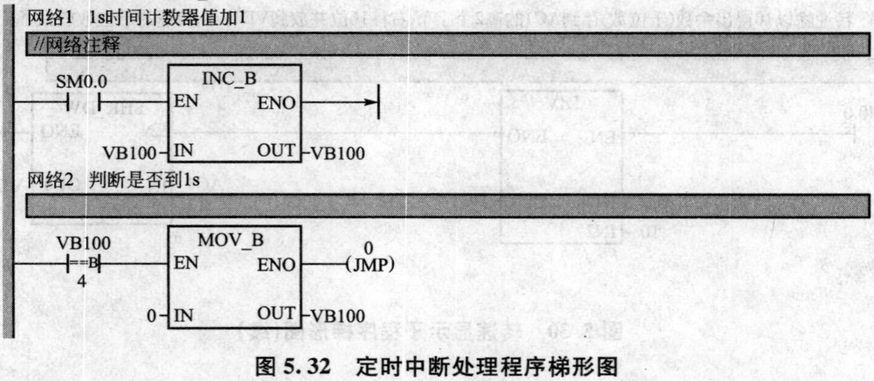

图 5.32 定时中断处理程序梯形图

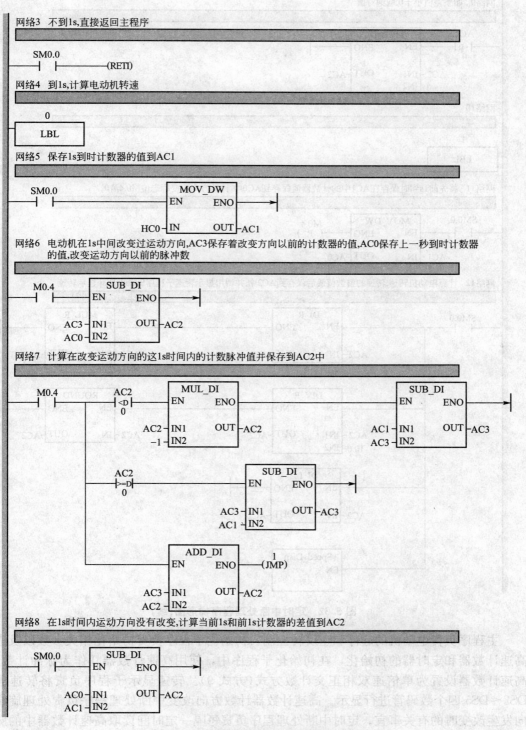

网络3 不到1s,直接返回主程序

SM0.0 ——(RETI)

网络4 到1s,计算电动机转速

0
LBL

网络5 保存1s到时计数器的值到AC1

SM0.0
MOV_DW
EN   ENO
HC0 — IN   OUT — AC1

网络6 电动机在1s中间改变过运动方向,AC3保存着改变方向以前的计数器的值,AC0保存上一秒到时计数器的值,改变运动方向以前的脉冲数

M0.4
SUB_DI
EN   ENO
AC3 — IN1   OUT — AC2
AC0 — IN2

网络7 计算在改变运动方向的这1s时间内的计数脉冲值并保存到AC2中

M0.4   AC2
        <D
        0
MUL_DI
EN   ENO
AC2 — IN1   OUT — AC2
−1 — IN2

SUB_DI
EN   ENO
AC1 — IN1   OUT — AC3
AC3 — IN2

AC2
>=D
0
SUB_DI
EN   ENO
AC3 — IN1   OUT — AC3
AC1 — IN2

ADD_DI   1
EN   ENO ——(JMP)
AC3 — IN1   OUT — AC2
AC2 — IN2

网络8 在1s时间内运动方向没有改变,计算当前1s和前1s计数器的差值到AC2

SM0.0
SUB_DI
EN   ENO
AC0 — IN1   OUT — AC2
AC1 — IN2

图 5.32 定时中断处理程序梯形图(续)

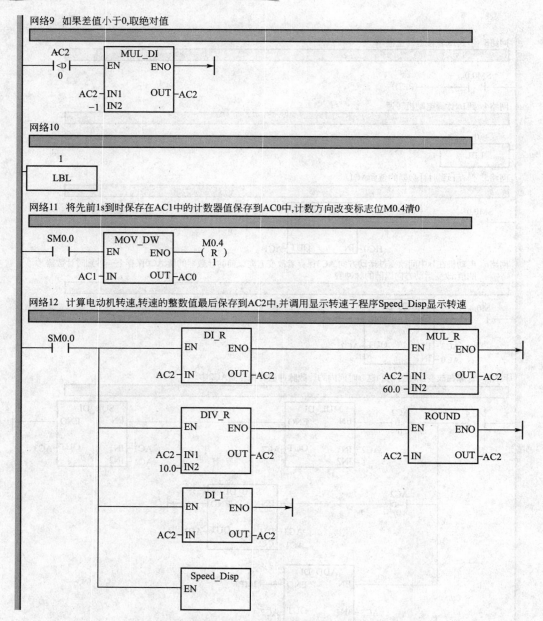

图 5.32　定时中断处理程序梯形图(续)

　　主程序负责电动机的起停和正反转控制。初始化子程序负责初始化相关参数以及进行高速计数器和定时器的初始化，在初始化子程序中，使用高速计数器 0 作为脉冲计数器，高速计数器设置为单倍速双相正交计数方式(方式 9)。转速显示子程序负责将转速通过DS2～DS5 四个数码管进行显示。高速计数器计数方向改变中断处理程序负责处理旋转方向发生改变时的有关事宜。定时中断处理程序负责每隔一定时间读取高速计数器中的脉冲计数值，并进行转速的计算和显示。因为编码器分辨率较低，间隔时间不能太短，否则在低速时误差会较大，此处设置为 1s。定时中断程序每隔 250ms 中断一次，中断 4 次即达到 1s。

2. 软件调试

本软件除了主程序外，还有子程序和中断处理程序，很难使用仿真软件进行联合调试，如果有相应的 PLC 模块，可以使用模拟调试法进行调试。在模拟调试时，数字量输入可以使用开关代替现场输入设备，数字量输出使用 PLC 上自带的输出指示灯观察。显示部分程序的调试，首先要保证显示板硬件正确，然后可通过修改程序，屏蔽掉定时中断中读 HC0 部分的程序，直接在 AC0～AC3 中设置相应的计数器值来实现。具体步骤不再详细讲述，由读者自行完成。

六、现场施工

根据图纸进行现场施工，施工过程中的注意事项参见项目 2 中"可编程控制器设计内容和步骤"，方法和步骤与项目 2 中"现场施工"类似，具体步骤不再详细讲述。

七、现场调试

现场调试的注意事项参见项目 2 中"可编程控制器设计内容和步骤"，方法和步骤与项目 2 中"现场调试"类似，具体步骤不再详细讲述。

八、整理、编写技术文档

现场调试及试运行完成后，要根据调试情况，重新修改、整理、编写相关的技术文档。主要包括：电气原理图(包括主电路、控制电路和 PLC 输入/输出电路)，设计说明(包括主要参数的计算及设备和元器件选择依据、设计依据)，电器安装布置图(包括电气控制盘、操作控制面板)，接线图(包括电气控制盘、操作控制面板)，电气互连图，电气元件设备材料明细表，I/O 分配表，控制流程图，带注释的原程序清单，软件设计说明，系统调试记录，系统使用说明书(主要包括使用条件、操作方法及注意事项、维护要求等，本设计从略)。最后形成正确的、与系统最终交付使用时相对应的一整套完整的技术文档。

项 目 实 训

基于高速计数器的电梯显示控制实训

利用高速计数器确定楼层层间距。方法是把电梯停在基站的平层位置，压住下行强退换速开关(SQ1)，拨动专用的自学习开关(QS)，使电梯以极慢的速度上行。现假设电梯共有 5 层，每到一层平层处都有一个门区信号(SQ3)。利用此开关将高速计数器的脉冲数截住即为层间距。然后放到对应的寄存器中，电梯继续运行直到最顶层，压住上行强迫换速开关(SQ2)时电梯停止，自学习过程结束。

层间距定好后就可以进行模拟运行，不考虑任何交通呼梯信号及减速停靠，只用两个按钮作为上下行运行起动，一个停止按钮，电梯只是从基站平层到顶层做直线运行，途中不停靠，只是有相应的层标显示；中途如遇停电等故障重新运行时需到基站平层去校正。

牵引电梯的电动机功率为 15kW，要有必要的过载和短路保护、安全保护及工作指示。要求设计、实现该控制系统，并形成相应的设计文档。

系统输入点分配如下：

I0.0、I0.1 为高速计数器；I0.3 为下行强迫换速开关（SQ1）；I1.0 为门区光电开关（SQ3）；I0.4 为上行强迫换速开关（SQ2）；I1.1 为自学习开关（QS）；I0.5、I0.6 为正反向启动按钮（SB1，SB2）；I0.7 为停止按钮（SB3）。

系统输出点分配如下：

Q0.0 为电梯上行（KA1）；Q0.1～Q0.5 为对应 1～5 层的输出信号（KA2～KA6）；Q0.6 为电梯下行（KA7）；Q1.0～Q1.6 为七段数码管层标显示（a，b，c，d，e，f，g）；Q0.7 为井道自学习速度（KA8）。

项 目 小 结

本项目对 S7－200 系列 PLC 的数据运算类指令，数据转换类指令，高速计数器指令，编码器的分类、原理和应用以及 PLC 控制 LED 数码管的显示方法等知识作了讲解，并对 PLC 电动机转速测量显示控制系统的设计与施工过程（包括控制方案的确定，设备和电器元件的选择，电气原理图设计，工艺设计，软件编程，现场施工和系统调试，技术文件的编写整理等）做了详细的讲解，为以后从事相应的工作打下基础。

思考与练习

1. 用数据类型转换指令实现将厘米转换为英寸(in)。已知 1in＝2.54cm。

2. 编写输出字符 "8" 的七段显示码程序。

3. 用算术运算指令完成下列的运算。

$(1) 5^3$；(2) 求 COS30°

4. 编写一高速计数器程序，要求。

(1) 首次扫描时调用一个子程序，完成初始化操作。

(2) 用高速计数器 HSC1 实现加计数，当计数值＝200 时，将当前值清 0。

5. 编程实现下列功能：当 I0.0 接通一次，则 VW0 的值加 1。当 VW0＝5 时，Q0.0 接通，用 I0.1 使 Q0.0 复位和 VW0 清零。

6. 求 200 的立方根，并将结果存储在 VD20 中。

7. 设圆的半径存在 VW10 中，取圆周率为 3.1416，用运算指令计算圆的周长和面积，运算结果四舍五入转换为整数，并分别存放在 VW20 和 VW22 中。

项目 6

液位控制系统的设计与实现

知识目标

了解触摸屏、变频器的种类、结构、选用，S7-200 系列 PLC 的模拟量输入/输出类型、结构、技术指标、选用标准；掌握 S7-200 系列 PLC 的模拟量输入/输出的连接、校准以及模拟量输入/输出通道的地址分配，PID 控制算法及应用。

能力目标

能完成简单的触摸屏加 PLC 模拟量过程控制系统的设计与施工，包括控制方案的确定，设备和电器元件的选择，电气原理图设计，工艺设计，软件编程，触摸屏的组态和数据下载，变频器的接线和参数设置，系统施工和调试，技术文件的编写整理等。

引言

过程控制系统是以表征生产过程的参量为被控制量使之接近给定值或保持在给定范围内的自动控制系统。这里的"过程"是指在生产装置或设备中进行的物质和能量的相互作用和转换过程。表征过程的主要参量有温度、压力、流量、液位、成分、浓度等模拟量。通过对过程参量的控制，可使生产过程中产品的产量增加、质量提高和能耗减少。一般的过程控制系统通常采用反馈控制的形式，这是过程控制的主要方式。

过程控制在工农业生产和日常生活中有广泛的应用。20 世纪 50 年代，过程控制主要用于使生产过程中的一些参量保持不变，从而保证产量和质量稳定。60 年代，随着各种组合仪表和巡回检测装置的出现，过程控制已开始过渡到集中监视、操作和控制阶段。70 年代，出现了过程控制最优化与管理调度自动化相结合的多级计算机控制系统。80 年代以后，过程控制系统开始与过程信息系统相结合，具有更多的功能。液位控制系统即是自动过程控制系统在实际生产生活中的应用之一，在石油、化工、电力、冶金、食品、水利等行业都有广泛的应用。

任务描述

设计一水箱水位控制系统。水箱放在高度为 10m 的地方，由一水泵从水池内抽水放入水箱供使用，最大用水量为 $180m^3/h$，水箱内允许最高水位为 1m。系统组成如图 6.1 所示，主要由水泵及相应的 PLC、水位变送器、变频器、接触器等组成。

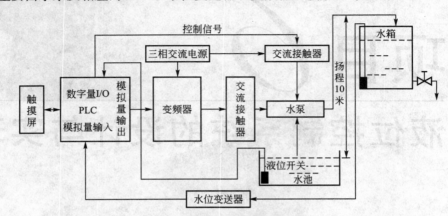

图 6.1　水位控制系统组成示意图

系统控制要求如下。

（1）需要控制的水箱水位高度可由用户通过触摸屏在 0.5～0.9m 之间设定。

（2）系统有手动和自动两种运行方式。手动运行时，可以通过触摸屏或控制柜上的启动和停止按钮控制水泵工频运行的启停；系统自动运行时，可以通过触摸屏上的启动和停止按钮控制系统的运行，并由系统根据水箱用水量的变化情况，自动调整变频器的运行频率，控制水泵的转速和供水量，从而使水箱水位保持在设定水位附近。

（3）报警功能。对于该系统中的异常情况，如水泵过载、水池水位低、变频器故障等，应发出声光报警并停止系统运行，同时触摸屏能显示报警状态。

要求设计、实现该控制系统，并形成相应的设计文档。

任务分析

该系统要求最大供水量为 $180m^3$/小时，即 $0.05m^3/s$，扬程为 10m，根据水泵功率计算公式 $P=9.8HQ/\eta$，式中 H 为扬程（单位 m），Q 为出水量（单位 m^3/s），η 为水泵效率（通常为 70%左右），P 为水泵功率（单位 kW），则水泵功率 $P=7kW$，所以可以选择功率为 7.5kW 的水泵。

该控制系统比较复杂。硬件主要包括抽水水泵、控制部分的 PLC、变频器、控制水泵主电路通断的接触器、进行过载和短路保护的热继电器和熔断器以及控制和显示电动机起动和停止的触摸屏、按钮、指示灯等。另外，该系统与前边的系统相比，增加了触摸屏人机界面。由于需要检测水压等模拟量信号和控制变频器输出频率，所以除了需要 PLC 具有数字量输入/输出功能外，还需要具有模拟量输入/输出功能。该系统的软件也比较复杂，主要表现在以下两点：触摸屏需要使用专用软件进行组态；变频器的频率调节需要

PLC 使用 PID 控制算法实现。

要进行该控制系统的设计，首先要对 S7-200 系列 PLC 的模拟量输入/输出软硬件设计、PID 控制算法等有比较清楚的了解，下面重点就上述与本项目相关的知识进行讲解。

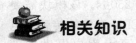

相关知识

一、S7-200 系列 PLC 的模拟量扩展模块

S7-200PLC 的模拟量扩展模块提供了模拟量输入/输出的功能。在工业控制中，被控对象常常是温度、压力、流量等模拟量，而 PLC 内部执行的是数字量。S7-200 PLC 的模拟量输入扩展模块可以将 PLC 外部的模拟量转换为数字量送入 PLC 内，经 PLC 处理后，再由模拟量输出扩展模块将 PLC 输出的数字量转换为模拟量送给控制对象。模拟量扩展模块优点有：最佳适应性。可直接与传感器和执行器相连，适用于复杂的过程控制场合。例如 EM231 模块可直接与热敏电阻或热电偶相连用于温度的测量和控制。灵活性。当实际应用变化时，PLC 可以相应的进行扩展，并可非常容易的调整用户程序。

S7-200 系列 PLC 的模拟量扩展模块主要有模拟量输入模块、模拟量输出模块以及模拟量输入/输出模块，模块名称及对应关系见表 6-1。

表 6-1 模块名称及对应关系

模块	EM231	EM232	EM235
通道数	4(或 8)路模拟量输入	2(或 4)路模拟量输出	4 路模拟量输入，1 路模拟量输出

1. 模拟量输入模块 EM231

1) EM231 结构及接线

模拟量输入信号是一种连续变化的物理量，如电压、电流、温度、压力、位移、速度等。工业控制中，要对这些模拟量信号进行采集并送给 PLC 的 CPU 进行处理，必须先对这些模拟量进行模数(A/D)转换，模拟量输入模块就是用来将模拟量信号转换成 PLC 所能接受的数字信号的。生产过程的模拟信号是多种多样的，类型和参数大小也各不相同，所以一般先用现场信号变送器把它们变换成统一的标准信号(如 0~20mA 的电流信号，0~5V 的直流电压信号等)，然后再送入模拟量输入模块将模拟量信号转换成数字量信号，以便 PLC 的 CPU 进行处理。模拟量输入模块一般由滤波、模/数(A/D)转换、光耦合器、内部电路等部分组成，如图 6.2 所示。光耦合器有效地防止了电磁干扰，对于多通道的模拟量输入单元，通常设置多路转换开关进行通道的切换，且在输出端设置信号寄存器。

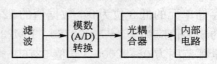

图 6.2 模拟量输入模块框图

模拟量输入模块设有电压信号和电流信号输入端。输入信号经滤波、放大、模/数(A/D)转换得到的数字量信号，再经光耦合器进入 PLC 内部。

模拟量输入模块 EM231 具有 4 个或 8 个模拟量输入通道，每个通道占用 AI 存储器区域的 2 个字节。该模块模拟量输入值为只读数据。电压输入范围：单极性 0～10V 或 0～5V；双极性 −5～+5V，−2.5～+2.5V。电流输入范围：0～20mA。模拟量到数字量的最大转换时间为 250μs。该模块需要 DC 24V 供电。可由 CPU 模块的传感器电源 DC 24V 供电，也可由用户提供外部 DC 24V 电源。

EM231 模拟量输入模块(4 输入)接线图如图 6.3 所示。模块上部共有 12 个端子，每 3 个端子为 1 组(见图 6.4 中所示的 RA、A+、A−)，可作为一路模拟量的输入通道，共 4 组。对于电压信号只用 2 个端子，(如图 6.3 所示中的 A+、A−)，电流信号需用 3 个端子，如图 6.3 所示中的 RC、C+、C−，且 RC 与 C+端子短接。对于未用的输入通道应短接，如图 6.3 所示中的 B+、B−。模块下部左端的 M、L+两端应接入 DC 24V 电源，右端分别是校准电位器和配置设定开关。

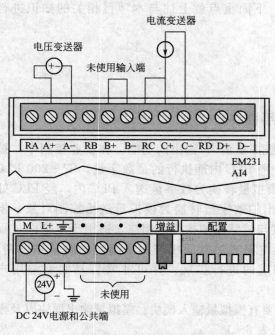

图 6.3 EM231 模拟量模块端子接线图

2) EM231 的输入数据字格式

模拟量输入模块的分辨率通常以 A/D 转换后的二进制数字量的位数来表示，模拟量输入模块 EM231 的模拟量输入信号经 A/D 转换后的数字量数据值是 12 位二进制数。数据值的 12 位在 PLC 内部占两个字节，其格式如图 6.4 所示。最高有效位是符号位：0 表示正值数据，1 表示负值数据。

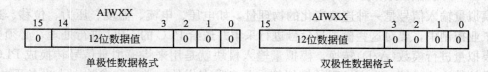

图 6.4 EM231 输入数据字格式

（1）单极性数据格式。单极性数据对应电流输入或单极性电压输入信号。单极性数据存储单元的低 3 位为 0，数据值的 12 位存放在第 3～14 位区域，最高位为 0。这 12 位数据的最大值应为 $2^{15}-7=32760$。EM231 模拟量输入模块 A/D 转换后的单极性数据格式的全量程范围为 0～32000，差值 32760−32000＝760 用于偏置/增益调节，由系统完成。由于第 15 位为 0，表示是正值数据。

（2）双极性数据格式。双极性数据对应双极性电压输入信号。双极性数据存储单元的低 4 位均为 0，数据值的 12 位存放在第 4～15 位区域。最高有效位是符号位，数据以二进制补码的形式存放，数据的全量程范围设置为−32000～+32000。

3) EM231 的配置

EM231 能测量电流、电压等不同等级的模拟量，其测量转换由位于模块底部端子板上右侧的 DIP 开关配置，如图 6.5 所示。对于 4 输入 EM231，DIP 开关 1、2、3 选择模拟量输入范围。对于 8 输入 EM231，DIP 开关 3、4、5 选择模拟量输入范围，开关 1、2 分别用于设置通道 6、7 的输入信号类型，ON 为电流输入，OFF 为电压输入，当通道 6、7 的输入为电压信号时，其电压输入范围由开关 3、4、5 选择，与 0～5 通道相同。其设置方法具体见表 6-2。模块开关的设置应用于整个模块，一个模块只能设置为一种测量范围，即相同的输入量程和分辨率(8 输入的 6、7 通道除外)；而且开关设置只有在重新上电后才能生效。

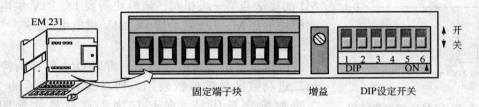

固定端子块　　　　　增益　　　DIP设定开关

图 6.5　EM231DIP 配置开关

表 6-2　EM231 设置模拟量输入范围的开关表

单极性			满量程输入	分辨率
SW1(3)	SW2(4)	SW3(5)		
ON	OFF	ON	0～10V	2.5mV
	ON	OFF	0～5V	1.25mV
			0～20mA	5μA
双极性			满量程输入	分辨率
OFF	OFF	ON	±5V	2.5mV
	ON	OFF	±2.5V	1.25mV

2. 模拟量输出模块 EM232

1) EM232 结构及接线

在工业控制中，有些现场设备需要用模拟量信号控制，例如电动阀门、液压电磁阀等执行机构，需要用连续变化的模拟电压或电流信号来控制或驱动，这就要求把 PLC 输出的数字量变换成模拟量，以满足这些设备的需求。

模拟量输出模块的作用就是把 PLC 输出的数字量信号转换成相应的模拟量信号，以适应模拟量控制的要求。模拟量输出模块一般由光耦合器、数/模(D/A)转换器和信号驱动等环节组成，如图 6.6 所示。光耦合器可有效地防止电磁干扰。

PLC 输出的数字量信号由内部电路送至光耦合器的输入端，经光耦合后的数字信号，再经数/模(D/A)转换器转换成直流模拟量信号，经放大器放大后驱动输出。

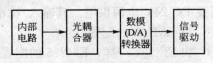

图 6.6　模拟量输出模块框图

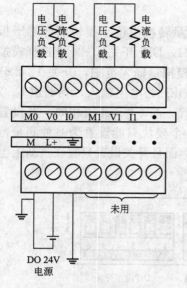

图 6.7　EM232 模拟量输出模块端子接线图

模拟量输出模块 EM232 具有两个或四个模拟量输出通道。每个输出通道占用存储器 AQ 区域 2 个字节。该模块输出的模拟量既可以是电压信号，也可以是电流信号。电压信号输出范围为 −10～+10V，电流信号输出范围为 0～20mA。用户程序无法读取模拟量输出值。

EM232 模拟量输出模块(2 输出)端子接线图如图 6.7 所示。模块上部有七个端子，左端起每 3 个端子为 1 组，作为 1 路模拟量输出，共两组。第一组 V0 端接电压负载，I0 端接电流负载，M0 为公共端。第二组 V1、I1、M1 的接法与第一组相同。该模块需要 DC 24V 供电，输出模块下部 M、L+ 两端接 DC 24V 供电电源。

2) EM232 的输出数据字格式

模拟量输出模块的分辨率通常以 D/A 转换前待转换的二进制数字量的位数表示，PLC 运算处理后的 12 位二进制数字量信号，在 PLC 内部存放格式如图 6.8 所示。

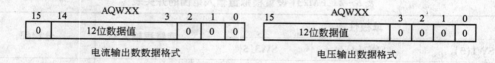

图 6.8　EM232 输出数据格式

（1）电流输出数据格式。对于电流输出的数据，其 2 字节的存储单元的低 3 位均为 0，数据值的 12 位是存放在第 3～14 位区域。电流输出数据范围为 0～+32000，第 15 位为 0，表示是正值数据字。

（2）电压输出格式数据。对于电压输出的数据格式，其 2 字节存储单元的低 4 位均为 0，数据值的 12 位是存放在 4～15 位区域。电压输出数据范围为 −32000～+32000。

3. 模拟量输入输出模块 EM235

1) EM235 的结构及接线

S7−200 还配有模拟量输入/输出模块 EM235。它具有 4 个模拟量输入通道和 1 个模拟量输出通道，其端子接线图如图 6.9 所示。

该模块的模拟量输入功能同 EM231 模拟量输入模块，技术参数也基本相同。只是电压输入范有所不同，单极性为 0～10V、0～5V、0～1V、0～500mV、0～100mV、0～50mV；双极性为 −10～+10V、−5～+5V、−2.5～+2.5V、−1～+1V、−500～+500mV、−250～+250mV、−100～+100mV、−50～+50mV、−25～+25mV。

该模块的模拟量输出功能同 EM232 模拟量输出模块，技术参数也基本相同。该模块需要 DC 24V 电源供电。其输入/输出的数据字格式与 EM231 和 EM232 相同。

2) EM235 的配置

如 EM231 一样，EM235 的配置也是由位于模块底部端子板右侧的 DIP 开关配置，如图 6.10 所示。开关 1～6 可设置模拟量输入范围和分辨率，具体设置方法见表 6−3。开关

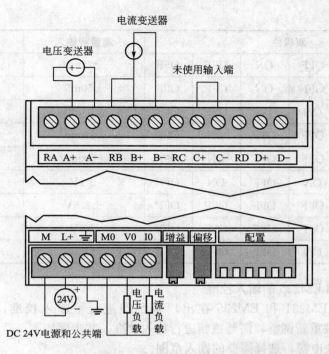

图 6.9　EM235 模拟量输入/输出模块端子接线图

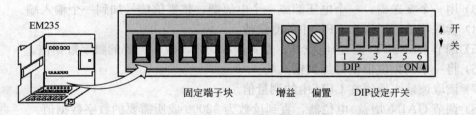

图 6.10　EM235 DIP 配置开关

设置应用于整个模块，一个模块只能设置为一种输入量程和分辨率；而且模块设置只有在重新上电后才能生效。

表 6 - 3　EM235 设置模拟量输入范围的开关表

单极性						满量程输入	分辨率
SW1	SW2	SW3	SW4	SW5	SW6	—	
ON	OFF	OFF	ON	OFF	ON	0～50mV	12.5μV
OFF	ON	OFF	ON	OFF	ON	0～100mV	25μV
ON	OFF	OFF	OFF	ON	ON	0～500mV	125μV
OFF	ON	OFF	OFF	ON	ON	0～1V	250μV
ON	OFF	OFF	OFF	OFF	ON	0～5V	1.25mV
ON	OFF	OFF	OFF	OFF	ON	0～20mA	5μA
OFF	ON	OFF	OFF	OFF	ON	0～10V	2.5mV

续表

双极性						满量程输入	分辨率
ON	OFF	OFF	ON	OFF	OFF	±25mV	12.5μV
OFF	ON	OFF	ON	OFF	OFF	±50mV	25μV
OFF	OFF	ON	ON	OFF	OFF	±100mV	50μV
ON	OFF	OFF	OFF	ON	OFF	±250mV	125μV
OFF	ON	OFF	OFF	ON	OFF	±500mV	250μV
OFF	OFF	ON	OFF	ON	OFF	±1V	500μV
ON	OFF	OFF	OFF	OFF	ON	±2.5V	1.25mV
OFF	ON	OFF	OFF	OFF	OFF	±5V	2.5mV
OFF	OFF	ON	OFF	OFF	OFF	±10V	5mV

3) EM231 和 EM235 的输入校准

模拟量模块 EM231 和 EM235 在出厂前已经进行了输入校准，如果 OFFSET 和 GAIN 电位器已被重新调整，需要重新进行输入校准。其步骤如下。

（1）切断模块电源，选择需要的输入范围。

（2）接通 CPU 和模块电源，使模块稳定 15min。

（3）用一个变送器，一个电压源或一个电流源，将零值信号加到一个输入端。

（4）读取该输入通道在 CPU 中的测量值。

（5）调节 OFFSET（偏置）电位器，直到读数为零，或所需要的数字数据值。

（6）将一个满刻度值信号加到输入端。

（7）读取该输入通道在 CPU 中的测量值。

（8）调节 GAIN（增益）电位器，直到读数为 32000 或所需要的数字数据值。

（9）必要时，重复偏置和增益校准过程直至数据稳定。

4. 模拟量值和 A/D 转换值的转换

假设模拟量的标准电信号是 $A_0 \sim A_m$（如：4～20mA），A/D 转换后对应放入数值为 $D_0 - D_m$（如：6400～32000），设模拟量的标准电信号是 A，A/D 转换后的相应数值为 D，由于是线性关系，函数关系 $A = f(D)$ 可以表示为数学方程为

$$A = (D - D_0) \times (A_m - A_0)/(D_m - D_0) + A_0$$

根据该方程式，可以方便地根据 D 值计算出 A 值。将该方程式逆变换，得出函数关系 $D = f(A)$ 可以表示为数学方程为

$$D = (A - A_0) \times (D_m - D_0)/(A_m - A_0) + D_0$$

根据该方程式，可以方便地根据 A 值计算出 D 值。

具体举一个实例加以说明。以 S7 - 200 和 4～20mA 为例，经 A/D 转换后，我们得到的数值是 6400～32000，即 $A_0 = 4$，$A_m = 20$，$D_0 = 6400$，$D_m = 32000$，代入公式，得出

$$A = (D - 6400) \times (20 - 4)/(32000 - 6400) + 4$$

假设该模拟量与 AIW0 对应，则当 AIW0 的值为 12800 时，相应的模拟电信号为

$$6400 \times 16/25600 + 4 = 8mA$$

又如，某温度传感器测温范围为－10～＋60℃，输出信号与4～20mA相对应，如果以 T 表示温度值，AIW0 为 PLC 模拟量采样值，则根据上式直接代入得出

$$T=70×(AIW0-6400)/25600-10$$

可以用 T 直接显示温度值。

再如，某压力变送器，当压力达到满量程 5MPa 时，压力变送器的输出电流是 20mA，AIW0 的数值是 32000。当压力为 0.1MPa 时，压力变送器的电流应为 4mA，AIW0 的数值是 6400。可见，压力变送器输出每毫安电流对应的 A/D 值为 32000/20，由此得出，AIW0 的数值转换为实际压力值(单位为 kPa)的计算公式为

实际压力值＝(AIW0 的值－6400)(5000－100)/(32000－6400)＋100(单位：kPa)。

5. EM231 热电偶、热电阻测温扩展模块

EM231 热电偶(EM231 TC，有 4 输入和 8 输入 2 种)、热敏电阻(EM231 RTD，有 2 输入和 4 输入 2 种)扩展模块是为 S7－200PLC 设计的温度测量扩展模块。下面分别说明其使用方法。

1) EM231 热电偶扩展模块

每个 EM231 热电偶模块有 4 路或 8 路热电偶温度测量通道，每路通道都具有专门的冷端补偿电路。EM231 AI4 热电偶连线图如图 6.11 左侧所示。模块上部有 12 个端子，左端起每 2 个端子为 1 组，作为 1 路热电偶模拟量温度输入，共 4 组。每组 A＋接热电偶正端，A－接热电偶负端，如果热电偶通过屏蔽电缆与 PLC 连接，则屏蔽电缆的屏蔽层应接右端的地。该模块需要用户提供 DC 24V 电源，由模块下部 M、L＋两端接入 DC 24V 供电电源。EM231 热电偶模块可用于 7 种热电偶类型，分别是 J、K、E、N、S、T 和 R型，另外该模块上的每个通道还允许连接范围在 ±80mV 的模拟量输入信号(主要用于其他非标准热电偶)，用户必须用如图 6.11 右侧所示 DIP 配置开关来选择热电偶的类型、温度范围、断线检测和冷端补偿，连到同一模块上的热电偶必须是相同型号的。DIP 开关 SW4 为保留端，设定为 0 位置，其他 DIP 开关设定见表 6－4。DIP 开关设置后，要使其起作用，需要给模块重新加电。

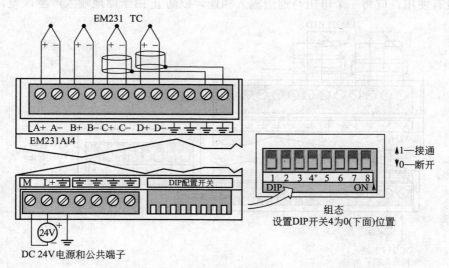

图 6.11　EM231 AI4 热电偶模块连线图及设置开关

表 6 - 4　EM231 热电偶模块的 DIP 开关设置表

热电偶类型	SW1	SW2	SW3	SW5	SW6	SW7	SW8
J(默认)	0	0	0	0：开路故障正极限值(＋3276.7 度) 1：开路故障负极限值(－3276.7 度)	0：使能断线检测 1：禁止断线检测	0：摄氏度 1：华氏度	0：使能冷端补偿 1：禁止冷端补偿
K	0	0	1				
T	0	1	0				
E	0	1	1				
R	1	0	0				
S	1	0	1				
N	1	1	0				
＋/－80mV	1	1	1				

　　对于 EM231 热电偶模块上未使用的通道应当短接或者并联到旁边的实际接线通道。在使用热电偶模块时，应禁止系统块中的模拟量滤波功能。

　　EM231 热电偶模块上每个通道占 2 个字节，数据格式是二进制的补码，表示温度的单位为 0.1 度。例如，如果测量温度是 100.2 度，则数据为 1002。如果测量的是±80mV 的电压输入信号，则数据范围为－27648～＋27648。

　　使用热电偶模块必须进行冷端补偿，如果没有启用冷端补偿，模块转换会出现错误的结果。选择±80mV 范围时，将自动禁用冷端补偿。各种类型的热电偶测温范围和精度可参考《S7－200 可编程控制器系统手册》。

　　2) EM231 热电阻扩展模块

　　每个 EM231 热电阻模块有 2 路或 4 路热电阻温度测量通道，EM231 RTD 2AI 连线图如图 6.12 左侧所示。模块上部有 12 个端子，左端起每 4 个端子为 1 组，作为 1 路热电阻输入，共 2 组，可以测量铂(Pt)、铜(Cu)、镍(Ni)热电阻或电阻。用户可以直接将热电阻接到 EM231 模块上，使用屏蔽线可达到最好的抗噪性。如果用户使用屏蔽电缆，则屏蔽电缆的屏蔽层应接右端的地，该接地点与电源连接器的 3～7 针共地。如果有的热电阻输入通道没有使用，应将一个电阻与通道输入相连，以防止由于浮地输入产生误差，影响有

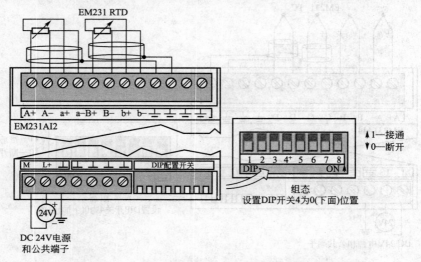

图 6.12　EM231 热敏电阻模块连线图及设置开关

效通道造成错误显示。电阻值必须和 RTD 的标称值相同，例如 Pt100 RTD 需使用 100Ω 的电阻。用户可按 3 种方式将敏电阻模块与 EM231 相连，如图 6.13 所示。精度最高的是 4 线，精度最低的是 2 线。

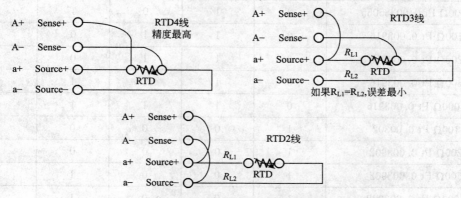

图 6.13 RTD 与传感器的接线方式示意图

该模块需要用户提供 DC 24V 电源，该电源由在模块下部的 M、L＋两端接入。EM231 热电阻模块可选用如下热电阻类型：Pt100Ω、Pt200Ω、Pt500Ω、Pt1000Ω（$\alpha=3850$PPM、3920PPM、3850.55PPM、3916PPM、3902PPM），Pt10000Ω（$\alpha=3850$PPM），Cu9.035Ω（$\alpha=4720$PPM），Ni10Ω、Ni120Ω、Ni1000Ω（$\alpha=6720$PPM，6178PPM），$R150\Omega$、R300Ω、R600ΩFS 等（注意，括号中 1PPM$=10^{-6}$）。用户必须用 DIP 配置开关，如图 6.12 右侧所示，来选择热电阻的类型、接线方式、温度测量单位和断线检测，热电阻类型与 DIP 配置开关 SW1、SW2、SW3、SW4、SW5 的关系见表 6-5，接线方式、温度测量单位和断线检测与 DIP 配置开关 SW6、SW7、SW8 的关系见表 6-6。与 EM231 热电偶模块一样，DIP 开关设置后，要使其起作用，需要给模块 DC 24V 重新加电，且连到同一模块上的热电阻必须是相同的型号。在使用热电阻模块时，在系统块中应禁止模拟量滤波功能。

表 6-5 EM231 热电阻模块选择热电阻类型 DIP 开关设置

热敏电阻类型	SW1	SW2	SW3	SW4	SW5
100 Pt 0.003850（默认）	0	0	0	0	0
200Ω Pt 0.003850	0	0	01	0	1
500Ω Pt 0.003850	0	0	0	1	0
1000Ω Pt 0.003850	0	0	0	1	1
100Ω Pt 0.003920	0	0	1	0	0
200Ω Pt 0.003920	0	0	1	0	1
500Ω Pt 0.003920	0	0	1	1	0
1000Ω Pt 0.003920	0	0	1	1	1
100Ω Pt 0.00385055	0	1	0	0	0
200Ω Pt 0.00385055	0	1	0	0	1

热敏电阻类型	SW1	SW2	SW3	SW4	SW5
500Ω Pt 0.00385055	0	1	0	1	0
1000Ω Pt 0.00385055	0	1	0	1	1
100Ω Pt 0.003916	0	1	1	0	0
200Ω Pt 0.003916	0	1	1	0	1
500Ω Pt 0.003916	0	1	1	1	0
1000Ω Pt 0.003916	0	1	1	1	1
100Ω Pt 0.00302	1	0	0	0	0
200Ω Pt 0.003902	1	0	0	0	1
500Ω Pt 0.003902	1	0	0	1	0
1000Ω Pt 0.003902	1	0	0	1	1
备用	1	0	1	0	0
100Ω Ni 0.00672	1	0	1	0	1
120Ω Ni 0.00672	1	0	1	1	0
1000Ω Ni 0.00672	1	0	1	1	1
100Ω Ni 0.006178	1	1	0	0	0
120Ω Ni 0.006178	1	1	0	0	1
1000Ω Ni 0.006178	1	1	0	1	0
10000Ω Pt 0.003850	1	1	0	1	1
10Ω Cu 0.004270	1	1	1	0	0
150Ω FS 电阻	1	1	1	0	1
300Ω FS 电阻	1	1	1	1	0
600Ω FS 电阻	1	1	1	1	1

表 6-6 EM231 热敏电阻模块的 DIP 开关设置表

SW6	SW7	SW8
0: 开路故障正极限值(+3276.7度)	0: 摄氏度	0: 3 线接线方式
1: 开路故障负极限值(−3276.7度)	1: 华氏度	1: 2 线或 4 线接线方式

二、S7-200 模拟量输入/输出映象区的大小及 I/O 地址分配

在项目 2 中已经介绍了 S7-200 数字量输入/输出映象区的大小和地址分配,下面介绍模拟量输入输出映象区的大小和地址分配。S7-200 PLC 不同型号的主机提供的模拟量 I/O 映象区的大小是不同的,分别为:CPU 222,16 输入/16 输出,地址分别为 AIW0~

AIW30/AQW0～AQW30；CPU 224、CPU 226 和 CPU 226XM，32 输入/32 输出，地址分别为 AIW0～AIW62/AQW0～AQW62。模拟量的最大 I/O 配置不能超出此区域。模拟量扩展模块总是以 2 个通道递增的方式来分配地址空间，即使有些模块的通道数不是 2 的整数倍，但仍以 2 个通道来分配地址，未用的通道地址不能分配给 I/O 链中的后续模块。

例如，某一控制系统选用 CPU 224，系统所需的输入输出点数各为：数字量输入 24 点、数字量输出 20 点、模拟量输入 6 个通道、模拟量输出 2 个通道。

本系统可有多种不同模块的选取组合，各模块在 I/O 链中的位置排列方式也可以有多种，如图 6.14 所示系统配置示意图。各模块 I/O 地址分配见表 6-7。

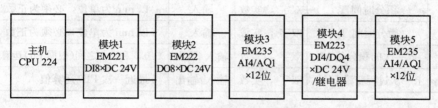

图 6.14 系统配置示意图

表 6-7 各模块 I/O 地址分配表

主机 I/O		模块 1I/O	模块 2I/O	模块 3I/O	模块 4I/O		模块 5I/O
I0.0	Q0.0	I2.0	Q2.0	AIW0 AQW0	I3.0	Q3.0	AIW8 AQW4
I0.1	Q0.1	I2.1	Q2.1	AIW2	I3.1	Q3.1	AIW10
I0.2	Q0.2	I2.2	Q2.2	AIW4	I3.2	Q3.2	AIW12
I0.3	Q0.3	I2.3	Q2.3	AIW6	I3.3	Q3.3	AIW14
I0.4	Q0.4	I2.4	Q2.4	—	—	—	—
I0.5	Q0.5	I2.5	Q2.5	—	—	—	—
I0.6	Q0.6	I2.6	Q2.6	—	—	—	—
I0.7	Q0.7	I2.7	Q2.7	—	—	—	—
I1.0	Q1.0	—	—	—	—	—	—
I1.1	Q1.1	—	—	—	—	—	—
I1.2		—	—	—	—	—	—
I1.3		—	—	—	—	—	—
I1.4		—	—	—	—	—	—
I1.5							

三、S7－200 的 PID 回路控制指令

1. PID 算法

在工业生产过程控制中，模拟信号的 PID（由比例、积分、微分构成的闭合回路）调节是常见的一种控制方法。运行 PID 控制指令，S7－200 将根据参数表中的输入测量值、控制设定值及 PID 参数，进行 PID 运算，求得输出控制值。PID 控制回路参数见表 6-8。该表中有 9 个参数，全部为 32 位的实数，占用 36 个字节。

表 6-8　PID 控制回路参数

地址偏移量	参数	数据格式	参数类型	说　明
0	过程变量当前值 PV_n	双字，实数	输入	必须在 0.0 至 1.0 范围内
4	给定值 SP_n	双字，实数	输入	必须在 0.0 至 1.0 范围内
8	输出值 M_n	双字，实数	输入/输出	在 0.0 至 1.0 范围内
12	增益 K_c	双字，实数	输入	比例常量，可为正数或负数
16	采样时间 T_s	双字，实数	输入	以 s 为单位，必须为正数
20	积分时间 T_i	双字，实数	输入	以 min 为单位，必须为正数
24	微分时间 T_d	双字，实数	输入	以 min 为单位，必须为正数
28	上一次的积分值 M_x	双字，实数	输入/输出	0.0 和 1.0 之间（根据 PID 运算结果更新）
32	上一次过程变量 PV_{n-1}	双字，实数	输入/输出	最近一次 PID 运算值

典型的 PID 算法包括三项：比例项、积分项和微分项。即：输出＝比例项＋积分项＋微分项。计算机在周期性地采样并离散化后进行 PID 运算，算法如下

$$M_n = K_c * (SP_n - PV_n) + K_c * (T_s/T_i) * (SP_n - PV_n) + M_x + K_c * (T_d/T_s) * (PV_{n-1} - PV_n)$$

其中各参数的含义已在表 6-8 中描述。

比例项 $K_c * (SP_n - PV_n)$：能及时地产生与偏差 $(SP_n - PV_n)$ 成正比的调节作用，比例系数 K_c 越大，比例调节作用越强，系统的调节速度越快，但 K_c 过大会使系统的输出量振荡加剧，稳定性降低。

积分项 $K_c * (T_s/T_i) * (SP_n - PV_n) + M_x$：与偏差有关，只要偏差不为 0，PID 控制的输出就会因积分作用而不断变化，直到偏差消失，所以积分的作用是消除稳态误差，提高控制精度。但积分动作缓慢，给系统的动态稳定带来不良影响，很少单独使用。从式中可以看出：积分时间常数增大，积分作用减弱，消除稳态误差的速度减慢。

微分项 $K_c * (T_d/T_s) * (PV_{n-1} - PV_n)$：根据误差变化的速度（即误差的微分）进行调节，具有超前和预测的特点。微分时间常数 T_d 增大时，超调量减少，动态性能得到改善，但如果 T_d 过大，系统输出量在接近稳态时可能上升缓慢。

2. PID 控制回路选项

在很多控制系统中，有时只采用一种或两种控制回路。例如，可能只要求比例控制回路或比例和积分控制回路，S7-200 的 PID 算法通过设置常量参数值来选择所需的控制回路。

(1) 如果不需要积分回路（即在 PID 计算中无"I"），则应将积分时间 T_i 设为无限大。由于积分项 M_x 的初始值，虽然没有积分运算，积分项的数值也可能不为零。

(2) 如果不需要微分运算（即在 PID 计算中无"D"），则应将微分时间 T_d 设定为 0.0。

(3) 如果不需要比例运算（即在 PID 计算中无"P"），但需要 I 或 ID 控制，则应将比例增益值 K_c 设定为 0.0。因为 K_c 是计算积分和微分项公式中的系数，将控制系统的比例增益值设为 0.0 会导致在积分和微分项计算中使用的比例增益值 K_c 为 1.0。

3. 回路输入量的转换和标准化

每个回路的给定值和过程变量都是实际数值，其大小、范围和工程单位可能不同。在

PLC 进行 PID 控制之前，必须将其转换成标准化浮点表示法。步骤如下。

（1）将实际 16 位整数转换成 32 位浮点数或实数。程序如下。

XORD AC0，AC0 　//将 AC0 清 0

ITD AIW0，AC0 　//将输入数值转换成双字

DTR AC0，AC0 　//将 32 位整数转换成实数

（2）将实数转换成 0.0 至 1.0 之间的标准化数值可用如下方法。

实际数值的标准化数值＝实际数值的非标准化数值或原始实数/取值范围＋偏移量

式中：取值范围＝最大可能数值－最小可能数值＝32000（单极性数值）或 64000（双极性数值）；偏移量对单极性数值取 0.0，对双极数值取 0.5。

如将上述 AC0 中的双极性数值（取值范围为 64000）标准化，程序如下。

/R　64000.0，AC0 　　　//使累加器中的数值标准化

＋R　0.5，AC0 　　　//加偏移量 0.5

MOVR　AC0，VD100 　　　//将标准化数值写入 PID 回路参数表中。

4. PID 回路输出转换为成比例的整数

程序执行后，PID 回路输出 0.0 和 1.0 之间的标准化实数数值，必须被转换成 16 位成比例整数数值，才能驱动模拟输出。

PID 回路输出成比例实数数值＝（PID 回路输出标准化实数值－偏移量）×取值范围

式中：偏移量和取值范围含义与"3 回路输入量的转换和标准化"相同。程序如下。

MOVR　VD108，AC0 　　//将 PID 回路输出送入 AC0

－R　0.5，AC0 　　//双极数值减偏移量 0.5

*R　64000.0，AC0 　　//AC0 的值 * 取值范围，变为成比例实数数值

ROUND　AC0，AC0 　　//将实数四舍五入取整，变为 32 位整数

DTI　AC0，AC0 　　//32 位整数转换成 16 位整数

MOVW　AC0，AQW0 　　//16 位整数写入 AQW0

5. S7－200 的 PID 指令

S7－200 可以通过两种方式使用 PID 指令：一种是设置回路参数表后，直接在程序中调用 PID 指令；另一种是通过 STEP－7 Micro/WIN 的指令向导使用 PID 指令。

1）PID 指令

PID 指令格式见表 6－9。使能输入有效时，根据回路参数表（TBL）中的输入测量值、控制设定值及 PID 参数进行 PID 计算。

表 6－9　PID 指令格式

LAD	STL	说　明
PID EN ENO ????－TBL ????－LOOP	PID TBL，LOOP	TBL：参数表起始地址 VB，数据类型：字节，如 VB100；LOOP：回路号，常量（0~7），数据类型：字节

特别提示

(1) S7 - 200 最多可以同时开启 8 个 PID 控制回路，分别编号 0~7，不能重复使用。

(2) 使 ENO＝0 的错误条件：0006(间接地址)，SM1.1(溢出，参数表起始地址或指令中指定的 PID 回路指令号码操作数超出范围)。

(3) PID 指令不对参数表输入值进行范围检查。必须保证过程变量和给定值积分项前值和过程变量前值在 0.0 和 1.0 之间。

2) PID 指令向导

STEP - 7 Micro/WIN 提供了 PID Wizard(PID 指令向导)，可以帮助用户方便地生成一个闭环控制过程的 PID 算法。此向导可以完成绝大多数 PID 运算的自动编程，用户只需在主程序中调用 PID 向导生成的子程序，就可以完成 PID 控制任务。在使用向导时必须先对项目进行编译，在随后弹出的对话框中选择"Yes"，确认编译。如果已有的程序中存在错误，或者有没有编完的指令，编译不能通过。

PID 向导既可以生成模拟量输出 PID 控制算法，也支持开关量输出；既支持连续自动调节，也支持手动参与控制。建议使用此向导对 PID 编程并使用较新版本的编程软件，以避免不必要的错误。PID 向导编程步骤如下。

第一步：选择 PID 向导。在 STEP - 7 Micro/WIN 中的命令菜单中选择 Tools→Instruction Wizard 命令，然后在指令向导窗口中选择 PID 指令，如图 6.15 所示。单击"下一步"按钮出现如图 6.16 所示的 PID 回路号配置对话框。

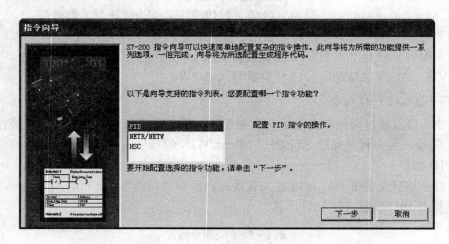

图 6.15　选择 PID 向导

第二步：选择需要配置的 PID 回路号。图 6.16 所示为 PID 回路号配置对话框，S7 - 200 最多可以同时开启 8 个 PID 控制回路。如果你的项目中已经配置了一个 PID 回路，则向导会指出已经存在的 PID 回路，并让你选择是配置修改已有的回路，还是配置一个新的回路。选好回路号后，单击"下一步"按钮出现如图 6.17 所示的设定 PID 回路参数对话框。

第三步：设定 PID 回路参数。如图 6.17 所示设定 PID 回路参数。下面分别对参数加以说明。

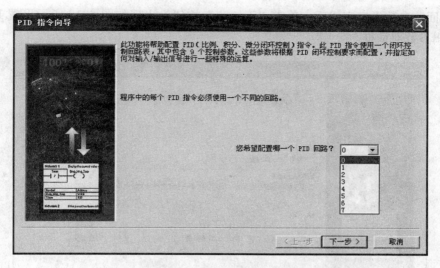

图 6.16　选择需要配置的 PID 回路号

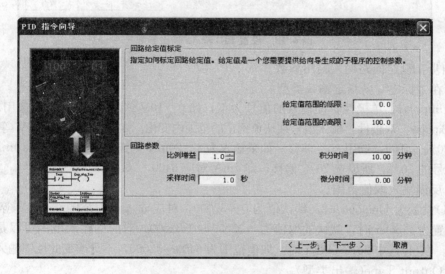

图 6.17　设置 PID 回路参数

(1) 定义回路设定值 SP(即给定值)的范围：默认值为 0.0 和 100.0，表示给定值的取值范围占过程反馈量程的百分比。

(2) Gain(增益)：即比例增益值 K_c。

(3) Integral Time(积分时间)：如果不想要积分作用，可以把积分时间设为无穷大。

(4) Derivative Time(微分时间)：如果不想要微分回路，可以把微分时间设为 0。

(5) Sample Time(采样时间)：是 PID 控制回路对反馈进行采样和重新计算输出值的时间间隔。

特别提示

关于具体的 PID 参数值，每一个项目都不一样，需要现场调试来定。

PID 回路参数设定完成后,单击"下一步"按钮,出现如图 6.18 所示设置 PID 回路输入/输出参数对话框。

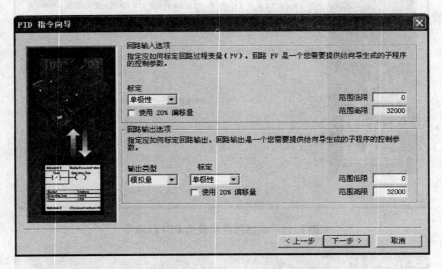

图 6.18 设置 PID 输入/输出参数

第四步:设定回路输入输出参数。

(1)在"标定"中指定输入类型。

① Unipolar:单极性,即输入的信号为正,如 0~10V 或 0~20mA 等时选用。

② Bipolar:双极性,输入信号在从负到正的范围内变化。如输入信号为±10V 等时选用。

③ 20% Offset:选用 20%偏移。如果输入为 4~20mA 则选单极性及此项,4mA 是 0~20mA 信号的 20%,所以选 20% 偏移,即 4mA 对应 6400,20mA 对应 32000。

(2)反馈输入取值范围。

在(1)设置为 Unipolar 时,默认值为 0~32000,对应输入量程范围 0~10V 等正信号。在(1)设置为 Bipolar 时,默认的取值为-32000~+32000,对应的输入范围可以是±10V、±5V 等。在(1)选中 20% Offset 时,取值范围为 6400~32000,不可改变此反馈输入。

(3)Output Type(输出类型)。

可以选择模拟量输出或数字量输出。模拟量输出用来控制一些需要模拟量给定的设备,如比例阀、变频器等;数字量输出实际上是控制输出点的通、断状态按照一定的占空比变化,可以控制固态继电器等。

(4)如果选择模拟量输出,则需在"标定"处设定回路输出变量值的范围,可以选择如下。

① Unipolar:单极性输出,可为 0~10V 或 0~20mA 等。

② Bipolar:双极性输出,可为±10V 或±5V 等。

③ 20% Offset:如果选中 20% 偏移,使输出为 4~20mA。

(5)取值范围。

为 Unipolar 时,默认值为 0~32000;为 Bipolar 时,取值-32000~32000;为 20% Offset 时,取值 6400~32000,不可改变。如果选择了开关量输出,则需要设定占空比的周期。

PID 回路输入输出参数设定完成后,单击"下一步"按钮,出现如图 6.19 所示设置

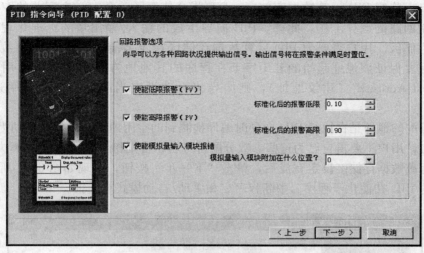

图 6.19　设置回路报警选项

PID 回路报警选项对话框。

第五步：设定回路报警选项。向导提供了三个输出来反映过程值（PV）的低值报警、高值报警及过程值模拟量输入模块错误状态。当报警条件满足时，输出置位为 1。这些功能在选中了相应的选择框之后起作用。

（1）使能低限报警并设定过程值（PV）报警的低限：此值为过程值的百分数，默认值为 0.10，即报警的低限为过程值的 10%。此值最低可设为 0.01，即满量程的 1%。

（2）使能高限报警并设定过程值（PV）报警的高限：此值为过程值的百分数，默认值为 0.90，即报警的高限为过程值的 90%。此值最高可设为 1.00，即满量程的 100%。

（3）使能过程值（PV）模拟量输入模块错误报警并设定模块与 CPU 连接时所处的模块位置。"0"就是第一个扩展模块的位置。

回路报警选项设定完成后，单击"下一步"按钮，出现如图 6.20 所示分配运算数据存储区对话框。

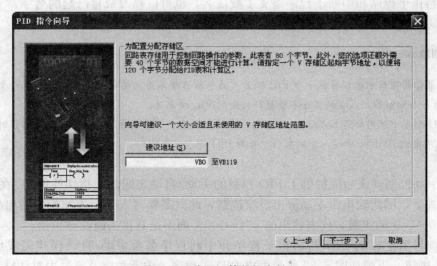

图 6.20　分配运算数据存储区

第六步：分配 PID 运算数据存储区。PID 指令使用了一个 120 个字节的 V 存储区参数表来控制回路的运算工作。此外，PID 向导生成的输入/输出量的标准化程序也需要运算数据存储区。用户需要为 PID 运算数据存储区在 V 存储区定义一个参数表的起始地址，并且要保证该地址起始的若干字节在程序的其他地方没有被重复使用。如果点击"Suggest Address"（建议地址），则向导将自动设定当前程序中没有用过的 V 区地址。

自动分配的地址是在执行 PID 向导时编译检测到的空闲地址。向导将自动为该参数表分配符号名，用户不要再自己为这些参数分配符号名，否则将导致 PID 控制不执行。

回路运算数据存储区设定完成后，单击"下一步"按钮，出现如图 6.21 所示定义向导所生成的 PID 初使化子程序、中断程序名和手动/自动模式对话框。

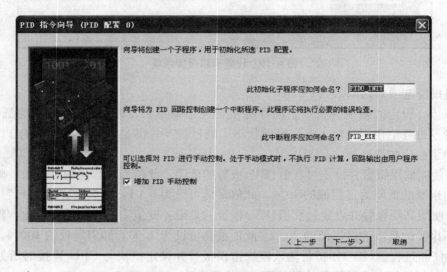

图 6.21　指定子程序、中断服务程序名和选择手动/自动控制

第七步：定义向导所生成的 PID 初始化子程序、中断程序名及手动/自动模式。向导已经为初始化子程序和中断子程序定义了默认名，也可以修改成自己起的名字。

**特别提示**

（1）如果你的项目中已经存在一个 PID 配置，则中断程序名为只读，不可更改。因为一个项目中所有 PID 共用一个中断程序，它的名字不会被任何新的 PID 所更改。

（2）PID 向导中断用的是 SMB34 定时中断，在用户使用了 PID 向导后，注意在其他编程时不要再用此中断，也不要向 SMB34 中写入新的数值，否则 PID 将停止工作。

PID 手动控制模式功能提供了 PID 控制的手动/自动之间的无扰切换能力。在 PID 手动控制模式下，回路输出由手动输出设定控制，此时需要写入一个手动控制输出参数，其范围为 0.0~1.0 的实数，代表输出的 0%~100%而不是直接去改变输出值。

定义向导所生成的 PID 初始化子程序和中断程序名及手动/自动模式完成后，单击"下一步"按钮，出现如图 6.22 所示生成 PID 子程序、中断程序及符号表对话框。

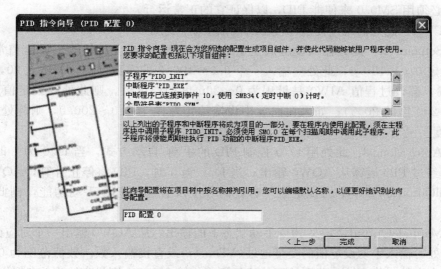

图 6.22　生成 PID 子程序、中断程序和符号表

　　第八步：生成 PID 子程序、中断程序及符号表。如图 6.22 所示，一旦点击完成按钮，将在你的项目中生成上述 PID 子程序、中断程序及符号表等。

　　第九步：配置完 PID 向导，在程序中调用向导生成的 PID 子程序，如图 6.23 所示。在用户程序中调用 PID 子程序时，可在指令树的 Program Block（程序块）中双击由向导生成的 PID 子程序，在局部变量表中，可以看到有关形参的解释和取值范围。

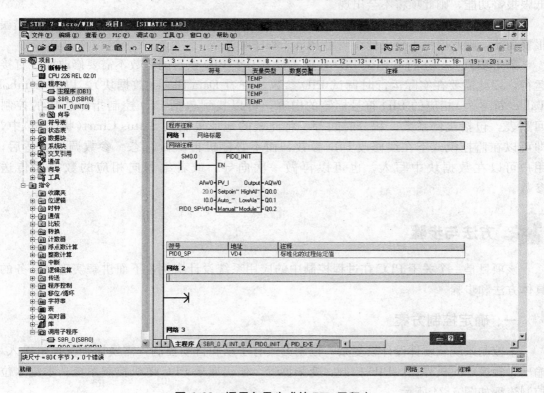

图 6.23　调用向导生成的 PID 子程序

（1）必须用 SM0.0 来使能 PID，以保证它的正常运行。

（2）PV_I：此处输入过程值（反馈）的模拟量输入地址。

（3）Setpoint_R：此处输入设定值变量地址（VDxx），或者直接输入设定值常数，根据向导设定 0.0～100.0，此处应输入一个 0.0～100.0 的实数，例：若输入 20，即过程值为 20%，假设过程值 AIW0 是量程为 0～200 度的温度值，则此处的设定值 20 代表 40 度（即 200 度的 20%）；如果在向导中设定给定范围为 0.0～200.0，则此处的 20 相当于 20 度。

（4）Auto_Manual：此处用 I0.0 控制 PID 的手动/自动方式，当 I0.0 为 1 时，为自动控制，经过 PID 运算从 AQW0 输出；当 I0.0 为 0 时，PID 将停止计算，AQW0 输出为 ManualOutput（VD4）中的设定值。若在向导中没有选择 PID 手动功能，则此项不会出现。

（5）Manual_Output：定义 PID 手动状态下的输出，从 AQW0 输出一个对应此值的输出量。此处可输入手动设定值的变量地址（VDxx），或直接输入数。数值范围为 0.0～1.0 之间的一个实数，代表输出范围的百分比。例：如输入 0.5，则设定输出为 50%。若在向导中没有选择 PID 手动功能，则此项不会出现。

（6）Output：此处输入控制量的输出地址。

（7）HighAlarm：当高限报警条件满足时，相应的输出置位为 1。若在向导中没有使能高限报警功能，则此项将不会出现。

（8）LowAlarm：当低限报警条件满足时，相应的输出置位为 1。若在向导中没有使能低限报警功能，则此项将不会出现。

（9）ModuleErr：当模块出错时，相应的输出置位为 1。若在向导中没有使能模块错误报警功能，则此项将不会出现在调用 PID 子程序时。

第十步：实际运行并调试 PID 参数。没有一个 PID 项目的参数不需要修改而能直接运行，因此需要在实际运行时调试 PID 参数。查看 Data Block（数据块），以及 Symbol Table（符号表）相应的 PID 符号标签的内容，可以找到包括 PID 控制指令所用的控制回路表，包括比例系数、积分时间等。将此表的地址复制到 Status Chart（状态表）中，即可以在监控模式下在线修改 PID 参数，而不必停机再次做组态。参数调试合适后，用户可以在数据块中写入，也可以再做一次向导，或者编程向相应的数据区传送参数。

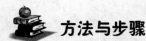 **方法与步骤**

该项目是一个关于 PLC 在过程控制中的应用系统设计实例，下面讲解实现该任务的具体方法和步骤。

一、确定控制方案

本控制系统软硬件设计较复杂，控制方式有手动和自动控制，需要用到模拟量输入/输出、触摸屏人机界面、PID 控制、变频器等，但仍属于 PLC 单机控制系统。水箱水位控制流程如图 6.24 所示。

二、设备选型

1. 选择输入/输出设备

1) 低压电器的选择

本控制任务中，水泵容量为 7.5kW，可以采用直接起动，不需要正反转控制，水泵既能工频运行，又能变频运行，可以通过两个接触器来完成水泵的工频和变频运行切换控制，使用 1 个断路器控制变频器三相电源是否供电，水泵用一个断路器控制工频运行时三相电源是否供电。水泵的过载保护可选用带缺相保护的三极热继电器完成。将热继电器的发热元件串联到水泵的主电路中，常闭触点串联到 PLC 的输入电路中，以便过载保护时报警。为了进行手动起停控制，水泵需要使用起动按钮、停止按钮、变频和工频运行指示灯各 1 个。另外系统还需要低压断路器作为三相电源的引入开关，电源和故障报警指示灯各 1 个，声音报警器 1 个，控制声光报警的中间继电器 2 个，报警确认按钮 1 个，控制变频器起停的中间继电器 1 个。通过以上电器元件的组合控制，可提高人工操作的安全性，以及提高水泵的过载、断相、过电压、欠电压、漏电等的保护。

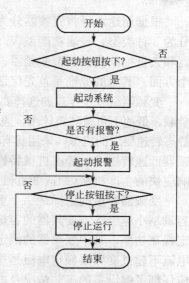

图 6.24　水箱水位控制流程图

假设系统工作在一般条件下，则总电源开关使用的低压断路器可选用 DZ5－20，额定电压 380V，额定电流 20A；总熔断器选用 RL1－60，熔体额定电流为 50A；控制水泵和变频器的低压断路器选用 DZ5－20，额定电压 380V，额定电流 15A，接触器选 CJ20－25，线圈额定电压选 AC 220V；热继电器选用 JR20－25，热元件额定电流取 17A，整定电流取 15A；按钮可选用复合按钮，如 LA20－11；电源指示灯、运行指示灯、告警指示灯可选用 ND16 交流 220V 信号灯，颜色可分别选用红色和绿色；告警电铃可选用 220V，5W 的电铃；中间继电器可选用欧姆龙 LY1 系列 1 常开、1 常闭触点的小型继电器和相应的安装插座，线圈电压为 AC 220V；主电路和水泵的导线选用截面积为 4mm² 的绝缘铜导线。

2) 水箱水位变送器和水池水位开关的选择

水位变送器用于测量水箱中的水位高低，由于要求水位最高为 1m，可选用满量程为 1m 的水位变送器。考虑到本水位变送器安装在离地 10m 高的水箱中，距离控制柜不是很近，为提高测量精度，选用 4～20mA 电流输出型的水位变送器。考虑到本系统水箱中的水具有一定的流动性，本例选用某厂生产的精度等级为 0.5%FS 的 PT124B－222 型、量程为 1m 的插入式液位变送器，供电电压为 DC 24V，输出为 4～20mA 电流。

水池中的液位开关主要用于当水池中水位太低，水泵空载时控制其停止运行，以免烧坏水泵。此液位开关可选用磁簧管输出的小型浮球式液位开关。

2. 变频器的选择和使用

1) 变频器的分类、特点和选择

交流电机变频调速技术是近几年来发展起来的一项新技术，以变频器为核心的变频调速因其优异的调速性能而被认为是最有发展前途的调速方式。

根据用途，可将变频器分为通用变频器和专用变频器。根据控制功能可将通用变频器分为 3 种类型：普通功能型 V/f 控制变频器、具有转矩控制功能的高性能型 V/f 控制变频器和矢量控制高性能型变频器。变频器的选择包括变频器的型号及样式选择和容量选择两个方面。其总的原则是首先保证可靠地实现工艺要求，再尽可能节省资金。

变频器型号及样式的选择要根据负载的要求进行。对于风机、泵类等平方转矩($T \propto n^2$)负载，低速下负载转矩较小，通常可选择普通功能型的变频器。对于恒转矩类负载或有较高静态转速要求的机械，采用具有转矩控制功能的高性能变频器则是比较理想的。因为这种变频器低速转矩大，静态机械特性硬度大，不怕负载冲击。对于要求精度高、动态性能好、响应快的生产机械(如造纸机械、轧钢机等)，应采用矢量控制高功能型通用变频器。

变频器容量的选择是一个重要且复杂的问题，在满足生产机械要求的前提下，变频器容量越小越经济。变频器的容量有三种表示方法：额定电流，适配电动机的额定功率，额定视在功率，其中变频器的额定电流是一个反映半导体变频装置负载能力的关键量。负载电流不超过变频器额定电流是选择变频器的基本原则。需要指出的是，确定变频器容量前应仔细了解设备的工艺情况及电动机参数，应保证在无故障状态下负载总电流不超过变频器的额定电流。

那么，如何根据电动机负载电流来选择变频器的容量呢？对于一台变频器只供一台电动机使用(即一拖一)时，在计算出负载电流后，还应考虑三个方面的因素：一是用变频器供电时，电动机电流的脉动相对工频供电时要大些；二是电动机的起动要求，即要求是由低频、低压启动，还是额定电压、额定频率下直接起动；三是变频器使用说明书中的相关数据是生产厂家用标准电机测试出来的，因此要注意按常规设计生产的电动机在性能上可能有一定差异，在计算变频器容量时需留适当的余量。在恒定负载连续运行，由低频、低压起动，变频器用来完成变频调速时，要求变频器的额定电流稍大于电动机的额定电流即可，此时变频器容量可按下式计算

$$I_{CN} \geqslant 1.1 I_M$$

式中：I_{CN} 为变频器额定电流；

I_M 为电动机额定电流。

额定电压、额定频率直接起动时，对三相电动机而言，由电动机的额定数据可知，起动电流是额定电流的 5~7 倍，因而得用下式来计算变频器的额定电流 I_{CN}。

$$I_{CN} \geqslant I_{Mst}/kFg$$

式中：I_{Mst} 为电动机在额定电压、额定频率时的起动电流；

kFg 为变频器的过载倍数。

本项目中采用 1 台变频器控制 1 台电动机，电动机的起停不是很频繁，且电动机采用变频起动，电动机的额定电流为 15A，可以选用西门子 MM420 三相 380V、7.5kW 变频器，其额定输出电流为 18.4A，大于 1.1 倍电动机的额定电流，满足要求。

西门子公司的 MM4 系列变频器包括 MICROMASTER 420(简称 MM420)、MICROMASTER 430(简称 MM430)、MICROMASTER 440(简称 MM440)等，每种系列的变频器又有多种型号可供选择。下面以 MM420 为例简要说明变频器的结构和使用。

2) MM420 变频器结构

MM420 系列变频器由微处理器控制，并采用 IGBT 作为功率输出器件，内部结构如图 6.25 所示。它们具有很高的运行可靠性，能为变频器和电动机提供良好的保护。

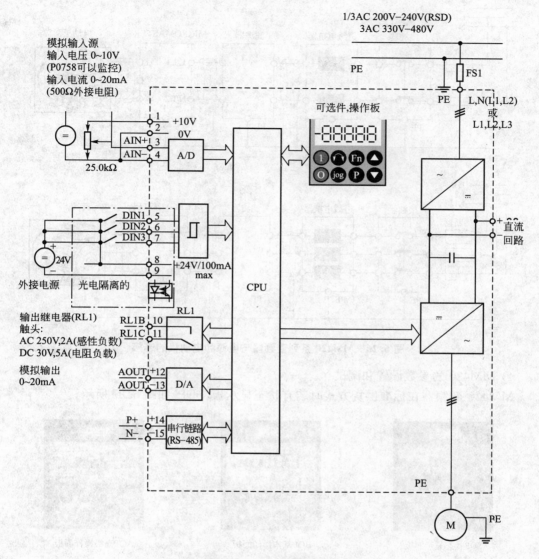

图 6.25　MM420 内部结

MM420 具有默认的出厂设置参数，是简单电动机控制系统的理想变频驱动装置，在设置相关参数以后，它也可用于更高级的电动机控制系统。MM420 既可用于单机驱动系统，也可集成到"自动化系统"中。

其主要特点为：具有一个可编程的继电器输出和 1 个可编程的模拟量输出（0～20mA），3 个可编程的带隔离的数字输入，并可切换为 NPN/PNP 接线，1 个模拟输入用于设定值输入或 PI 控制器输入（0～10V），具有详细的变频器状态信息和全面的信息显示功能。

3）MM420 变频器与电源和电动机的连接

MM420 变频器与电源和电动机的接线如图 6.26 所示方法进行。小功率的为单相电源供电，大功率的为三相电源供电，但所用电动机均为三相电动机。

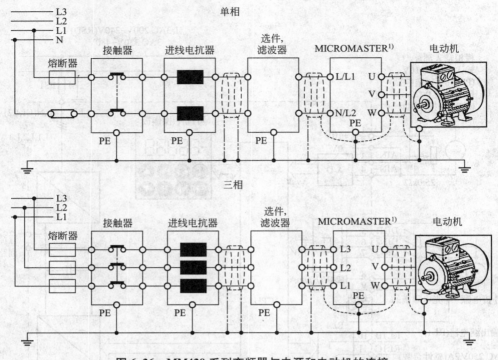

图 6.26　MM420 系列变频器与电源和电动机的连接

4）MM420 的参数设置和调试

MM420 变频器在标准供货方式时装有状态显示板（SDP）如图 6.27 所示。

SDP状态显示面板

BOP基本操作面板

AOP高级操作面板

图 6.27　MM420 变频器的操作面板

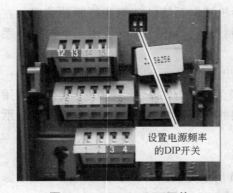

图 6.28　MM420 DIP 开关

对于一般应用来说，利用 SDP 和出厂的默认设置值，就可以使变频器成功地投入运行。如果工厂的默认设置值不适合设备情况，可以利用基本操作面板（BOP）（参见图 6.27）或高级操作面板（AOP）（参见图 6.27）修改参数使之与实际应用匹配。用户还可以用 PC IBN 工具 "Drive Monitor" 或 "START-ER" 来调整工厂的设置值。

（1）电动机频率 50/60Hz 的设置。设置电动机频率的 DIP 开关，位于 I/O 板的下面（折下 I/O 板就可以看到），如图 6.28 所示。

DIP 开关 2：Off 位置用于欧洲地区，默认值（50Hz，kW 等）；On 位置用于北美地区，默认值（60Hz，hp 等）。

DIP 开关 1：不供用户使用。

（2）MM420 的调试下面以利用基本操作面板（BOP）调试为例进行说明。利用基本操作面板可以设置或查看变频器的各个参数。为了用 BOP 设置参数，首先必须将 SDP 从变频上拆卸下来，然后装上 BOP。BOP 具有 5 个七段 LCD 数码管，用于显示参数的序号和数值，报警和故障信息，以及该参数的设定值和实际值等。BOP 不能存储参数的信息。在默认设置时，用 BOP 控制电动机的功能是被禁止的。如果要用 BOP 进行控制，参数 P0700 和 P1000 应设置为 1。BOP 操作时的默认设置值见表 6-10。

表 6-10　BOP 操作时的默认设置值

参数	说明	默认值，欧洲(或北美)地区
P0100	运行方式，欧洲/北美	50Hz，kW/60Hz，hp
P0307	功率（电动机额定值）	量纲〔kW(hp)〕取决于 P0100 的设定值。
P0310	电动机的额定频率	50Hz(60Hz)
P0311	电动机的额定转速	1395(1680)r/min
P1082	最大电动机频率	50Hz(60Hz)

① 基本操作面板（BOP）上的按钮及功能。基本操作面板（BOP）上的按钮及功能见表 6-11。

表 6-11　基本操作面板(BOP)上的按钮及功能

显示/按钮	功能	功能说明
r0000	状态显示	LCD 显示变频器当前的状态和设定值
Ⅰ	起动电动机	按此键起动变频器。默认值运行时此键是被封锁的。为了使此键的操作有效，应设定 P0700＝1
O	停止电动机	OFF1：按此键，变频器将按选定的斜坡下降速率减速停车。默认值运行时此键被封锁。为了允许此键操作，应设定 P0700＝1。 OFF2：按此键两次（或一次，但时间较长）电动机将在惯性作用下自由停车。此功能总是"使能"的
⌒	改变电动机的转动方向	按此键可以改变电动机的转动方向。电动机的反向用负号（—）表示或用闪烁的小数点表示。默认值运行时此键是被封锁的，为了使此键的操作有效，应设定 P0700＝1
jog	电动机点动	在变频器无输出的情况下按此键，将使电动机起动，并按预设定的点动频率运行。释放此键时，变频器停车。如果变频器/电动机正在运行，按此键将不起作用

显示/按钮	功能	功 能 说 明
	功能选择	浏览辅助信息功能：变频器运行过程中，在显示任何一个参数时按下此键并保持不动 2s，将显示以下参数值： （1）直流回路电压（用 d 表示—单位：V）。 （2）输出电流（A） （3）输出频率（Hz） （4）输出电压（用 o 表示—单位：V）。 （5）由 P0005 选定的数值（如果 P0005 选择显示上述参数中的任何一个（3，4，或 5），这里将不再显示）。 连续多次按下此键，将轮流显示以上参数。 跳转功能：在显示任何一个参数（r××××或 P××××）时短时间按下此键，将立即跳转到 r0000，如果需要的话，您可以接着修改其它的参数。跳转到 r0000 后，按此键将返回原来的显示点。 退出功能：在出现故障或报警的情况下，按此键可以将操作面板上显示的故障或报警信息复位。
	访问参数	按此键即可访问参数
	增加数值	按此键即可增加面板上显示的参数数值
	减少数值	按此键即可减少面板上显示的参数数值

② 用基本操作面板 BOP 更改参数。用 BOP 更改参数 P0004 数值的步骤见表 6-12，表 6-13 所示介绍了用 BOP 更改下标参数 P0719 数值的步骤。以此类推，可以用 BOP 更改任何一个参数。

表 6-12　用 BOP 更改参数 P0004 数值的步骤

操 作 步 骤	显示的结果
按 访问参数	r0000
按 直到显示出 P0004	P0004
按 进入参数数值访问级	0
按 或 达到所需要的数值	7
按 确认并存储参数的数值	P0004

表 6 - 13 用 BOP 更改下标参数 P0719 数值的步骤

操 作 步 骤	显示的结果
按 ⓟ 访问参数	r0000
按 ⬆ 直到显示出 P0719	P0719
按 ⓟ 进入参数数值访问级	in000
按 ⓟ 显示当前的设定值	0
按 ⬆ 或 ⬇ 选择运行所需要的数值	12
按 ⓟ 确认并存储参数的数值	P0719
按 ⬆ 直到显示出 r0000	r0000
按 ⓟ 返回标准的变频器显示（由用户定义）	—

特别提示

修改参数的数值时，BOP 有时会显示 ⅰ busy，表明变频器正忙于处理优先级更高的任务。

③ 改变参数数值的一个数字。为了快速修改参数的数值，可以一个个地单独修改显示出的每个数字，操作步骤如下：

（a）确信已处于某一参数数值的访问级，参见表 6 - 12。

（b）按 ⓕ（功能键），最右边的一个数字闪烁。

（c）⬆ 按/⬇，修改这位数字的数值。

（d）再按 ⓕ（功能键），相邻的下一位数字闪烁。

（e）执行 2 至 4 步，直到显示出所要求的数值。

（f）按 ⓟ，退出参数数值的访问级。

以上讲述了利用基本操作面板（BOP）对 MM420 系列变频器进行参数设置的步骤，使用高级操作面板（AOP）进行参数设置的步骤类似，在此不再赘述。MM420 系列变频器具体的控制方式及各参数详细含义，请参见西门子公司《MICROMASTER 420 使用手册》，限于篇幅这里不再介绍。

3. 触摸屏的选择

1）触摸屏的分类、原理

工业触摸屏是触摸式工业显示器和智能化的人机界面，是替代传统控制按钮和指示灯

的智能化操作显示终端，它可以用来设置参数，显示数据，监控设备状态，以曲线/动画等形式描绘自动化控制过程等。触摸屏作为一种特殊的外设，可以满足复杂的工艺控制过程，大大方便了控制数据的处理与传输，是目前最简单、方便、自然的一种人机交互方式。

触摸屏的基本原理是：用手指或其他物体触摸安装在显示器前端的触摸屏时，所触摸的位置(以坐标形式)由触摸屏控制器检测，并通过接口(如 RS-232 串行口)送到 CPU，从而确定输入的信息。触摸屏系统一般包括触摸屏控制器(卡)和触摸检测装置两个部分。其中，触摸屏控制器(卡)的主要作用是从触摸点检测装置上接收触摸信息，并将它转换成触点坐标，再送给 CPU，它同时能接收 CPU 发来的命令并加以执行；触摸检测装置一般安装在显示器的前端，主要作用是检测用户的触摸位置，并传送给触摸屏控制卡。

根据工作原理，触摸屏主要分为电阻式触摸屏、电容式触摸屏、红外线触摸屏、表面声波触摸屏、近场成像触摸屏等。目前，市场上生产和销售工业触摸屏的厂家很多，种类和型号繁多，大部分触摸屏都能与主要型号的 PLC 连接应用。

2) 触摸屏的选择

本项目中，触摸屏可以选用台达电通公司的 DOP-A 5.7inch 彩色触摸屏，其分辨率为 320×256 像素，256 色。其主要特点为支持多种厂牌的控制器、支持任意字体的画面编辑器、便利的运算与通信宏指令、使用 USB 快速上下载程序、便利的配方功能、可同时支持两台或三台不同的 PLC、打印功能等。

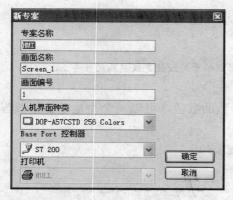

图 6.29　Screen Editor 新建项目对话框

4. 触摸屏的使用

1) 触摸屏组态软件的安装

DOP 触摸屏使用 Screen Editor 软件进行画面的组态。在 Windows 窗口下，点选安装程序执行文件(Screen Editor 1.05.XX.exe)后，系统自动开始安装，一般使用默认设置即可。

2) DOP 新画面的建立

(1) 从桌面上双击 Screen Editor 快捷图标，进入程序后，按"文件"→"新建"命令，Screen Editor 应用程序会弹出如图 6.29 所示，通过此对话框可以设置画面名称等信息，同时选择触摸屏型号及要连接的 PLC 型号。

(2) 按下"确定"按钮，直接执行下一步，Screen Editor 会建立一新编辑画面。

3) Screen Editor 工具栏选项简介

(1) 元件工具栏简介。元件工具栏如图 6.30 所示，通过元件工具栏可以将常用元件放到组态画面上。元件工具栏从左到右依次为按钮、仪表、柱状图、管状图、扇形图、指示灯、数据显示、图形显示、输入、曲线图、采样功能、报警显示、绘图、键盘元件，主要元件功能和使用方法将在后面介绍。

图 6.30　元件工具栏

（2）规划工具栏简介。如图 6.31 所示为上层规划工具栏。

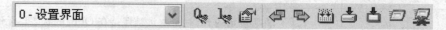

图 6.31　上层规划工具栏

目前状态文字：显示目前编辑元件状态的文字。

监视状态 0/OFF：切换并监视状态 0/OFF。

监视状态 1/ON：切换并监视状态 1/ON。

监视所有元件读写地址：监视所有元件读写地址。

上一个窗口：选择上一个窗口。

下一个窗口：选择下一个窗口。

编译：编译所编辑的元件与画面。

下载画面资料与配方：下载画面资料与配方到触摸屏。

下载画面资料：下载画面资料到触摸屏。

在线仿真：在 PC 端测试编辑后的文件，必须连接 PLC。

离线模拟：在 PC 端测试编辑后的文件，不必连接 PLC。

4）元件的使用

在新建元件时，可以在画面编辑区右击或点选元件工具栏，如图 6.32 所示。用户可以使用鼠标选择不同的元件种类，进入元件种类，选择所需要的元件就可以开始编辑了，或按住鼠标左键拖曳出元件范围即能建立一新元件。

图 6.32　元件的使用

（1）按钮元件。常用按钮元件功能见表 6-14。

表 6-14　常用按钮元件功能

按钮类别	宏	读	写	功　　能
设 ON	ON	√	√	将所设定的 Bit 地址永远被保持在 ON 的状态，无论手放开或再按仍为 ON。如果有编写的 ON 宏，便会一并执行

按钮类别	宏	读	写	功　能
设 OFF	OFF	√	√	将所设定的 Bit 地址永远被保持在 OFF_的状态,无论手放开或再按仍为 OFF。如果有编写 OFF 宏,便会一并执行
保持型	ON OFF	√	√	将所设定的 Bit 地址设为 ON,手放开则变为 OFF。如果有编写 ON 或是 OFF 宏,便会一并执行
交替型	ON OFF	√	√	按一次此按钮会将所设定的 Bit 地址设为 ON,并执行 ON 宏,此时手若放开仍会保持在 ON 的状态;再按一次才会被设为 OFF,同时执行 OFF 宏,手放开仍会保持在 OFF 的状态
复状态	×	√	√	可自行设定 1~256 个状态,也可以设定其顺序是往前还是往后。往后则状态 1 变成状态 2;往前则状态 2 变成状态 1
设值	×	×	√	点取该按钮后,触摸屏将系统内建的输入键盘显示于屏幕上,输入数值完成且按下 ENTER 后,触摸屏会将数值送到设定的地址
设常数值	×	×	√	点此按钮,触摸屏会将指定的数值,写入所设定的地址
加值	×	√	√	点此按钮,触摸屏先将所设定的地址里的值取出后。加上所设定的常数值,存回所设定的地址
减值	×	√	√	点此按钮,触摸屏先将所设定的地址里的值取出后,减去所设定的常数值,存回所设定的地址
换画面	×	×	×	按一次该按钮,切换到所指定的画面
回前页	×	×	×	回到前一个主画面。例如画面有三页,编号分别 1、2、3. 当用户依序由第一页换画面到第二页,再换画面到第三页。此时触碰第三页面【回前页】的按钮,触摸屏便回到第二页而:相同的情形,触碰第二页面【回前页】的按钮,触摸屏回到第三页面

图 6.33　"输入"对话框

对于设 ON 型、设 OFF 型、交替型和保持型按钮,使用过程中在触摸屏上触碰按钮时,触摸屏会对按钮元件所设定的 Bit 地址送出信号给控制器,并将相对应地址置 ON 或 OFF。如图 6.33 所示,连线种类有 Base Port(控制器寄存器地址)以及 Internal Memory(内部存储器地址)。在选择好连线与元件种类并输入正确的地址后,按下 Enter 键按钮,对应的数值数据会被记录在所选择的元件上。

(2)仪表元件:仪表元件主要用来显示特定地址的计量大小是否超出上限或是低于

下限，并且用不同颜色来区分以利于使用者分辨。

仪表元件型号及式样如图 6.34 所示，主要属性如下。

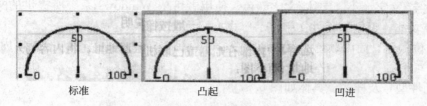

标准　　　　　　　凸起　　　　　　　凹进

图 6.34　仪表元件型号及式样

① 读取存储器地址。选择联机中内部存储器或已联机的存储器地址，从指定的存储器地址读取数据。

② 文字/文字大小和字体/文字颜色。使用者可依 Windows 系统所提供之文字大小、字型与颜色功能，设定该元件文字显示型态。

③ 外框颜色。设定仪表元件边框颜色。

④ 元件背景颜色。设定仪表背景颜色。

⑤ 设定值。"设定"对话框如图 6.35 所示。在按下确定按钮后程序会参照用户选择的数值单位、数值格式、整数字数与小数字数作数值范围的检查，

（a）数值单位。有 Word，Double Word 两种。

（b）数值格式。有 BCD，Signed BCD，Signed Decimal，Unsigned Decima 四种。

（c）输入最小值/输入最大值。显示区间用的最小值与最大值。

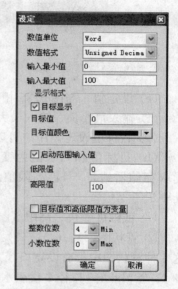

图 6.35　"设定"对话框

用户可以决定是否要显示目标值。设定目标值及其颜色后仪表会从中心点的位置拉出一条目标线指到用户设定的目标值上，如图 6.36 所示。这里目标值设为 60，目标值颜色为蓝色。

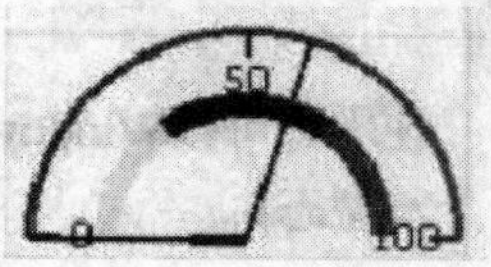

（d）目标值和高低限值为变量。当设定目标值与高低限值为变量时，低限值地址为读取存储器地址＋1；高限值地址为读取存储器地址＋2；目标值地址为读取存储器地址＋3。

图 6.36　目标值设定

（e）整数位数、小数位数。决定输入的整数与小数各有几位。这里的小数并不是真的小数值，只是显示样式。

⑥ 低限区颜色、高限区颜色。在设定值属性里有勾选启动范围输入值才会显示。

⑦ 指针颜色。设定仪表指针颜色。

⑧ 刻度颜色。设定仪表刻度颜色。

⑨ 刻度区间数目。设定刻度区间数目，利用点选上下的按钮来增加或减少刻度区间数目，范围从 1～10 个区间。

（3）管状图元件。

① 管状图（1）/管状图（2）：人机界面读取控制器对应寄存器的数值，将数值转换为容

器的水位容量并显示于管状图(1)/管状图(2)元件上。

（a）读取存储器地址。可选择内部存储器或控制器寄存器地址。

（b）文字/文字大小、字体/文字颜色。使用者可依 Windows 系统所提供的文字大小、字体与颜色功能，设定该元件文字显示形式。

（c）水位颜色、筒内颜色。设定管状图(1)/管状(2)元件水位颜色与容器筒内来填满水时的颜色。

（d）元件型号及样式。具体如图 6.37 所示。

图 6.37　管状图元件型号及样式

（e）设定值。与图 6.35 相同。

（f）输入最小值、输入最大值。容器内能存放水位的最小单位与最大单位。

（g）目标值设定。用户可以决定是否要显示目标值。

（h）目标值和高限值为变量。当设定目标值与高低限值为变量时，低限值地址为读取存储器地址＋1：高限值地址为读取存储器地址＋2；目标值地址为读取存储器地址＋3。

（i）低限区颜色、高限区颜色。在设定值属性里有勾选启动范围输入值才会显示。

② 管状图(3)、(4)、(5)：连接水管用元件，如图 6.38、图 6.39、图 6.40 所示。在这 3 种管状图中都有设定口径大小。可选择的口径大小为 1～5。口径 1 代表水管的宽度至少 13 个 plxels，口径 2 代表水管的宽度 26 个 pixels。其他以此类推。

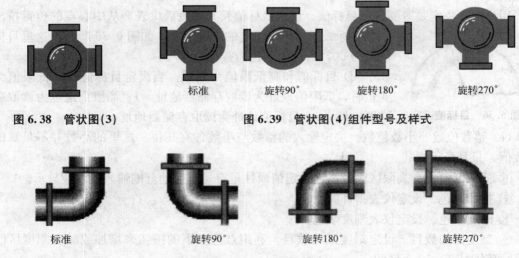

图 6.38　管状图(3)　　　　图 6.39　管状图(4)组件型号及样式

图 6.40　管状图(5)元件型号及样式

③ 管状图(6)/管状图(7)：水平与垂直水管，可显示水流动向，如图 6.41 所示。

（a）读取存储器地址。可选择内部存储器或控制器寄存器地址(参阅一般按钮说明)。此元件可选择是否要输入读取存储器位置。如果有设定读取位置，则水管元件就会有水流流动的效果。例如，内部存储器＄0，当＄0＝1时，配合流动光标颜色设定，此时管状图元件的水流方向是由右至左的；当

图 6.41　水流动向显示

＄0＝2时，管状图元件的水流方向是由左至右的；当＄0＝1或2以外的数字时，则管状图不呈现任何水流状态。同样，若选管状图元件7，例如，内部存储器＄1，当＄1＝1时，水流方向是由下至上的；当＄1＝2时，水流方向是由上至下的；当＄1＝1或2以外的数字时，则管状图不呈现任何水流状态。

（b）流动光标颜色。设定管内水流流动光标的颜色。

（c）管口口径。设定口径大小，与管状图（3）、（4）、（5）一致。

（4）指示灯元件。

① 状态指示灯：用于指示某一个地址的状态。

（a）读取存储器地址。可选择内部存储器或控制器寄存器地址。当用户所设定的读取存储器地址为控制器的节点时（ON 或 OFF），状态指灯会依照用户所规划的状态作变化。例如值为1时显示"Start"，值为0时显示"Stop"，用户也可以为状态指示灯的每一个状态加入图形显示效果。

（b）文字/文字大小、字体/文字颜色。请参阅仪表元件说明。

（c）是否闪烁。以闪烁的显示方式提醒使用者。

（d）图形库名称、图形名称、元件前景颜色、元件型号及样式、图形背景是否透明和指定图形透明色。参阅一般按钮说明。

（e）数值单位。Bit：状态指示灯元件可以有 2 个状态；Word：状态指示灯元件可以有 256 个状态；LSB：状态指示灯元件可以有 16 个状态。

（f）数值格式。状态指示灯提供 BCD、Signed Decimal、Unsigned Decimal、Hex 等四种数值格式来显示读取到的存储器内容。

（g）新增/删除状态数。设定状态指示灯的状态总数。如果数值单位为 Word，则可以设定 1～256 个状态，LSB 可以设定 16 个状态，Bit 只能设定 2 个状态。

② 数值范围指示灯：用于指示某一个地址的状态；人机界面读取对应的寄存器的数值，以此数值对应此元件与所设定的范围值，最后将对应的状态显示于幕上。

（a）读取存储器地址。可选择内部存储器或控制器寄存器地址。用户也可以为指示灯的每一个状态加入图形的显示效果。

图 6.42　"设定"对话框

（b）文字/文字大小、字体/文字颜色。请参阅仪表元件说明。

（c）是否闪烁。以闪烁的显示方式提醒使用者。

（d）图形库名称、图形名称、元件前景颜色、元件型号及样式、图形背景是否透明和指定图形透明色。参阅一般按钮说明。

（e）新增删除状态数。设定数值范围指示灯的状态总数。最多可设定 256 个状态。

（f）设定值。设定对话框如图 6.42 所示，说明如下。数值单位。有 Word、Double Word 两种。

数值格式。有 BCD、Signed BCD、Signed Decimal、Unsigned Decima 四种。

范围。常量：以建立后的预设的 5 个 State 来设定范围值。n 个 State 最多可有 $n-1$ 个范围值可以输入。将状态 0、1、2、3、4 的元件前景颜色，分别设为红、绿、蓝、黄、紫。当读取的存储器地址数值大于等于 100 时，数值范围指示灯会呈现红色，当读取的存储器地址数值为大于等于 50 时，数值范围指示灯会呈现绿色，其他以此类推。变量：当范围被设定为变量时，数值范围指示灯元件会以读取存储器的地址后 $n-1$ 个地址当作范围下限值，其中 n 为数值范围指示灯的状态总数。例如，如读取存储器地址为 \$0，元件的状态总数为 5，范围 0 的下限值即为 \$1，范围 1 的下限值即为 \$2，其他以此类推。

③ 简易指示灯：提供基本的两个状态(ON/OFF)，方便使用者作底图的 XOR 颜色交错变化。

(a) 读取存储器地址。可选择内部存储器或控制器寄存器地址。

(b) 文字/文字大小、字体/文字颜色。参阅一般按钮说明。

(c) XOR 颜色。指定与底图 XOR 的颜色。

(5) 数据显示元件。数据显示元件有如下七种。

① 数值显示。显示特定地址的值。

② 文字数值显示。显示特定地址的文字数值。

③ 日期显示。显示机器的日期。

④ 时间显示。显示机器的时间。

⑤ 星期显示。显示机器的星期。

⑥ 一般型信息显示。根据状态显示信息。

⑦ 走马灯信息显示。根据状态以走马灯的方式显示信息。

(6) 图形显示元件。图形显示元件有如下五种。

① 状态图显示。控制多个状态图形显示在人机屏幕的固定位置，并可控制它的状态而能显示不同的图形文件。

② 动画。切换多个图形以达到动画效果，并可控制其在 X 轴或 Y 轴方向任意移动。

③ 动态线条。控制一绘制的线条于 X 轴或 Y 轴的方向任意移动且能延展其大小。

④ 动态矩形。控制一绘制的矩形于 X 轴或 Y 轴的方向任意移动且能延展其大小。

⑤ 动态椭圆。控制一绘制的椭圆于 X 轴或 Y 轴的方向任意移动且能延展其大小。

(7) 输入元件

输入元件可设定写入与读取的存储器地址，供使用者显示与输入数值，读取的地址与写入的地址既可以相同，也可以不同。输入元件有如下两种。

① 数值输入。输入并显示指定地址的值。

② 文数字输入。输入并显示指定地址的文数字值。

(8) 其他。柱状图、扇形图、曲线图、报警显示、绘图、键盘等元件。

5) PC 与 DOP 触摸屏的连接

(1) 通过 RS-232 连接。台达 DOP 触摸屏与计算机可根据一定的连线方式自己动手做通信电缆，如图 6.43 所示。电缆一端连接触摸屏的 COM1；另一端连接计算机的 RS-232 串口。

8 CTS0
7 RTS0
5 GND
3 TXD0
2 RXD0
RTS 7
CTS 8
GND 5
RXD 2
TXD 3

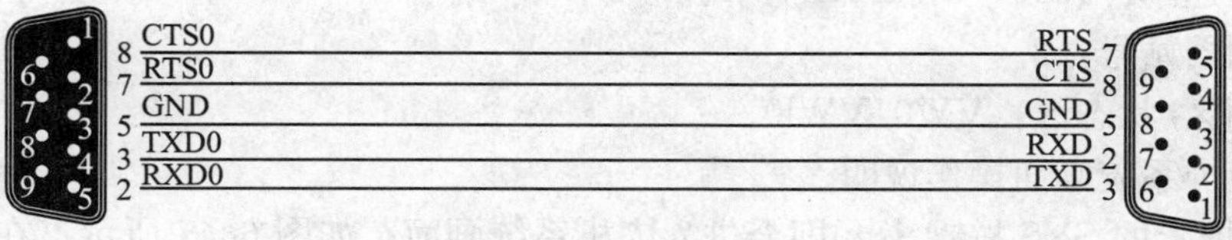

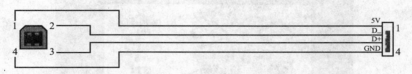

图 6.43 PC 与 DOP 的 RS-232 电缆

(2) 通过 USB 连接。一端连接触摸屏的 USB；另一端连接计算机的 USB 口，如图 6.44 所示。

1
2
3
4
5V
D−
D+
GND
1
4

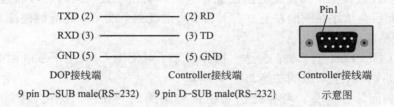

图 6.44 PC 与 DOP 的 USB 电缆

6) PLC 与触摸屏的连接

不同型号的 PLC 和不同厂家的触摸屏连接时通信电缆是不同的，请参考所选用的触摸屏手册，制作匹配的连接电缆。下面给出了西门子 S7-200 PLC 与台达 DOP 触摸屏的电缆制作方法。

(1) RS-232/PPI Multi-Master Cable。RS-232/PPI Multi-Master Cable，连接 DOP 与 PPI Cable，如图 6.45 所示。

TXD (2)
(2) RD
RXD (3)
(3) TD
GND (5)
(5) GND
DOP接线端
9 pin D-SUB male(RS-232)
Controller接线端
9 pin D-SUB male(RS-232}
Pin1
Controller接线端
示意图

图 6.45 RS-232/PPI 电缆

(2) RS-485 PLC Program Port(RS-485)，如图 6.46 所示。直接从台达触摸屏的 COM2 口与 PLC(RS-485)连接时使用此方法。

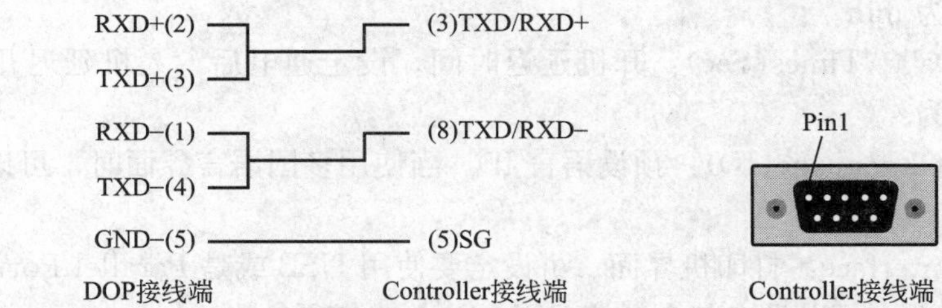

RXD+(2)
TXD+(3)
(3)TXD/RXD+
RXD−(1)
TXD−(4)
(8)TXD/RXD−
GND−(5)
(5)SG
DOP接线端
9 pin D-SUB male(RS-485)
Controller接线端
9 pin D-SUB male(RS-485}
Pin1
Controller接线端
示意图

图 6.46 RS-485 电缆

(3) S7-200 PLC 与台达触摸屏的通信设置。

① 通信速率：9600，8，EVEN，1。

② 控制器站号：2。

③ 控制区/状态区：VW0/VW10。

7）触摸屏系统画面操作说明

按触摸屏上的 SYS 按键 3s，即会进入人机系统画面，如图 6.47 所示。在系统画面中可以针对触摸屏的一些系统参数作设定，内容如下。

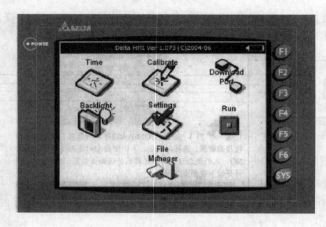

图 6.47 触摸屏人机系统画面

（1）时间设定：可设定修改人机界面时钟时间。

（2）触控板校正：当发现触控板位置与实际动作位置不同时，可通过此功能调整。进入校正画面后会依序在画面左上、右下、中央出现三个准星。轮流触碰准星中心点，即可完成校正。

（3）COM Port 上下载：台达人机界面除了可使用 USB 上下载画面数据外，也提供了使用 COM Port 上下载的功能。

（4）画面参数调整：可在此选项中调整画面的对比度、亮度、刷新频率等显示参数。

（5）系统参数设定：可在此设定系统参数以及通信参数。

① Buzzer ON/OFF：蜂鸣器开关。设定蜂鸣器是否动作。

② Screen SaverTime(Min)：屏幕保护程序时间。设定触摸屏不使用多久进入屏幕保护状态，单位为 min。

③ Boot Delay Times(Sec)：开机延迟时间。设定通电后，人机延迟几秒后才启动人机程序，单位为 s。

④ Default Language(ID)：预设语言 ID。当使用多国语言界面时，可以设定开机时预设语言。

⑤ Print Interface：打印机界面。可设定要使用 USB 或是 Parallel Port 连接打印机。

⑥ 通信参数。可以设定各个通信 COM Port 的各项参数。

（6）执行人机界面程序：按下 RUN 按钮后开始执行人机界面程序。

5. 确定 PLC 型号

在本例中，需要用到 5 个数字量输出点控制接触器、继电器的线圈，6 个数字量输入点作为电动机的起停控制、设备故障和保护等，1 路模拟量输入用于测量水箱的水位，1 路模拟量输出控制变频器频率，考虑到备用和以后扩容，系统需要的 PLC 最少要有 7 个数字量输入点、6 个数字量输出点，数字量输入点可以选用 DC 24V 直流输入点，数字量输出点可以使用继电器输出或晶闸管输出。

通过上述综合分析，PLC 可选用 S7-200，CPU 选用 CPU 224 AC/DC/继电器，外加 EM235 模拟量输入/输出扩展模块。本 PLC 有 4kB 程序存储器，CPU 本身带 14 个 DC 24V 数字量输入点，10 个继电器数字量输出点。继电器输出带的 CJ20-25 交流接触器具有 94V·A 的线圈起动功率和 14V·A 的吸持功率，在 AC 220V 电源下，冲击电流 $I = 94V·A/220V = 0.427A$，在 PLC 的继电器输出触点 2A 电流开关能力之内，满足设计要求。EM235 模拟量输入输出扩展模块具有 4 路模拟量输入和 1 路模拟量输出，满足系统要求。

6. 分配 PLC 的输入/输出点，绘制 PLC 的输入/输出分配表

本例中，对水泵电机起保护作用的热继电器的常闭触点可以接到 PLC 的输入点上，也可以串接到接触器的线圈电路中，为了检测电机故障并报警，本例采用前者。水位控制系统输入/输出分配见表 6-15。

表 6-15　水位控制系统输入/输出分配

输入			输出		
设备	输入点		设备	输出点	
系统手动起动按钮	SB1	I0.0	水泵工频接触器	KM1	Q0.0
系统手动停车按钮	SB2	I0.1	水泵变频接触器	KM2	Q0.1
报警确认按钮	SB3	I0.2	变频器起停控制继电器	KA1	Q0.2
热继电器 FR 保护输入	FR	I0.3	报警指示灯控制继电器	KA2	Q0.3
变频器故障	FA	I0.4	报警电铃控制继电器	KA3	Q0.4
水池液位开关	SL	I0.5	变频器频率控制	—	AQW0
水箱液位变送器信号	BL	AIW0			

三、电气原理图设计

1. 设计主电路并画出主电路的电气原理图

根据控制要求，设计系统主电路原理图如图 6.48 所示。

（1）变频器选用西门子的 MM420 系列变频器，额定功率为 7.5kW。变频器的 RL1B、RL1C 设定为故障输出端子；AIN＋、AIN－为变频器的模拟量输入端子，控制变频器的输出频率。

（2）主电路中 QF2 控制变频器是否得电，KM1 控制水泵电动机的变频运行，KM2 控制水泵电动机的工频运行，选用 CJ20-25，线圈额定电压选 AC 220V。

（3）水泵电动机 M 由热继电器 FR 实现过载保护，选用 JR20-25，热元件额定电流取

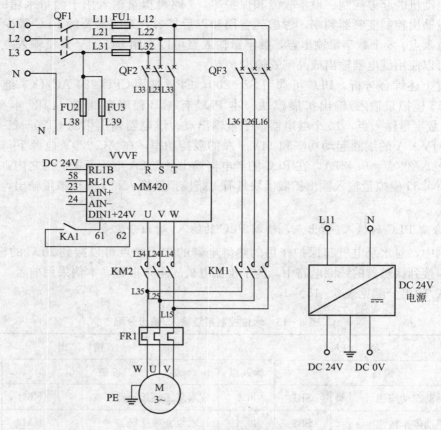

图 6.48 主电路原理图

17A，整定电流取 15A。

（4）QF1 为电源总开关，既可完成主电路的短路保护，又起到分断三相交流电源的作用，使用和维修方便，选用 DZ5 - 20，额定电流为 20A 的低压断路器；QF2、QF3 为变频器和电动机工频运行的电源引入开关，选用 DZ5 - 20，额定电流为 15A 的低压断路器。

（5）熔断器 FU1 实现电动机主回路的短路保护，熔断器选用 RL1 - 60，熔体额定电流选用 50A。FU2、FU3 分别完成交流控制回路和 PLC 控制回路的短路保护，熔断器选用 RL1 - 15，熔体额定电流选用 5A。

2. 设计 PLC 输入/输出电路和控制电路并画出相应的电气原理图

根据 PLC 选型及控制要求，设计 PLC 输入/输出电路和控制电路。如图 6.49 所示 CPU 输入/输出电路和控制电路原理图，如图 6.50 所示模拟量扩展模块 EM235 的输入/输出电路原理图。

（1）PLC 采用继电器输出，每个输出点额定控制容量为 AC 250V，2A。L39 作为 PLC 输出回路的电源，分别向输出回路的负载供电，输出回路所有 L 端短接后接入电源 N 端。

（2）PLC 输入回路中，信号电源由 DC 24V，5A 直流开关电源提供。另外本开关电源还为触摸屏、EM235 和水位变送器供电。

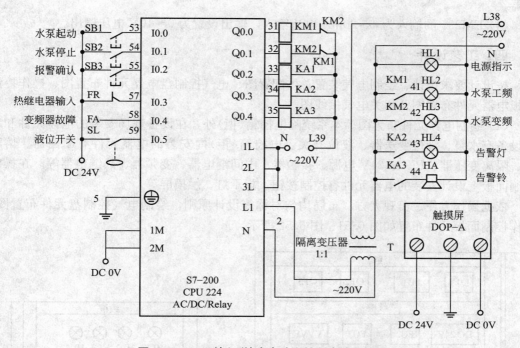

图 6.49 PLC 输入/输出电路和控制电路原理图

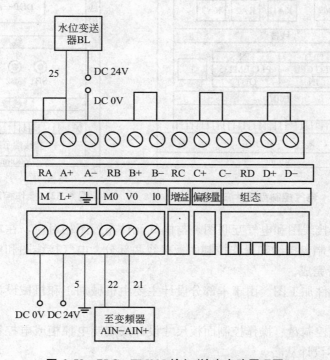

图 6.50 PLC EM235 输入/输出电路原理图

（3）为了增强系统的抗干扰能力，PLC 的供电电源采用了隔离变压器。隔离变压器 T 的选用根据 PLC 耗电量配置，本系统选用标准型、变比 1：1、容量为 100V·A 隔离变压器。

(4) EM235 的输入为 4~20mA 电流输入，输出设置为 0~10V 电压输出。

四、工艺设计

按设计要求设计、绘制电气装置总体配置图、电气控制盘电器元件布置图、操作控制面板电器元件布置图及相关电气接线图。

(1) 绘制电器元件布置图。本系统除电控箱(柜)外，在设备现场安装的电器元件和动力设备有水泵、液位变送器、液位开关。电控箱(柜)内安装的电器元件有断路器、熔断器、隔离变压器、PLC、24V 电源、接触器、中间继电器、变频器、热继电器等。在操作控制面板上设计安装的电器元件有控制按钮、指示灯、触摸屏等。

依据操作方便、美观大方、布局均匀对称等设计原则，绘制电气控制盘元件布置图、操作控制面板元件布置如图 6.51、图 6.52 所示。

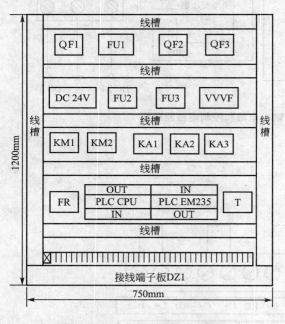

图 6.51　电气控制盘元件布置

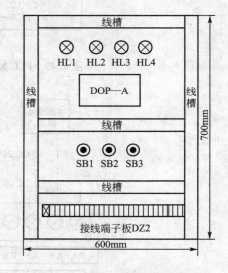

图 6.52　操作控制面板元件布置

(2) 绘制电气接线图和电气互联图。与电气元件布置图相对应，在本系统中，电气接线图也分为电气控制盘接线和操作控制面板接线两部分。电气接线图和电气互联图本设计从略，由读者自行完成。

(3) 设计零部件加工图。由于本部分设计主要由机械加工和机械设计人员完成，本设计从略。

(4) 依据电气控制盘、操作控制面板尺寸设计或定制电控柜或电控箱，绘制电控柜或电控箱安装图。本设计从略。

至此，基本完成了水箱水位控制系统要求的电气控制原理和工艺设计任务。根据设计方案选择的电器元件，我们可以列出实现本系统用到的电器元件、设备和材料明细表，见表 6-16。

表 6-16　电器元件、设备、材料明细表

序号	文字符号	名称	规格型号	数量	备注
1	PLC	可编程控制器	S7-200 CPU 224+EM235 AC/DC/Relay	1台	AC 220V 供电
2	VVVR	变频器	MM420	1台	7.5kW
3	TOUCH	触摸屏	DOP-A	1台	5.7in
4	PW	DC 24V 电源	10A	1个	—
5	M	水泵	7.5kW	1台	—
6	QF1~QF3	低压断路器	DZ5-20	3个	额定电流 20A
7	KM1、KM2	接触器	CJ20-25	2个	线圈电压 AC 220V
8	KA1~KA3	继电器	LY1	3个	1常开、1常闭，带座
9	FR	热继电器	JR20-25	1个	热元件额定电流 17A，整定电流 15A
10	FU1	熔断器	RL1-60	1个	熔体额定电流 50A
11	FU2、FU3	熔断器	RL1-15	2个	熔体额定电流 5A
12	T	隔离变压器	BK-100	1个	变比 1:1，AC 220V
13	HL1~HL4	信号灯	ND16-22	4个	AC 220V，红色 1个，绿色 3个
14	SB1~SB3	按钮	LA20-11	3个	绿色 2个，红色 1个
15	SL	水池液位开关	—	1个	小型浮球式磁簧管输出
16	BL	水箱液位变送器	PT124B-222	1个	24V 供电
17	—	电气控制柜		1个	1200×800×600mm
18	DZ1、DZ2	接线端子板	JDO	2个	50 端口
19		线槽		10m	45mm×45mm
20		主电路电源线	铜芯塑料绝缘线	50m	4mm² (黄、绿、红、浅蓝、黄绿)
21	—	PLC 供电电源线	铜芯塑料绝缘线	5m	1mm²
22	—	PLC 地线	铜芯塑料绝缘线	1m	2mm²
23		控制导线	铜芯塑料绝缘线	200m	0.75mm²
24		线号标签或线号套管		若干	
25		包塑金属软管		10m	Φ20mm
26		钢管		15m	Φ20mm

五、软件编程与调试

本系统的软件编程主要包括触摸屏的组态和 PLC 的编程两部分内容。下面先讲触摸屏的组态。

1. 触摸屏的组态

本系统需要用到 3 个画面：启动画面、设置画面和控制显示画面，画面编号分别为 1、

2、3。组态过程如下：

1) 启动画面的组态

启动画面主要显示触摸屏启动时的初始欢迎画面，并可以切换到设置画面和控制显示画面。

(1) 打开 Screen Editor，新建名为"任务 6 水位控制系统的设计与实现组态"的专案，画面名称设为"Init"，人机界面种类设为"DOP－A57CSTD 256 Colors"，Base Port 控制器设为西门子的"S7－200"，上述设置完成后，单击"确定"按钮，则编辑区域显示的是第一个画面，该画面作为系统的启动画面。

(2) 新建两个画面，画面编号分别为 2、3，画面名称分别为"Setup"和"Control_Status"。

(3) 切换到画面 1，从"绘图"工具栏放置 1 个"静态文本"元件，内容为"欢迎使用水箱水位控制系统"，字体为 20，颜色蓝色。

(4) 从"按钮"工具栏放置 2 个"换画面"元件，分别用于控制从启动画面切换到设置画面(名称为 Setup，编号为 2)和控制显示画面(名称为 Control_Status，编号为 3)。

启动画面的组态如图 6.53 所示。

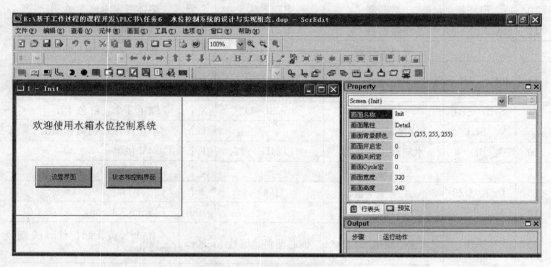

图 6.53　启动画面的组态

2) 设置画面的组态

设置画面主要用于设置系统进行自动 PID 控制时的相关参数。由于本系统在自动控制时采用 PID 控制算法(PID 回路参数表放在 VB100 开始的存储单元中)，为了便于调试和修改参数，通过本画面可以设置 PID 控制的给定值(最大值为 90.0，最小值为 30.0)、采样时间(以秒为单位，最大值 999.9s，最小值为 0.0s)、积分时间常数、微分时间常数、比例系数。

(1) 切换到画面 2(设置画面)。

(2) 在画面上从上到下依次放置 5 个静态文本元件，内容分别为"给定值"、"采样时间(秒)"、"积分时间(分)"、"微分时间(分)"、"比例系数"，字体为 12，颜色为蓝色。

(3) 对应五个静态文本元件，分别在其右侧放置 5 个数值输入元件。对应"给定值"数值输入元件的"写入存储器地址"和"读取存储器地址"的连线选"Base Port"，元件种类选"VD"，地址选"104"，字体为 12 号，颜色为蓝色，在"设置值"对话框中，"数值单位"选"Double Word","数值格式"选"Floating","整数位数"选"2","小数位数"选"1",最小值30.0,最大值90.0,其余用默认值;"采样时间(秒)"数值输入元件的"写入存储器地址"和"读取存储器地址"的连线选"Base Port","元件种类"选"VD","地址"选"116","字体"为"12号",颜色为蓝色;在"设置值"对话框中,"数值单位"选"Double Word","数值格式"选"Floating","整数位数"选"3","小数位数"选"1",其余用默认值;其他3个数值输入元件的设置类似,地址分别选为VD120、VD124、VD112,整数位数都选为4,小数位数都选为3。

(4)最后再放置一个"换画面"按钮元件,用于控制从设置画面切换到控制显示画面(名称为Control_Status,编号为3)。

组态完成后的设置画面如图6.54所示。

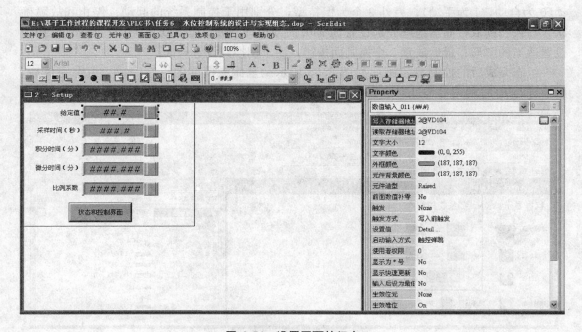

图6.54 设置画面的组态

2. 控制显示画面的组态

(1)切换到画面3(控制显示画面)。将画面3分为左右2大部分:一部分为状态显示;另一部分为系统控制。并分别放置2个静态文本元件,文本内容分别为"状态显示"和"系统控制",字体大小为20,颜色为蓝色。

(2)在状态显示部分,分别放置"水箱水位"、"水池水位"、"水泵过载"、"变频器故障"、"工频运行"、"变频运行"等6个静态文本元件,字体为12,颜色为蓝色。在"水箱水位"文本元件的右侧放置一"管状图2"元件,读取存储器地址选为"VD200"(VD200中的值由主程序根据水箱水位转换成0.0~100.0之间的值),元件造型为"Standard"。在"设置值"对话框中,"数值单位"选"Double Word","数值格式"选"Unsigned Decimal","目标值"输入"70","低限值"输入"30","高限值"输入"90",其他使用默认值;在"水池水位"文本元件的右侧放置一个"状态指示灯"元件,读取存储器地址设为"I0.5"(水池水位开关输入地址),并设置适当的图形,对应该元件为"0"时,显示字符"正常",为"1"时显示"过低";在"水泵过载"文本元件的右侧放置一个"状态指示灯"元件,读取存储器地址设为"I0.3"(水泵热继电器常闭触点输入地址),并设置适当的图形,对应该元件为"0"时显示红色(报警),为"1"时显示绿色(正常);在"变频器故障"文本元件的右侧放置1个"状态指示灯"元件,读取存储器地址设为"I0.4"(变频器故障输入地址),并设置适当的图形,对应该元件为"0"时显示绿色(正常),为"1"时显示红色(报警);在"工频运行"和"变频运行"文本元件的右侧放置2个"状态指示灯"元件,读取存储器地址分别设为"Q0.0"(水泵工频运行输出点)和Q0.1(水泵变频运行输出点),并设置适当的图形,对应该元件为"0"时显示灰色(停止),为"1"时显示绿色(运行)。

(3)在系统控制部分,分别放置4个按钮元件,其中1个为交替型,用于控制手动/自动(0为自动,1为手动),另外3个为保持型,分别用于控制系统的起动、停止和故障确认,写入和读取存储器地址分别设置为M0.0、M0.1、M0.2、M0.3,并对上述4个按钮设置适当的图形;最后放置1个换画面按钮,用于切换到设置画面。

组态完成后的控制显示画面如图6.55所示。至此触摸屏的组态完成。组态完成后,触摸屏与PLC的内部地址对应如表6-17所示。

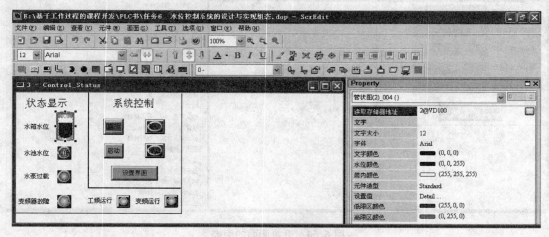

图 6.55　控制显示画面的组态

表 6 - 17　触摸屏与 PLC 的内部地址对应表

触摸屏元件	PLC 内部地址	功　能
Setup 画面的给定值数值输入	VD104	输入给定值(0.3～0.9 之间)
Setup 画面的采样时间数值输入	VD116	输入采样时间(单位：s)
Setup 画面的积分时间数值输入	VD120	输入积分时间常数(单位：min)
Setup 画面的微分时间数值输入	VD124	输入微分时间常数(单位：min)
Setup 画面的比例系数数值输入	VD112	输入增益
Control_Status 画面的水箱水位管状图	VD200	显示水箱水位高低
Control_Status 画面的水池水位状态指示灯	I0.5	显示水池水位是否过低
Control_Status 画面的水泵过载状态指示灯	I0.3	显示水泵是否过载
Control_Status 画面的变频器故障状态指示灯	I0.4	显示变频器是否运行故障

续表

触摸屏元件	PLC 内部地址	功　能
Control_Status 画面的工频运行状态指示灯	Q0.1	显示系统变频运行状态
Control_Status 画面的变频运行状态指示灯	Q0.0	显示系统工频运行状态
Control_Status 画面的自动/手动控制按钮，交替型	M0.0	系统自动/手动控制，0 手动，1 自动
Control_Status 画面的启动控制按钮，保持型	M0.1	系统启动控制
Control_Status 画面的停止控制按钮，保持型	M0.2	系统停止控制
Control_Status 画面的确认控制按钮，保持型	M0.3	故障或报警确认控制按钮

3. PLC 软件编程的方法

本项目需要主程序、初始化子程序和定时中断程序，水位控制采用 PID 控制算法，PID 回路参数表存放在 VB100 开始的存储区中，不使用指令向导。在系统块的"断电数据保持"选项中设置保存 PID 回路参数表 VB100～VB135 中的数据，在数据块中将 VD104、VD112、VD116、VD120、VD124 分别设置为对应 PID 回路参数的设定值（30.0～90.0）、增益（0.0～9999.999 之间）、采样时间（以秒为单位，0～999.9s）、积分时间（以分为单位）、微分时间（以分为单位）的初始值，并使以上两项随程序块一起下载到 PLC 中。

1）主程序

主程序如图 6.56 所示。主要完成系统自/手动切换，手动状态的启停控制、自动状态的起停控制、报警控制与处理等任务。

2）初始化子程序 INIT

初始化子程序 INIT 如图 6.57 所示。主要完成采样时间计数器的最终值的计算、设置定时中断初始值、将给定值变换为 0.0～1.0 之间的标准数值等任务。

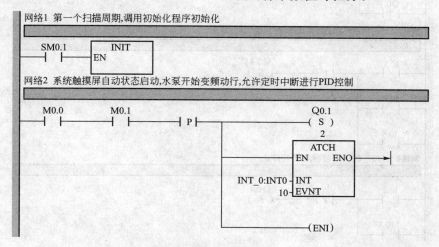

图 6.56　主程序

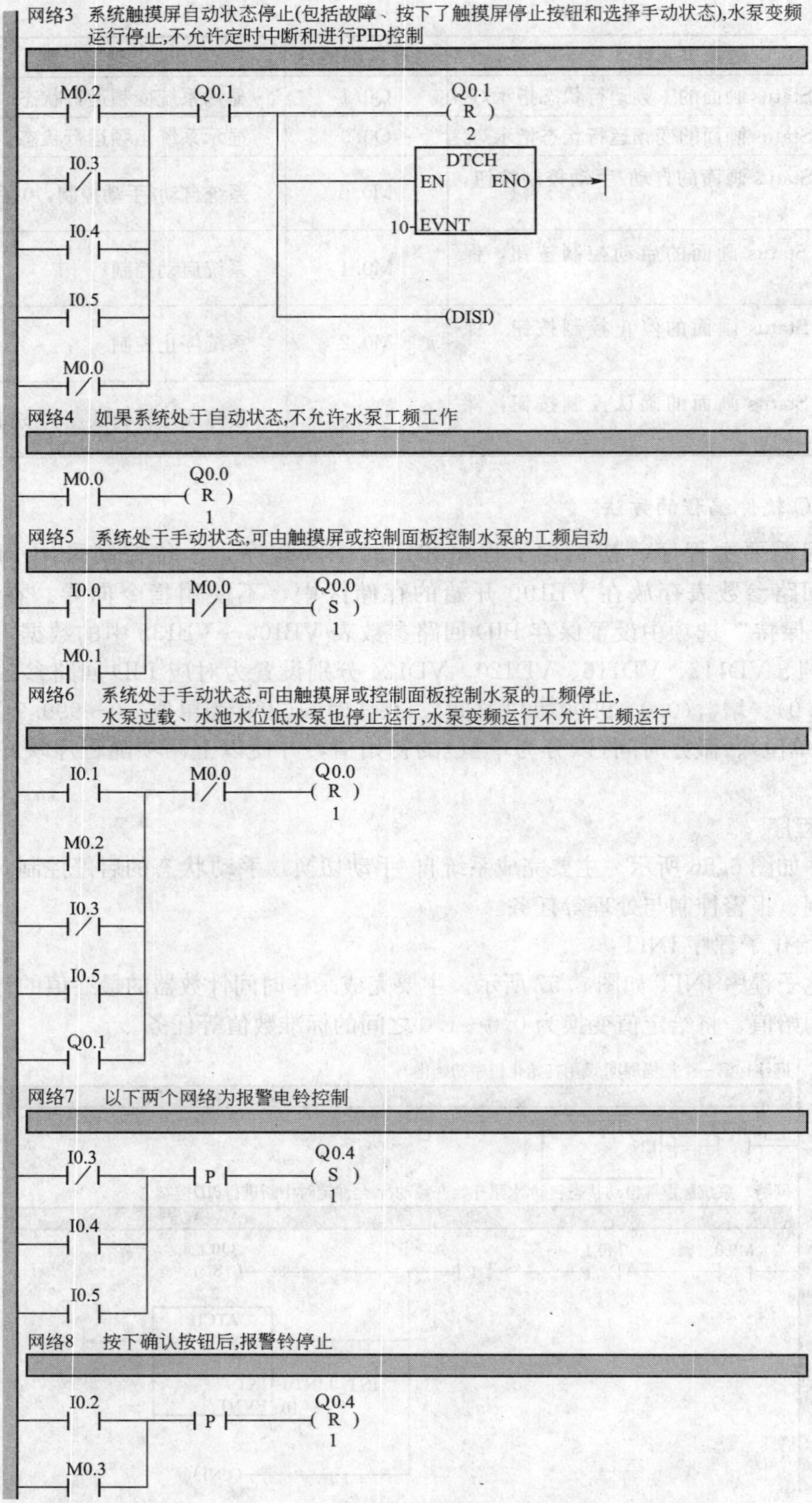

网络3 系统触摸屏自动状态停止(包括故障、按下了触摸屏停止按钮和选择手动状态),水泵变频
运行停止,不允许定时中断和进行PID控制

```
  M0.2      Q0.1                            Q0.1
──┤├──────┤├──────────────────────────( R )
                                            2
  I0.3                          ┌──DTCH──┐
──┤/├──                         │EN   ENO├──►
                                │        │
  I0.4                       10─┤EVNT    │
──┤├──                          └────────┘
  I0.5
──┤├──
  M0.0
──┤├──                                   ─(DISI)
```

网络4 如果系统处于自动状态,不允许水泵工频工作

```
  M0.0    Q0.0
──┤├────( R )
          1
```

网络5 系统处于手动状态,可由触摸屏或控制面板控制水泵的工频启动

```
  I0.0      M0.0    Q0.0
──┤├──────┤/├────( S )
                    1
  M0.1
──┤├──
```

网络6 系统处于手动状态,可由触摸屏或控制面板控制水泵的工频停止,
水泵过载、水池水位低水泵也停止运行,水泵变频运行不允许工频运行

```
  I0.1      M0.0    Q0.0
──┤├──────┤/├────( R )
                    1
  M0.2
──┤├──
  I0.3
──┤/├──
  I0.5
──┤├──
  Q0.1
──┤├──
```

网络7 以下两个网络为报警电铃控制

```
  I0.3              Q0.4
──┤/├──────┤P├────( S )
                    1
  I0.4
──┤├──
  I0.5
──┤├──
```

网络8 按下确认按钮后,报警铃停止

```
  I0.2              Q0.4
──┤├──────┤P├────( R )
                    1
  M0.3
──┤├──
```

图6.56 主程序(续)

网络9　报警灯控制,只要有报警灯一直亮

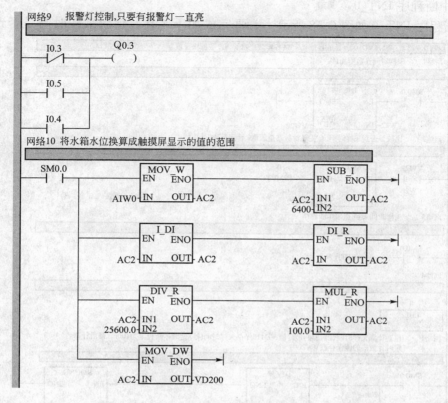

图 6.56　主程序(续)

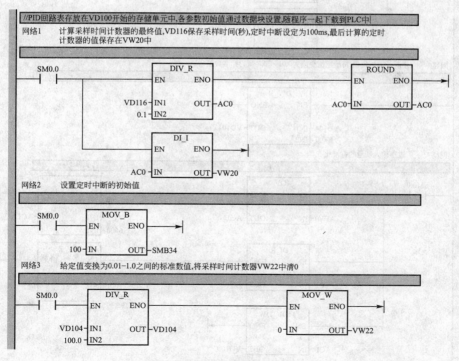

图 6.57　初始化子程序 INIT

3）中断程序 INT_0

中断程序 INT_0 如图 6.58 所示。主要完成如下工作：判断采样时间是否到，如果

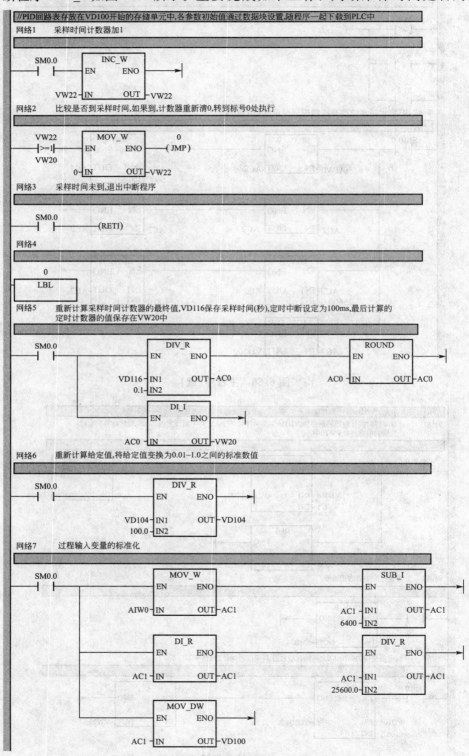

图 6.58　中断程序 INT_0

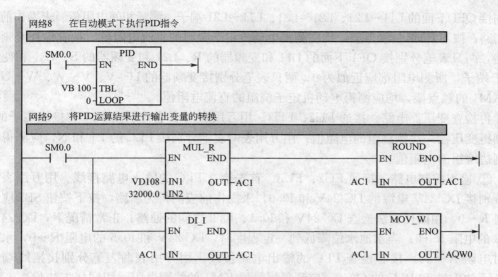

图 6.58　中断程序 INT_0(续)

到，则重新计算采样时间计数器的最终值、进行给定值的转换、过程输入变量的标准化、执行 PID 计算、将 PID 计算结果转换成标准的输出量等。

4）编译修改程序

对上述程序进行编译，修改其中的语法错误，直至程序编译通过。

5）软件调试

本系统的软件调试最好使用触摸屏连接 PLC 加上开关、按钮等进行模拟调试，具体由读者自行完成。仿真调试可以对主程序进行，主要调试开关量逻辑控制部分是否准确，在此也不再讲述。

六、现场施工

根据图样进行现场施工，施工过程中的注意事项参见项目 2 中"可编程控制器器设计内容和步骤"。

（1）施工前的准备。对于本系统，施工前先要确认控制柜的安装位置，然后使用万用表、绝缘电阻表等仪器检查相关电器元件和设备的外观、质量、绝缘状况，如 PLC、接触器、按钮、指示灯、隔离变压器、水位开关等，使用绝缘电阻表检查地线的接地电阻是否符合要求。

（2）电器元件的安装。电器元件检查无误后，再按照电器元件布置图进行电器元件的安装(这一步也可在研发和生产场所进行)。

（3）布线。按照原理图和接线图、电气互连图进行布线。

（4）线路检查。将 QF1 断开，对照原理图、接线图用手拨动导线逐线核查。重点检查主电路两只接触器之间的换相线、热继电器发热元件的连线、接触器辅助常闭触点的互锁线、按钮的常开触点接线等，同时检查各端子处的接线、核对线号，排除虚接、短路和错线故障。

① 检查主电路。断开 QF1 切断电源，断开 FU2、FU3 切除控制电路，接通 QF2、QF3，摘下 KM1、KM2 的灭弧罩，用万用表 R×1 电阻挡检查。首先检查工频各相通路，两只表笔

分别接 QF1 下面的 L11~L21、L21~L31、L11~L31 端子,测量相间电阻值。未操作前应测得断路;按下 KM2 的触点架,均应测得电动机定子绕组的直流电阻值。接着检查变频各相通路,两只表笔分别接 QF1 下面的 L11 和变频器的 R、L21 和变频器的 S、L31 和变频器的 T 端子,所测电阻都应近似为 0;两只表笔分别接变频器的 U~V、V~W、W~U,按下 KM1 的触点架,均应测得电动机定子绕组的直流电阻值。

再检查变压器电路。接通 FU2、FU3。用万用表两表笔分别接 L31 和接线端子的 N,应测得变压器一次侧绕组的电阻值;用万用表两表笔分别接 PLC 的 L1 和 N,应测得变压器副边绕组的电阻值。

② 检查控制电路。接通 FU2、FU3。首先检查 PLC 的输入电路接线。用万用表两表笔分别接 DC 24V 电源的 DC 24V 和 I0.0,未操作前应测得为断路,按下按钮 SB1 应测得测得 $R \to 0$。用同样方法检查 DC 24V 和 I0.1、I0.2 之间的通路;正常情况下,DC 24V 和 I0.3 的电阻 $R \to 0$;当水池水位降低到一定程度时,DC 24V 和 I0.5 的电阻 $R \to 0$,水位正常时电阻 $R \to \infty$。接着检查 PLC 的输出电路接线。用万用表两表笔分别接接线端子的 QF1 下边 L31 和 PLC 的 Q0.0,应测得接触器 KM1 的线圈电阻。用同样方法检查 L31 和 PLC 的 Q0.1、Q0.2、Q0.3、Q0.4 之间的通路。再检查控制电路。用万用表两表笔分别接接线端子的 N 和 QF1 下端的 L31,未操作前,应测得信号指示灯和隔离变压器一次侧绕组并联的电阻值,依次按下 KM1、KM2、KA2、KA3 的触点架,测量的电阻值应依次逐渐减小。

(5)检查过载保护环节。摘下热继电器盖板,用万用表两表笔分别接接线端子的 DC 24V 和 PLC 的 I0.3,应测得为短路,这时用小螺钉旋具缓慢向右拨动热元件自由端,在听到热继电器常闭触点分断动作声音的同时,万用表应显示断路。否则应检查热继电器的动作及连线情况并排除故障。

检查完毕,盖上接触器的灭弧罩和热继电器盖板,并按下复位按钮让热继电器复位。

七、现场调试

(1)调试前的准备。为保证系统的可靠性,现场调试前还要在断电的情况下使用万用表检查一下各电源线路,保证交流电源的各相以及相线与地线之间不要短路,直流电源的正负极之间不要短路,否则重新检查电路的接线。

(2)设置变频器参数。拿掉 FU1 和 FU3,闭合 QF1、QF2,则电源指示灯 HL1 亮,MM420 变频器得电。设置 MM420 变频器参数如表 6-18 所示。

表 6-18 MM420 变频器参数

参数号	设置值	说　　明
P0003	1	设用户访问级为标准级
P0004	7	命令和数字 I/O
P0700	2	命令源选择"由端子排输入"
P0003	2	设置访问级为扩展级
P0701	1	ON 接通正转,OFF 停止
P0003	1	设用户访问级为标准级

续表

参数号	设置值	说　明
P1000	2	频率设定值选择为"模拟输入"
P1080	0	电动机运行的最低频率(Hz)
P1082	50	电动机运行的最高频率(Hz)
P1120	5	斜坡上升时间(s)
P1121	5	斜坡下降时间(s)
P0010	1	快速调试
P0100	0	选择工作地区
P0304	380	电动机额定电压(V)
P0305	15	电动机额定电流(A)
P0307	7.5	电动机额定功率(W)
P0310	50	电动机额定频率(Hz)
P0311	1430	电动机额定转速(r/min)

(3) 建立 PLC 与 PC 机的连接。在断电状态下通过 PC/PPI 电缆将 PLC 和装有 STEP7 - Micro/WIN 软件的计算机连接好,去掉 FU1 和 FU3,闭合 QF1,则 HL1 指示灯亮,打开计算机进入 STEP7 - MicroWIN 软件,设置好通信参数(一般采用默认设置即可),建立 PLC 和 PC 的连接。如果不能建立连接,应检查通信参数和 PC/PPI 电缆的情况。

(4) 设置系统块和数据块。在系统块的"断电数据保持"选项中设置保存 PID 回路参数表 VB100 ~ VB135 中的数据,在数据块中将 VD104、VD112、VD116、VD120、VD124 分别设置为对应 PID 回路参数的设定值(30.0~90.0)、增益(0.0~9999.999 之间)、采样时间(以秒为单位,0~99.9s)、积分时间(以分为单位)、微分时间(以分为单位)的初始值,并使以上两项随程序块一起下载到 PLC 中。

(5) 下载程序。在 STEP7 - Micro/WIN 打开中设计好的项目,编译无误后,将程序连同相应的数据块、系统块一起下载到 PLC 中。

(6) 建立 PLC 与触摸屏的连接。在断电状态下通过联机电缆将 PLC 和装有组态数据的触摸屏连接好,闭合 QF1,打开 DC 24V 开关电源。

(7) PLC 输入电路和触摸屏调试。通过触摸屏设置系统为手动工作方式,按下控制面板上的 SB1 按钮或触摸屏上的启动按钮,则应该可以看 Q0.0 输出点指示灯亮;按下控制面板上的 SB2 按钮或触摸屏上的停止按钮,则应该可以看 Q0.0 输出点指示灯灭;通过触摸屏设置为自动工作方式,按下触摸屏上的启动按钮,则应该可以看到 Q0.1、Q0.2 输出点指示灯亮;按下触摸屏上的停止按钮,则应该可以看到 Q0.1、Q0.2 输出点指示灯灭;在水泵工频手动或变频自动运行时,通过人为设置热继电器过载或水池水位低故障,则应该可以看 Q0.3、Q0.4 输出点指示灯亮,Q0.0、Q0.1、Q0.2 输出点指示灯灭,此时按下控制面板上的 SB3 按钮或触摸屏上的确认按钮,则 Q0.3 输出点指示灯应灭,故障排除后,Q0.4 输出点指示灯应灭。否则检查 PLC 输入电路、程序或触摸屏的组态数据,直至正常。

(8) PLC 输入/输出电路和 PID 参数调试。加上 FU1、FU2、FU3，闭合 QF1、QF2、QF3，通过触摸屏先设置设定值、采样时间等相关参数，然后设置系统为手动工作方式，按下控制面板上的 SB1 按钮或触摸屏上的启动按钮，则应该可以看见水泵运行且工频指示灯亮；按下控制面板上的 SB2 按钮或触摸屏上的停止按钮，则水泵停止运行且工频指示灯灭；通过触摸屏设置为自动工作方式，按下触摸屏上的启动按钮，则应该可以看到控制面板和触摸屏上的变频指示灯亮且水泵运行；按下触摸屏上的停止按钮，则应该可以看到控制面板和触摸屏上的变频指示灯灭且水泵停止运行；在水泵手动工频或自动变频运行时，通过人为设置热继电器过载或水位低故障，则水泵停止运行且工频和变频指示灯灭，同时控制面板的报警指示灯和报警喇叭动作，触摸屏上相应的故障指示灯亮，此时按下控制面板上的 SB3 按钮或触摸屏上的确认按钮，则喇叭应停止鸣叫，故障排除后，报警指示灯应灭；在系统处于自动运行时，可以通过触摸屏实时改变 PID 参数，直至系统自动运行在比较理想的状态。在上述调试过程中，触摸屏上的水箱水位应不断变化，并能反映水箱的实际水位情况。否则应检查 PLC 输出电路、程序或触摸屏的组态数据，直至正常。

调试完成后，让系统试运行。注意在系统调试和试运行过程中要认真观察系统是否满足控制要求和可靠性要求，如果不满足，则要修改相应的硬件或软件设计，直至满足。在调试和试运行过程中一定要做好调试和修改记录。

八、整理、编写相关技术文档

现场调试试运行完成后，要根据调试情况，重新修改、整理、编写相关的技术文档，主要包括：电气原理图(包括主电路、控制电路和 PLC 输入/输出电路)及设计说明(包括主要参数的计算及设备和元器件选择依据、设计依据)，电器安装布置图(包括电气控制盘、操作控制面板)，接线图(包括电气控制盘、操作控制面板)，电气互连图，电气元件设备材料明细表，I/O 分配表，控制流程图，带注释的原程序清单和软件设计说明，系统调试记录，系统使用说明书(主要包括使用条件、操作方法、注意事项、维护要求等，本设计从略)。最后形成正确的、与系统最终交付使用时相对应的一整套完整的技术文档。

项 目 实 训

变频恒压供水控制系统的设计与实现实训

设计一变频恒压供水控制系统。最大供水量为 $0.33 \text{m}^3/\text{s}$，扬程为 10m，采用 3 台水泵及相应的 PLC、压力变送器、变频器、接触器等低压电器组成，如图 6.59 所示。

系统控制要求如下。

(1) 供水压力可由用户在 0~1MP 之间设定。

(2) 系统有手动和自动两种运行方式。手动运行时，可以通过触摸屏或控制柜上的启动和停止按钮控制水泵运行，可根据需要分别控制 1#~3# 泵的启停，该方式主要供设备调试、系统故障和检修时使用。系统自动运行时，首先由第一台水泵变频运行，当管道出水压力低于用户设定的工作压力，第一台水泵频率升到上限频率，当达到设定的延时时间(默认 1min)后，管道出水压力仍低于用户设定的工作压力，该泵切换为工频，并启动第二台泵变频工作，如此类推，直到第三台水泵工频工作，当其中任一台泵运行时已能达到

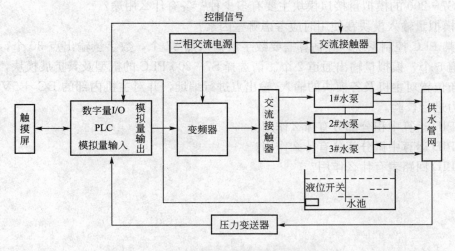

图 6.59 变频恒压供水控制系统组成示意图

工作压力，则不会增加其他泵工作。在上述增泵过程中，如果出水压力达到工作压力，并超过，则变频泵的频率开始下降，超过下限频率经过设定延时（默认 1min）后，则停止第一台水泵的运行，如此类推，顺序停止每一台工频泵，直到最后一台变频泵工作。

（3）定时换泵功能。为了使每台水泵均能保持良好状态和延长使用寿命，要求具有定时换泵功能，即可以在程序中设定定时换泵时间，当任一台水泵运行达到这个时间而其他水泵又空闲超过此时间时，它就停止，并自动切换到下一台空闲泵运行，保证每台水泵都能平均使用，避免某台泵由于长期不用导致的积污积水锈等不良状况。

（4）报警功能。对于该系统中的异常情况，如水泵过载、水池水位低等，应发出声光报警，同时触摸屏显示报警状态。

要求设计、实现该控制系统，并形成相应的设计文档。

项 目 小 结

　　本项目对触摸屏与变频器的种类、结构、工作原理、选用，触摸屏的组态、设置与连接，变频器的设置与接线，S7-200 系列 PLC 的模拟量输入/输出类型、结构、技术指标、选用标准、接线、校准、模拟量输入输出通道的地址分配，PID 控制算法及应用等知识作了讲解；并对触摸屏加 PLC 模拟量过程控制系统的设计与施工（包括控制方案的确定，设备和电器元件的选择，电气原理图设计，工艺设计，DOP 触摸屏的组态和数据下载，MM4 系列变频器的接线和参数设置，系统施工和调试，技术文件的编写整理等）进行了较详细的讲解，为以后从事相应的工作打下基础。

思 考 与 练 习

1. 模拟量输入/输出模块的作用是什么？

2. S7-200 的模拟量接口模块主要有多少种？各有什么用途？

3. 模拟量输入模块在使用时应考虑哪些因素？

4. 某 PLC 控制系统，经估算需要数字量输入点 37 个，数字量输出点 30 个，模拟量输入通道 6 个，模拟量输出通道 2 个。请选择 S7-200 PLC 的机型及其扩展模块，要求按模块分布位置对主机及各模块的输入/输出点进行编址，并对主机内部的 DC +5V 电源的负载能力进行校验。

5. PID 运算中积分部分有什么作用？

6. PID 运算中微分部分有什么作用？

7. PID 回路表有什么作用？

项目 7

多点温度测量控制系统的设计与实现

➤ 知识目标

了解 S7-200 系列 PLC 的网络通信部件和网络种类，温度传感器或变送器的分类和原理；掌握 S7-200 系列 PLC 的网络通信编程方法。

➤ 能力目标

能完成简单的 PLC 网络通信控制系统的设计与施工，包括控制方案的确定，设备和电器元件的选择，电气原理图设计，工艺设计，软件编程，系统施工和调试，技术文件的编写整理。

➤ 引言

随着计算机控制与网络技术的不断推广和普及，对参与控制系统中的设备提出了可相互连接、构成网络及远程通信的要求，可编程控制器生产厂商为此加强了可编程控制器的网络通信能力。

现代大型企业中，一般采用多级网络的结构形式。国际标准化组织（ISO）对企业自动化系统建立了金字塔结构模型，如图 7.1 所示。这种金字塔结构模型的优点是：上层负责生产管理；下层负责现场的监测与控制；中间层负责生产过程的监控与优化。

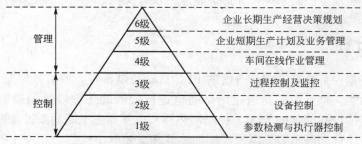

图 7.1 ISO 企业自动化系统金字塔结构模型

在企业自动化系统中，不同厂家的网络结构的层数及各层功能分布有所差别，但基本上都是由从上到下的各层在通信基础上相互协调，共同发挥着作用。实际企业一般采用 2～4 级子网构成复合型结构，而不一定是这 6 级，各层应采用相应的硬件和通信协议。

任务描述

设计一温度测量显示控制系统，使用两台 S7 – 200 PLC 作为主控制器分别控制两个水箱中水的温度，加热采用单相 220V、3kW 的管式电阻丝加热器，为了使水温均匀，加热时使用搅拌器进行搅拌，搅拌器采用 380V、250W 的三相电动搅拌器。多点温度测量控制系统组成如图 7.2 所示。

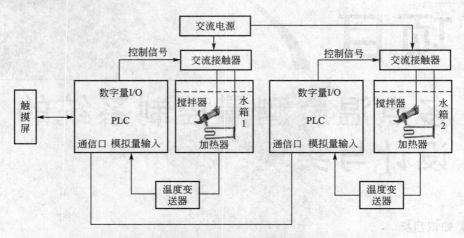

图 7.2 多点温度测量控制系统组成示意图

系统控制要求如下。

（1）两个水箱能单独控制加热器是否工作，当加热器工作后，每隔 1min，搅拌器运行 5s，以使水箱中的水温均匀。

（2）水箱中水温的上下限能在 40～90℃之间可调。

（3）温度控制采用位式控制，即当温度低于下限温度时启动加热，高于上限温度时停止加热。

（4）采用 1 台触摸屏作为人机界面，两水箱温度能在该触摸屏上实时显示、设置和控制。

（5）有必要的保护措施。

要求设计、实现该控制系统，并形成相应的设计文档。

任务分析

该控制系统是一个具有一定综合度的 PLC 自动控制系统，既有数字量，又有模拟量，还有网络通信功能。难点主要是通过网络通信进行数据的传输以及触摸屏人机界面的设计。硬件主要包括控制部分的 PLC、控制加热器和搅拌器主电路通断的接触器、进行短路保护的熔断器、设置和显示温度以及控制加热器和搅拌电动机起动和停止的触摸屏、温度变送器等。

要进行该控制系统的设计，首先要对温度变送器、PLC 的网络通信等有比较清楚的了解，下面重点就与本项目相关的知识进行讲解。

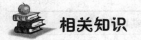 **相关知识**

一、西门子工业自动化系统通信网络结构

西门子公司对于一个典型的工业自动化系统，一般采用如图7.3所示 SIMATIC NET 模式。

1. 现场设备层

现场设备层的主要功能是连接现场设备，如分布式 I/O、传感器、执行器和开关设备等，完成现场设备控制。主站（PLC、PC、其他控制器）负责总线通信管理及与从站的通信。西门子的 SIMATIC NET 网络将传感器和执行器单独分为一层，主要使用 AS-i 网络进行通信。

图 7.3　SIMATIC NET 模型

2. 车间监控层

车间监控层又称单元层，主要用来完成车间生产设备之间的连接，实现车间级设备的监控。车间级监控包括生产设备状态的在线监控、设备故障报警及维护等。通常本层还具有生产统计、生产调度等车间级生产管理功能。车间监控层网络可采用 PROFIBUS-FMS 或工业以太网，PROFIBUS-FMS 是一个多主网络，在这一级，数据传输速度不是最重要的，但数据传输容量通常较大。

3. 工厂管理层

车间操作员工作站可以通过交换机或路由器等与工厂办公管理网连接，将车间生产数据传送到工厂管理层。工厂管理层通常采用符合 IEEE 802.3 标准的以太网和 TCP/IP 通信协议。厂区骨干网可以采用以太网，也可以根据工厂实际情况采用 FDDI 或 ATM 等网络。

二、S7-200 系列 PLC 的通信部件

在本节中将介绍与 S7-200 系列 PLC 有关的通信部件，包括通信端口及 S7-200 通信扩展模块等。

1. 通信端口

S7-200 系列 PLC 内部集成的 PPI 接口的物理特性为 RS-485 串行接口，为9针D型接口，该端口也符合欧洲标准 EN 50170 中 PROFIBUS 标准。在将 S7-200 接入网络时，该端口一般是作为端口1出现的，作为端口1时，端口各个引脚的名称见表7-1。

表 7-1　S7-200 通信口各引脚的名称及

引脚	PROFIBUS 名称	端口 0/端口 1 引脚定义
1	屏蔽	机壳地
2	24V 返回	逻辑地
3	RS-485 信号 B	RS-485 信号 B

续表

引脚	PROFIBUS 名称	端口 0/端口 1 引脚定义
4	发送申请	RTS(TTL)
5	5V 返回	逻辑地
6	+5V	+5V，100Ω 串联电阻
7	+24V	+24V
8	RS-485 信号 A	RS-485 信号 A
9	不用	10 位协议选择(输入)
连接器外壳	屏蔽	机壳接地

2. EM277 PROFIBUS-DP 模块

EM277 PROFIBUS-DP 模块是专门用于 PROFIBUS-DP 协议通信的智能扩展模块。它的外形如图 7.4 所示。EM277 上有一个 RS-485 接口，通过该接口可将 S7-200 系列 CPU 连接至网络，它支持 PROFIBUS-DP 和 MPI 从站协议。其上的地址选择开关可进行地址设置，地址范围为：0～99。

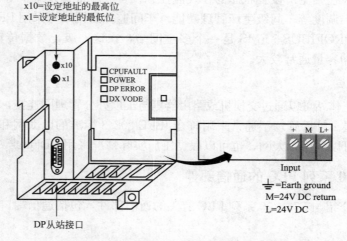

图 7.4　EM227 PROFIBUS-DP 模块的外形

PROFIBUS-DP 是由欧洲标准 EN 50170 和国际标准 IEC 611158 定义的一种远程 I/O 通信协议。遵循这种标准的设备，即使是由不同公司制造的，也是兼容的。DP 表示分布式外围设备，即远程 I/O；PROFIBUS 表示过程现场总线。EM277 模块作为 PROFIBUS-DP 协议下的从站，实现通信功能。

除以上介绍的通信模块外，还有其他的通信模块，如 CP243-2 通信处理器。CP243-2 是 S7-200 CPU 22X 的 AS-i 主站，利用该模块可增加 S7-200 系列 CPU 的输入/输出点数。

通过 EM277 PROFIBUS-DP 从站扩展模块，可将 S7-200 CPU 连接到 PROFIBUS-DP 网络。EM277 经过串行 I/O 总线连接到 S7-200 CPU。PROFIBUS 网络经过其 DP 通信端口连接到 EM277 PROFIBUS-DP 模块，这个端口可运行于 9600 bps 和 12Mbps 之间

的任何 PROFIBUS 支持的通信速率。作为 DP 从站，EM277 模块接受从主站来的多种不同的 I/O 配置，向主站发送和接收不同数量的数据，这种特性使用户能修改所传输的数据量，以满足实际应用的需要。与许多 DP 从站不同的是，EM277 模块不仅仅是传输 I/O 数据，而且还能读写 S7 - 200 CPU 中定义的变量数据块，这样使用户能与主站交换任何类型的数据。首先，将数据移到 S7 - 200 CPU 中的变量存储器，就可将输入计数值、定时器值或其他计算值传送到主站。类似地，从主站来的数据存储在 S7 - 200 CPU 中的变量存储器内，并可移到其他数据区。EM277 PROFIBUS - DP 模块的 DP 端口可连接到网络上的一个 DP 主站上，但仍能作为一个 MPI 从站与同一网络上如 SIMATIC 编程器或 S7 - 300/S7 - 400 CPU 等其他主站进行通信。图 7.5 所示的 CPU 224 通过一个 EM277 PROFI-BUS - DP 连接到 PROFIBUS 网络。在这种场合，CPU 315 - 2 是 DP 主站，并且已通过一个带有 STEP 7 编程软件的 SIMATIC 编程器进行组态。CPU 224 是 CPU 315 - 2 所拥有的一个 DP 从站，ET 200I/O 模块也是 CPU 315 - 2 的从站，S7 - 400 CPU 连接到 PROFIBUS 网络，并且借助于 S7 - 400 CPU 用户程序中的 XGET 指令，可从 CPU 224 读取数据。

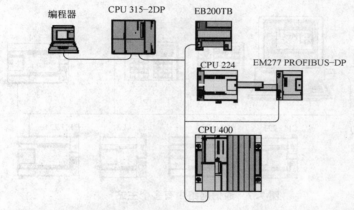

图 7.5　PROFIBUS 网络上的 EM277 PROFIBUS - DP 模块和 CPU 224

三、S7 - 200 系列 PLC 的通信方式

S7 - 200 的通信功能强，有多种通信方式可供用户选择。在运行 Windows 或 Windows NT 操作系统的个人计算机(PC)上安装了编程软件后，PC 可作为通信中的主站。其通信方式主要有以下几种。

(1) 单主站方式。单主站与一个或多个从站相连，如图 7.6 所示。SETP7 - Micro/WIN 32 每次和一个 S7 - 200 CPU 通信，但是它可以访问网络上的所有 CPU。

(2) 多主站方式。通信网络中有多个主站，一个或多个从站。如图 7.7 所示中带 CP 通信卡的计算机和文本显示器 TD200、操作面板 OP15 是主站，S7 - 200 CPU 可以是从站或主站。

(3) 使用调制解调器的远程通信方式。利用 PC/PPI 电缆与调制解调器连接，可以增加数据传输的距离。此时，通过运行 STEP 7 - Micro/WIN32 的 PC 或 SIMATIC 编程设备（例如 PG 740）作为单主设备，可使用 10 位调制解调器与一个作为从站的 S7 - 200 CPU 通信，或使用 11 位调制解调器与一个或多个作为从站的 S7 - 200 CPU 通信。后一种配置只允许有一台主设备并只支持 PPI 协议。为了通过 PPI 协议进行通讯，S7 - 200 PLC

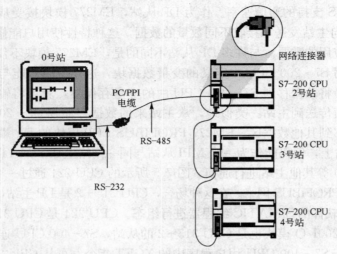

图 7.6 单主站与一个或多个从站相连

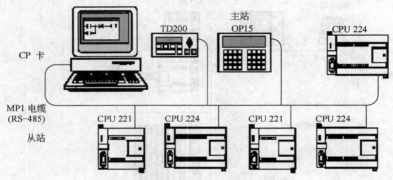

图 7.7 通信网络中有多个主站

要求调制解调器使用 11 位数据格式，即：一个起始位，八个数据位，一个奇偶校验位，一个停止位，异步通讯，传输速率可为 9600 或 19200bps。在使用调制解调器的通信方式下，PC/PPI 电缆上的 DIP 开关要根据单主设备使用的 STEP 7 - Micro/WIN32 软件版本和通信方式进行相应的设置。

（4）S7 - 200 通信的硬件选择。表 7 - 2 SETP - Micro/WIN 32 支持的通信硬件和通信速率。除此之外，S7 - 200 还可以通过 EM277 PROFIBUS - DP 现场总线网络，为各通信卡提供一个与 PROFIBUS 网络相连的 RS - 485 通信口。

表 7 - 2　SETP - Micro/WIN 32 支持的通信硬件和通信速率

支持的硬件	类　型	支持的通信速率/Kbit/s	支持的协议
PC/PPI 电缆	到 PC 通信口的电缆连接器	9.6，19.2	PPI 协议
CP5511	Ⅱ 型，PCMCIA 卡	9.6，19.2，187.5	支持用于笔记本电脑的 PPI，MPI 和 PROFIBUS 协议
CP5611	PCI 卡（版本 3 或更高）		支持用于 PC 的 PPI，MPI 和 PROFIBUS 协议
MPI	集成在编程器中的 PC ISA 卡		

四、S7 - 200 PLC 的通信编程

本节介绍与 S7 - 200 联网通信有关的网络协议，包括 PPI，MPI，PROFIBUS，ModBus 等协议，以及相关的程序指令。

S7 - 200 CPU 可支持多种通信协议，如点到点（Point - to - Point）协议（PPI）、多点协议（MPI）及 PROFIBUS 协议。这些协议的结构模型都是基于开放系统互连参考模型（OSI）的 7 层通信结构。PPI 协议和 MPI 协议通过令牌环网（又称权标环网）实现。令牌环网遵守欧洲标准 EN 50170 中的过程现场总线（PROFIBUS）标准。它们都是异步、基于字符的协议，传输的数据带有起始位、8 位数据、奇校验和一个停止位。每组数据都包含特殊的起始和结束标志、源站地址和目的站地址、数据长度、数据完整性检查几部分。只要相互的通信速率相同，三个协议可在同一网络上运行而不互相影响。

除上述三种协议外，自由口通信方式是 S7 - 200 PLC 的一个很有特色的功能。它使 S7 - 200 PLC 可以与任何通信协议公开的其他设备控制器进行通信，即 S7 - 200 PLC 可以由用户自己定义通信协议，使可通信的范围大大增加。例如，利用 S7 - 200 的自由口通信及有关的网络通信指令，可以将 S7 - 200 CPU 加入 ModBus 网络和以太网络，也可以将任何具有串行接口的外设，例如打印机或条形码阅读器、调制解调器、上位 PC 等与 PLC 连接。

1. 利用 PPI 协议进行网络通信

PPI 通信协议是西门子专为 S7 - 200 系列 PLC 开发的一个通信协议，可通过普通的两芯屏蔽双绞线进行联网，波特率为 9.6kbt/s、19.2kbt/s 或 187.5kbt/s。S7 - 200 系列 CPU 上集成的编程口同时就是 PPI 通信联网接口。利用 PPI 通信协议进行通信非常简单方便，只用 NETR 和 NETW 两条语句，即可进行数据的传递，不需额外再配置模块或软件。

PPI 通信网络是一个令牌传递网，在不加中继器的情况下，最多可以由 31 个 S7 - 200 系列 PLC、TD200、OP/TP 面板或上位机插 MPI 卡为站点构成 PPI 网，主要有单主站/单从站 PPI 网络、单主站/多从站 PPI 网络、多主站/单从站 PPI 网络和多主站/多从站 PPI 网络等几类。在上述网络中，主站主要由装有 STEP - 7 Micro/WIN 的计算机、HMI 等人机界面组成，从站主要由 S7 - 200 PLC 等组成。

在实际应用中，经常采用 PPI 协议进行通信。S7 - 200 默认的运行模式为从站模式，但在用户应用程序中可将其设为主站运行模式与其他从站进行通信，用 NETR（Network Read）/NETW（Network Write）指令读写其他从站中的数据。网络读/网络写指令 NETR/NETW 的指令格式如图 7.8 所示。将特殊标志位寄存器 SMB30（PORT0）和 SMB130（PORT1）的低 2 位设为 2#10 或 16#2，其他位为 0，即可将 S7 - 200 设置为 PPI 主站模式。

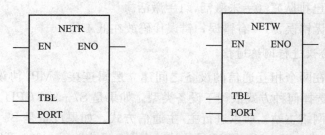

图 7.8 网络读/网络写指令 NETR/NETW

TBL：缓冲区首址，操作数为字节。

PROT：操作端口，CPU 226 为 0 或 1，其他只能为 0。

网络读 NETR 指令是通过端口（PROT）接收远程设备的数据并保存在表（TBL）中。可从远方站点最多读取 16B 的信息。

网络写 NETW 指令是通过端口（PROT）向远程设备写入在表（TBL）中的数据。可向远方站点最多写入 16B 的信息。

在一个 S7-200 的程序中可以有任意多 NETR/NETW 指令，但在任一时刻最多只能有 8 条 NETR 和 NETW 指令被激活。TBL 表的参数定义见表 7-3。表中各参数的意义如下。

表 7-3 TBL 表的参数定义

VB100	D	A	E	0	错误码
VB101	远程站点的地址				
VB102	指向远程站点的数据指针				
VB103					
VB104					
VB105					
VB106	数据长度（1～16B）				
VB107	数据字节 0				
VB108	数据字节 1				
...	...				
VB122	数据字节 15				

远程站点的地址：被访问的 PLC 地址。

数据区指针（双字）：指向远程 PLC 存储区中的数据的间接指针。

接收或发送数据区：保存数据的 1～16B，其长度在"数据长度"字节中定义。对于 NETR 指令，此数据区指执行 NETR 后存放从远程站点读取的数据区。对于 NETW 指令，此数据区只执行 NETW 前发送给远程站点的数据存储区。

表中第一个字节的含义。

D：操作已完成。0＝未完成，1＝功能完成。

A：激活（操作已排队）。0＝未激活，1＝激活。

E：错误。0＝无错误，1＝有错误，错误代码放在低 4 位。

2. 利用 MPI 协议进行网络通信

MPI 协议总是在两个相互通信的设备之间建立逻辑连接。MPI 协议允许主/主和主/从两种通信方式。选择何种方式依赖于设备类型。如果是 S7-300 CPU，由于所有的 S7-300 CPU 都必须是网络主站，所以进行主/主通信方式。如果设备是 S7-200 CPU，那么就进行主/从通信方式，S7-200 CPU 是从站。在图 7.7 中，S7-200 可以通过内置接口连接到 MPI 网络上，比特率为 19.2～187.5kbit/s。它可与 S7-300 或者是 S7-400 CPU 进行通信。S7-200 CPU 在 MPI 网络中作为从站，它们彼此间不能直接通信。

3. 利用 PROFIBUS 协议进行网络通信

PROFIBUS 是世界上第一个开放式现场总线标准，1995 年成为欧洲工业标准（EN 50170），1999 年成为国际标准（IEC 61158—3），其应用领域覆盖了从机械加工、过程控制、电力、交通到楼宇自动化等各个领域。

PROFIBUS 连接的系统由主站和从站组成，主站能够控制总线，当主站获得总线控制权后，可以主动发送信息。从站通常为传感器、执行器、驱动器和变送器。它们可以接收信号并给予响应，但没有控制总线的权力。当主站发出请求时，从站回送给主站相应的信息。PRORFIBUS 除了支持主/从模式，还支持多主/多从模式。对于多主站模式，在主站之间按令牌传递顺序决定对总线的控制权。取得控制权的主站，可以向从站发送或获取信息，实现点对点的通信。

S7-200 CPU 必须通过 PROFIBUS-DP 模块 EM277 连接到网络，PROFIBUS 网络经过其 DP 通信端口，连接到 EM277 模块。这个端口支持 9600～12Mbit/s 之间的传输速率。EM277 模块在 PROFIBUS 网络中只能作为 PROFIBUS DP 从站出现。

EM277 模块的 DP 端口连接到 PROFIBUS 网络上后，仍能作为一个 MPI 从站与同一网络上的其他主站（如 SIMATIC 编程器或 S7-300/400 CPU 等）进行通信。为了将 EM277 作为一个 DP 从站使用，用户必须使用 EM277 模块上的旋转开关设定与主站组态中的地址相匹配的 DP 端口地址。在变动旋转开关之后，用户必须重新启动 CPU 电源，以便使新的从站地址起作用。

EM277 可用 DP 主站组态，以接收从主站来的输出数据，并将相关数据返回给主站。主站通过将其输出的信息发送给从站的输出缓冲区（称为"接收信箱"），与每个从站交换数据；从站将其输入缓冲区（称为"发送信箱"）的数据返回给主站的输入区，以响应从主站来的信息。输出和输入数据缓冲区可以设置在 S7-200 CPU 变量存储区的任何区域。当用户组态 DP 主站时，应定义 V 存储区内的字节位置，从这个位置开始为输出数据缓冲区，紧随输出缓冲区的是输入数据缓冲区。用户也要定义 FO 配置，它是写入到 S7-200 CPU 的输出数据总量和从 S7-200 CPU 返回的输入数据总量。EM277 从 FO 配置确定输入和输入缓冲区的大小。

一旦用 DP 主站对 EM277 成功进行了组态，EM277 和 DP 主站就进入数据交换模式。用户在建立 S7-200 CPU 用户程序时，必须知道 V 存储区中的数据缓冲区的开始地址和缓冲区大小。从主站来的输出数据必须通过 S7-200 CPU 中的用户程序，从输出缓冲区转移到其他所用的数据区。类似地，传输到主站的输入数据也必须通过用户程序从各种数据区转移到输入缓冲区，进而发送到 DP 主站。

SMB200～SMB249 提供有关 EM277 从站模块的状态信息（如果它是 I/O 链中的第 1 个智能模块）。如果 EM277 是 I/O 链中的第 2 个智能模块，那么，EM277 的状态是从 SMB250～SMB299 获得的。如果 DP 尚未建立与主站的通信，那么，这些 SM 存储单元显示默认值。当主站已将参数和 I/O 组态写入到 EM277 模块后，这些 SM 存储单元显示 DP 主站的组态集。用户应检查 SMB224，并确保在使用 SMB225～SMB229 或 V 存储区中的信息之前，EM277 已处于与主站交换数据的工作模式。

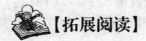

【拓展阅读】

1) PROFIBUS 的组成

PROFIBUS 由三个相互兼容的部分组成，即 PROFIBUS-FMS，PROFIBUS-DP 及 PROFIBUS-PA。

(1) PROFIBUS-DP(Distributed Periphery：分布 I/O 系统)。PROFIBUS-DP 是一种优化模板，是制造业自动化主要应用的协议内容，通信速率可达 12Mbit/s，可以用于设备级的高速数据传输，远程 I/O 系统尤为适用。位于这一级的 PLC 或工业控制计算机可以通过 PROFIBUS-DP 同分散的现场设备进行通信。

(2) PROFIBUS-PA(Process Automation：过程自动化)。PROFIBUS-PA 主要用于过程自动化的信号采集及控制，它是专为过程自动化所设计的协议，可用于安全性要求较高的场合及总线集中供电的站点。

(3) PROFIBUS-FMS(Fieldbus Message Specification：现场总线信息规范)。PROFIBUS-FMS 是为现场的通用通信功能所设计，主要用于非控制信息的传输，传输速率中等，可以用于车间级监控网络。FMS 提供了大量的通信服务，用以完成以中等级传输速率进行的循环和非循环的通信服务。对于 PROFIBUS-FMS 而言，它考虑的主要是系统功能而不是系统响应时间，通常用于大范围、复杂的通信系统。

2) PROFIBUS 协议结构

PROFIBUS 协议以 ISO/OSI 参考模型为基础。第 1 层为物理层，定义了物理的传输特性；第 2 层为数据链路层；第 3 层至第 6 层 PROFIBUS 未使用；第 7 层为应用层，定义了应用的功能。PROFIBUS-DP 是高效、快速的通信协议，它使用了第 1 层、第 2 层及用户接口，第 3~7 层未使用。这样简化了的结构确保了 DP 的高速的数据传输。

PROFIBUS 通信规程采用了统一的介质存取协议，此协议由 OSI 参考模型的第 2 层来实现。在 PROFIBUS 协议设计时充分考虑了满足介质存取控制的两个要求，即：在主站间通信时，必须保证在分配的时间间隔内，每个主站都有足够的时间来完成它的通信任务，在 PLC 与从站(PLC 或其他设备)间通信时，必须快速、简捷地完成循环，进行实时的数据传输。为此，PROFIBUS 提供了两种基本的介质存取控制：令牌传递方式和主/从方式。

令牌传递方式可以保证每个主站在事先规定的时间间隔内都能获得总线的控制权。令牌是一种特殊的报文，它在主站之间传递着总线控制权，每个主站均能按次序获得一次令牌，传递的次序是按地址升序进行的。

主/从方式允许主站在获得总线控制权时，可以与从站通信，发送或获得信息。

主站要发出信息，必须持有令牌。假设有一个由 3 个主站和 7 个从站构成的 PROFIBUS 系统。3 个主站构成了一个令牌传递的逻辑环，在这个环中，令牌按照系统预先确定的地址顺序从一个主站传递给下一个主站。当一个主站得到了令牌后，它就能在一定的时间间隔内执行该主站的任务，可以按照主/从关系与所有从站通信，也可以按照主/主关系与所有主站通信。在总线系统建立的初级阶段，主站的介质存取控制(MAC)的任务是决定总线上的站点分配并建立令牌逻辑环。在总线的运行期间，损坏的或断开的主站必须从环中撤除，新接入的主站必须加入逻辑环。MAC 的其他任务是检测传输介质和收发器是否损坏，检查站点地址是否出错，以及令牌是否丢失或有多个令牌等。

4. 利用 ModBus 协议进行网络通信

1) ModBus 协议介绍

ModBus 协议是应用于电子控制器上的一种通用协议，具有较广泛的应用。通过 ModBus 协议，不同厂商生产的控制设备可以连成工业网络，从而使控制器之间、控制器经由网络(例如以太网)和其他设备之间可以通信。该协议定义了一个控制器能认识使用的消息结构,而不管它们是经过何种网络进行通信的,它描述了控制器请求访问其他设备的过程,以及怎样检测错误并进行记录,确定了消息域格式及内容的公共格式。

当在 ModBus 网络上通信时,每个控制器需要知道它们的设备地址,识别按地址发来的消息,如果需要回应,控制器将生成反馈信息并用 ModBus 协议发出。在其他网络上,包含了 ModBus 协议的消息转换为在此网络上使用的帧或包结构。

(1) ModBus 协议网络选择。标准的 ModBus 口是使用与 RS-232C 兼容的串行接口,它定义了连接口的引脚、电缆、信号位、传输速率、奇偶校验。

控制器通信使用主/从技术,即只有一个设备(主设备)能初始化传输(查询),其他设备(从设备)则根据主设备查询提供的数据做出相应反应。典型的主设备有主机和可编程仪表;典型的从设备有 PLC。

主设备可单独与从设备通信,也能以广播方式和所有从设备通信。如果单独通信,从设备返回消息作为回应,如果以广播方式通信,则不做任何回应。

(2) ModBus 查询—回应周期。

① 查询消息包括设备(或广播)地址、功能代码、数据段、错误检测等几部分。功能代码告之被选中的从设备要执行何种功能。数据段包含了从设备要执行功能的任何附加信息。例如功能代码 03 是要求从设备读保持寄存器并返回它们的内容,这时的数据段必须包含要告之从设备的信息:从何寄存器开始读和要读的寄存器数量。错误检测域为从设备提供了一种验证消息内容是否正确的方法。

② 回应消息包括功能代码、数据段、错误检测等几部分。如果从设备产生正常的回应,在回应消息中的功能代码是在查询消息中的功能代码的回应。数据段包括了从设备收集的数据。如果有错误发生,功能代码将被修改以用于指出回应消息是错误的,同时数据段包含了描述此错误信息的代码。错误检测域允许主设备确认消息内容是否可用。

③ ModBus 数据传输模式。控制器能设置为 ASCII 或 RTU 两种数据传输模式中的任何一种。在配置每个控制器的时候,一个 ModBus 网络上的所有设备都必须选择相同的传输模式和串口通信参数(比特率、校验方式等)。所选的 ASCII 或 RTU 方式仅适用于标准的 ModBus 网络,在其他网络上(如 MAP 和 ModBus Plus 等),ModBus 消息被转成与串行传输无关的帧。

2) S7-200 中 ModBus 从站协议指令

使用一个 ModBus 从站指令可以将 S7-200 组态为一个 ModBus 从站,并与 ModBus 主站通信。STEP7 Micro/WIN 指令库包含有专门为 ModBus 通信设计的预先定义的子程序和中断服务程序,从而使 S7-200 与 ModBus 主站的通信变得简单易行。当在用户编制的程序中加入 ModBus 从站指令时,相关的子程序和中断程序自动加入到所编写的项目中。

(1) MBUS INIT 指令。MBUS INIT 指令用于使能、初始化或禁止 ModBus 通信,如图 7.9 所示。只有当本指令执行无误后,才能执行 MBUS_SLVE 指令。当 EN 位使能时,在每个周期 MBUS_INIT 都被执行,因此 EN 位的输入端应采用边沿检测方式产生的脉冲输入,或者采取措施使 MBUS_INIT 指令只执行一次。MBUS_INIT 指令各参数的类型及适用的变量见表 7-4。

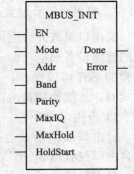

图 7.9 MBUS_INIT 指令

表 7 - 4 MBUS _ INIT 指令各参数的类型及适用的变量

输入/输出	数据类型	适 用 变 量
Mode, Addr, Parity	BYTE	VB, IB, QB, MB, SB, SMB, LB, AC, 常数, *AC, *VD, *LD
Baud, HoldStart	DWORE	VD, ID, QD, MD, SD, SMD, LD, AC, 常数, *AC, *VD, *LD
Delay, MaxAI, MaxHold	WORD	VW, IW, QW, MW, SW, SMW, LW, AC, 常数, *AC, *VD, *LD
Done	BOOL	I, Q, M, S, SM, T, C, V, L
Error	BYTE	VB, IB, QB, MB, SB, SMB, LB, AC, *AC, *VD, *LD

参数说明。参数 Baud 用于设置波特率,可选 1200、2400、4800、9600、19200、38400、57600、11520bps。参数 Addr 用于设置地址,地址范围为 1~247。参数 Parity 用于设置检验方式使之与 ModBus 主站匹配,其值可为 0(无检验)、1(奇检验)、2(偶检验)。参数 MaxIQ 用于设置最大可访问的 I/O 点数。

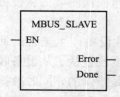

图 7.10 MBUS _ SLAVE 指令

(2) MBUS _ SLAVE 指令。MBUS _ SLAVE 指令用于响应 ModBus 主站发出的请求。该指令应该在每个扫描周期都被执行,以检查是否有主站的请求。其指令如图 7.10 所示。只有当指令的 EN 位输入有效时,该指令在每个扫描周期才被执行。当响应 ModBus 主站的请求时,Done 位有效,否则 Done 处于无效状态。位 Error 显示指令执行的结果。Done 有效时 Error 才有效,但 Done 由有效变为无效时,Error 状态并不发生改变。表 7 - 5 为 MBUS _ SLAVE 指令各参数的类型及适用的变量。

表 7 - 5 MBUS _ SLAVE 指令各参数的类型及适用的变量

参 数	数据类型	操 作 数
Done	BOOL	I, Q, M, S, SM, T, C, V, L
Error	BYTE	VB, IB, QB, MB, SB, SMB, LB, AC, *AC, *VD, *LD

5. 利用自由口模式进行网络通信

自由口模式允许应用程序控制 S7 - 200 的串行通信口,使用自定义通信协议与多种类型的智能设备通信。S7 - 200 处于 STOP 方式时,自由口模式被禁止,通信口自动切换到正常的 PPI 协议操作,只有当 S7 - 200 处于 RUN 方式时,才能使用自由口通信模式。

1) 自由口指令

自由口通信指令包括自由口发送指令(XMT)和自由口接收指令(RCV),如图 7.11 所示。

自由口发送指令(XMT):允许输入端 EN 有效时,指令初始化通信操作,通过指定端口(PORT)

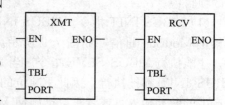

图 7.11 自由口通信指令

将数据缓冲区(TBL)中的数据发送到远程设备。数据缓冲区的第一个字节定义发送的字节数,它本身并不发送。

自由口接收指令(RCV):允许输入端 EN 有效时,指令初始化通信操作,通过指定端口(PORT)从远程设备上读取数据并存储于数据缓冲区(TBL)。数据缓冲区的第一个字节定义接收的字符数。接收缓冲区和发送缓冲区数据格式如图 7.12 所示。其中,"起始字符"与"结束字符"是可选项。

字符数	起始字符	数据	结束字符

图 7.12 接收、发送缓冲区数据格式

XMT、RCV 指令中合法的操作数:TBL 可以为 VB、IB、QB、MB、SB、SMB、* VD、* AC 和 * LD,数据类型为 BYTE;PORT 为常数(CPU 221、CPU 222、CPU 224 模块为 0,CPU 226、CPU 226XM 模块为 0 或 1),数据类型为 BYTE。

2)相关寄存器

(1)控制寄存器。用特殊标志寄存器中的 SMB30 和 SMB130 的各个位分别配置通信口 0 和通信口 1,为自由口通信选择通信参数,包括波特率、奇偶检验位、数据位和通信协议等,SMB30 和 SMB130 的各位及描述见表 7-6。

表 7-6 SMB30 和 SMB130 的各位及其描述

端口 0(PORT0)	端口 1(PORT1)	描　　述
SMB30 格式	SMB130 格式	自由口通信的控制字节 MSB　　　　　　　　　　　　　　　　　　　LSB | p | p | d | b | b | b | m | m |
SM30.7 和 SM30.6	SM130.7 和 SM130.6	pp:奇偶检验选择。00、10＝无检验,01＝偶检验,11＝奇检验
SM30.5	SM130.5	d:每个字符的数据位数。0＝8 位/字符,1＝7 位/字符
SM30.4～SM30.2	SM130.4～SM130.2	bbb:通信速率(bit/s)选择 000＝38400,001＝19200,010＝9600,011＝4800,100＝2400,101＝1200,110＝115.2k,111＝57.6k
SM30.1 和 SM30.0	SM130.1 和 SM130.0	mm:通信协议选择 00＝PPI/从站模式,01＝自由口协议,10＝PPI/主站模式, 11＝保留(默认设置为 PPI/从站模式)

 **特别提示**

一旦选择 mm＝10(PPI/主站模式),PLC 将成为网络的一个主站,可以执行 NETW/NETR 指令,在 PPI 模式下不考虑 2～7 位。

(2)特殊标志位及中断。其具体介绍如下。

接收字符中断：中断事件编号为8(端口0)和25(端口1)。

发送信息完成中断：中断事件编号为9(端口0)和26(端口1)。

接收信息完成中断：中断事件编号为23(端口0)和24(端口1)。

发送结束标志位 SM4.5 和 SM4.6 分别用来标志端口0和端口1发送空闲状态，发送空闲时置1。

(3)特殊功能寄存器。执行接收(RCV)指令时要用到一系列特殊功能寄存器。对端口0用 SMB86～SMB94，对端口1用 SMB186～SMB194。各字节及内容描述见表7-7。

表7-7　SMB186～SMB194 各字节及描述

端口0(PORT0)	端口1(PORT1)	描　　述
SMB86	SMB186	接受信息的状态字节 MSB　　　　　　　　　　　　　　　　LSB | n | r | e | 0 | 0 | t | c | p | n=1：用户通过禁止命令终止接收 r=1：接受信息终止，输入参数错误或无起始或结束条件 e=1：收到结束字符 t=1：接受信息终止，超时 c=1：接受信息终止，超出最大字符数 p=1：接受信息终止，专用校验错误
SMB87	SMB187	接受信息的控制字节 MSB　　　　　　　　　　　　　　　　LSB | en | sc | ec | il | c/m | tmr | bk | 0 | en：0表示禁止信息接收；1表示允许信息接收。每次执行 RCV 指令时检查允许/禁止接受信息位 sc：0表示忽略 SMB88 或 SMB188；1表示使用 SMB88 或 SMB188 的值检测信息的开始 ec：0表示忽略 SMB89 或 SMB189；1表示使用 SMB89 或 SMB189 的值检测信息的结束 il：0表示忽略 SMW90 或 SMW190；1表示使用 SMW90 或 SMW190 的值检测空闲状态 c/m：0表示定时器是字符间超时定时器；1表示定时器是信息定时器 tmr：0表示忽略 SMW92 或 SMW192；1表示超过 SMW92 或 SMW192 中设置的时间时终止接收 bk：用来定义信息识别标准。0表示忽略 break(间断)条件；1表示用 break 条件来检测信息的开始，信息的起始和结束字符均需定义
SMB88	SMB188	信息的起始字符
SMB89	SMB189	信息的结束字符

续表

端口 0(PORT0)	端口 1(PORT1)	描　　述
SMW90	SMW190	以 s 为单位的空闲线时间间隔。空闲线时间结束后接收的第一个字符是新信息的起始字符。SMB90 或 SMB190 为高字节，SMB91 或 SMB191 为低字节
SMW92	SMW192	字符间/信息间定时器超时值(以 ms 为单位)。如果超时，则终止接收信息。SMB92 或 SMB192 为高字节，SMB93 或 SMB193 为低字节
SMB94	SMB194	接收的最大字符数(1~255B)，此值应按希望的最大缓冲区设置

3) XMT 和 RCV 指令的使用

(1) XMT 指令。用 XMT 指令可以方便地发送 1~255 个字符，如果有一个中断服务程序连接到发送结束事件上，在发送完缓冲区的最后一个字符时，会产生一个发送中断(端口 0 为中断事件 9，端口 1 为中断事件 26)，可以通过检测发送完成状态位 SM4.5 或 SM4.6 的变化，判断发送是否完成。

如果将字符数设置为 0 并执行 XMT 指令，则产生一个 break 状态。该 break 状态可以在线上持续一段特定的时间，这段特定时间是以当前数据传输速率传输 16 位数据所需要的时间。发送 break 的操作完成时也会产生一个发送中断。

(2) RCV 指令。用 RCV 指令可以方便地接收 1~255 个字符。如果有一个中断服务程序连接到接收信息完成事件上，在接收完最后一个字符时，会产生一个接收中断(端口 0 为中断事件 23，端口 1 为中断事件 24)。接受信息状态寄存器 SMB86 或 SMB186 反映执行 RCV 指令的当前状态。当 RCV 指令未被激活或已终止时，它们不为 0；当接收正在进行时，它们为 0。

使用 RCV 指令时，应为信息接收功能定义一个信息起始条件和结束条件。

① RCV 指令支持以下几种起始条件。

空闲线检测：il=1，sc=0，bk=0，SMW90(或 SMW190)>0。在该方式下，从执行 RCV 指令开始，在传输线空闲的时间大于等于 SMW90 或 SMW190 中设定的时间之后接收的第一个字符作为新信息的起始字符。空闲线时间应该设定为大于指定波特率下传输一个字符(包括起始位、数据位、校验位和停止位)的时间，典型值为指定波特率下传输三字符的时间。

起始字符检测：il=0，sc=1，bk=0，忽略 SMW90 或 SMW190。以 SMB88 或 SMB188 中指定的起始字符作为接收到的信息开始的标志，并将起始字符之后的所有字符存入信息缓冲区，而自动忽略起始字符之前接收到的字符。

break 检测：il=0，sc=0，bk=1，忽略 SMW90 或 SMW190。以接收到的 break 作为接收信息的开始，将接收 break 之后接收到的字符存入信息缓冲区，自动忽略 break 之前接收到的字符。

对通信请求的响应：il=1，sc=0，bk=0，SMW90 或 SMW190=0。执行 RCV 指令

后就可以接收信息。若使用信息超时定时器(c/m＝1，tmr＝1)，它从 RCV 指令执行后开始定时，若时间到则强制性地终止接收。若在定时期间没有接收到信息或只接收到部分信息，则接收超时，一般用它来终止没有响应的接收过程，可用来检测从站响应是否超时。

break 和一个起始字符：il＝0，sc＝1，bk＝1，忽略 SMW90 或 SMW190。以接收到的 break 之后的第一个起始字符作为接收信息的开始，并将起始字符之后的所有字符存入信息缓冲区。如果接收到起始字符以外的其他字符，则重新等待新的 break，并自动忽略接收到的字符。

空闲线和一个起始字符：il＝0，sc＝1，bk＝1，SMW90(或 SMW190)＞0。信息接收功能在满足空闲线条件后继续搜寻特定的起始字符，如果接收到起始字符以外的其他字符，则重新检测空闲线条件，并自动忽略接收到的字符；如果信息接收功能满足空闲线条件后接收第一个字符，即为特定的起始字符，则将起始字符之后的所有字符存入信息缓冲区。以空闲线时间结束后接收的第一个起始字符作为接收信息的开始。

空闲线和起始字符(非法)：il＝1，sc＝1，bk＝0，SMW90(或 SMW190)＝0。除了以起始字节作为信息开始的判据外(sc＝1)，其他的特点与"对通信请求的响应"相同。

② RCV 指令支持以下几种结束条件。

结束字符检测：ec＝1，SMB89 或 SMB189＝结束字符。信息接收功能在找到起始条件开始接收字符后，检查每一个接收到的字符，并判断它是否与结束字符相匹配，如果接收到结束字符，将其存入信息缓冲区，信息接收功能结束。

字符间超时定时器超时：c/m＝0，tmr＝1，SMW92(或 SMWl92)＝字符间超时时间。字符间隔是从一个字符的结尾(停止位)到下一个字符的结尾(停止位)之间的时间。如果信息接收功能接收到的两个字符之间的时间间隔超过字符间超时定时器设定时间，则信息接收功能结束。字符间超时定时器设定值应大于指定波特率下传输一个字符(包括起始位、数据位、校验位和停止位)的时间。

信息定时器超时：c/m＝1，tmr＝1，SMW92(或 SMW192)＝信息超时时间。信息接收功能在找到起始条件开始接收字符时，启动信息定时器，信息定时器时间到，则信息接收功能结束。

最大字符计数：当信息接收功能接收到的字符数大于 SMB94 或 SMB194 时，信息接收功能结束。接收指令要求用户设定一个希望最大的字符数，从而能确保信息缓冲区之后的用户数据不会被覆盖。最大字符计数总是与结束字符、字符间超时定时器、信息定时器结合在一起作为结束条件使用。接收结束条件可以用逻辑表达式表示为：结束条件＝ec＋tmx＋最大字符数，即在接收到结束字节、超时或接收字符超过最大字符数时，都会终止接收。另外在出现奇偶校验错误(如果允许)或其他错误的情况下，也会强制结束接收。

校验错误：当接收字符出现奇偶校验错误时，信息接收功能自动结束。只有在 SMB30 或 SMB130 中设定了校验位时，才有可能出现校验错误。

用户结束：用户可以通过将 SM87.7 或 SM187.7 设置为 0 以终止信息接收功能。

(3)用接收字符中断接收数据。自由口协议支持用接收字符中断控制来接收数据。端口每接收一个字符会产生一个中断：端口 0 产生中断事件 9，端口 1 产生中断事件 25。在执行连接到接收字符中断事件上的中断程序前，接收到的字符存储在 SMB2 中，奇偶校验状态(如果允许奇偶校验)存在 SMB3.0 中,用户可以通过中断访问 SMB2 和 SMB3.0 来接收数据。端口 0 和端口 1 共用 SMB2 和 SMB3。

6. 工业以太网

随着网络控制技术的发展和成熟,使其从工厂的现场设备到控制到管理的各个层次中均有应用,导致企业网络不同层次间的数据传输变得越来越复杂,从而对工业局域网的开放性、互联性、宽带性等方面提出了更高的要求,应用传统现场总线的工业控制网已无法实现企业管理自动化与工业控制自动化的无缝接合,技术上早已成熟的管理网——以太网闯入了人们的视线,工业以太网已经成为工业控制系统的一种新的工业通信网。西门子公司已将工业以太网运用于工业控制领域,用 ASI,PROFIBUS 和工业以太网可以构成监控系统。

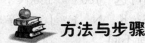

方法与步骤

上面讲解了完成多点温度测量控制系统所需要的相关知识,下面讲解实现该任务的具体方法和步骤。

一、确定控制方案

本控制系统属于 PLC 网络通信控制系通,还用到模拟量输入/输出、触摸屏人机界面等。其控制流程如图 7.13 所示。

二、设备选型

1. 选择输入输出设备

1) 低压电器的选择

该控制系统中使用的搅拌电动机是 2 台 380V 250W 的小功率三相异步电动机,可以采用直接起动,不需要正反转控制。每台搅拌机通过 1 个接触器来完成其运行控制,另加熔断器作为短路保护,因为电动机功率较小,故不需要热继电器进行过载保护。加热器使用单相 220V 3kW 的管式电阻丝加热器,每台加热器通过 1 个接触器来完成其加热控制,加熔断器作为短路保护,另外每个系统使用一个低压断路器作为三相电源的引入开关。为了安全和进行设备保护,每个水箱设一开关型液位传感器,只有当液位到达一定高度,液位开关闭合后才能起动加热器进行加热和起动搅拌器搅拌。

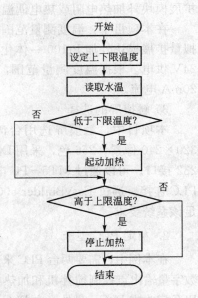

图 7.13 多点温度测量控制系统流程

根据上述分析,本控制任务中,搅拌电动机容量为 0.25kW,加热器使用单相 220V 3kW 的管式电阻丝加热器,假设工作在一般条件下,则总电源开关使用的低压断路器可选用 DZ5-20,额定电压 380V,额定电流为 20A;总熔断器选用 RT18-32,熔体额定电流为 20A;控制每台搅拌器的接触器选 CJ20-6.3,线圈额定电压选 AC 220V,熔断器选用 RT18-32，熔体额定电流为 2A；控制每台加热器的交流接触器可选用 CJX9-30 双极型接触器，熔断器选用 RT18-32，熔体额定电流为 15A；液位开关种类较多，本处可选用 DC 24V 供电，继电器输出的音叉式液位开关，如某厂生产的 LD-YC 型音叉式液位限位开关。主电路导线选用截面积为 4mm² 的绝缘铜导线。

2）温度测量传感器的选择

工业上对于温度的测量，一般采用热电阻或热电偶两种方法。热电阻的测温范围较窄，主要有铂(Pt)热电阻和铜(Cu)热电阻。铂电阻精度高，稳定性好，具有一定的非线性，温度越高电阻变化率越小，适用于中性和氧化性介质；铜电阻在测温范围内电阻值和温度呈线性关系，温度系数大，超过 150℃ 易被氧化，适用于无腐蚀介质。铂电阻按分度号又分为 Pt10、Pt100、Pt1000；铜电阻按分度号又分为 Cu50 和 Cu100。目前应用最为广泛的是铂电阻，测温范围一般在 -200～+960℃。热电偶的测温范围可达 -180～+1800℃，是高温测量应用得最多的测温元件，常用的标准热电偶有 B、R、S、K、N、E、J、T 等八种型号，各种型号的热电偶在测温范围、性能和稳定度等方面有所不同。

工业上应用的热电阻和热电偶根据应用场合和应用领域不同，可分为普通装配型、铠装型、防爆型等。

对于使用 S7-200 PLC 进行温度测量，可以使用 CPU 224 XP 或 EM231 模拟量扩展模块外加热电阻或热电偶一体化温度变送器的组合，也可以使用 EM231 热电阻或热电偶扩展模块外加热电阻或热电偶温度传感器的组合。

在本项目中，温度测量范围在 0～100℃ 之间，考虑成本和精度因素，选用 EM231 模拟量扩展模块外加 Pt100 一体化电阻温度变送器，变送器采用 4～20mA 电流输出和 DC 24V 供电。根据温度测量范围，将变送器的输出调整为 0℃ 对应 4mA 电流，100℃ 对应 20mA 电流。

3）触摸屏的选择

本项目中，触摸屏选用台湾威纶通公司的 MT506T 5.6 彩色触摸屏，其分辨率为 320×240 像素，256 色，采用 DC 24V 电源供电，具有一个 RS-422/485 接口和一个 RS-232 接口。可以通过 MT5-PC 电缆与组态计算机和 PLC 连接，也可以通过 RS232 接口与 PLC 连接，通过 EasyBuilder 500 软件进行组态，是中档、小型人机界面产品，完全能满足该系统要求。

2. 确定 PLC 型号

在本例中，需要两台 PLC 来分别测量控制两个水箱中的温度，每个 PLC 需要用到两个数字量输出点控制搅拌机和加热器接触器的线圈，1 路模拟量输入测量水温。接触摸屏的 PLC 定为主 PLC，另外一个 PLC 定为从 PLC。通过上述分析可知，主 PLC 可选用 S7-200，CPU 选用 CPU 226 AC/DC/继电器，主 PLC 的 PORT0 用于接触摸屏，PORT1 用于与从 PLC 的通信，从 PLC 也选用 S7-200，CPU 选用 CPU 222 AC/DC/继电器，每个 PLC 外加 EM231 模拟量输入扩展模块。PLC 继电器输出带的 CJ20-6.3 交流接触器具有 65V·A 的线圈吸合功率和 8.3V·A 的保持功率，在 AC 220V 电源下，冲击电流 $I=65V·A/220V=0.296A$，在 PLC 的继电器输出触点 2A 电流开关能力之内，CJX9-30 双极型接触器具有 70V·A 的线圈吸合功率和 9.4V·A 的保持功率，在 AC 220V 电源下，冲击电流 $I=70V·A/220V=0.318A$，在 PLC 的继电器输出触点 2A 电流开关能力之内，满足设计要求。EM231 模拟量输入扩展模块具有 4 路模拟量输入,满足系统要求。

3. 分配 PLC 的输入/输出点,绘制 PLC 的输入/输出分配表

本例每台 PLC 的输入/输出分配表见表 7-8 所示。

表 7-8　多点温度测量控制输入/输出分配表

输　　入			输　　出		
设　　备	输入点		设　　备		输出点
液位开关	SL	I0.0	搅拌机接触器	KM1	Q0.0
温度变送器	TT	AIW0	加热器接触器	KM2	Q0.1

三、电气原理图设计

1. 设计主电路并画出主电路的电气原理图

根据控制要求,设计 1 个水箱的主电路如图 7.14 所示,另外 1 个水箱的主电路与图 7.14 所示相同。

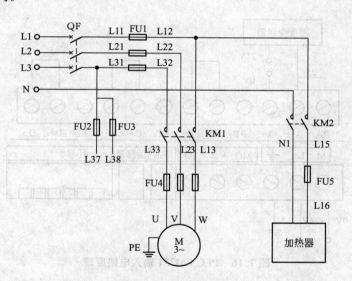

图 7.14　主电路原理

(1) 主电路中 QF 为系统总供电电源开关,选用 DZ5-20,额定电压 380V,额定电流为 20A;总熔断器 FU1 为系统短路保护,选用 RT18-32,熔体额定电流为 20A。

(2) 接触器 KM1、KM2 分别控制每个水箱搅拌机和加热器的运行。KM1 选用 CJ20-6.3,线圈额定电压选 AC 220V,KM2 选用 CJX9-30 双极型接触器,线圈额定电压选用 AC 220V。

(3) 熔断器 FU2、FU3 完成 PLC 供电回路和输出回路的短路保护,选用 RT18-32,熔体额定电流为 2A。

(4) 熔断器 FU4 和 FU5 分别对搅拌电机和加热器进行短路保护,选用 RT18-32,熔体额定电流分别为 2A 和 15A。

2. 设计 PLC 输入/输出电路并画出相应的电气原理图

根据 PLC 选型及控制要求，设计 PLC 输入/输出电路。如图 7.15 所示 CPU 输入/输出电路原理，如图 7.16 所示模拟量扩展模块 EM231 输入电路原理。

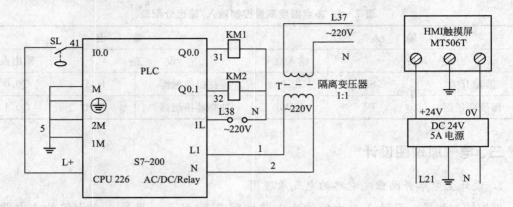

图 7.15 PLC 输入/输出电路原理

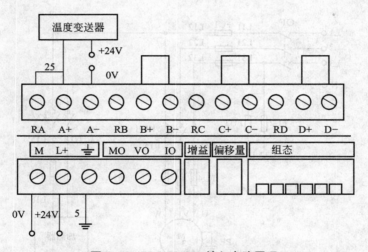

图 7.16 PLC EM231 输入电路原理

（1）PLC 采用继电器输出，每个输出点额定控制容量为 AC 250V，2A。L38 作为 PLC 输出回路的电源，向输出回路的负载供电。

（2）PLC 输入回路中，信号电源由 PLC 本身的 DC 24V 直流电源提供。

（3）为了增强系统的抗干扰能力，PLC 的供电电源采用了隔离变压器。隔离变压器 T 的选用根据 PLC 耗电量配置，本系统选用标准型、变比 1∶1、容量为 100V·A 隔离变压器。

（4）温度变送器和 MT506T 触摸屏采用 DC 24V 5A 电源单独供电。

（5）EM231 的 24V 供电也由外接的 DC 24V 直流电源提供。

（6）温度变送器的输出为 4～20mA 的电流信号，所以 EM231 模拟量输入端采用电流输入接法。

四、工艺设计

按设计要求，设计、绘制电气装置总体配置图、电气控制盘电器元件布置图、操作控制面板电器元件布置图及相关电气接线图。

（1）绘制电气元件布置图。本系统除电气控制箱（柜）外，在设备现场设计安装的电器元件和动力设备有温度变送器、加热四、液位开关和电动机。电气控制箱（柜）内安装的电器元件有：断路器、熔断器、隔离变压器、PLC、24V电源、接触器等。在操作控制面板上设计安装的电器元件有触摸屏。

本系统需要用到 2 个电气控制柜和 1 个操作控制面板。依据操作方便、美观大方、布局均匀对称等设计原则，绘制电气控制柜元件布置图、操作控制面板元件布置图分别如图 7.17、图 7.18 所示。

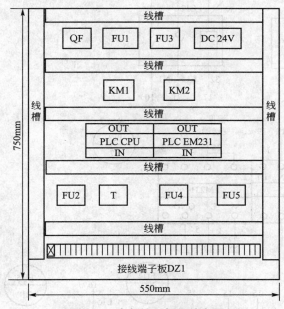

图 7.17 电气控制柜元件布置

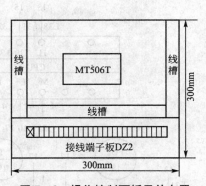

图 7.18 操作控制面板元件布置

（2）绘制电气接线图。与电气元件布置图相对应，在本系统中，电气接线图也分为电气控制柜接线和操作控制面板接线两部分，分别如图 7.19 和图 7.20 所示。图中线侧数字表示线号，线端数字表示导线连接的器件编号。

（3）绘制电气互连图。电气互连图表示电气控制柜之间、电气控制柜内配电盘之间以及和外部器件之间的电气接线关系。这些连线一般用线束表示，通过穿线管或布线槽连接。本系统电气互连图如图 7.21 所示。

图中用导线束将操作控制面板、电动机、电源引入线与电气控制柜的电气控制盘和操作控制面板连接起来，并注明了穿线管的规格、电缆线的参数等数据。

（4）设计零部件加工图。由于本部分设计主要由机械加工和机械设计人员完成，因此本设计从略。

（5）依据电气控制盘、操作控制面板尺寸设计或定制电控柜或电控箱，绘制电控柜或电控箱安装图。本设计从略。

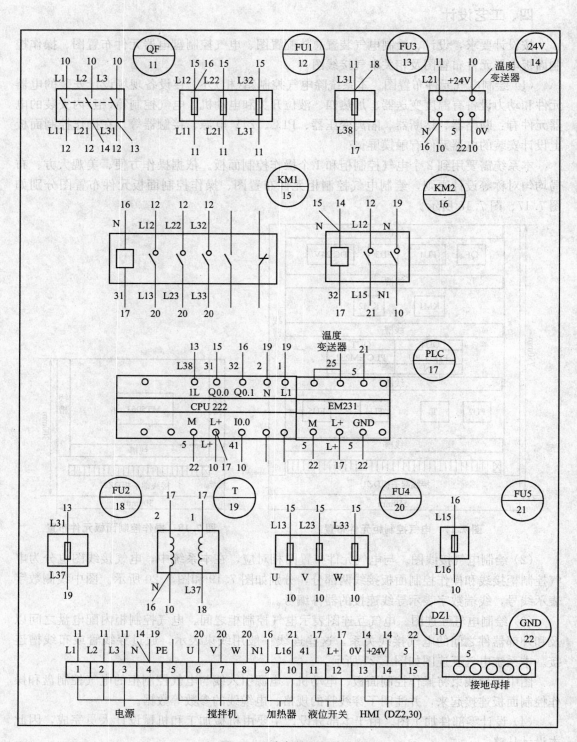

图7.19 电气控制柜接线

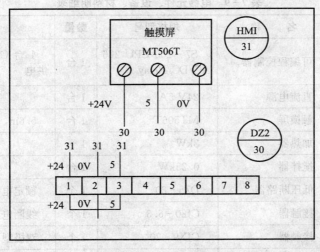

图 7.20 操作控制面板接线

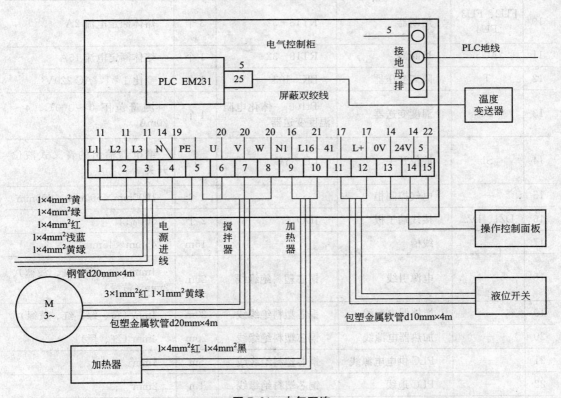

图 7.21 电气互连

至此，完成了多点温度测量控制系统要求的电气控制技术文件和工艺设计任务。根据设计方案选择的电器元件，可以列出实现本系统用到的电器元件、设备和材料明细表（对于主水箱 1），见表 7-9。从水箱 2 的电器元件、设备和材料明细表除 CPU 为 CPU 222，且不带触摸屏外，其他与表 7-9 相同。

表 7 - 9　电器元件、设备、材料明细表

序号	文字符号	名　称	规格型号	数量	备　注
1	PLC	可编程控制器	S7 - 200 CPU 226 AC/DC/Relay	1 台	1 台 CPU 226，交流 220V 供电
2	DC 24V	直流电源	24V 5A	1 台	——
3	MT506T	触摸屏	MT506T	1 台	5.6in，彩色
4	—	加热器	3kW	1 个	——
5	M	搅拌器	0.25kW	1 台	——
6	QF	低压断路器	DZ5 - 20	1 个	额定电流 10A
7	KM1	接触器	CJ20 - 6.3	1 个	线圈电压 AC 220V
8	KM2	接触器	CJX9 - 30	1 个	双极型，线圈电压 AC 220V
9	FU1	熔断器	RT18 - 32	1 个	熔体额定电流 20A
10	FU2、FU3、FU4	熔断器	RT18 - 32	3 个	熔体额定电流 2A
11	FU5	熔断器	RT18 - 32	1 个	熔体额定电流 15A
12	T	隔离变压器	BK - 100	1 个	变比 1：1，AC 220V
13	TT	温度变送器	Pt100 一体化电阻温度变送器	1 个	测量范围 0～100℃，4～20mA
14	S1	液位开关	LD - YC	1	继电器输出的音叉式液位开关
15	—	电气控制柜	—	1 个	1000mm×600mm×600mm
16	DZ1、DZ2	接线端子板	JDO	2 个	50 端口
17	—	线槽	—	15m	45mm×45mm
18	—	电源引线	铜芯塑料绝缘线	20m	4mm²（黄、绿、红、浅蓝）、2mm²（黄绿）
19	—	搅拌器电源线	铜芯塑料绝缘线	20m	4mm²（黄、绿、红、黄绿）
20	—	加热器电源线	铜芯塑料绝缘线	20m	4mm²（红、黑）
21	—	PLC 供电电源线	铜芯塑料绝缘线	5m	1mm²
22	—	PLC 地线	铜芯塑料绝缘线	1m	2mm²
23	—	控制导线	铜芯塑料绝缘线	200m	0.75mm²
24	—	线号标签或线号套管	—	若干	——
25	—	包塑金属软管	—	10m	Φ20mm
26	—	钢管	—	15m	Φ20mm

五、软件编程与调试

本系统的编程主要包括 PLC 的编程和触摸屏的组态两部分内容。下面先讲触摸屏的组态。

1. 触摸屏的组态

本例中选用的触摸屏为台湾威纶通公司生产的 MT506T 5.6in 256 色彩色触摸屏，其分辨率为 320×240 像素。MT500 系列触摸屏采用 EasyBuilder 500 组态软件进行组态，有多个版本，适用于 Windows 95/98/NT/2000/Me/XP 操作系统。软件采用"傻瓜式"安装，安装完成后，可以从菜单"开始"→"程序"→"EasyBuilder"程序组下找到相应的可执行程序(以 EasyBuilder 500 V2.5.2 为例)，如图 7.22 所示。软件菜单下各个选项的含义如下：EasyManager 为 MT500 综合管理软件，EasyBuilder 500 为 EB500 触摸屏组态软件，PLCAddressView 为各种品牌的 PLC 地址类型和范围一览表，EasyAsciiFontMaker 为 ASCII 字符造字软件，Release Note 为版本相关最新说明。

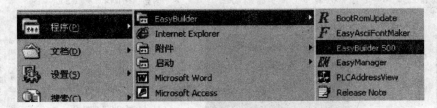

图 7.22　EasyBuilder 的启动

1) 新建一个工程

选择"开始"→"程序"→"EasyBuilder"→"EasyBuilder 500"命令，如果是第一次进入系统，或者上次进入系统时最后一次打开的是一个空白工程，将弹出如图 7.23 所示的对话框。在该对话框中选择使用的触摸屏类型 MT506T，按下［确认］按钮即可进入 EB500 编辑画面。否则将进入如图 7.24 所示的 EB500 组态软件的编辑界面，界面中是最近一次打开的工程。选择菜单"菜单"→"新建"命令来新建一个工程，将首先弹出触摸屏类型选择对话框，再选择 MT506T 后，按下［确认］按钮即可。

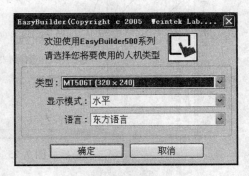

图 7.23　触摸屏的选择

这样，新工程就创建好了，选择菜单"文件"→"保存"命令可保存工程。如图 7.24 所示，将工程以名字"tempreature.epj"保存。工程创建后，系统会自动新建两个名为"NumKeypad1"(窗口编号为 50)和"NumKeypad2"(窗口编号为 51)的键盘输入窗口以及在公共窗口(窗口编号为 6)中创建两个直接窗口元件用于键盘输入窗口的弹出显示。

EB500 编辑界面如图 7.25 所示，具体介绍如下。

① 标题栏：显示工程的名称，窗口编号和窗口名称。

② 菜单栏：用来选择 EasyBuilder 的各项命令的菜单。选择这些菜单会弹出相应的下

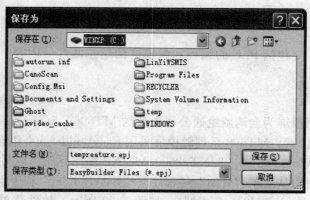

图7.24 保存工程

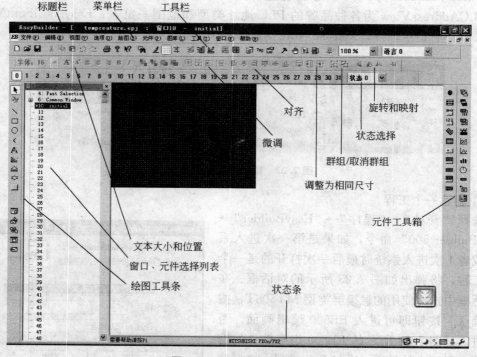

图7.25 EB500 编辑界面

拉菜单。每一个下拉菜单执行一项命令操作。

③ 标准工具条：显示文件、编辑、图库、编译、模拟和下载等功能的相应按钮。

④ 状态选择框：可以切换屏幕上的所有元件到指定的状态。

⑤ 对齐：使多个被选择的元件向上，向下，向左或向右对齐。

⑥ 调整为相同尺寸：它可以调整所选择的多个元件变成大小相同，宽度相同或高度相同。

⑦ 微调：调整所选元件的位置。分别为上移一格，下移一格，左移一格，右移一格。

⑧ 群组/取消群组：群组功能可以将所选择的多个元件或图形组合在一起，当成一个元件来使用。也可以保存到群组图库中，以便下次调用。

⑨ 分层控制：调整所选元件的显示层次，分别为向上一层，向下一层，设为最上一

层，设为最下一层。

⑩ 文本大小和位置：改变所选文本的字体大小和位置。

⑪ 旋转和映射：用来把图形水平或垂直映射或者旋转90°。

⑫ 元件工具条：每个图标代表一个元件，点击任何一个图标会弹出对应元件的属性设置对话框。可以在对话框里设定元件的属性，然后可以把这些元件配置到屏幕上。

⑬ 窗口/元件选择列表框：在这里可以很方便地选择一个窗口或元件。

⑭ 绘图工具条：每个图标代表每个它们所显示的绘图工具。所提供的画图工具包括线段、矩形、椭圆/圆、弧形、多边形、刻度、位图和向量图等。

⑮ 状态条：显示目前鼠标所在的位置及辅助说明。

2）窗口组态

窗口是EB500工程的基本元素，每个屏幕都由一些窗口组成，改变大小以后的基本窗口还可以当作弹出窗口使用，所有的窗口都可以作为底层窗口。

基本窗口：这是通常窗口的类型。当选择"切换基本窗口"命令来切换基本窗口时，当前屏幕会清屏（除了公用窗口和快选窗口之外的窗口都会被清掉），而要切换的基本窗口会显示在当前屏幕上。当基本窗口上的元件调用弹出窗口时，基本窗口的原始信息会保留，而调用的弹出窗口会附加到当前基本窗口上，所有这样弹出窗口与基本窗口都是父子窗口的关系。

快选窗口：快选窗口是由工作按钮调用的窗口，这个窗口会一直显示在屏幕上直到工作按钮把它隐藏。所以它可以用来放置切换窗口的按钮或其他一些常用的元件。快选窗口必须为窗口4，当切换别的窗口为快选窗口时，那个窗口必须和快选窗口的大小完全一样。

公用窗口：公用窗口始终显示在屏幕上。可以把需要始终显示的元件放在公用窗口上。这样就可以随时看到该元件的状态或者操作该元件。公用窗口必须为窗口6，但可以使用"切换公用窗口"功能键来切换别的窗口作为当前公用窗口。当前公用窗口只能有一个。

留言板窗口：每个工程只能有一个留言板，其大小可以设定。该窗口为在选择"系统参数"→"一般"命令中设定的窗口。如果多个窗口都使用了留言板，那么它们使用的都是同一个留言板。

底层窗口：在窗口属性对话框中还可以给窗口设置最多三个底层窗口。底层窗口一般用来放置多个窗口的公用元件，如背景图形、图表、标题等。所有窗口都可以设置为底层窗口。

每个工程最多可包含1999个窗口（包括基本窗口，公用窗口，快选窗口等），其中快选窗口只能有一个。一个屏幕可以包含公用窗口、基本窗口和快选窗口，而每一个公用窗口或基本窗口都可以包含多个底层窗口和弹出窗口。

每个新的工程开始都有一个默认的起始窗口，这个窗口号码一般是10。通常一个工程需要用到多个窗口，有效的窗口编号的范围是从10~1999（编号为10以下的窗口留给系统内部使用，如窗口4为快选窗口，窗口6为公用窗口等）。

对于窗口，在实际应用中要注意以下几点：

（1）最多可同时打开6个弹出窗口（如果使用了打印功能，将最多显示5个窗口，如果又选择了压缩元件功能将最多显示4个窗口，这是因为这2项功能各占用了一个窗口）。

（2）同一个窗口只能同时打开一次。因此不能在同一个基本窗口上使用2个直接（或间接）窗口打开同一个窗口。

（3）使用功能键的关闭窗口不能关闭直接窗口或间接窗口，这是因为直接窗口的开启或关闭只和控制它开关的位地址的 ON 或 OFF 状态有关，而间接窗口的开启或关闭则只和控制该间接窗口的字地址的数据内容有关。

（4）弹出窗口都是附加在当前基本窗口之上的，所以当基本窗口关闭（或切换到别的基本窗口）时，附加的弹出窗口也将关闭。

（5）基本窗口必须满屏幕大小。

（6）快选窗口不支持弹出窗口，也就是说在快选窗口中是不允许使用弹出窗口的。

（7）每一个弹出窗口都属于弹出它的元件所在的窗口，它们是父子窗口的关系。因此，由公用窗口中元件打开的窗口将始终存在直到公用窗口又把它关闭。

本系统需要用到 3 个窗口，启动窗口、温度设置窗口和温度控制窗口，窗口编号分别为 10、11、12。由于还需要对水箱温度范围进行设置，因此，还需要两个键盘输入窗口和公共窗口（本窗口中分别放置两个直接窗口以便控制键盘输入窗口的显示）。组态过程如下。

（1）启动窗口的组态。

① 新建工程完成后，编辑区域显示的是第一个窗口，窗口默认编号为 10，默认名称为 initial，将该窗口作为启动窗口。

② 从绘图工具栏放置 2 个"文本"元件，内容分别为"欢迎使用"和"多点温度测量控制系统"，字体分别为 24 号和 16 号，颜色蓝色。

③ 从元件工具箱放置 2 个"功能键"元件，分别用于控制从启动窗口切换到温度设置窗口（名称为 setup，编号为 11）和控制窗口（名称为 control，编号为 12）。

组态完成后的启动窗口如图 7.26 所示。

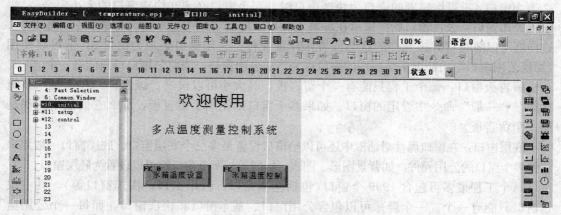

图 7.26 启动窗口的组态

（2）温度设置窗口的组态。

① 在窗口 11 上右击，选择"新建"命令，弹出"新建窗口"对话框，将对话框名称设为"setup"，其余使用默认设置。

② 从绘图工具栏放置 4 个"文本"元件，内容分别为"水箱 1 温度下限"、"水箱 1 温度上限"、"水箱 2 温度下限"、"水箱 2 温度上限"，字体都为 16 号，颜色为红色。

③ 从元件工具箱放置 4 个"数值输入"元件，分别用于输入水箱 1 温度下限、水箱 1 温度上限、水箱 2 温度下限、水箱 2 温度上限，在这 4 个数值输入元件的"一般属性"中设置读取地址的设备类型为 PLC 的 VW，设备地址分别为 0、2、200、202，字数为 1，触发地址的设备类型为 LB，设备地址为 9000，这样这 4 个数值输入元件输入的数值分别被

保存在了 PLC 变量存储区的 VW0、VW2、VW200 和 VW202 中，再在这 4 个数值输入元件的"数值显示"中设置"显示"属性为"十进制"和"原始数据显示"，"数值"属性为小数点以上位数 3 位，小数点以下位数 0 位，输入下限 0，输入上限 100。

④ 从元件工具箱放置 2 个"功能键"元件，分别用于从温度设置窗口切换到控制窗口(名称为 control，编号为 12)和启动窗口(名称为 initial，编号为 10)。

组态完成后的温度设置窗口如图 7.27 所示。

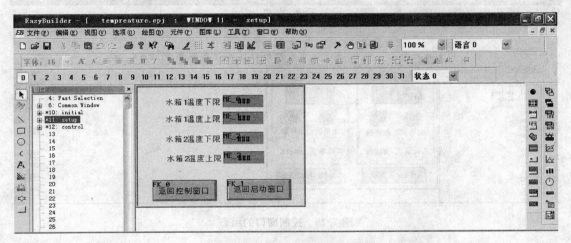

图 7.27 温度设置窗口的组态

(3) 控制窗口的组态，具体介绍如下。

① 在窗口 12 上右击，选择"新建"命令，弹出"新建窗口"对话框，将对话框名称设为"control"，其余使用默认设置。

② 从绘图工具栏放置 2 个"文本"元件，内容分别为"水箱 1 控制"、"水箱 2 控制"字体都为 24 号，颜色红色。

③ 从元件工具箱放置 2 个"位状态切换开关"元件，分别用于控制水箱 1、水箱 2 的加热器的运行及停止，在这 2 个位状态切换开关元件的"一般属性"中设置读取地址和输出地址的设备类型址分别为 PLC 的 M、VW.B，设备地址分别为 1.0 和 204.0(控制两水箱加热运行和停止)，"属性"设置为"切换开关"，"标签"中"内容"项设置为状态号为"0"时显示"运行"，状态号为"1"时显示"停止"。其中 M1.0 控制水箱 1 的加热状态，VW.B204.0 通过 PPI 通信控制水箱 2 的加热状态。

④ 从元件工具箱放置 4 个"位状态指示灯"元件，分别用于显示水箱 1、水箱 2 的加热器、搅拌器的运行状态指示。水箱 1 的 2 个位状态指示灯的"一般属性"中"读取地址"的设备类型和设备地址分别设为 Q0.1(加热器)和 Q0.0(搅拌器)，水箱 2 的两个位状态指示灯的"一般属性"中"读取地址"的设备类型和设备地址分别设为 VW.B104.0(加热器)和 VW.B104.1(搅拌器)。

⑤ 从绘图工具栏放置两个"文本"元件，内容分别为"实际温度"，字体都为 16 号，颜色红色。

⑥ 从元件工具箱放置两个"数值显示"元件，分别用于显示水箱 1、水箱 2 的实际温度，在这两个数值输入元件的"一般属性"中设置读取地址的设备类型为 PLC 的变量存

储区 VW，设备地址分别为 4 和 100，字数为 2，"数值显示"属性为浮点数、原始数据显示，小数点以上位数为 3，小数点以下位数为 1。

⑦ 从元件工具箱放置 2 个"功能键"元件，分别用于控制从温度设置窗口切换到控制窗口(名称为 setup，编号为 11)和启动窗口(名称为 initial，编号为 10)。

组态完成后的温度控制窗口如图 7.28 所示。

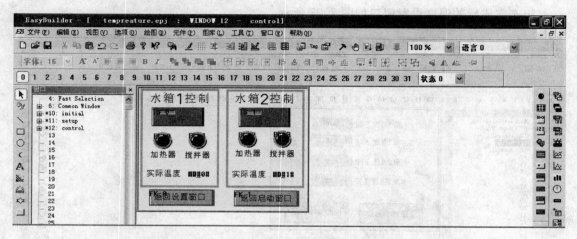

图 7.28 控制窗口的组态

至此触摸屏的组态就完成了。组态完成后，可以选择 EB500 的"菜单栏"→"离线模拟"命令，离线模拟各个窗口的切换情况看是否符合要求。

离线模拟完成后，使用 MT5 - PC 电缆将计算机和触摸屏连接起来，在 EB500 中设置触摸屏的通信速率和 PLC 的速率相同，选择"工具"→"下载"命令，将组态下载到触摸屏中。

2. 软件编程

本项目由于两台 S7 - 200 需要通过网络进行 PPI 通信，所以两台 PLC 都需要编写程序。假设连接触摸屏的 PLC 为主 PLC(控制水箱 1 的温度)，另一台为从 PLC(控制水箱 2 的温度)，则主 PLC 需要从自身的 AIW0 和通过 PPI 通信从从 PLC 的 AIW0 中读取温度值并经过转换后放到主 PLC 的 VD4 和 VD100 中供触摸屏读取显示两个水箱的温度；水箱 1 和水箱 2 的上下限温度设定值分别放在主 PLC 的 VW2、VW0、VW202、VW200 中，其中 VW202、VW200 中的值需要主 PLC 通过 PPI 通信写到从 PLC 的 VW202、VW200 中以供从 PLC 使用；控制水箱 2 搅拌器和加热器的从 PLC 中的 Q0.0 和 Q0.1 状态也需要主 PLC 从从 PLC 的 VB104.1 和 VB104.0 中读取并放到主 PLC 的 VB104.1 和 VB104.0 中供触摸屏读取显示水箱 2 的工作状态；触摸屏设置的控制水箱 2 运行停止的 VB204.0 也需要从主 PLC 通过 PPI 通信写到从 PLC 的 VB204.0 中以供从 PLC 使用。

本系统控制程序分为主 PLC 程序和从 PLC 程序，主 PLC 需要设计通信程序，从 PLC 不需要设计通信程序。

1) 主 PLC 程序设计过程

(1) 建立项目。打开 STEP 7 - MicroWIN 软件，新建一个项目，保存为"多点温度测量控制系统(主 PLC).mwp"。

(2) 设置 PLC 类型。将 PLC 类型设置为系统使用的实际 PLC 类型，此处为 CPU

226，PLC 地址设为 2。

（3）编辑符号表。本例符号表设置如图 7.29 所示。

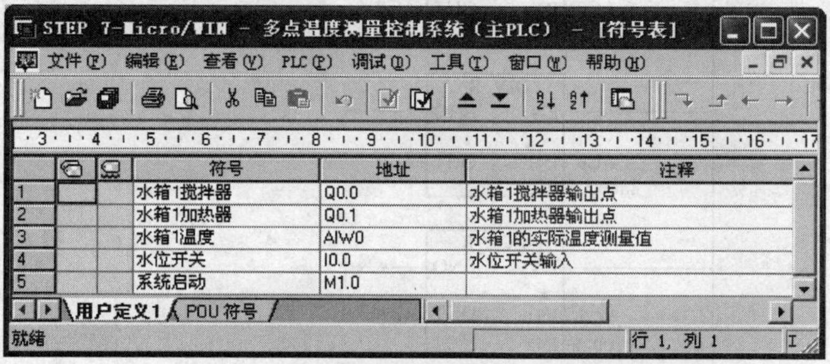

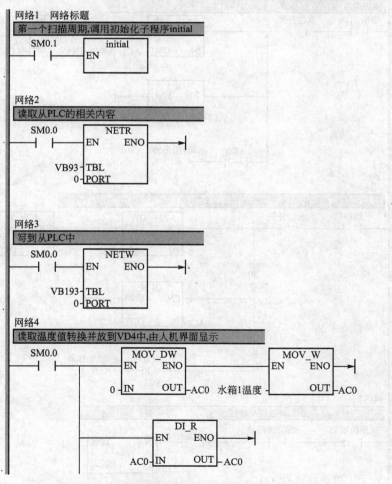

图 7.29　多点温度测量控制系统主 PLC 符号表

（4）编写程序。将窗口切换到程序编辑器窗口，选择 SIMATIC 指令集和梯形图编程语言，在"主程序"中编写程序如图 7.30 所示，初始化子程序如图 7.31 所示。

图 7.30　多点温度测量控制系统主 PLC 主程序

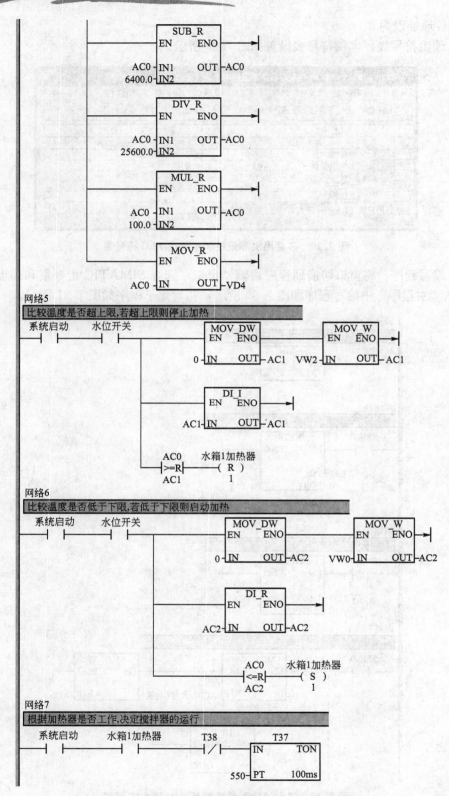

图 7.30　多点温度测量控制系统主 PLC 主程序(续)

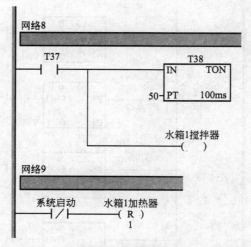

图 7.30　多点温度测量控制系统主 PLC 主程序(续)

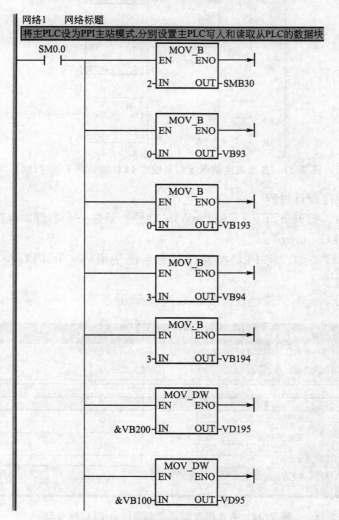

图 7.31　多点温度测量控制系统主 PLC 初始化子程序

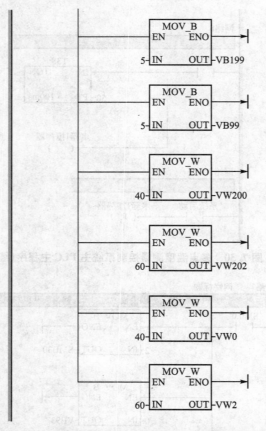

图 7.31 多点温度测量控制系统主 PLC 初始化子程序(续)

2) 从 PLC 程序设计过程

(1) 建立项目。打开 STEP 7 - MicroWIN 软件,新建一个项目,保存为"多点温度测量控制系统(从 PLC).mwp"。

(2) 设置 PLC 类型。将 PLC 类型设置为系统使用的实际 PLC 类型,此处为 CPU 222,PLC 地址设为 3。

(3) 编辑符号表。本例符号表设置如图 7.32 所示。

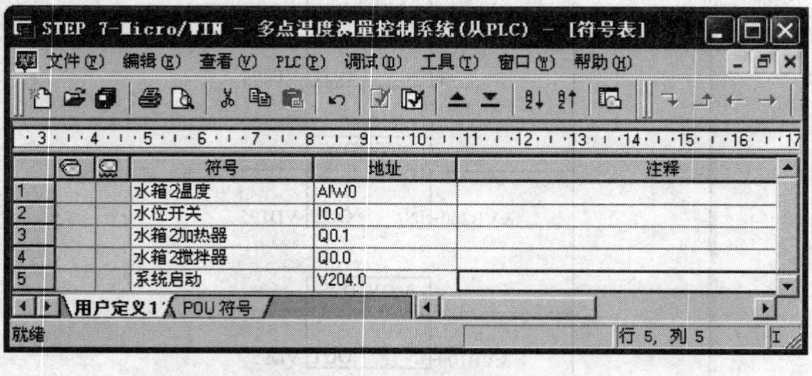

			符号	地址	注释
1			水箱2温度	AIW0	
2			水位开关	I0.0	
3			水箱2加热器	Q0.1	
4			水箱2搅拌器	Q0.0	
5			系统启动	V204.0	

STEP 7-Micro/WIN - 多点温度测量控制系统(从PLC) - [符号表]

文件(F) 编辑(E) 查看(V) PLC(P) 调试(D) 工具(T) 窗口(W) 帮助(H)

用户定义1 / POU 符号

就绪　　　　　　　　　　　　　　　　　　　　行 5,列 5

图 7.32 多点温度测量控制系统从 PLC 符号表

（4）编写程序。将窗口切换到程序编辑器窗口，选择 SIMATIC 指令集和梯形图编程语言，在"主程序"中编写程序如图 7.33 所示。

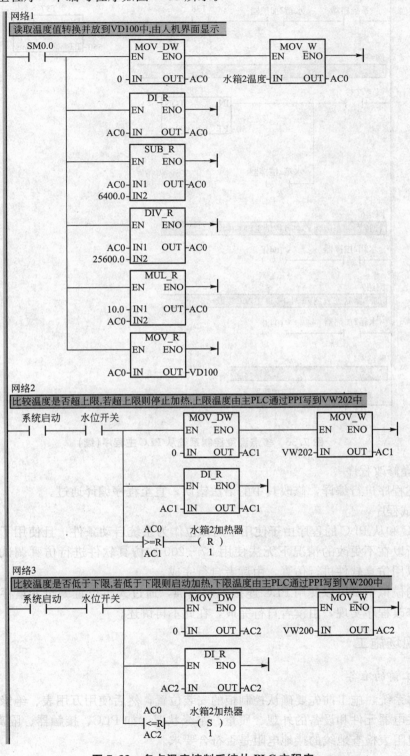

图 7.33　多点温度控制系统从 PLC 主程序

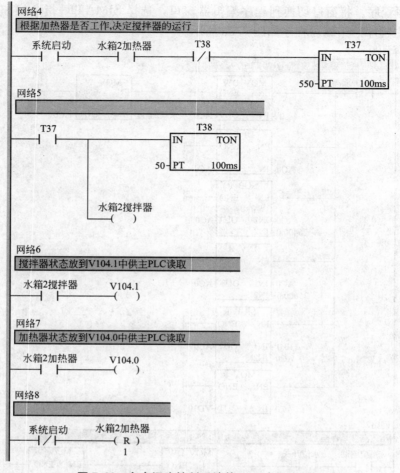

图 7.33　多点温度控制系统从 PLC 主程序(续)

3）编译修改程序

对上述程序进行编译，修改其中的语法错误，直至程序编译通过。

4）调试程序

主 PLC 和从 PLC 的程序由于使用了内部位作为系统启动条件，且使用了子程序作为初始化，所以在不更改的情况下无法使用 S7 - 200 的仿真软件进行仿真调试，但经过更改，也可以用仿真软件进行仿真，由读者自行完成。

程序的模拟调试可以使用 PLC 连接到触摸屏，通过人工设置编辑变量存储区中的相关参数和修改程序实现，由读者自行完成，在此不再讲述。

六、现场施工

1. 施工前的准备

对于本系统，施工前先要确认控制柜的安装位置，然后使用万用表、绝缘电阻表等仪器检查相关电器元件和设备的外观、质量、绝缘状况，如 PLC、接触器、隔离变压器等，使用绝缘电阻表检查地线的接地电阻是否符合要求。

2. 电器元件的安装

电器元件检查无误后,再按照电器元件布置图进行电器元件的安装(这一步也可在研发和生产场所进行)。

3. 布线

按照原理图和接线图、电气互连图进行布线。布线可按照如下顺序进行:电控柜内部电路(电气控制盘、操作控制面板以及两者的互联)、电控柜外部电路。

4. 线路检查

将 QF 断开,对照原理图、接线图用手拨动导线逐线核查。重点检查主电路两只接触器之间的连线、温度变送器、液位开关的接线等,同时检查各端子处的接线、核对线号,排除虚接、短路和错线故障。

(1) 检查主电路。断开 QF 切断电源,断开 FU2、FU3 切除控制电路,摘下 KM1、KM2 的灭弧罩,用万用表 R×1 电阻挡检查。首先检查各相通路,两只表笔分别接 QF 下面的 L11～L21、L21～L31、L11～L31 端子,测量相间电阻值,未操作前应测得断路;分别按下 KM1 的触点架,均应测得电动机定子绕组的直流电阻值,按下 KM2 的触点架,L11～N 之间应测得加热器的直流电阻值。

(2) 检查 PLC 输入输出和供电电路。接通 FU2、FU3。首先检查 PLC 的输出电路接线。用万用表两表笔分别接接线端子的 N 和 PLC 的 Q0.0、Q0.1,应测得接触器 KM1、KM2 的线圈电阻。再检查 PLC 供电电路,用万用表两表笔接接线端子的 N 和 L37,应测得电阻为隔离变压器一次绕组的电阻值,测量 PLC 上的 L1 和 N,应测得隔离变压器二次绕组的电阻值,测量 PLC 上的 1L 和 L38 应为短路。接通 FU2、FU3,分别测量 L37、L38 和 QF 下端的 L31 之间的电阻,应为短路。

检查完毕,盖上接触器的灭弧罩。

七、现场调试

1. 调试前的准备

一定要经过现场施工后期的线路检查后,才能进入现场调试阶段。为保证系统的可靠性,现场调试前还要在断电的情况下使用万用表检查一下各电源线路,保证交流电源的各相以及相线与地线之间不要短路,直流电源的正负极之间不要短路。此处主要检查接线端子 L37～N、L38～N、L11～L21、L11～L31、L21～L31 之间以及 L11、L21、L31 与 N 之间、PLC 的 L+～M 之间不能出现短路。否则重新检查电路的接线。

2. 温度变送器的调试

先拆开温度变送器的安装盒,将温度变送器连接热电阻的线拆除(如图 7.34 所示 6、7、8 三个接线端子)。在左边输入端接入标准电阻箱(如 ZX38/11 型或 ZX-25a 型等),其中 6、8 两端为电阻箱的公共端,在输出端串接上标准电流表和 DC 24V 稳压电源。

改变电阻箱的阻值,使之等于温度量程的下限

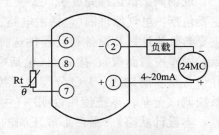

图 7.34　温度变送器安装接线

0℃对应的阻值 100Ω(即 pt 100 热电阻在 0℃时对应的电阻值),调整调零电位器,使电流表的读数为 4mA,改变电阻箱的阻值,使之等于温度量程的上限 100℃对应阻值 138.5Ω(即 pt 100 热电阻在 100℃时对应的电阻值),调整调满电位器,使电流表的读数为 20mA。

3. 建立 PLC 与 PC 的连接

在断电状态下通过 PC/PPI 电缆将 PLC 和装有 STEP 7 - Micro/WIN 软件的 PC 连接好,打开 PC 进入 STEP 7 - Micro/WIN 软件,设置好通信参数(一般采用默认设置即可),建立 PLC 和 PC 的连接。如果不能建立连接,应检查通信参数和 PC/PPI 电缆的情况。

4. 下载程序

在 STEP 7 - MicroWIN 中打开设计好的"多点温度测量控制系统(主 PLC).mwp"、"多点温度测量控制系统(从 PLC).mwp"项目,编译无误后,将程序连同相应的数据块(此例可以不要)、系统块(此例可以不要)等分别下载到主 PLC 和从 PLC 中。

5. 建立 PLC 与 PLC 的通信连接

在断电状态下通过 PROFIBUS 电缆将主 PLC 的 PORT1 和从 PLC 的 PORT0 端口连接起来,分别设置通信速率为 9.6kbit/s。

6. 建立 PLC 与触摸屏的连接

在断电状态下通过 MT5 - PC 电缆将主 PLC 的 PORT0 与触摸屏的 PLC 端口连接起来,分别设置通信速率为 9.6kbit/s。打开触摸屏的电源,则触摸屏自动到主界面。

7. 系统联调

接通 QF,使两 PLC 和触摸屏处于运行状态,水箱加水到一定高度,使液位开关处于接通状态(I0.0 亮)。按下触摸屏的"水箱温度设置"按钮,进入温度设置界面,分别设置两水箱的上下限温度。再按下"返回控制窗口"按钮,进入控制界面,查看两水箱的水温是否正常显示。如果显示不正常,则调整温度变送器的调零或满量程调整电位器,直至显示正常。按下触摸屏上水箱 1、2 的运行按钮,则两水箱的加热器和搅拌器会运行在相应的状态。否则检查主电路、输入/输出电路、通信连接电缆和程序,直至运行正常。

调试完成后,让系统试运行。注意在系统调试和试运行过程中要认真观察系统是否满足控制要求和可靠性要求,如果不满足,则要修改相应的硬件或软件设计,直至满足。在调试和试运行过程中一定要做好调试和修改记录。

八、整理、编写相关技术文档

现场调试试运行完成后,要根据调试情况,重新修改、整理、编写相关的技术文档,主要包括:电气原理图(包括主电路、控制电路和 PLC 输入/输出电路)及设计说明(包括主要参数的计算及设备和元器件选择依据、设计依据)、电器安装布置图(包括电气控制盘、操作控制面板)、接线图(包括电气控制盘、操作控制面板)、电气互连图、电气元件设备材料明细表、I/O 分配表、控制流程图、带注释的原程序清单和软件设计说明、系统调试记录、系统使用说明书(主要包括使用条件、操作方法及注意事项、维护要求等,本设计从略)。最后形成正确的、与系统最终交付使用时,相对应的一整套完整的技术文档。

项 目 实 训

三相交流异步电动机的 丫-△ 降压起停通信控制实训

两台 S7-200 PLC 通过 PORT0 端口互相实现 PPI 通信，功能是甲机 I0.0 起动乙机电动机的星/三角启动，甲机 I0.1 终止乙机电动机转动；反过来乙机 I0.0 起动甲机电动机的星/三角启动，乙机 I0.1 终止甲机的电动机转动。电动机功率都为 20kW，星/三角转换时间为 10s，要有必要的过载和短路保护、安全保护及工作指示。要求设计、实现该控制系统，并形成相应的设计文档。

项 目 小 结

本项目对 S7-200 系列 PLC 的网络通信部件和网络种类、温度传感器或变送器的分类和原理、S7-200 系列 PLC 的网络通信编程方法等知识作了讲解，并对 PLC 简单网络通信控制系统的设计与施工，包括控制方案的确定、设备和电器元件的选择、电气原理图设计、工艺设计、软件编程、触摸屏组态、系统施工和调试、技术文件的编写整理等做了较详细的介绍，为以后从事相应的工作打下基础。

思 考 与 练 习

1. S7-200 系列 PLC 的网络连接形式有哪些类型？每种类型有何特点？
2. PPI、MPI、PROFIBUS 协议的含义是什么？
3. NETR/NETW 指令各操作数的含义是什么？如何应用？
4. MBUS_INIT 指令各操作数的含义是什么？如何应用？
5. MBUS_SLAVE 指令各操作数的含义是什么？如何应用？
6. 什么是自由口通信协议？如何设置其寄存器格式？
7. 简述自由口通信数据发送/接收的工作过程。
8. 用 NETR/NETW 指令完成两台 PLC(CPU 分别是 CPU 226 和 CPU 222)之间的通信。要求 A 机读取 B 机 MB0 的值后，将它写入本机的 QB0，A 机同时用网络读写指令将它的 MB0 的值写入 B 机的 QB0 中。本题中，B 机在通信中是被动的，不需要编写通信程序，所以只要求设计 A 机的通信程序。A 机的网络地址是 2，B 机的网络地址是 3。
9. 将 CPU 226 和 CPU 224 连成一个网络，其中 CPU 226 是主站，CPU 224 是从站。要求把 CPU 226 内 V 存储区保存的时钟信息用网络读写指令写入 CPU 224 的 V 存储区，把 CPU 224 内 V 存储区保存的时钟信息读取到 CPU 226 的 V 存储区。

项目 8

电动机多段速运行控制系统的设计与实现

↘ 知识目标

掌握 S7-200 系列 PLC 的 USS 通信协议及编程方法、西门子 MM 系列变频器和 PLC 通过 USS 指令通信的连接和设置方法。

↘ 能力目标

能完成 S7-200 PLC 通过网络通信控制 MM 系列变频器控制系统的设计与施工，包括控制方案的确定，设备和电器元件的选择，电气原理图设计，工艺设计，系统施工和调试，技术文件的编写、整理等。

↘ 引言

在实际应用中，经常需要由 PLC 控制来设置变频器的不同输出频率，从而控制电动机的不同转速，以适应生产现场的不同生产状况。电动机的多段速运行控制既可以通过 PLC 的数字量输出点控制变频器来实现，也可以由 PLC 通过网络通信方式向变频器传送控制命令和参数来实现，且后者使控制变得更为灵活、方便，通过编程可以实现任意段速的组合输出，在实际中得到了更为广泛的应用，如图 8.1 所示钢板定尺剪切机床、桥式起重机等，都是采用了电动机多段速运行控制的设备。

(a) 钢板定尺剪切机床　　　　　　　(b) 桥式起重机

图 8.1　电动机多段速运行控制的设备

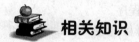 **任务描述**

设计一个由 S7－200 PLC 和 MM440 变频器控制的电动机多段速运行控制系统。S7－200 PLC 通过自由端口通信和 USS 协议传输数据，将频率等信息输出到变频器以改变电动机的转速。电动机为 0.75kW 的三相异步电动机，要求能控制电动机的起动、停止和正反转，有相应的保护和状态指示。停止方式有斜坡停止（限时 3s）和快速停止，电动机在运行过程中，变频器输出频率可在 15Hz、25Hz、35Hz 和 50Hz 中选择，以便电动机可在不同转速下运行。要求设计、实现该控制系统，并形成相应的设计文档。

任务分析

该控制系统是一个 PLC 通过网络通信控制变频器的 PLC 自动控制系统，功能相对比较简单。难点主要是通过网络通信和 USS 协议进行数据的传输以及变频器的设置。硬件主要包括控制部分的 PLC、控制电动机的变频器、控制变频器通断电的接触器等。

要进行该控制系统的设计，首先要对 MM4 系列变频器、S7－200 系列 PLC 的 USS 通信协议等有比较清楚的了解，下面重点就上述与本任务相关的知识进行讲解。

相关知识

一、西门子 MM440 系列变频器

MM440 是西门子公司 MM4 系列变频器的一种，有多种型号，额定功率范围从 120W 到 200kW（恒定转矩（CT）控制方式）或者 250kW（可变转矩（VT）控制方式）。与 MM420 相比，其主要特点为：具有多个继电器输出和多个模拟量输出（0～20mA），6 个带隔离的数字输入，并可切换为 NPN/PNP 接线，2 个模拟输入：AIN1 范围为 0～10V，0～20mA 或－10～＋10V，AIN2 为 0～10V 或 0～20mA，2 个模拟输入还可以作为第 7 和第 8 个数字输入，具有详细的变频器状态信息显示功能。

另外，该变频器还有下列选件供用户选用：用于与 PC 通信的通信模块、基本操作面板（BOP）、高级操作面板（AOP）、用于进行现场总线通信的 PROFIBUS 通信模块等。具有过电压/欠电压保护、变频器过热保护、接地故障保护、短路保护、I^2t 电动机过热保护、PTC/KTY 电动机保护等完善的保护特性。

MM440 与电动机的连接、参数的设置和调试以及安装等与项目 6 中所讲的 MM420 基本相同，在此不再赘述。MM440 系列变频器的具体控制方式及各参数详细含义，请参见西门子公司《MICROMASTER 440 通用型变频器使用大全》，限于篇幅这里不再介绍。

二、使用 USS 协议库控制 MicroMaster 变频器

西门子公司的变频器都有一个串行通信接口，采用 RS－485 半双工通信方式，以 USS 通信协议作为现场监控和调试协议，其设计标准适用于工业环境的应用对象，最多可以与 32 台电动机驱动器（如 MM420/440 通用变频器，6SE70 工程型变频器，6RA24/70

全数字直流调速装置等)连接,而且根据各电动机驱动器的地址或者采用广播信息都可以找到需要通信的电动机驱动器。链路中需要有一个主控制器(主站),而各个电动机驱动器则是从属的控制对象(从站)。变频器接收来自主机的控制信息,检查命令中的起始标志,以及核对站地址与自己的站地址是否相符,如相符就响应该命令,给主机作出应答;不相符,就忽略该命令,并结束这次通信。

1. USS 通信硬件连接

(1) 条件许可的情况下,USS 主站尽量选用直流型的 CPU(针对 S7 - 200 系列)。当使用交流型的 CPU 22X 和单相变频器进行 USS 通信时 CPU 22X 和变频器电源必须接成同相位。

(2) 一般情况下 USS 通信电缆采用双绞线即可,如果干扰比较大,可采用屏蔽双绞线。

(3) 在采用屏蔽双绞线作为通信电缆时,要确保通信电缆连接的所有设备共用一个公共电路参考点,或是相互隔离以防止不应有的电流产生。屏蔽层必须接到外壳上或 9 针连接器的 1 脚上。建议将变频器上的接线端 2(0V)接到外壳地上。

(4) 尽量采用较高的通信速率。

(5) 终端电阻的作用是用来防止信号反射的,并不用来抗干扰。在通信距离很近,通信速率较低或点对点的通信情况下,可不用终端电阻。多点通信情况下,一般也只需在 USS 主站上加终端电阻就可以取得较好的通信效果。

(6) 建议使用 CPU 226(或 CPU 224+EM277)来调试 USS 通信程序。

(7) 不要带电插拔 USS 通信电缆,尤其是正在通信过程中,这样极易损坏传动装置和 PLC 的通信端口。如果使用大功率传动装置,即使传动装置掉电后,也要等几分钟,让电容放电后,再去插拔通信电缆。

(8) 对于变频器而言,与 USS 通信有关的参数有两个下标,下标 0 对应于 COM 链路的 RS - 485 串行接口,而下标 1 对应于 BOP 链路的 RS - 232 串行接口。

2. S7 - 200 PLC 使用 USS 协议和变频器通信的方式

S7 - 200 PLC 可以使用两种方式完成 PLC 和变频器之间的 USS 通信。

第一种是利用基本指令实现 USS 通信的编程。USS 协议是以字符信息为基本单元的协议,而 CPU 22X 的自由端口通信功能正好也是以 ASCⅡ 码的形式来发送接收信息的。利用 PLC 的 RS - 485 串行通信口,由用户程序完成 USS 协议功能,可实现与 SIEMENS 传动装置简单而可靠的通信连接。

第二种是使用 USS 协议专用指令实现 USS 通信的编程。STEP 7 - Micro/WIN 的指令库包括预先组态好的子程序和中断程序,这些子程序和中断程序都是专门通过 USS 协议与变频器通信而设计的。通过 USS 专用指令,可以控制物理变频器,并读/写变频器参数。用户可以在 STEP 7 - Micro/WIN 指令树的库文件夹中找到这些指令。当选择一个 USS 指令时,系统会自动增加一个或多个相关的子程序。这些专用指令是西门子专为控制其通用变频器(MM3XX、MM4XX 等)而设计的。下面重点讲述第二种方法。

3. 使用 USS 协议专用指令的要求

STEP 7 - Micro/WIN 指令库提供 17 个子程序和 8 条指令支持 S7 - 200 的 USS 通信。这些 USS 指令使用 S7 - 200 中的下列资源。

(1) 使用 USS_INIT 指令为 Port0 选择 USS 或 PPI 协议,也可以使用 USS_INIT_P1

（SP5 升级用户安装的附加命令库）将端口 1 分配给 USS 通信，在选择使用 USS 协议与变频器等通信后，Port0/1 不能够再用作其他目的，包括与 STEP 7 - Micro/WIN 通信。

（2）在使用 USS 协议开发应用程序的过程中，建议使用 CPU 224XP、CPU 226、CPU 226XM。这样除了 Port0/1 专门用于 USS 指令通信外，STEP 7 - Micro/WIN 还可以利用第 2 个通信口监视程序。

（3）USS 指令影响所有与 Port0/1 自由口通信相关的 SM 区。

（4）USS 指令使用户程序对存储空间的需求最多可增加 3150B。根据所使用的 USS 指令不同，使控制程序对存储空间的需求增加 2150～3150B。

（5）USS 指令的变量需要 400B 的 V 存储区。该区域的起始地址由用户指定并保留给 USS 变量。

（6）有一些 USS 指令还要求 16B 的通信缓存区。作为指令的一个参数，要为该缓存区提供一个 V 存储区的起始地址。建议为每一条 USS 指令指定一个单独的缓冲区。

（7）在执行计算时 USS 指令使用累加器 AC0 至 AC3。其他指令仍然可以在程序中使用这些累加器，只是累加器中的数值会被 USS 指令改变。

（8）USS 指令不能用在中断程序中。

 **特别提示**

要将 S7 - 200 的 Port0/1 恢复为 PPI 使之与 STEP 7 - Micro/WIN 通信，可以使用另一条 USS_INIT/USS - INIT_P1 指令重新设定 Port0/1，还可以将 S7 - 200 的模式开关设为 STOP，这样就可以复位 Port0/1 的参数。设定为 PPI 后，PLC 也就停止了与变频器的通信。

4. 与变频器通信的时间要求

S7 - 200 的循环扫描和驱动器的通信是异步的。S7 - 200 完成与一个驱动器的通信传送通常需要若干个循环扫描。S7 - 200 的通信时间与当前连接的驱动器数量、通信速率和扫描时间有关。有一些驱动器在使用参数访问指令时要求更长的时延。参数访问对时间的需求量取决于驱动器的类型和要访问的参数。

在使用 USS 指令将 Port0 指定为 USS 协议后，S7 - 200 会以表 8 - 1 所列的时间间隔轮询所有激活的驱动器，必须为每个周期设置超时（time - out）参数以完成该任务。

表 8 - 1　通 信 时 间

通信速率 /b/s	对激活的驱动器进行轮询的时间间隔（无参数访问指令激活）/ms	通信速率 /b/s	对激活的驱动器进行轮询的时间间隔（无参数访问指令激活）/ms
1200	240（最大）×驱动器的数量	19200	35（最大）×驱动器的数量
2400	130（最大）×驱动器的数量	38400	30（最大）×驱动器的数量
4800	75（最大）×驱动器的数量	57600	25（最大）×驱动器的数量
9600	50（最大）×驱动器的数量	115200	25（最大）×驱动器的数量

5. 使用 USS 协议专用指令

在 S7 - 200 程序中使用 USS 协议专用指令时应遵循以下步骤。

（1）在程序中插入 USS_INIT 指令并且该指令只在一个扫描周期内执行一次，可以用 USS_INIT 指令启动或改变 USS 通信参数。当插入 USS_INIT 指令时，若干个隐藏的子程序和中断服务程序会自动加入到程序中。

（2）在程序中，每个激活的驱动只使用一个 USS_CTRL 指令。可以按需求使用 USS_RPM_X 或 USS_WPM_x 指令，但在同一时刻，这些指令中只能有一条是激活的。

（3）为这些库指令分配 V 存储区。在指令树中选择程序块图标并右击（显示菜单），选择库存储区选项，显示库存储区分配对话框，通过对话框即可完成 V 存储区的分配。

（4）组态的驱动参数应与程序中所用的通信速率和站地址相匹配。

（5）连接 S7－200 和驱动之间的通信电缆。

① USS_INIT 指令

USS_INIT 指令如图 8.2 所示，用来使能、初始化或禁止与 MicroMaster 变频器的通信。USS_INIT 指令必须无错误地执行，才能够执行其他的 USS 指令。该指令执行完后 Done 位立即置位，然后才可继续执行下一条指令。

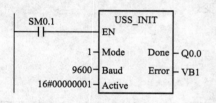

图 8.2 USS_INIT 指令

当 EN 输入接通时，每一扫描周期都执行该指令。在每一次通信状态改变时只需执行一次 USS_INIT 指令，为防止多次执行同一 USS_INIT 指令，应使用脉冲边沿检测指令触发 EN 输入接通。要改变初始化参数，需再执行一次 USS_INIT 指令。

通过 Mode 输入值可选择不同的通信协议：输入值为 1 指定 Port0 为 USS 协议并使能该协议，输入值为 0 指定 Port0 为 PPI 并且禁止 USS 协议。

Baud：设置通信速率为 200bit/s、2400bit/s、4800bit/s、9600bit/s、19200bit/s、38400bit/s、57600bit/s 或 115200bit/s。

Active：指示哪个变频器激活，共 32 位，每一位对应一台变频器。如图 8.3 所示 Active 参数的格式。对激活的变频器输入的描述和格式。所有标为 Active（激活）的变频器都会在后台被自动地轮询，控制变频器搜索状态，防止变频器的串行链接超时。

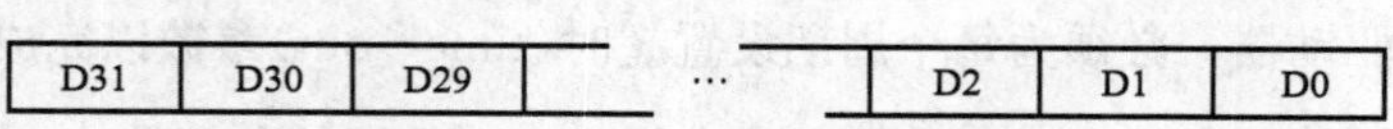

D31	D30	D29		...		D2	D1	D0

图 8.3 Active 参数的格式

D0—Drive0 激活位：0—未激活，1—激活；D1—Drive1 激活位：0—未激活，1—激活

Error 输出字节中包含该指令的执行结果。USS 协议指令引起的错误代码见表 8－2。

表 8－2 USS 指令的执行错误代码

错误代码	描　　述	错误代码	描　　述
0	没有错误	3	来自变频器的响应中检测到奇偶校验错误
1	变频器没响应		
2	来自变频器的响应中检测到校验和错误	4	由来自用户程序的干扰引起的错误
		5	尝试非法命令

续表

错误代码	描　　述	错误代码	描　　述
6	提供非法变频器地址	16	所选协议无效
7	通信端口未设为 USS 协议	17	USS 激活；不允许改变
8	通信端口正忙于处理某条指令	18	指定的波特率非法
9	变频器速度输入超限	19	没有通信；该变频器未激活
10	变频器响应的长度不正确	20	变频器响应的参数或数值不正确或包含错误代码
11	变频器响应的第一个字符不正确		
12	变频器响应的长度字符不被 USS 指令所支持	21	请求一个字类型的数值却返回一个双字类型值
13	错误的变频器响应	22	请求一个双字类型的数值却返回一个字类型值
14	提供的 DB_Ptr 地址不正确		
15	提供的参数号码不正确		

② USS_CTRL 指令

USS CTRL 指令如图 8.4 所示。用于控制激活的 MicroMaster 变频器。USS_CTRL 指令将所选的命令存放在一个通信缓冲区中，然后发送到所寻址的变频器中（由 Drive 参数指定），该变频器应已在 USS INIT 指令中由参数 Active 选择。对于每一个变频器只能使用一个 USS_CTRL 指令。

EN 位必须接通以使能 USS_CTRL 指令，并且该指令要始终保持使能。

RUN（RUN/STOP）设置变频器接通（1）或断开（0）。当 RUN 位接通时，MicroMaster 变频器接收命令，以指定的速度和方向运行。为使变频器运行，必须满足以下条件：该变频器必须在 USS_INIT 中激活；OFF2 和 OFF3 必须设为 0；Fault 和 Inhibit 位必须为 0。当 RUN 断开时，命令 MicroMaster 变频器斜坡减速直至电动机停止或快速停止。

OFF2 位用来控制 MicroMaster 变频器斜坡减速直至停止，OFF3 位用来控制 MicroMaster 变频器快速停止。

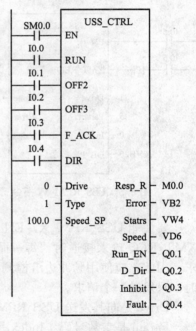

图 8.4　USS_CTRL 指令

F_ACK（故障应答）位用于应答变频器的故障。当 F_ACK 从 0 变 1 时，变频器清除该故障（Fault）。

DIR（方向）位用于设置变频器应向哪个方向运动，0 和 1 分别表示逆时针和顺时针方向。

Drive（变频器地址）是 MicroMaster 变频器的地址，USS_CTRL 命令发送到该地址。有效地址为 0～31。

Type（变频器类型）位是所选择的变频器类型。对于 3 系列的（或更早的）MicroMaster

变频器，类型为 0；对于 4 系列的 MicroMaster 变频器，类型为 1。

Speed_SP(速度设定值)位用于设定变频器的速度，用满刻度的百分比表示。Speed_SP 的负值使变频器反向旋转。范围是−200.0%～200.0%。

Rsp_R(响应收到)位用于应答来自变频器的的响应，轮流询问所有激活的变频器以获得最新的变频器的状态信息。S7－200 每次接收到来自变频器的响应时，Resp_R 位在一个循环周期内接通并且刷新以下各值。

Error 位是错误字节，包含最近一次向变频器发出的通信请求的执行结果。

Status 位是变频器返回的原始值，如表 8－3 所示。

Speed 位是变频器实际速度，用满刻度的百分比表示，范围是−200.0%～200.0%。

Run_EN(RUN 使能)位指示变频器是处于运行(1)还是停止(0)状态。

D_Dir 位指示变频器转动方向，0 和 1 分别表示逆时针和顺时针方向。

Inhibit 位指示变频器上禁止位的状态(0－未禁止，1－禁止)。要清除禁止位，Fault(故障)位必须为 0，而且 RUN、OFF2 和 OFF3 输入必须断开。

Fault 位指示故障位的状态(0－无故障，1－有故障)，同时变频器上显示故障代码。要清除 Fault，必须排除故障并接通 F_ACK。

③ USS_RPM_x 指令

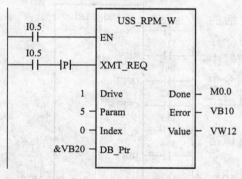

图 8.5　USS_RPM_W 指令

USS_RPM_x 指令是 USS 协议的读指令，USS_RPM_x 共有 3 种形式。

USS_RPM_W 指令如图 8.5 所示，读取一个无符号字类型的参数。

USS_RPM_D 指令读取一个无符号双字类型的参数。

USS_RPM_R 指令读取一个浮点数类型的参数。

当 MicroMaster 变频器对接收的命令进行应答或报错时，USS_RPM_x 指令的处理结束，在这一等待应答的过程中，PLC 的逻辑扫描继续执行。

要使能 USS_RPM_X，EN 位必须接通并且保持为 1 直至 Done 位置 1。例如，当 XMT_REQ 输入接通时，每一循环扫描向 MicroMaster 变频器传送一个 USS_RPM_x 请求。因此，应使用脉冲边沿检测指令作为 XMT_REQ 的输入，这样，每当 EN 输入有效时，只发送一个请求。

Drive 是向其发送 USS_RPM_x 命令的 MicroMaster 变频器的地址。

Param 是参数号码，Index 是要读的参数的索引值。

Value 是返回的参数值。

DB_Ptr 输入应是一个 16B 缓存区的地址。该缓存区用于存储向 MicroMaster 变频器发送命令的执行结果。

当 USS_RPM_x 指令结束时，Done 输出接通，字节 Error 输出包含该指令的执行结果，Value 输出返回的参数值。只有 Done 位输出接通时 Error 和 Value 输出才有效。

④ USS_WPM_x 指令

USS_WPM_x 指令是 USS 协议的写指令，USS 协议有 3 种写入指令。

USS_WPM_W 指令如图 8.6 所示，写入一个无符号字类型的参数。

USS_WPM_D 指令写入一个无符号双字类型的参数。

USS_WPM_R 指令写入一个浮点数类型的参数。

当 MicroMaster 变频器对接收的命令进行应答或报错时，USS_WPM_x 指令的处理结束，在这一等待应答的过程中，PLC 的逻辑扫描继续执行。

要使能对一个请求的传送，EN 位必须接通并且保持为 1 直至 Done 位置 1。例如，当 XMT_REQ 输入接通时，每一循环扫描向 MicroMaster 变频器传递一个 USS_WPM_x 请求。因此，应使用脉冲边沿检测指令作为 XMT_REQ 的输入，这样，每当 EN 输入有效时，只发送一个请求。

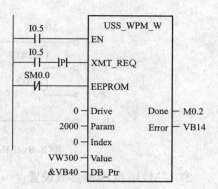

图 8.6　USS_WPM_W 指令

Value 是要写到变频器上的 RAM 中的参数值，也可写到变频器上的 EEPROM。

参数 Drive、Param、Index、DB_Ptr、Done、Error 的功能与 USS_RPM_x 相同。

当 EEPROM 输入接通后，指令对变频器的 RAM 和 EEPROM 都进行写操作。当此输入断开后，指令只对变频器的 RAM 进行写操作。由于 MicroMaster3 变频器并不支持此功能，所以必须确保输入为断开，以便能对一个 MicroMaster3 变频器使用此指令。同时只能有一个读(USS_RPM_x)或写(USS_WPM_x)指令激活。

当使用 USS_WPM_x 指令刷新存储在变频器的 EEPROM 中的参数设置时，必须确保不超过对 EEPROM 写周期的最大次数的限定(大约 50000 次)。

写周期超限将引起存储数据的崩溃和数据丢失。读周期的次数没有限定，如果需要频繁地向变频器写参数，首先要将变频器中的 EEPROM 存储控制参数设为零。

6. 连接和设置 4 系列 MicroMaster 变频器

1) 连接 4 系列 MicroMaster 变频器

在做 MM4 变频器的电缆连接时，取下变频器的前盖板露出接线端子，将 RS-485 电缆的一端与变频器的 USS 通信端子相连。在 S7-200 上的 RS-485 端口可使用标准 PRO-FIBUS 电缆和连接器。

变频器接线终端的连接以数字标志，在 S7-200 端使用 PROFIBUS 连接器。将连接器的 A(N−)端连至变频器端的 15(对 MM420 而言)或 30(对 MM440 而言)，将 B(P＋)端连到变频器端 14(MM420)或 29(MM440)，如图 8.7 所示。

如果 S7-200 是网络中的端点，或者是点到点的连接，则必须使用连接器的端子 A1 和 B1(而非 A2 和 B2)，这样可以接通终端电阻。

如果变频器在网络中组态为端点站，那么终端和偏置须正确地连接至终端上。例如，如图 8.8 所示 MM420 和 MM440 变频器必须做的终端和偏置连接。

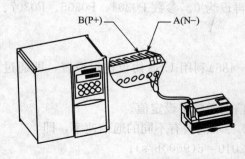

图 8.7　连接到 MM440 的连接终端

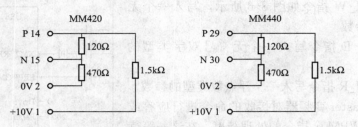

图 8.8　MM420 和 MM440 终端和偏置连接

2) MM440 变频器参数设置

在将变频器连至 S7－200 之前，必须确保变频器具有以下系统参数，参数设置可使用变频器上的基本操作面板的按键进行。

（1）复位为出厂默认设置值（可选），P0010＝30（出厂的设定值），P0970＝1（参数复位）。

（2）如果忽略该步骤，确保以下参数的设置：P2012＝USS 的 PZD 长度。常规的 PZD 长度是 2B。这一参数允许用户选择不同的 PZD 长度，以便对目标进行控制和检测。例如，对于 3B 的 PZD 可以有第 2 个设定值和实际值。实际值可以是变频器的输出电流（P2016 或 P2019［下标 3］＝r0027）等。

P2013＝USS 的 PKW 长度。默认值设定为 127（可变长度），即被发送的 PKW 长度是可变的，应答报文的长度也是可变的。这将影响 USS 报文的总长度。如果要写一个控制程序，并采用固定长度的报文，那么，应答状态字（ZSW）总是出现在同样的位置。MM44 变频器最常用的 PKW 固定长度是 4B 长，因为它可以读写所有的参数。

（3）设置电动机参数。

① P0003＝3，用户访问级为专家级，使能读/写所有参数。

② P0010＝调试参数过滤器，为 1 时表示快速调试，为 0 时表示准备。

③ P0304＝电动机额定电压（以电动机铭牌为准）。

④ P0305＝电动机额定电流（以电动机铭牌为准）。

⑤ P0307＝电动机额定功率（以电动机铭牌为准）。

⑥ P0308＝电动机额定功率因数（以电动机铭牌为准）。

⑦ P0310＝电动机额定频率（以电动机铭牌为准）。

⑧ P3011＝电动机额定速度（以电动机铭牌为准）。

要设置 P0304、P0305、P0307、P0310 和 P0311 参数，必须先将参数 P0010 设为 1（快速调试模式）。当完成参数设置后，将参数 P0010 再设为 0。参数 P0304、P0305、P0307、P0310 和 P0311 只能在快速模式下修改。

（4）设置本地/远程控制模式。

① P0700＝5，允许通过 COM 链路（经由 RS－485）利用 USS 协议进行设置，即通过 USS 对变频器进行控制。

② P1000＝5，允许通过 COM 链路的 USS 通信发送频率设定值。

（5）设置 RS－485 串口 USS 通信速率。P2010 在不同值有不同的通信速率，即

P2010＝4(2400b/s)；P2010＝5(4800b/s)；P2010＝6(9600b/s)；

P2010＝7(19200b/s)；P2010＝8(38400b/s)；P2010＝9(57600b/s)。

这一参数必须与主站采用的通信速率相一致。

（6）输入从站地址。P2011＝USS 节点地址（0 至 31），这是为变频器指定的唯一从站地址。

（7）斜坡上升时间（可选）：P1120＝0～650.00，这是一个以秒（s）为单位的时间，在这个时间内，电动机加速至最高频率。

（8）斜坡下降时间（可选）：P1121＝0～650.00，这是一个以秒（s）为单位的时间，在这个时间内，电动机减速为口。

（9）设置串行链接参考频率：P2000＝1～650，单位为 Hz，默认值为50。

（10）设置 USS 规格化：P2009＝USS 规格化（具有兼容性）。

设置值为 0 时，根据 P2000 的基准频率进行频率设定值的规格化。设置值为 1 时，允许设定值以绝对十进制数的形式发送。如在规格化时设置基准频率为 50.00Hz，则所对应的十六进制数是 4000H，十进制数值是 16384D。

（11）设置串行链接超时：P2014＝USS 的停止传输时间（ms）。允许用户设定一个时间，在经过这个时间以后，如果 USS 通道接收不到报文，就将产生故障信号 F0070。默认设定值是 0ms，闭锁了定时器，一般设定为 100ms。这是到来的两个数据报文之间最大的间隔时间，该特性可用来在通信失败时关断变频器。当收到一个有效的数据报文后，计时启动，如果在指定时间内未收到下一个数据报文，变频器关断并显示故障代码 F0070，该值设为 0 则关断该控制。

（12）从 RAM 向 EEPROM 传送数据：P0971＝1（起动传送）将参数设置的改变存入 EEPROM，一旦设置了这些参数，就可以进行通信了。主站可以对变频器的参数（PKW 区）进行读和写，也可以监测变频器的状态和实际的输出频率（PZD 区）。

方法与步骤

上面讲解了完成电动机多段速运行控制系统所需要的相关知识，下面讲解实现该任务的具体方法和步骤。

一、确定控制方案

本控制系统属于 PLC 网络通信控制系统，其控制流程如图 8.9 所示。

二、设备选型

1. 选择输入/输出设备

该控制系统中使用的电动机是 380V、750W 的小功率三相异步电动机，可以采用直接起动。电动机通过变频器控制其运行，通过 1 个接触器来控制变频器的供电与否，因为 MM440 变频器本身自带短路和过载保护功能，所以电动机不需要外加热继电

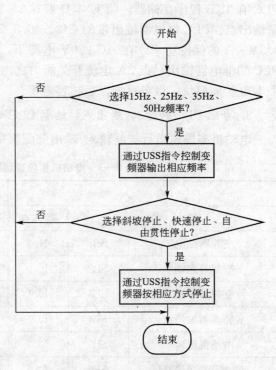

图 8.9 电动机多段速运行控制系统流程

器和熔断器进行保护。另外系统需要使用一个低压断路器作为三相电源的引入开关，加熔断器作为总短路保护。

根据上述分析，本控制任务中，电动机功率为 0.75kW，假设工作在一般条件下，则总电源开关使用的低压断路器可选用 DZ5-20，额定电压 380V，额定电流为 3A；总熔断器选用 RT18-32，熔体额定电流为 5A；控制变频器的交流接触器选 CJ20-6.3，线圈额定电压选 AC 220V。另外系统还需要按钮 12 个（包括变频器接触器加电控制按钮 1 个、变频器起动按钮 1 个、频率选择按钮 5 个、停止按钮 3 个、正转按钮 1 个、反转按钮 1 个、故障复位按钮 1 个），指示灯 4 个（包括电源指示灯 1 个、正反转指示灯 1 个、运行指示灯 1 个、故障指示灯 1 个），按钮可选用如 LA20-11 等复合按钮，指示灯可选用如 ND16 交流 220V 信号灯，颜色可分别选用绿色、绿色、绿色和红色。主电路导线选用截面积为 1.5mm² 的绝缘铜导线。

2. 确定 PLC 型号

在本例中，用到 4 个数字量输出点控制接触器的线圈以及变频器运行的各种状态指示，12 个数字量输入点作为变频器的起停控制、转速控制等，一般的 PLC 都能胜任。考虑到备用和以后扩容，系统需要的 PLC 最少要有 16 个数字量输入点、5 个数字量输出点。如果操作按钮与 PLC 的距离不是很远，可以考虑使用 DC 24V 输入点，距离较远时可以考虑使用 AC 110V/220V 输入点；数字量输出点可以使用继电器输出或晶闸管输出。本例假设操作按钮与 PLC 的距离不是很远，选用 DC 24V 输入点类型。

通过上述综合分析，PLC 选用 S7-200，CPU 选用 CPU 226 AC/DC/继电器。本 PLC 有 4KB 程序存储器，CPU 本身带有 24 个 DC 24V 数字量输入点，16 个继电器数字量输出点。PLC 继电器输出带的 CJ20-6.3 交流接触器具有 65V·A 的线圈吸合功率和 8.3V·A 的保持功率，在 AC 220V 电源下，冲击电流 $I = 65V·A/220V = 0.296A$，在 PLC 的继电器输出触点 2A 电流开关能力之内，满足设计要求。此外，CPU 226 还可带 7 个 I/O 扩展模块，以备系统以后扩容需要。

3. 分配 PLC 的输入/输出点，绘制 PLC 的输入/输出分配表

电动机多段速运行控制输入/输出分配表见表 8-3。

表 8-3　电动机多段速运行控制输入/输出分配表

输　入			输　出		
设　备	输入点		设　备	输出点	
变频器加电	SB1	I1.2	变频器加电接触器	KM1	Q0.2
变频器起动	SB2	I0.0	运行指示灯	HL1	Q0.0
变频器停止	SB3	I0.1	正反转指示灯	HL2	Q0.1
变频器斜坡停止	SB4	I0.2	故障或禁止指示灯	HL3	Q0.3
电动机正转	SB5	I0.3	—	—	—
变频器运行在 15Hz	SB6	I0.4	—	—	—

续表

输　　入			输　　出		
设　　备	输入点		设　　备		输出点
变频器运行在 25Hz	SB7	I0.5	—	—	—
变频器运行在 35Hz	SB8	I0.6	—	—	—
变频器运行在 50Hz	SB9	I0.7	—	—	—
变频器快速停止	SB10	I1.0	—	—	—
电动机反转	SB11	I1.1	—	—	—
变频器故障复位	SB12	I1.3	—	—	—

三、电气原理图设计

1. 设计主电路并画出主电路的电气原理图

根据控制要求，设计主电路如图 8.10 所示。

（1）主电路中 QF 为系统总供电电源开关，选用 DZ5 - 20，额定电压为 380V，额定电流为 5A；总熔断器 FU1 为系统短路保护，选用 RT18 - 32，熔体额定电流为 5A。

（2）接触器 KM1 控制变频器的通电。KM1 选用 CJ20 - 6.3，线圈额定电压选 AC 220V。

（3）FU2、FU3 完成 PLC 供电回路和输出回路的短路保护任务，熔断器选用 RT18 - 32，熔体额定电流为 2A。

2. 设计 PLC 输入/输出电路并画出相应的电气原理图

根据 PLC 选型及控制要求，设计 PLC 输入/输出电路如图 8.11 所示。

（1）PLC 采用继电器输出，每个输出点额定控制容量为 AC 250V，2A。L38、N 作为 PLC 输出回路的电源，向输出回路的负载供电。

（2）PLC 输入回路中，信号电源由 PLC 本身的 DC 24V 电源提供。

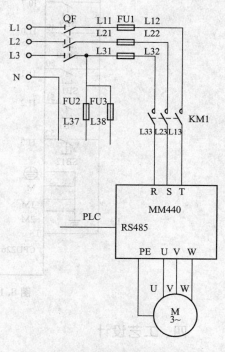

图 8.10　主电路原理图

（3）为增强系统的抗干扰能力，PLC 的供电电源采用了隔离变压器。隔离变压器 T 的选用根据 PLC 耗电量配置，本系统选用标准型、变比 1：1、容量为 100VA 的隔离变压器。

（4）S7 - 226 CPU 通过 PORT0 接口和 USS 协议与变频器通信，通过 PORT1 接口与装有 STEP 7 - Micro/WIN 的计算机通信。

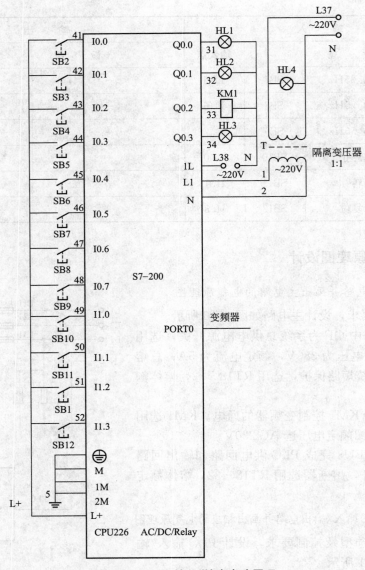

图 8.11　PLC 输入/输出电路原理

四、工艺设计

　　按设计要求，设计、绘制电气装置总体配置图、电气控制盘电器元件布置图、操作控制面板电器元件布置图及相关电气接线图。

　　(1) 绘制电气元件布置图。本系统除电气控制箱(柜)外，在设备现场设计安装的电器元件和动力设备还有电动机。电气控制箱(柜)内安装的电器元件有：断路器、熔断器、隔离变压器、PLC、变频器、接触器等。在操作控制面板上设计安装的电器元件有按钮、指示灯。

　　本系统需要用到 1 个电气控制柜和 1 个操作控制面板。依据操作方便、美观大方、布局均匀对称等设计原则，绘制电气控制柜元件布置、操作控制面板元件布置分别如图 8.12 和图 8.13 所示。

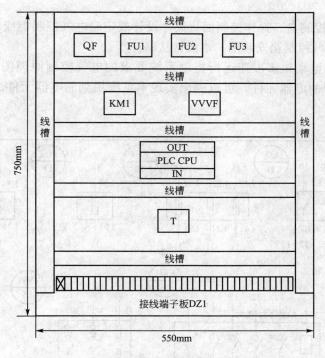

图 8.12　电气控制柜元件布置

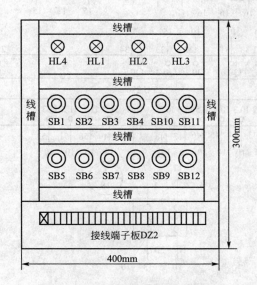

图 8.13　操作控制面板元件布置

　　（2）绘制电气接线图。与电气元件布置图相对应，在本系统中，电气接线图也分为电气控制柜接线图和操作控制面板接线图两部分，分别如图 8.14 和图 8.15 所示。图中线侧数字表示线号，线端数字表示导线连接的器件编号。

　　（3）绘制电气互连图。本系统电气互连图如图 8.16 所示。

　　（4）设计零部件加工图。由于本部分设计主要由机械加工和机械设计人员完成，本设

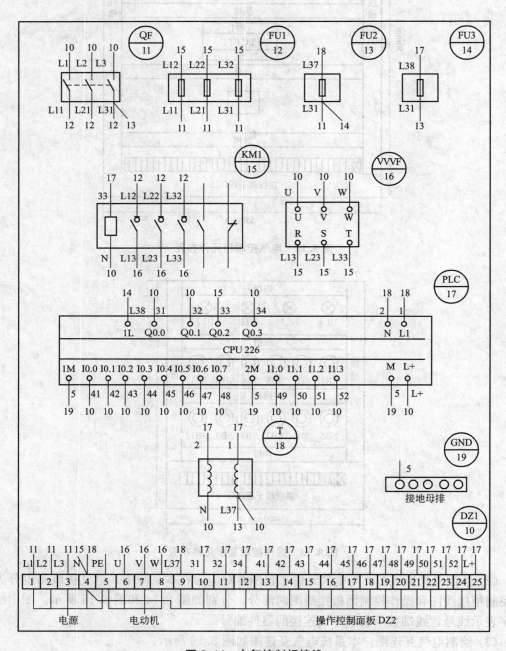

计从略。

（5）依据电气控制盘、操作控制面板尺寸设计或定制电气控制柜或电电气控制箱，绘制电气控制柜或电气控制箱安装图。本设计从略。

至此，完成了电动机多段速运行控制系统要求的电气控制原理图和工艺设计任务。根据设计方案选择的电器元件，可以列出实现本系统用到的电器元件、设备和材料明细表，见表 8-4。

图 8.14　电气控制柜接线

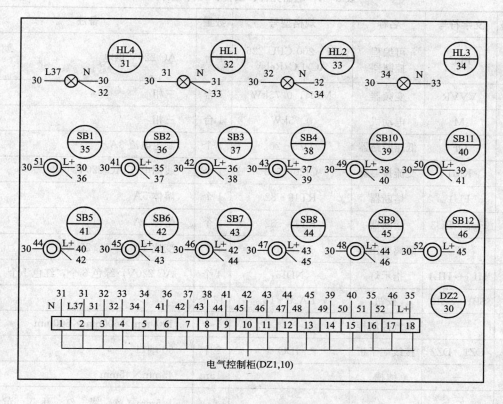

图 8.15　操作控制面板接线

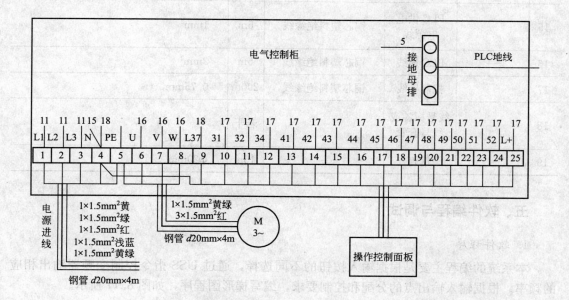

图 8.16　电气互连

表 8-4　电器元件、设备、材料明细表

序号	文字符号	名称	规格型号	数量	备注
1	PLC	可编程控制器	S7-200 CPU 226 AC/DC/Relay	1台	AC 220V 供电
2	VVVR	变频器	MM4，0.75kW	1台	三相
3	M	电动机	0.75kW	1台	三相
4	QF	低压断路器	DZ5-20	1个	额定电流 3A
5	KM1	交流接触器	CJ20-6.3	1个	线圈电压 AC 220V
6	FU1	熔断器	RT18-32	1个	熔体 5A
7	FU2、FU3	熔断器	RT18-32	2个	熔体 2A
8	T	隔离变压器	BK-100	1个	变比 1:1，AC 220V
9	HL1～HL4	指示灯	ND16	4个	AC 220V，绿色 3个，红色 1个
10	SB1～SB12	按钮	LA20-11	12个	—
11	—	电气控制柜	—	1个	1000mm×600mm×600mm
12	DZ1、DZ2	接线端子板	JDO	2个	50 端口
13		线槽		15m	45mm×45mm
14	—	电源引线	铜芯塑料绝缘线	20m	1.5mm²（黄、绿、红、浅蓝、黄绿）各 20m
15		PLC 供电电源线	铜芯塑料绝缘线	5m	1mm²
16	—	PLC 地线	铜芯塑料绝缘线	5m	2mm²
17		控制导线	铜芯塑料绝缘线	200m	0.75mm²
18		线号标签或线号套管	—	若干	
19		钢管		15m	Φ20mm

五、软件编程与调试

1. 软件程序

本系统的编程主要是根据输入按钮的不同选择，通过 USS 指令控制变频器输出相应的频率。根据输入输出点的分配和控制要求，编写梯形图程序，如图 8.17 所示。

2. 编译修改程序

对上述程序进行编译，修改其中的语法错误，直至程序编译通过。

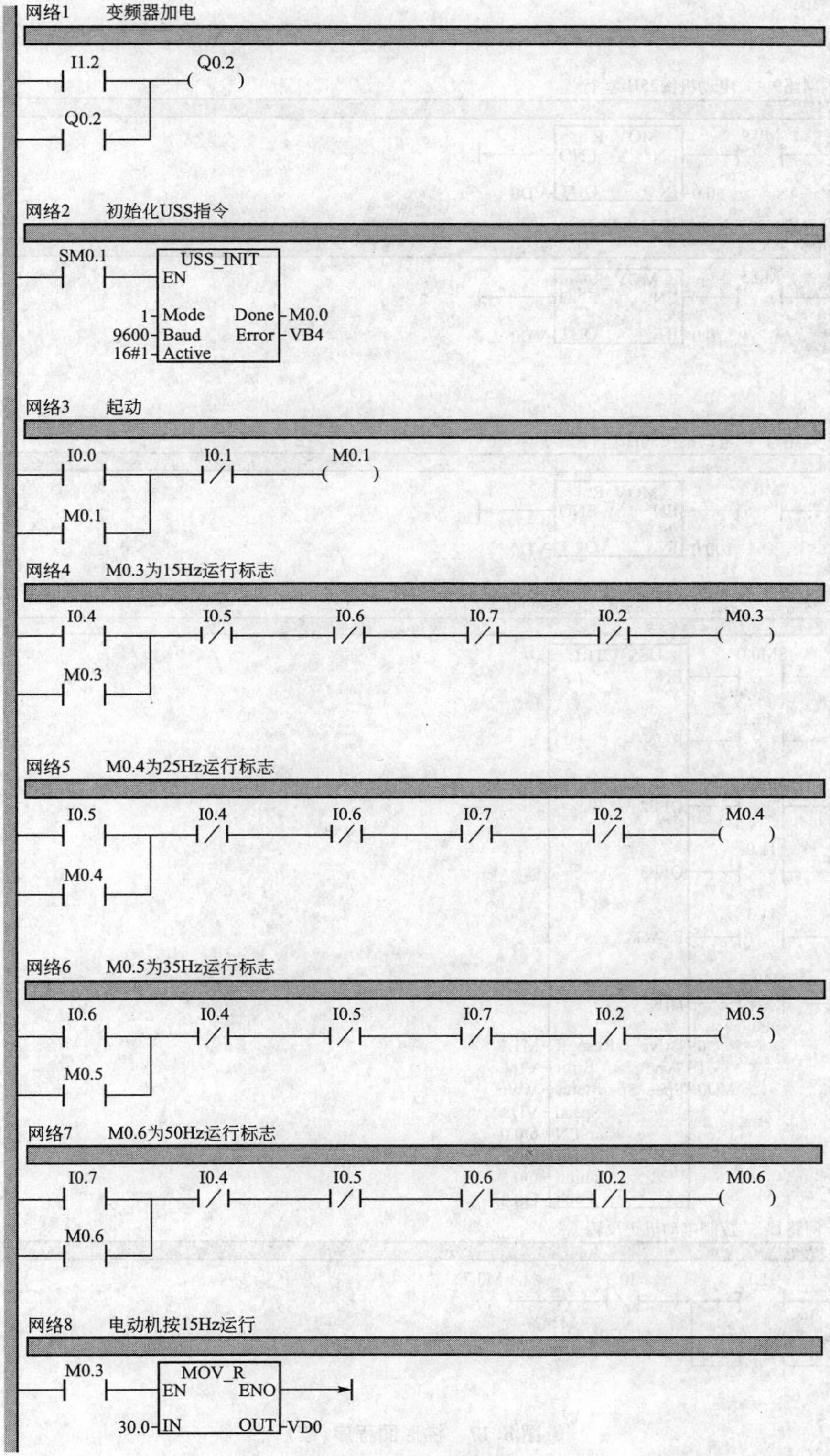

网络1　变频器加电

```
  I1.2              Q0.2
──┤ ├──────────────(   )
  Q0.2  │
──┤ ├───┘
```

网络2　初始化USS指令

```
 SM0.1        ┌─────────────┐
──┤ ├─────────┤EN    USS_INIT│
              │              │
          1 ─┤Mode     Done├─ M0.0
       9600 ─┤Baud     Error├─ VB4
       16#1 ─┤Active        │
              └─────────────┘
```

网络3　起动

```
  I0.0      I0.1      M0.1
──┤ ├───────┤/├───────(   )
  M0.1  │
──┤ ├───┘
```

网络4　M0.3为15Hz运行标志

```
  I0.4    I0.5    I0.6    I0.7    I0.2    M0.3
──┤ ├─────┤/├─────┤/├─────┤/├─────┤/├─────(   )
  M0.3 │
──┤ ├──┘
```

网络5　M0.4为25Hz运行标志

```
  I0.5    I0.4    I0.6    I0.7    I0.2    M0.4
──┤ ├─────┤/├─────┤/├─────┤/├─────┤/├─────(   )
  M0.4 │
──┤ ├──┘
```

网络6　M0.5为35Hz运行标志

```
  I0.6    I0.4    I0.5    I0.7    I0.2    M0.5
──┤ ├─────┤/├─────┤/├─────┤/├─────┤/├─────(   )
  M0.5 │
──┤ ├──┘
```

网络7　M0.6为50Hz运行标志

```
  I0.7    I0.4    I0.5    I0.6    I0.2    M0.6
──┤ ├─────┤/├─────┤/├─────┤/├─────┤/├─────(   )
  M0.6 │
──┤ ├──┘
```

网络8　电动机按15Hz运行

```
  M0.3     ┌─────────────┐
──┤ ├──────┤EN    MOV_R  ├──►
           │             │
           │       ENO   │
    30.0 ─┤IN     OUT├─ VD0
           └─────────────┘
```

图8.17　梯形图程序

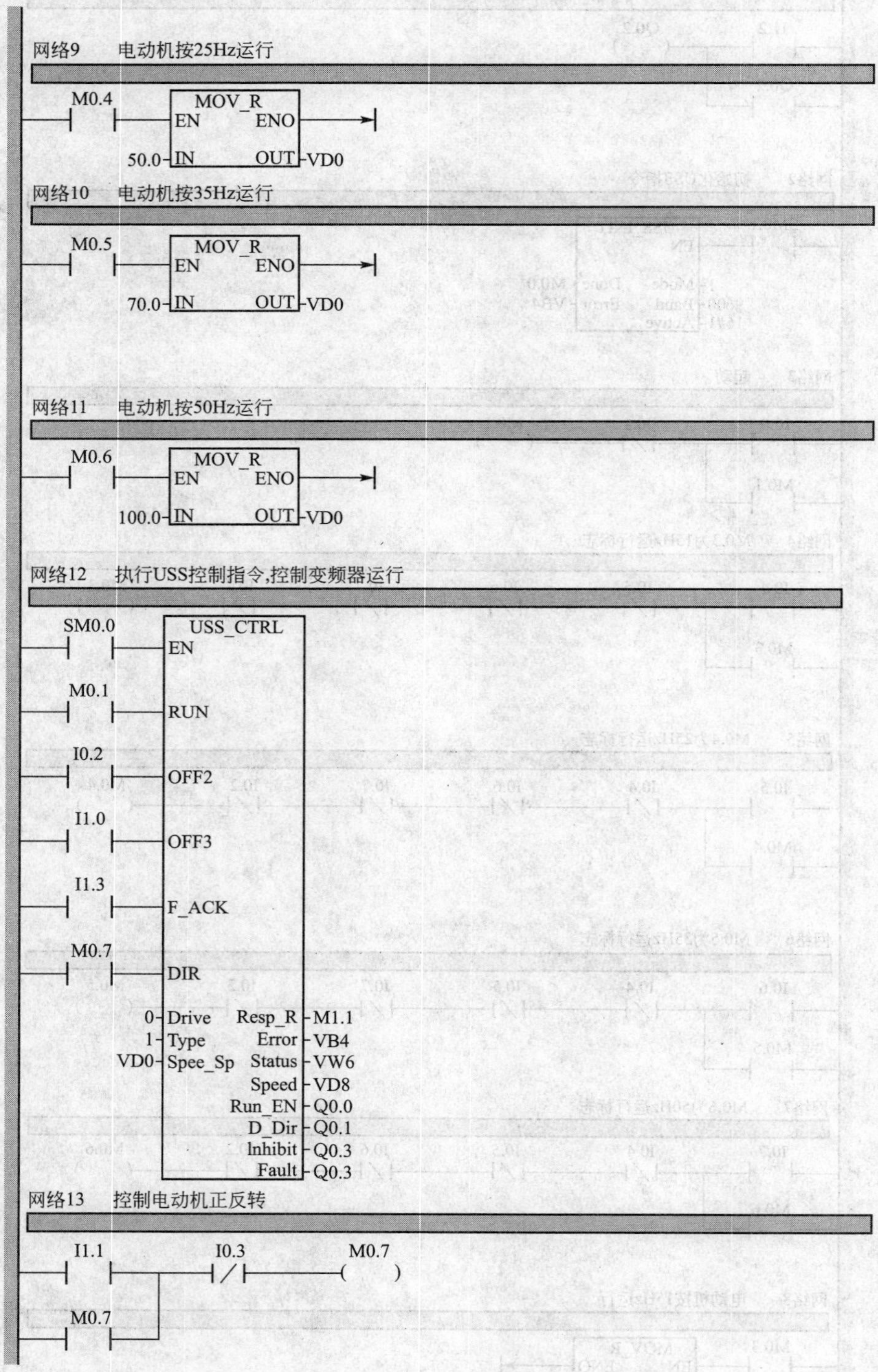

网络9   电动机按25Hz运行

```
    M0.4         MOV_R
  ──┤ ├──────┤EN    ENO├────
              │         │
      50.0 ──┤IN     OUT├── VD0
```

网络10   电动机按35Hz运行

```
    M0.5         MOV_R
  ──┤ ├──────┤EN    ENO├────
              │         │
      70.0 ──┤IN     OUT├── VD0
```

网络11   电动机按50Hz运行

```
    M0.6         MOV_R
  ──┤ ├──────┤EN    ENO├────
              │         │
     100.0 ──┤IN     OUT├── VD0
```

网络12   执行USS控制指令,控制变频器运行

```
    SM0.0       USS_CTRL
  ──┤ ├──────┤EN
    
    M0.1
  ──┤ ├──────┤RUN
    
    I0.2
  ──┤ ├──────┤OFF2
    
    I1.0
  ──┤ ├──────┤OFF3
    
    I1.3
  ──┤ ├──────┤F_ACK
    
    M0.7
  ──┤ ├──────┤DIR
    
          0 ─┤Drive    Resp_R├── M1.1
          1 ─┤Type      Error├── VB4
        VD0 ─┤Spee_Sp  Status├── VW6
                        Speed├── VD8
                       Run_EN├── Q0.0
                        D_Dir├── Q0.1
                      Inhibit├── Q0.3
                        Fault├── Q0.3
```

网络13   控制电动机正反转

```
    I1.1         I0.3         M0.7
  ──┤ ├────────┤/├────────( )
    M0.7
  ──┤ ├──
```

图 8.17   梯形图程序(续)

3. 调试程序

该程序因为使用了网络通信和 USS 指令，无法使用 S7 - 200 的仿真软件进行仿真调试。程序的模拟调试可以使用 PLC 连接到 MM440 变频器来进行。

六、现场施工

根据图纸进行现场施工，施工过程中的注意事项参见项目 2 中关于可编程控制器设计内容和步骤的内容。

1. 施工前的准备

对于本系统，施工前先要确认电气控制柜的安装位置，然后使用万用表、绝缘电阻表等仪器检查相关电器元件和设备的外观、质量、绝缘状况，如 PLC、接触器、隔离变压器等，使用绝缘电阻表检查地线的接地电阻是否符合要求。

2. 电器元件的安装

电器元件检查无误后，再按照电器元件布置图进行电器元件的安装（这一步也可在研发和生产场所进行）。

3. 布线

按照原理图和接线图、电气互连图进行布线。

4. 线路检查

将 QF 断开，对照原理图、接线图用手拨动导线逐线核查。重点检查主电路接触器、熔断器、变频器的连线，同时检查各端子处的接线、核对线号，排除虚接、短路和错线故障。

（1）检查主电路。断开 QF 切断电源，断开 FU2、FU3 切除控制电路，摘下 KM1 的灭弧罩，用万用表 R×1 电阻挡检查。首先检查各相通路，两只表笔分别接 QF 下面的 L11～L21、L21～L31、L11～L31 端子，应为开路；测量变频器的 U、V、W 之间的电阻应为电动机定子绕组的直流电阻值；按下 KM1 的触点架，测量 QF 下面的 L11、L21、L31 和变频器的 T、S、R 端子应为短路。

（2）检查 PLC 输入输出和供电电路。首先检查 PLC 的输出电路接线。用万用表两表笔分别接接线端子的 N 和 PLC 的 Q0.2，应测得接触器 KM1 的线圈电阻，用万用表两表笔分别接接线端子的 N 和 PLC 的 Q0.0、Q0.1、Q0.3，应测得指示灯的电阻值。再检查输入电路接线，用万用表两表笔分别接 PLC 的 I0.0～I1.3 和 PLC 的 L＋，分别按下 SB2～SB11、SB1 和 SB12，应测得短路。最后检控 PLC 供电电路接线，用万用表两表笔分别接接线端子的 N 和 QF 下端的 L37，应测得电阻为隔离变压器一次绕组和指示灯并联的电阻值，测量 PLC 上的 L1 和 N，应测得隔离变压器二次绕组的电阻值，测量 PLC 上的 1L 和 FU3 下端的 L38 应为短路。接通 FU2、FU3，分别测量 L37、L38 和 L31 之间的电阻，应为短路。

检查完毕，盖上接触器的灭弧罩。

七、现场调试

1. 调试前的准备

一定要经过现场施工后期的线路检查后，才能进入现场调试阶段。为保证系统的可靠性,现场调试前还要在断电的情况下使用万用表检查一下各电源线路,保证交流电源的各相以及相线与地线之间不要短路,直流电源的正负极之间不要短路。此处主要检查接线点 L37~N、L38~N、L11~L21、L11~L31、L21~L31 之间、L11、L21、L31 与 N 之间以及 PLC 的 L+与 M 之间不能出现短路。否则重新检查电路的接线。

2. 建立 PLC 与 PC 的连接

在断电状态下通过 PC/PPI 电缆将 PLC 的 PORT1 和装有 STEP 7 - Micro/WIN 软件的计算机连接好,打开计算机进入 STEP 7 - Micro/WIN 软件,设置好通信参数,建立 PLC 和 PC 的连接。如果不能建立连接,应检查通信参数和 PC/PPI 电缆的情况。

3. 下载程序

在 STEP 7 - Micro/WIN 打开中设计好的程序编译无误后,将程序连同相应的数据块(此例可以不要)、系统块(此例可以不要)等一起下载到主 PLC 中。接通 QF,使 PLC 处于运行状态。

4. MM440 变频器的设置

按下 SB11 按钮使 MM440 变频器通电,按照前边所讲的方法和如下步骤设置变频器。
(1) 将变频器恢复出厂设置见表 8-5。

表 8-5 恢复出厂设置

参 数 号	出 厂 值	设 置 值	说 明
P0010	0	30	出厂设置
P0970	0	1	参数复位

(2) 电动机参数设置见表 8-6。

表 8-6 电动机参数设置

参数号	出厂值	设置值	说 明	参数号	出厂值	设置值	说 明
P0003	1	3	用户访问级为标准级	P0310	50	50	电动机额定频率/Hz
P0010	0	1	快速调试	P0311	0	1440	电动机额定转速/(r/min)
P0100	0	0	功率以 kW 表示	P0307	0.75	0.75	电动机额定功率/kW
P0304	230	380	电动机额定电压/V	P3900	0	1	结束快速调试进入运行准备就绪
P0305	3.25	2	电动机额定电流/A				

 **特别提示**

参数 P0304、P0305、P0307、P0310 和 P0311 只能在快速调试模式下修改,故要设置参数 P0304、P0305、P0307、P0310 和 P0311,必须先将参数 P0010 设为 1(快速调试模式)。

(3) 变频器通信控制参数设置,见表 8-7。

表 8-7　变频器通信控制参数设置

参数号	出厂值	设置值	说　明	参数号	出厂值	设置值	说　明
P0004	0	7	命令字与二进制 I/O	P2000	50	50	基准频率
P0700	2	5	COM 链路的 USS 设置	P2009	0	0	变频器 USS 规格化
P0004	0	10	设定值通道	P2010	6	6	变频器 USS 通信速率
P1000	2	5	COM 链路的 USS 设置	P2011	0	1	变频器 USS 地址
P1120	10	3	上升时间	P2012	2	2	USS PZD 长度
P1121	10	3	下降时间	P2013	127	127	USS PKW 长度
P0004	0	20	通信设置	P2014	0	300	串行链接超时

5. 建立 PLC 与变频器的连接

在断电状态下，按照本项目关于使用 USS 协议库控制 MicroMaster 变频器中"连接和设置 4 系列 MicroMaster 变频器"所讲方法将 PLC 的 PORT0 与变频器的通信端口连接起来。

6. 系统联调

接通 QF，使 PLC 处于运行状态，设置 PORT1 端口通信速。按下 SB11，使变频器处于得电状态，按下相应按钮，观察系统运行是否正常，否则检查主电路、输入/输出电路、通信连接电缆和程序，直至运行正常。

调试完成后，让系统试运行。注意在系统调试和试运行过程中要认真观察系统是否满足控制要求和可靠性要求，如果不满足，则要修改相应的硬件或软件设计，直至满足。在调试和试运行过程中一定要做好调试和修改记录。

八、整理、编写相关技术文档

现场调试试运行完成后，要根据调试情况，重新修改、整理、编写相关的技术文档，主要包括：电气原理图（包括主电路、控制电路和 PLC 输入/输出电路）及设计说明（包括主要参数的计算及设备和元器件选择依据、设计依据），电器安装布置图（包括电气控制盘、操作控制面板），接线图（包括电气控制盘、操作控制面板），电气互连图，电气元件设备材料明细表，I/O 分配表，控制流程图，带注释的原程序清单和软件设计说明，系统调试记录，系统使用说明书（主要包括使用条件、操作方法及注意事项、维护要求等，本设计从略）。最后形成正确的、与系统最终交付使用时相对应的一整套完整的技术文档。

项 目 小 结

本项目对 S7-200 系列 PLC 的 USS 通信协议及编程方法，西门子 MM 系列变频器和 PLC 通过 USS 协议通信的连接和设置方法等知识作了讲解。并对 S7-200 PLC 通过网络通信控制 MM 系列变频器控制系统的设计与施工过程（包括控制方案的确定、设备和电器元件的选择、电气原理图设计、工艺设计、软件编程、触摸屏组态、系统施工和调试、技术文件的编写整理等）做了较详细的介绍，为以后从事相应的工作打下基础。

思考与练习

1. 简述 MM440 系列变频器修改设置参数的步骤。
2. 简述利用基本指令实现 USS 通信的编程要点。
3. 如何进行 MM440 变频器和 S7 - 200 PLC 的连接?

附录 STEP 7-Micro/WIN 32 编程软件的使用

一、建立 PC S7-200 CPU 的通信

1. 硬件连接及设置

采用 PC/PPI 电缆建立 PC 与 PLC 之间的通信是典型的单主机与 PC 的连接，不需要其他的硬件设备，如附图 1 所示。PC/PPI 电缆的两端分别为 RS-232 和 RS-485 接口，RS-232 端连接到个人计算机 RS-232 通信口 COM1 或 COM2 接口上，RS-485 端接到 S7-200 CPU 通信口上。PC/PPI 电缆中间有通信模块，模块外部设有比特率设置开关。可以选择的通信速率为：1.2k，2.4k，9.6k，19.2k，38.4k。系统的默认值为 9.6kbit/s。PC/PPI 电缆比特率设置开关（DIP 开关）的位置应与软件系统设置的通信比特率相一致。DIP 开关如附图 1 所示，DIP 开关上有五个扳键，1、2、3 号键用于设置比特率，4 号和 5 号键用于设置通信方式。通信速率的默认值为 9600bit/s。

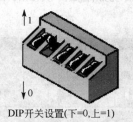

DIP开关设置(下=0,上=1)

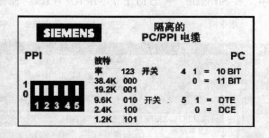

附图 1　PC/PPI 电缆 DIP 开关设置

2. 通信参数的设置

硬件设置好后，按下面的步骤设置通信参数。

（1）在 STEP 7-Micro/WIN 32 运行时单击浏览条的"通信"图标或选择菜单"PLC"→"类型"→"通信"命令，则会出现一个通信对话框。

（2）对话框中双击 PC/PPI 电缆图标，将出现 PC/PG 接口的对话框。

（3）单击"属性（Properties）"按钮，将出现接口属性对话框，检查各参数的属性是否正确，初学者可以使用默认的通信参数，在 PC/PPI 性能设置的窗口中按"默认（Default）"按钮，可获得默认的参数。PLC 默认站地址为 2，装有 STEP 7-Micro/WIN 32 软件的 PC 默认站地址为 1，通信速率为 9600bit/s。

3. 建立在线连接

在前几步顺利完成后，就可以建立 PC 与 S7-200 CPU 的在线联系，步骤如下。

（1）在 STEP 7-Micro/WIN 32 运行时单击浏览条的"通信"图标，或选择"PLC"→"类型"→"通信"命令，出现一个通信建立结果对话框，显示是否连接了 CPU 主机。

（2）双击对话框中的刷新图标，STEP 7 - Micro/WIN 32 编程软件将检查所有连接的 S7 - 200 站点。在对话框中显示已建立起连接的每个站点的 CPU 图标、CPU 型号和站地址。

（3）双击要进行通信的站，在通信建立对话框中，可以显示所选的通信参数。

4. 修改 PLC 的通信参数

计算机与可编程控制器建立起在线连接后，即可以利用软件检查、设置和修改 PLC 的通信参数。步骤如下。

（1）单击浏览条中的"系统块"图标，将出现系统块对话框。

（2）单击"通信口"选项卡，检查或修改各参数，确认无误后单击确定。

（3）单击工具条的下载按钮 ，将修改后的参数下载到可编程控制器，设置的参数才会起作用。

5. 可编程控制器的信息的读取

选择菜单"PLC"→"信息"命令，将显示出可编程控制器 RUN/STOP 状态，扫描速率，CPU 的型号错误的情况和各模块的信息。

二、STEP 7 - Mirco/WIN 窗口组件

STEP 7 - Micro/WIN 32 安装完成后，双击桌面上的"STEP 7 Micro/WIN"图标或选择"程序"→"Simatic"→"STEP 7 Micro/WIN"命令，出现如附图 2 所示的主界面。

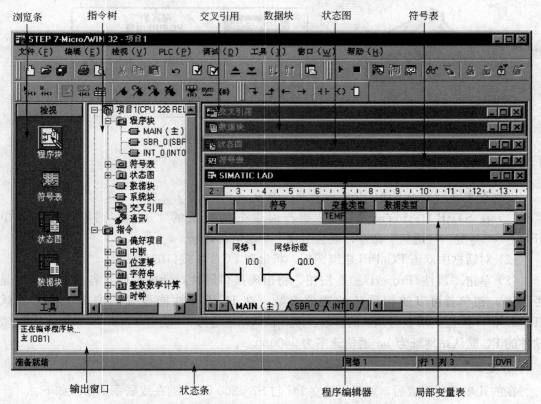

附图 2　STEP 7 - Micro/WIN 32 编程软件的主界面

主界面一般可以分为以下几个部分：菜单条、工具条、浏览条、指令树、用户窗口、输出窗口和状态条。除菜单条外，用户可以根据需要通过查看菜单和窗口菜单决定其他窗口的取舍和样式的设置。

1. 主菜单

主菜单包括：文件、编辑、查看、PLC、调试、工具、窗口和帮助 8 个主菜单项。各主菜单项的功能如下。

1）文件(File)

文件的操作有：新建(New)、打开(Open)、关闭(Close)、保存(Save)、另存(Save As)、导入(Import)、导出(Export)、上载(Upload)、下载(Download)、页面设置(Page Setup)、打印(Print)、预览、最近使用文件、退出。

导入。若从 STEP 7-Micro/WIN 32 编辑器之外导入程序，可使用"导入"命令导入 ASCⅡ文本文件(.AWL)。

导出。使用"导出"命令创建程序的 ASCⅡ文本文件(.AWL)，并导出至 STEP 7-Micro/WIN 32 外部的编辑器。

上载。在运行 STEP 7-Micro/WIN 32 的 PC 和 PLC 之间建立通信后，从 PLC 将程序上载至运行 STEP 7-Micro/WIN 32 的 PC。

下载。在运行 STEP 7-Micro/WIN 32 的 PC 和 PLC 之间建立通信后，将程序下载至该 PLC。下载之前，PLC 应位于"停止"模式。

2）编辑(Edit)

编辑菜单提供程序的编辑工具：撤销(Undo)、剪切(Cut)、复制(Copy)、粘贴(Paste)、全选(Select All)、插入(Insert)、删除(Delete)、查找(Find)、替换(Replace)、转至(Go To)等项目。

剪切/复制/粘贴。可以在 STEP 7-Micro/WIN 32 项目中剪切下列条目：文本或数据栏，指令，单个网络，多个相邻的网络，POU 中的所有网络，状态图行、列或整个状态图，符号表行、列或整个符号表，数据块。不能同时选择多个不相邻的网络。不能从一个局部变量表成块剪切数据并粘贴至另一局部变量表中，因为每个表的只读 L 内存赋值必须唯一。

插入。在 LAD 编辑器中，可在光标上方或下方插入行（在程序或局部变量表中），在光标左侧插入列（在程序中），插入垂直接头（在程序中），在光标上方插入网络，并为所有网络重新编号，在程序中插入新的中断程序或新的子程序。

查找/替换/转至。可以在程序编辑器窗口、局部变量表，符号表、状态图、交叉引用标签和数据块中使用"查找"、"替换"和"转至"命令。

3）查看(View)

通过查看菜单可以选择不同的程序编辑器：LAD、STL、FBD。

(1) 通过查看菜单可以进行数据块(Data Block)、符号表(Symbol Table)、状态图表(Chart Status)、系统块(System Block)、交叉引用(Cross Reference)、通信(Communications)参数的设置。

(2) 通过查看菜单可以选择注解、网络注解(POU Comments)显示与否等。

(3) 通过查看菜单的工具栏区可以选择浏览栏(Navigation Bar)、指令树(Instruction

Tree)及输出视窗(Output Window)的显示与否。

(4) 通过查看菜单可以对程序块的属性进行设置。

4) PLC

PLC 菜单用于与 PLC 联机时的操作,如用软件改变 PLC 的运行方式(运行、停止),对用户程序进行编译,清除 PLC 程序、电源起动重置、查看 PLC 的信息、时钟、存储卡的操作、程序比较、PLC 类型选择等操作。其中对用户程序进行编译可以离线进行。

联机方式(在线方式):有编程软件的计算机与 PLC 连接,两者之间可以直接通信。

离线方式:有编程软件的计算机与 PLC 断开连接。此时可进行编程、编译。

联机方式和离线方式的主要区别是:联机方式可直接针对连接 PLC 进行操作,如上载、下载用户程序等。离线方式不直接与 PLC 联系,所有的程序和参数都暂时存放在磁盘上,等联机后再下载到 PLC 中。

PLC 有两种操作模式:STOP(停止)和 RUN(运行)模式。在 STOP(停止)模式中可以建立、编辑程序,在 RUN(运行)模式中可以建立、编辑、监控程序操作和数据,进行动态调试。若使用 STEP 7 - Micro/WIN 32 软件控制 RUN/STOP(运行/停止)模式,在 STEP 7 - Micro/WIN 32 和 PLC 之间必须建立通信。另外,PLC 硬件模式开关必须设为 TERM(终端)或 RUN(运行)。

编译(Compile):用来检查用户程序语法错误。用户程序编辑完成后通过编译在显示器下方的输出窗口显示编译结果,明确指出错误的网络段。

全部编译(Compile All):编译全部项目元件(程序块、数据块和系统块)。

信息(Information):可以查看 PLC 信息,例如 PLC 型号和版本号码、操作模式、扫描速率、I/O 模块配置以及 CPU 和 I/O 模块错误等。

电源起动重置(Power - Up Reset):从 PLC 清除严重错误并返回 RUN(运行)模式。如果操作 PLC 存在严重错误,SF(系统错误)指示灯亮,程序停止执行。必须将 PLC 模式重设为 STOP,然后再设置为 RUN,才能清除错误,或使用"PLC"→"电源起动重置"命令。

5) 调试(Debug)

调试菜单用于联机时的动态调试,有单次扫描(First Scan)、多次扫描(Multiple Scans)、程序状态(Program Status)、触发暂停(Triggred pause)、用程序状态模拟运行条件(读取、强制、取消强制和全部取消强制)等功能。调试时可以指定 PLC 对程序执行有限次数扫描(从 1 次扫描到 65535 次扫描)。通过选择 PLC 运行的扫描次数,可以在程序改变过程变量时对其进行监控。第一次扫描时,SM0.1 的值为 1(打开)。

(1) 单次扫描:可编程控制器从 STOP 方式进入 RUN 方式,执行一次扫描后,回到 STOP 方式,可以观察到首次扫描后的状态。PLC 必须位于 STOP(停止)模式。

(2) 多次扫描:调试时可以指定 PLC 对程序执行有限次数扫描(从 1 次扫描到 65535 次扫描)。通过选择 PLC 运行的扫描次数,可以在程序过程变量改变时对其进行监控。PLC 必须位于 STOP(停止)模式。

6) 工具

(1) 工具菜单提供复杂指令向导(PID、HSC、NETR/NETW 指令),使复杂指令编程时的工作简化。

(2) 工具菜单提供文本显示器 TD200 设置向导。

（3）工具菜单的定制子菜单可以更改 STEP 7 - Micro/WIN 32 工具条的外观或内容，以及在"工具"菜单中增加常用工具。

（4）工具菜单的选项子菜单可以设置 3 种编辑器的风格，如字体、指令盒的大小样式等。

7）窗口

窗口菜单可以设置窗口的排放形式，如层叠、水平、垂直。

8）帮助

帮助菜单可以提供 S7 - 200 的指令系统及编程软件的所有信息。

2．工具条

（1）标准工具条，如附图 3 所示。各快捷按钮从左到右分别为：新建项目、打开现有项目、保存当前项目、打印、打印预览 、剪切选项并复制至剪贴板、将选项复制至剪贴板、在光标位置粘贴剪贴板内容、撤销最后一个条目、编译程序块或数据块（任意一个现用窗口）、全部编译（程序块、数据块和系统块）、将项目从 PLC 上载至 STEP 7 - Micro/WIN 32、从 STEP 7 - Micro/WIN 32 下载至 PLC、符号表名称列按照 A—Z 排序、符号表名称列按照 Z—A 排序、选项（配置程序编辑器窗口）。

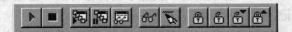

附图 3　标准工具条

（2）调试工具条，如附图 4 所示。各快捷按钮从左到右分别为：将 PLC 设为运行模式、将 PLC 设为停止模式、在程序状态打开/关闭之间切换、在触发暂停打开/停止之间切换（只用于语句表）、在图状态打开/关闭之间切换、状态图表单次读取、状态图表全部写入、强制 PLC 数据、取消强制 PLC 数据、状态图表全部取消强制、状态图表全部读取强制数值。

附图 4　调试工具条

（3）公用工具条，如附图 5 所示。公用工具条各快捷按钮从左到右分别为。

附图 5　公用工具条

插入网络：单击该按钮，在 LAD 或 FBD 程序中插入一个空网络。

删除网络：单击该按钮，删除 LAD 或 FBD 程序中的整个网络。

POU 注解：单击该按钮在 POU 注解打开（可视）或关闭（隐藏）之间切换。每个 POU 注解可允许使用的最大字符数为 4096。可视时，始终位于 POU 顶端，在第一个网络之前显示。如附图 6 所示。

网络注解：单击该按钮，在光标所在的网络标号下方出现的灰色方框中输入网络注解。再单击该按钮，网络注解关闭。如附图 7 所示。

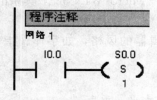

附图6　POU 注解

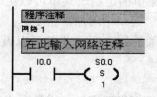

附图7　网络注解

查看/隐藏每个网络的符号信息表：单击该按钮，用所有的新、旧和修改的符号名更新项目，而且在符号信息表打开和关闭之间切换，如附图8所示。

书签：设置或移除书签，单击该按钮，在当前光标指定的程序网络设置或移除书签。在程序中设置书签，书签便于在较长程序指定的网络之间来回移动。如附图9所示。

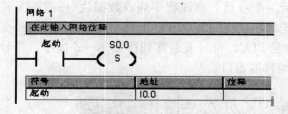

附图8　网络的符号信息表

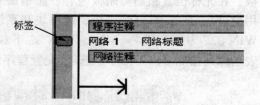

附图9　设置网络书签

下一个书签：将程序向下移至下一个带书签的网络。

前一个书签：将程序向上移至前一个带书签的网络。

清除全部书签：单击该按钮，移除程序中的所有当前书签。

在项目中应用所有的符号：单击该按钮，用所有新、旧和修改的符号名更新项目，并在符号信息表打开和关闭之间切换。

建立表格未定义符号：单击该按钮，从程序编辑器将不带指定地址的符号名传输至指定地址的新符号表标记。

常量说明符：在 SIMATIC 类型说明符打开/关闭之间切换，单击"常量描述符"按钮，使常量描述符可视或隐藏。许多指令参数可直接输入常量，当输入常量参数时，程序编辑器根据每条指令的要求指定或更改常量描述符。

附图10　LAD 指令工具条

（4）LAD 指令工具条，如附图10所示。各快捷按钮从左到右分别为：插入向下直线，插入向上直线，插入左行，插入右行，插入接点，插入线圈，插入指令盒。

3. 浏览条(Navigation Bar)

浏览条为编程提供按钮控制，可以实现窗口的快速切换，包括程序块（Program Block）、符号表（Symbol Table）、状态图表（Status Chart）、数据块（Data Block）、系统块（System Block）、交叉引用（Cross Reference）和通信（Communication）。

浏览条中的所有操作都可用"指令树（Instuction Tree）"视窗完成，或通过菜单"查看（View）"→"组件"命令来完成。

4. 指令树(Instuction Tree)

指令树以树型结构提供编程时用到的所有快捷操作命令和 PLC 指令,可分为项目分支和指令分支。

(1) 项目分支用于组织程序项目。

① 右击"程序块"文件夹,插入新子程序和中断程序。

② 打开"程序块"文件夹,并右击 POU 图标,可以打开 POU、编辑 POU 属性、用密码保护 POU 或为子程序和中断程序重新命名。

③ 右击"状态图"或"符号表"文件夹,插入新图或表。

打开"状态图"或"符号表"文件夹,在指令树中右击图或表图标,或双击适当的 POU 标记,执行打开、重新命名或删除操作。

(2) 指令分支用于输入程序,打开指令文件夹并选择指令。

① 拖放或双击指令,可在程序中插入指令。

② 右击指令,并从弹出快捷菜单中选择"帮助"命令,获得有关该指令的信息。

③ 将常用指令可拖放至"偏好项目"文件夹。

④ 若项目指定了 PLC 类型,则指令树中红色标记 x 是表示对该 PLC 无效的指令。

5. 用户窗口

可同时或分别打开附图 2 所示中的 6 个用户窗口,分别为:交叉引用、数据块、状态图表、符号表、程序编辑器和局部变量表。

1) 交叉引用(Cross Reference)

在程序编译成功后,可用下面的方法之一打开"交叉引用"窗口。

(1) 选择菜单"查看"→"组件"→"交叉引用"(Cross Reference)命令。

(2) 单击浏览条中的"交叉引用"按钮。

如附图 11 所示,交叉引用表,列出在程序中使用的各操作数所在的 POU、网络或行位置,以及每次使用各操作数的语句表指令。通过交叉引用表还可以查看哪些内存区域已经被使用,作为位还是作为字节使用。在运行方式下编辑程序时,可以查看程序当前正在使用的跳变信号的地址。交叉引用表不下载到可编程控制器,在程序编译成功后,才能打开交叉引用表。在交叉引用表中双击某操作数,可以显示出包含该操作数的那一部分程序。

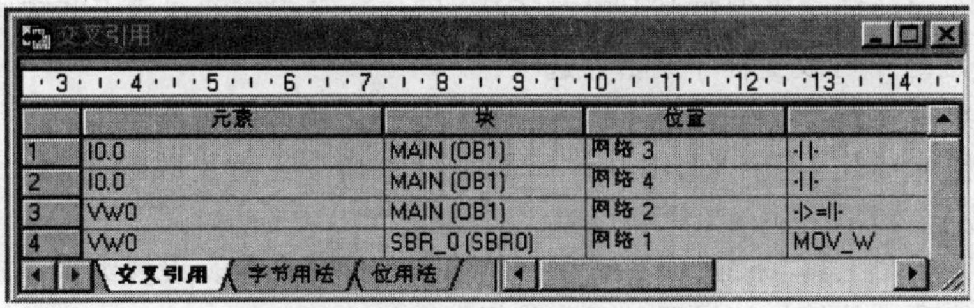

	元素	块	位置	
1	I0.0	MAIN (OB1)	网络 3	-I I-
2	I0.0	MAIN (OB1)	网络 4	-I I-
3	VW0	MAIN (OB1)	网络 2	-I>=I-
4	VW0	SBR_0 (SBR0)	网络 1	MOV_W

附图 11 交叉引用表

2) 数据块

"数据块"窗口可以设置和修改变量存储器的初始值,并加注必要的注释说明。

用下面的方法之一打开"数据块"窗口。

(1) 单击浏览条上的"数据块" 按钮。

(2) 用菜单"查看"→"组件"→"数据块"命令。

(3) 单击指令树中的"数据块" 图标。

3) 状态图表(Status Chart)

将程序下载至 PLC 后,可以建立一个或多个状态图表,在联机调试时,打开状态图表,监视各变量的值和状态。状态图表并不下载到可编程控制器,只是监视用户程序运行的一种工具。

用下面的方法之一可打开状态图表。

(1) 单击浏览条上的"状态图表" 按钮。

(2) 选择菜单"查看"→"组件"→"状态图"命令。

(3) 打开指令树中的"状态图"文件夹,然后双击"状态图"图标。

若在项目中有一个以上状态图,使用位于窗口底部的"状态图" 标签在状态图之间移动。

可在状态图表的地址列输入须监视的程序变量地址,在 PLC 运行时,打开状态图表窗口,在程序扫描执行时,连续、自动地更新状态图表的数值。

4) 符号表(Symbol Table)

符号表是程序员用符号编址的一种工具表。在编程时不采用元件的直接地址作为操作数,而用有实际含义的自定义符号名作为编程元件的操作数,这样可使程序更容易理解。符号表则建立了自定义符号名与直接地址编号之间的关系。程序被编译后下载到可编程控制器时,所有的符号地址被转换成绝对地址,符号表中的信息不下载到可编程控制器。

用下面的方法之一可打开符号表。

(1) 单击浏览条中的"符号表" 按钮。

(2) 选择菜单"查看"→"组件"→"符号表"命令。

(3) 打开指令树中的符号表或全局变量文件夹,然后双击一个表格 图标。

5) 程序编辑器

选择菜单"文件"→"新建","文件"→"打开"或"文件"→"导入"命令,打开一个项目。然后用下面方法之一打开"程序编辑器"窗口,建立或修改程序:

(1) 单击浏览条中的"程序块" 按钮,打开主程序(OB1)。可以单击子程序或中断程序标签,打开另一个 POU。

(2) 在指令树的程序块中双击主程序(OB1)图标、子程序图标或中断程序图标。

用下面方法之一可改变程序编辑器选项:

(1) 选择菜单"查看"→ LAD、FBD、STL 命令,更改编辑器类型。

(2) 选择菜单"工具"→"选项"→"一般"标签命令,可更改编辑器(LAD、FBD 或 STL)和编程模式(SIMATIC 或 IEC 1131 - 3)。

(3) 选择菜单"工具"→"选项"→"程序编辑器"标签命令,设置编辑器选项。

(4) 使用选项 快捷按钮设置"程序编辑器"选项。

6) 局部变量表

程序中的每个 POU 都有自己的局部变量表,局部变量存储器(L)有 64 个字节。局部变量表用来定义局部变量,局部变量只在建立该局部变量的 POU 中才有效。在带参数的子程序调用中,参数的传递就是通过局部变量表传递的。在用户窗口将水平分裂条下拉即可显示或隐藏局部变量表。

6. 输出窗口

用来显示 STEP 7 - Micro/WIN 32 程序编译的结果，如编译结果有无错误、错误编码和位置等。选择菜单"查看"→"框架"→"输出窗口"命令可在窗口打开或关闭输出窗口。

7. 状态条

状态条提供有关在 STEP 7 - Micro/WIN 32 中操作的信息。

三、编程准备

1. 指令集和编辑器的选择

写程序之前，用户必须先选择使用的指令集和程序编辑器。S7 - 200 系列 PLC 支持的指令集有 SIMATIC 和 IEC 1131 - 3 两种。SIMATIC 指令集是专为 S7 - 200 PLC 设计的，专用性强，程序执行时间短，本教材主要使用 SIMATIC 指令集进行编程，其切换方式为：选择菜单"工具"→"选项"→"一般"标签→"编程模式"→"SIMATIC"命令。

在 STEP 7 - Micro/WIN 中可以使用 LAD、STL、FBD 三种编辑器，选择编辑器的方法如下：选择菜单"查看"→"LAD 或 STL"命令，或者菜单"工具"→"选项"→"一般"标签→"默认编辑器"→"LAD 或 STL"命令。

2. 根据 PLC 类型进行参数检查

在 PLC 和运行 STEP 7 - Micro/WIN 的 PC 连线后，应根据实际使用的 PLC 类型进行范围检查。必须保证 STEP 7 - Micro/WIN 中 PLC 类型选择与实际 PLC 类型相符。它的方法如下。

(1) 选择菜单"PLC"→"类型"→"读取 PLC"命令。

(2) 在指令树→"项目"名称→"类型"→"读取 PLC"命令。

"PLC 类型"对话框如附图 12 所示。

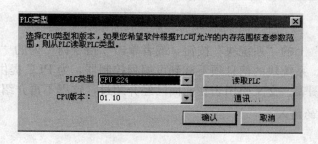

附图 12　PLC 类型对话框

四、STEP 7 - Mirco/WIN 32 主要编程功能

1. 编程元素及项目组件

S7 - 200 有三种程序组织单元(POU)，分别是主程序、子程序和中断程序。默认情况下，主程序总是第一个显示在程序编辑器窗口中，后面是子程序或中断程序标签。

STEP 7 - Micro/WIN 32 是以项目的形式进行软件的组织，一个项目(Project)包括的基本组件有程序块、数据块、系统块、符号表、状态图表、交叉引用表。程序块、数据块、系统块须下载到 PLC，而符号表、状态图表、交叉引用表不下载到 PLC。

（1）程序块由可执行代码和注释组成，可执行代码由一个主程序和可选子程序或中断程序组成。程序代码被编译并下载到 PLC，程序注释被忽略。

在"指令树"中右击"程序块"图标可以插入子程序和中断程序。

（2）数据块由数据（包括初始内存值和常数值）和注释两部分组成。数据被编译后，下载到可编程控制器，注释被忽略。数据块窗口的操作前面已介绍过。

（3）系统块用来设置系统的参数，包括通信口配置信息、保存范围、模拟和数字输入过滤器、背景时间、密码表、脉冲截取位和输出表等选项。"系统块"对话框如附图 13 所示。

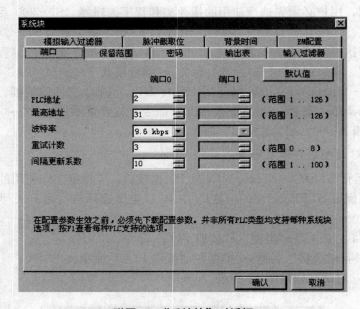

附图 13 "系统块"对话框

单击"浏览栏"上的"系统块"按钮，或者单击"指令树"内的"系统块"图标，可查看并编辑系统块。系统块的信息须下载到可编程控制器，为 PLC 提供新的系统配置。

符号表、状态图表、交叉引用表在前面已经介绍过，这里不再介绍。

2. 梯形图程序的输入

1）建立项目

（1）打开已有的项目文件。常用的方法如下。

① 选择菜单"文件"→"打开"命令，在"打开文件"对话框中，选择项目的路径及名称，单击"确定"按钮，打开现有项目。

② 在"文件"菜单底部列出最近工作过的项目名称，选择文件名，直接选择打开。

③ 利用 Windows 资源管理器，选择扩展名为 .mwp 的文件打开。

（2）创建新项目。常用的方法如下。

① 单击"新建"快捷按钮。

② 选择菜单"文件"→"新建"命令。

③ 单击浏览条中的程序块图标，新建一个项目。

2）输入程序

打开项目后就可以进行编程，本书主要介绍梯形图的相关的操作。

（1）输入指令。梯形图的元素主要有接点、线圈和指令盒，梯形图的每个网络必须从接点开始，以线圈或没有 ENO 输出的指令盒结束。线圈不允许串联使用。

要输入梯形图指令首先要进入梯形图编辑器。

① 选择"查看"→"阶梯（L）"选项。接着在梯形图编辑器中输入指令。输入指令可以通过指令树、工具条按钮、快捷键等方法。

② 在指令树中选择需要的指令，拖放到需要位置。

③ 将光标放在需要的位置，在指令树中双击需要的指令。

④ 将光标放到需要的位置，单击工具栏指令按钮，打开一个通用指令窗口，选择需要的指令。

⑤ 使用功能键：F4＝接点，F6＝线圈，F9＝指令盒，打开一个通用指令窗口，选择需要的指令。

当编程元件图形出现在指定位置后，再单击编程元件符号的"???"，输入操作数。红色字样显示语法出错，当把不合法的地址或符号改变为合法值时，红色消失。若数值下面出现红色的波浪线，表示输入的操作数超出范围或与指令的类型不匹配。

（2）上下线的操作。将光标移到要合并的触点处，单击上行线 ┓ 或下行线 ┛ 按钮。

（3）输入程序注释。LAD 编辑器中共有 4 个注释级别：项目组件（POU）注释、网络标题、网络注释和项目组件属性。

项目组件（POU）注释：前面已经讲述。

网络标题：将光标放在网络标题行，输入一个便于识别该逻辑网络的标题。网络标题中可允许使用的最大字符数为 127。

网络注释：将光标移到网络标号下方的灰色方框中，可以输入网络注释。网络注释可对网络的内容进行简单的说明，以便于程序的理解和阅读。网络注释中可允许使用的最大字符数为 4096。单击"切换网络注释" ▦ 按钮或者选择菜单"查看"→"网络注释"命令，可在网络注释"打开"（可视）和"关闭"（隐藏）之间切换。

项目组件属性：用下面的方法存取"属性"标签。

① 右击"指令树"中的 POU→"属性"按钮。

② 右击程序编辑器窗口中的任何一个 POU 标签，从弹出快捷菜单选择"属性"命令。

"属性"对话框如附图 14 所示。"属性"对话框中有两个标签：一般和保护。选择"一般"选项卡可为子程序、中断程序和主程序块（OB1）重新编号和重新命名，并为项目指定一个作者。选择"保护"选项卡则可以选择一个密码保护 POU，以便其他用户无法看到该 POU，并在下载时加密。若用密码保护 POU，则选择"用密码保护该 POU"复选框。输入一个四个字符的密码并核实该密码，如附图 15 所示。

（4）程序的编辑。程序的编辑主要分为以下两部分。

① 剪切、复制、粘贴或删除多个网络。通过 SHIFT 键＋单击，可以选择多个相邻的网络，进行剪切、复制、粘贴或删除等操作。注意：不能选择部分网络，只能选择整个网络。

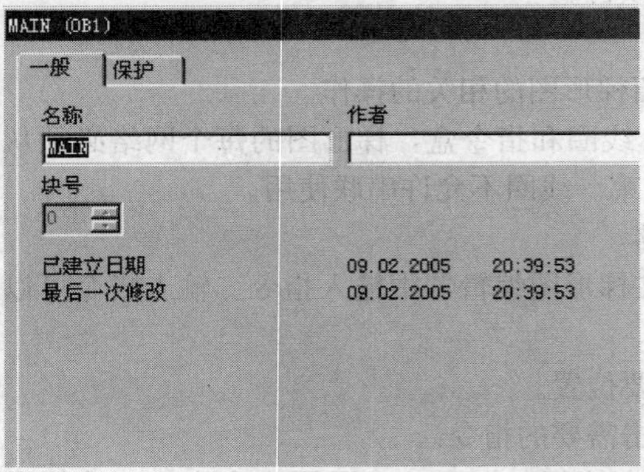

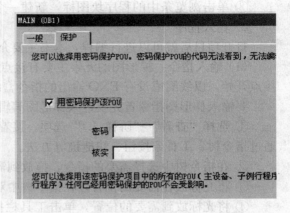

附图 14 "属性"对话框"一般"选项卡　　　　附图 15 "属性"对话框"保护"选项卡

② 编辑单元格、指令、地址和网络。用光标选中需要进行编辑的单元，右击，弹出快捷菜单，可以进行插入或删除行、列、垂直线或水平线的操作。删除垂直线时把方框放在垂直线左边单元上，按"DEL"键删除。进行插入编辑时，先将方框移至欲插入的位置，然后选"列"。

（5）程序的编译。

程序经过编译后，方可下载到 PLC。编译结束后，输出窗口显示结果。编译方法如下。

① 单击"编译"按钮圖或选择菜单"PLC"→"编译"（Compile）命令，编译当前被激活的窗口中的程序块或数据块。

② 单击"全部编译"圖按钮或选择菜单"PLC"→"全部编译"（Compile All）命令，编译全部项目元件（程序块、数据块和系统块），与哪一个窗口是活动窗口无关。

3. 数据块编辑

数据块用来对变量存储区 V 赋初值，可用字节、字或双字赋值。注解（前面带双斜线）是可选项目。如附图 16 所示。编写的数据块，被编译后，下载到可编程控制器，注释被忽略。

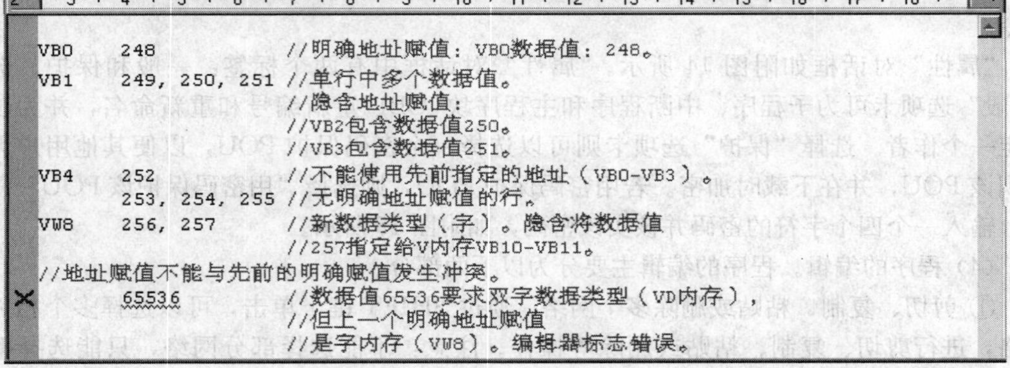

```
数据块
2  · 3 · · 4 · · 5 · · 6 · · 7 · · 8 · · 9 · · 10 · · 11 · · 12 · · 13 · · 14 · · 15 · · 16 · · 17 · · 18 ·

VB0    248            //明确地址赋值：VB0数据值：248。
VB1    249, 250, 251  //单行中多个数据值。
                      //隐含地址赋值：
                      //VB2包含数据值250。
                      //VB3包含数据值251。
VB4    252            //不能使用先前指定的地址（VB0-VB3）。
       253, 254, 255  //无明确地址赋值的行。
VW8    256, 257       //新数据类型（字）。隐含将数据值
                      //257指定给V内存VB10-VB11。
//地址赋值不能与先前的明确赋值发生冲突。
       65536          //数据值65536要求双字数据类型（VD内存），
                      //但上一个明确地址赋值
                      //是字内存（VW8）。编辑器标志错误。
```

附图 16　数据块

4. 符号表操作

1) 在符号表中符号赋值的方法

(1) 建立符号表：单击浏览条中的"符号表"▦按钮。符号表如附图 17 所示。

		符号	地址	注释
1		起动	I0.0	起动按钮SB2
2		停止	I0.1	停止按钮SB1
3		M1	Q0.0	电动机
4				
5				

附图 17 符号表

(2) 在"符号"列输入符号名(如起动)，最大符号长度为 23 个字符。注意：在给符号指定地址之前，该符号下有绿色波浪下划线。在给符号指定地址后，绿色波浪下划线自动消失。如果选择同时显示项目操作数的符号和地址，较长的符号名在 LAD、FBD 和 STL 程序编辑器窗口中被一个波浪号(～)截断。可将鼠标放在被截断的名称上，在工具提示中查看全名。

(3) 在"地址"列中输入地址(如 I0.0)。

(4) 输入注解(此为可选项：最多允许 79 个字符)。

(5) 符号表建立后，选择菜单"查看"→"符号寻址"命令，直接地址将转换成符号表中对应的符号名。并且可通过菜单"工具"→"选项"→"程序编辑器"标签→"符号编址"选项，来选择操作数显示的形式。如选择"显示符号和地址"则对应的梯形图如附图 18 所示。

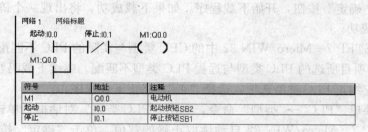

附图 18 带符号表的梯形图

(6) 选择菜单"查看"→"符号信息表"命令，可选择符号表的显示与否。

在 STEP 7 - Micro/WIN 32 中，可以建立多个符号表(SIMATIC 编程模式)或多个全局变量表(IEC 1131 - 3 编程模式)。但不允许将相同的字符串多次用作全局符号赋值，在单个符号表和几个表内均不得如此。

2) 在符号表中插入行

使用下列方法之一在符号表中插入行：

(1) 选择菜单"编辑"→"插入"→"行"命令：将在符号表光标的当前位置上方插入新行。

(2) 右击符号表中的一个单元格：选择弹出菜单中的"插入"→"行"命令。将在光标的当前位置上方插入新行。

(3) 若在符号表底部插入新行：将光标放在最后一行的任意一个单元格中，按"下箭头"键。

3）建立多个符号表

默认情况下，符号表窗口显示一个符号名称（USR1）的标签。可用下列方法建立多个符号表。

（1）从"指令树"右击"符号表"文件夹，在弹出快捷菜单中选择"插入符号表"。

（2）打开符号表窗口，使用"编辑"菜单，或右击，在弹出快捷菜单中选择"插入"→"表格"命令。

插入新符号表后，新的符号表标签会出现在符号表窗口的底部。在打开符号表时，要选择正确的标签。双击或右击标签，可为标签重新命名。

5．下载、上载

1）下载

如果已经成功地在运行 STEP 7 – Micro/WIN 32 的 PC 和 PLC 之间建立了通讯，就可以将编译好的程序下载至该 PLC。如果 PLC 中已经有内容将被覆盖。下载步骤如下。

（1）下载之前，PLC 必须位于"停止"工作方式。检查 PLC 上的工作方式指示灯，如果 PLC 没有在"停止"工作方式，单击工具条中的"停止"按钮，将 PLC 至于停止方式。

（2）单击工具条中的"下载"按钮，或选择菜单"文件"→"下载"命令。弹出"下载"对话框。

（3）根据默认值，在初次发出下载命令时，"程序代码块"、"数据块"和"CPU 配置"（系统块）复选框都被选中。如果不需要下载某个块，可以不选中相应复选框。

（4）单击"确定"按钮，开始下载程序。如果下载成功，将出现一个确认框会显示以下信息：下载成功。

（5）如果 STEP 7 – Micro/WIN 32 中的 CPU 类型与实际的 PLC 不匹配，会显示以下警告信息："为项目所选的 PLC 类型与远程 PLC 类型不匹配。继续下载吗？"

（6）此时应纠正 PLC 类型选项，选择"否"，终止下载程序。

（7）选择菜单"PLC"→"类型"命令，弹出"PLC 类型"对话框。单击"读取 PLC"按钮，由 STEP 7 – Micro/WIN 32 自动读取正确的数值。单击"确定"按钮，确认 PLC 类型。

（8）单击工具条中的"下载"按钮，重新开始下载程序，或选择菜单"文件"→"下载"命令开始下载程序。

下载成功后，单击工具条中的"运行"按钮，或选择"PLC"→"运行"命令，PLC 进入 RUN（运行）工作方式。

2）上载

用下面的方法从 PLC 将项目元件上载到 STEP 7 – Micro/WIN 32 程序编辑器。

（1）单击"上载"按钮。

（2）选择菜单"文件"→"上载"命令。

（3）按快捷键组合 Ctrl＋U。

执行的步骤与下载基本相同，选择需要上载的块（程序块、数据块或系统块），单击"上载"按钮，上载的程序将从 PLC 复制到当前打开的项目中，随后即可保存上载的程序。

参 考 文 献

[1] 廖常初. PLC 编程及应用. 北京：机械工业出版社，2000.

[2] 郭宗仁. 可编程控制器应用系统设计及通信网络技术. 北京：人民邮电出版社，2002.

[3] 刘锴，周海. 深入浅出西门子 S7 - 300 PLC. 北京：北京航空航天大学出版社，2004.

[4] 顾洪军. 工业企业网与现场总线技术及应用. 北京：人民邮电出版社，2002.

[5] 汪志锋. 可编程控制器原理与应用. 西安：电子科技大学出版社，2004.

[6] 王立权，王宗玉. 可编程控制器原理与应用. 哈尔滨：哈尔滨工程大学出版社，2004.

[7] 鲁远栋. PLC 机电控制系统应用设计技术. 北京：电子工业出版社，2006.

[8] 吴中俊. 可编程控制器原理及应用. 北京：机械工业出版社，2007.

[9] 吴晓君，杨向明. 电器控制与可编程控制器应用. 北京：中国建材工业出版社，2004.

[10] 宋德玉. 可编程控制器原理及应用系统设计技术. 北京：冶金工业出版社，2003.

[11] 孙海维. SIMATIC 可编程序控制器及应用. 北京：机械工业出版社，2005.

[12] 柴瑞娟，陈海霞. 西门子 PLC 编程技术及工程应用. 北京：机械工业出版社，2006.

[13] 胡学林. 可编程控制器原理及应用. 北京：电子工业出版社，2007.

[14] 孙平. 可编程控制器原理及应用. 北京：高等教育出版社，2002.

[15] 杨后川. 西门子 S7 - 200 PLC 应用 100 例. 北京：电子工业出版社，2000.

[16] 张泽荣. 可编程序控制器原理与应用. 北京：北京交通大学出版社，2004.

[17] 李辉. S7 - 200 PLC 编程原理与工程实训. 北京：北京航空航天大学出版社，2008，

北京大学出版社高职高专机电系列教材

序号	书号	书名	编著者	定价	出版日期
1	978-7-301-10464-2	工程力学	余学进	18.00	2006.1
2	978-7-301-10371-9	液压传动与气动技术	曹建东	28.00	2006.1
3	978-7-301-11566-4	电路分析与仿真教程与实训	刘辉珞	20.00	2007.2
4	978-7-5038-4863-6	汽车专业英语	王欲进	26.00	2007.8
5	978-7-5038-4864-3	汽车底盘电控系统原理与维修	闵思鹏	30.00	2007.8
6	978-7-5038-4868-1	AutoCAD 机械绘图基础教程与实训	欧阳全会	28.00	2007.8
7	978-7-5038-4866-7	数控技术应用基础	宋建武	22.00	2007.8
8	978-7-5038-4937-4	数控机床	黄应勇	26.00	2007.8
9	978-7-301-13258-6	塑模设计与制造	晏志华	38.00	2007.8
10	978-7-301-12182-5	电工电子技术	李艳新	29.00	2007.8
11	978-7-301-12181-8	自动控制原理与应用	梁南丁	23.00	2007.8
12	978-7-301-12180-1	单片机开发应用技术	李国兴	21.00	2007.8
13	978-7-301-12173-3	模拟电子技术	张琳	26.00	2007.8
14	978-7-301-09529-5	电路电工基础与实训	李春彪	31.00	2007.8
15	978-7-5038-4861-2	公差配合与测量技术	南秀蓉	23.00	2007.9
16	978-7-5038-4865-0	CAD/CAM 数控编程与实训(CAXA 版)	刘玉春	27.00	2007.9
17	978-7-5038-4862-9	工程力学	高原	28.00	2007.9
18	978-7-5038-4869-8	设备状态监测与故障诊断技术	林英志	22.00	2007.9
19	978-7-301-12392-8	电工与电子技术基础	卢菊洪	28.00	2007.9
20	978-7-5038-4867-4	汽车发动机构造与维修	蔡兴旺	50.00(1CD)	2008.1
21	978-7-301-13260-9	机械制图	徐萍	32.00	2008.1
22	978-7-301-13263-0	机械制图习题集	吴景淑	40.00	2008.1
23	978-7-301-13264-7	工程材料与成型工艺	杨红玉	35.00	2008.1
24	978-7-301-13262-3	实用数控编程与操作	钱东东	32.00	2008.1
25	978-7-301-13261-6	微机原理及接口技术(数控专业)	程艳	32.00	2008.1
26	978-7-301-12386-7	高频电子线路	李福勤	20.00	2008.1
27	978-7-301-13383-5	机械专业英语图解教程	朱派龙	22.00	2008.3
28	978-7-301-12384-3	电路分析基础	徐锋	22.00	2008.5
29	978-7-301-13572-3	模拟电子技术及应用	刁修睦	28.00	2008.6
30	978-7-301-13575-4	数字电子技术及应用	何首贤	28.00	2008.6
31	978-7-301-13574-7	机械制造基础	徐从清	32.00	2008.7
32	978-7-301-13657-7	汽车机械基础	邰茜	40.00	2008.8
33	978-7-301-13655-3	工程制图	马立克	32.00	2008.8
34	978-7-301-13654-6	工程制图习题集	马立克	25.00	2008.8
35	978-7-301-13573-0	机械设计基础	朱凤芹	32.00	2008.8
36	978-7-301-13582-2	液压与气压传动	袁广	24.00	2008.8
37	978-7-301-13662-1	机械制造技术	宁广庆	42.00	2008.8
38	978-7-301-13661-4	汽车电控技术	祁翠琴	39.00	2008.8
39	978-7-301-13658-4	汽车发动机电控系统原理与维修	张吉国	25.00	2008.8
40	978-7-301-13653-9	工程力学	武昭晖	25.00	2008.8
41	978-7-301-14139-7	汽车空调原理及维修	林钢	26.00	2008.8
42	978-7-301-13652-2	金工实训	柴增田	22.00	2009.1
43	978-7-301-14656-9	实用电路基础	张虹	28.00	2009.1
44	978-7-301-14655-2	模拟电子技术原理与应用	张虹	26.00	2009.1
45	978-7-301-14453-4	EDA 技术与 VHDL	宋振辉	28.00	2009.2
46	978-7-301-14470-1	数控编程与操作	刘瑞已	29.00	2009.3
47	978-7-301-14469-5	可编程控制器原理及应用(三菱机型)	张玉华	24.00	2009.3
48	978-7-301-12385-0	微机原理及接口技术	王用伦	29.00	2009.4
49	978-7-301-12390-4	电力电子技术	梁南丁	29.00	2009.4
50	978-7-301-12383-6	电气控制与PLC(西门子系列)	李伟	26.00	2009.6

序号	书号	书名	编著者	定价	出版日期
51	978-7-301-13651-5	金属工艺学	柴增田	27.00	2009.6
52	978-7-301-12389-8	电机与拖动	梁南丁	32.00	2009.7
53	978-7-301-12391-1	数字电子技术	房永刚	24.00	2009.7
54	978-7-301-13659-1	CAD/CAM 实体造型教程与实训 (Pro/ENGINEER 版)	诸小丽	38.00	2009.7
55	978-7-301-15378-9	汽车底盘构造与维修	刘东亚	34.00	2009.7
56	978-7-301-13656-0	机械设计基础	时忠明	25.00	2009.8
57	978-7-301-12387-4	电子线路 CAD	殷庆纵	28.00	2009.8
58	978-7-301-12382-9	电气控制及 PLC 应用(三菱系列)	华满香	24.00	2009.9
59	978-7-301-15692-6	机械制图	吴百中	26.00	2009.9
60	978-7-301-15676-6	机械制图习题集	吴百中	26.00	2009.9
61	978-7-301-16898-1	单片机设计应用与仿真	陆旭明	26.00	2010.2
62	978-7-301-15578-3	汽车文化	刘 锐	28.00	2009.8
63	978-7-301-15742-8	汽车使用	刘彦成	26.00	2009.9
64	978-7-301-16919-3	汽车检测与诊断技术	娄 云	35.00	2010.2
65	978-7-301-17122-6	AutoCAD 机械绘图项目教程	张海鹏	36.00	2010.5
66	978-7-301-17079-3	汽车营销实务	夏志华	25.00	2010.6
67	978-7-301-17148-6	普通机床零件加工	杨雪青	26.00	2010.6
68	978-7-301-16830-1	维修电工技能与实训	陈学平	37.00	2010.7
69	978-7-301-13660-7	汽车构造(上册)——发动机构造	罗灯明	30.00	2010.8
70	978-7-301-17398-5	数控加工技术项目教程	李东君	48.00	2010.8
71	978-7-301-17573-6	AutoCAD 机械绘图基础教程	王长忠	32.00	2010.8
72	978-7-301-17324-4	电机控制与应用	魏润仙	34.00	2010.8
73	978-7-301-17557-6	CAD/CAM 数控编程项目教程(UG 版)	慕 灿	45.00	2010.8
74	978-7-301-17609-2	液压传动	龚肖新	22.00	2010.8
75	978-7-301-17569-9	电工电子技术项目教程	杨德明	32.00	2010.8
76	978-7-301-17679-5	机械零件数控加工	李 文	38.00	2010.8
77	978-7-301-17608-5	机械加工工艺编制	于爱武	45.00	2010.8
78	978-7-301-17696-2	模拟电子技术	蒋 然	35.00	2010.8
79	978-7-301-17707-5	零件加工信息分析	谢 蕾	46.00	2010.8
80	978-7-301-17712-9	电子技术应用项目式教程	王志伟	32.00	2010.8
81	978-7-301-17730-3	电力电子技术	崔 红	23.00	2010.9
82	978-7-301-17711-2	汽车专业英语图解教程	侯锁军	22.00	2010.9
83	978-7-301-17821-8	汽车机械基础项目化教学标准教程	傅华娟	40.00	2010.10
84	978-7-301-17532-3	汽车构造(下册)——底盘构造	罗灯明	29.00	2011.1
85	978-7-301-17958-1	单片机开发入门及应用实例	熊华波	30.00	2011.1
86	978-7-301-18188-1	可编程控制器应用技术项目教程(西门子)	崔维群	38.00	2011.1

电子书(PDF 版)、电子课件和相关教学资源下载地址：http://www.pup6.com/ebook.htm，欢迎下载。

欢迎免费索取样书，请填写并通过 E-mail 提交教师调查表，下载地址：http://www.pup6.com/down/教师信息调查表 excel 版.xls，欢迎订购。

欢迎投稿，并通过 E-mail 提交个人信息卡，下载地址：http://www.pup6.com/down/zhuyizhexinxika.rar。

联系方式：010-62750667，laiqingbeida@126.com，linzhangbo@126.com，欢迎来电来信。